Python FastAPI Web开发从入门到项目实战（视频版）

刘瑜 安义 陈逸怀 喻小菲 著

华中科技大学出版社
中国·武汉

内 容 介 绍

FastAPI 是基于 Python 语言的轻量级、成熟的 Web 后端开发框架。它除了简单易学、能提供自动生成的 API 文档外，还有一个重要优点是支持异步技术，其性能可以与 NodeJS、GO 语言相媲美，为 Web 项目高并发访问提供了更好的技术选择。另外，FastAPI 定位为商业级的前后端分离开发框架，为前端技术提供了简单易用的调用接口。目前，国内外不少互联网企业，都采用该框架作为商业项目开发基础。本书第 1 部分为基础篇，系统介绍了 FastAPI 的使用；第 2 部分为实战篇，通过后端 FastAPI 框架与前端 Vue.js 框架的组合，给出了一个商业实战项目案例。

本书适合希望快速开发 Web 项目的 IT 人员、高校相关专业学生及老师、培训机构学员阅读学习。

图书在版编目（CIP）数据

Python FastAPI Web 开发从入门到项目实战 ： 视频版 / 刘瑜等著. -- 武汉 ： 华中科技大学出版社，2022.9

ISBN 978-7-5680-8722-3

Ⅰ. ①P… Ⅱ. ①刘… Ⅲ. ①软件工具－程序设计 Ⅳ. ①TP311.561

中国版本图书馆 CIP 数据核字(2022)第 170487 号

Python FastAPI Web 开发从入门到项目实战（视频版） **刘瑜　安义　陈逸怀　喻小菲　著**

Python FastAPI Web Kaifa cong Rumen dao Xiangmu Shizhan (Shipin Ban)

策划编辑：张　玲

责任编辑：张　玲

责任监印：周治超

出版发行：华中科技大学出版社(中国·武汉)　　电话：(027)81321913

武汉市东湖新技术开发区华工科技园　　邮编：430223

录　　排：武汉金睿泰广告有限公司

印　　刷：武汉市籍缘印刷厂

开　　本：787mm × 1092mm　1/16

印　　张：20.5

字　　数：486 千字

版　　次：2022 年 9 月第 1 版第 1 次印刷

定　　价：99.00 元

前 言

PREFACE

FastAPI 轻量级后端技术框架最近两年突然火了起来，主要原因除了受大红大紫的基础语言 Python 的影响以外，更得益于其独步天下的异步技术，极高的访问响应性能吸引了众多 IT 人员追逐。作者在 Python 领域深耕多年，通过一年多的辛苦努力，完成了该书的写作。本书理论与实践结合，写作风格继承了作者刘瑜老师 Python 系列图书的风格，保证了读者更好的学习体验。

一、本书设计原则

1. 基础知识由浅入深、层层递进

本书充分发挥了刘瑜老师的写作特点，在知识结构的安排和读者体验上，都做了认真考虑、细致雕琢，全书配有丰富的图片、表格、代码、图标提示等，有利于读者阅读和吸收知识。

2. 实战知识直接采用商业项目案例

编程就是一门以实践为主的课程，作为软件领域资深的项目经理、技术总监，安义老师为本书提供了实际商业项目案例，读者从基础知识能一步踏入项目实战环境，具有很高的学习和工作应用价值。多看高手写的代码，可以大幅提高自身的开发技术水平。

3. 一如既往引入“三酷猫”作为故事的主角

刘瑜老师一直认为学习要认真，也需要有点情调，紧松适度是最佳学习状态。“三酷猫”（Three Cool Cats）的原型是电影《八条命》里的那只可爱的猫咪，该电影的主题曲为 *Three Cool Cats*。编程累了，看看电影、听听音乐，不但愉悦了心情，还能促进创新、创意，使自己所编写的软件更具吸引力。所以，本书的主要案例都是使用“三酷猫”作为主角，由它来为大家讲编程故事。

二、学习帮助

1. 免费赠送配套视频

在主要章节提供约 10 分钟的视频讲解，仅起抛砖引玉的作用。

2. 免费赠送配套的源代码

基础薄弱的读者，对照章节内容，可以利用开发工具先行运行相关代码文件，观看运行结果，然后再理解对应的知识；基础扎实的读者，可以自写代码，然后与本书配套代码进行

比对，起到验证作用。

3. 提供 QQ 群

QQ 群作为读者之间交流学习之用。

学习 QQ 群：221742686（请注意入群提示，一个 QQ 群满，可以转入新开群）。

配套资源

教师及项目级别的技术支持 QQ 群：651064565。

本书所有配套资源可在 QQ 群里下载，或通过扫描“配套资源”二维码获取。

三、作者介绍

刘瑜，高级信息系统项目管理师，具有 20 多年 C、ASP、BASIC、FoxBASE、Delphi、Java、C#、Python 等编程经验，软件工程硕士、硕士企业导师、大数据重点实验室主任。开发过商业项目 20 余套，承担省部级千万级别项目 5 个，发表国内外论文 10 余篇。出版了《战神——软件项目管理深度实战》《NoSQL 数据库入门与实践》《Python 编程从零基础到项目实战》《Python 编程从数据分析到机器学习实践》《算法之美——Python 语言实现（微课视频版）》《Python Django Web 从入门到项目实战》。

安义，系统架构师，部门经理，具有 20 多年软件开发经验，主导过多个行业（医疗、教育、互联网、地产、游戏、汽车、餐饮等）的软件系统开发工作。熟悉多种开发语言和开发框架，具有丰富的软件实战经验。曾是腾讯公司负责袋鼠跳跳应用的研发负责人，目前为“三酷猫”团队的软件技术总监。《Python Django Web 从入门到项目实战》第二作者。

陈逸怀，温州城市大学教师教学发展中心主任、高级讲师，天津职业技术师范大学教育学博士研究生（自动化教育方向）、硕士生合作导师，软件设计师、技师，中国计算机学会会员，中国创客教育协会理事，温州市计算机学会理事，国家一类职业技能大赛裁判，青少年机器人大赛国家二级裁判，国家职业鉴定高级考评员。主编、副主编相关教材十本，主持并参与厅局级以上课题十余项，发表相关论文十余篇。

喻小菲，专职软件高级工程师，10 余年软件项目开发经验，FastAPI 专业技术群群主，承担过物联网、游戏、网络安全等 10 多个商业项目。主要从事 Python Web 方向的开发工作，对 FastAPI、Sanic、Django、Flask 等网络框架均有研究，始终追踪 Python 开发最前沿的发展方向，具有丰富的 Python Web 开发经验。

四、习题及实验使用说明

本书免费提供配套的习题及实验，提供该部分内容主要为了验证读者学习效果，巩固学习知识，所以值得一做，并且所有习题及实验都提供了标准答案或提示（可通过指定方式获取）。

五、致谢

在本书编写过程中，一直受到全国同行的热情支持和鼓励，尤其是安徽某软件公司的李硕总经理，在百忙之中也参与了技术讨论；另外，在出版过程中得到了华中科技大学出版社张玲老师等的大力支持，在此一并感谢！

本书经过了作者反复检查，受水平所限，仍可能存在纰漏。若读者朋友发现问题，请在QQ群向群主反映，万分感谢！

作者

2022年8月

目 录

CONTENTS

第 1 部分 基础篇

第 2 部分　实战篇

第1部分

基　础　篇

基础篇主要讲述以 FastAPI 框架为主的基本开发技术，读者从这里可以熟悉 FastAPI 的安装、开发工具 PyCharm 的安装，并逐步熟悉 FastAPI 框架技术的组成和使用。在日积月累、层层递进的学习过程中，逐步掌握 FastAPI 框架技术，这些技术包括 FastAPI 框架的请求、响应、依赖、中间件、异步技术、连接数据库、测试、部署等内容。通过这些内容的综合运用，将可以开发轻量级的、快速访问处理的 Web 应用程序。

掌握了上述内容，加上熟悉了附录 A 的内容，即为第 2 部分项目实战做好了准备。

为了更好地学习该部分知识，读者至少需要熟悉 Python 语言，并对 HTML、CSS、JavaScript、MySQL 数据库系统等有所了解。

第1章 认识 FastAPI

在正式使用 FastAPI 框架编写代码前，需要读者先了解一下 Web 的一些基础知识。如果没有接触过这些基础知识，则可以在网上搜索这些知识的关键字，如“HTML”，学习它的一些基本功能的使用，这样更有利于本书后续的学习。对于 Python 语言的掌握是学习本书的前提条件。

本章提供了 FastAPI 安装、FastAPI 框架构成等入门知识，为后续知识的学习提供基本条件。

本书主要通过 PyCharm 代码开发工具，进行代码编写和调试，所以先要安装该工具，然后掌握该工具基本的使用功能。

本章的主要内容为：

（1）Web 基础知识；

（2）初识 FastAPI；

（3）Hello 三酷猫；

（4）FastAPI 框架构成；

（5）PyCharm 代码编辑工具。

1.1 Web 基础知识

本节为初学者提供学习 FastAPI 时需要了解的 Web 基础知识，以方便后续学习，如果已经具备 Web 相关基础知识，可以跳过本节，直接学习下节内容。

1.1.1 Web 简介

Web（World Wide Web，WWW）翻译为中文叫全球广域网或万维网，俗称网站（WebSite），它是一种基于超文本（Hyper text）、超媒体（Hyper media）、超文本传输协议（HTTP）建立在 Internet 上的分布式信息服务系统。普通用户可通过浏览器的网址（WebSite Address）访问对应网站。

1. 网站

网站为访问者提供各种各样的栏目信息，这些信息在格式上包括了文本、图片、视频、声音、动画等。

如图 1.1 所示为新浪网站的主界面，为访问者提供了各种各样的栏目信息，如个人内容共享的微博、大量的广告信息等。人们通过电脑上的浏览器（Browser），就可以轻松访问该网站。

作为本书的读者，不是简单地访问一个网站，而是要深入了解网站的技术原理，掌握技术内容，从而学会自己构建网站。

图 1.1 新浪网站

（1）超文本。

超文本主要指带有超链接的、特定文本组织格式的电子文档。如网页在显示相应格式内容的同时，可以内嵌其他网页的链接，点一下就可以进入其他网页。

网页的主要超文本格式使用了超文本标记语言（Hyper Text Markup Language，缩写：HTML）。在新浪网站上随意打开一个网页，在其上点击鼠标右键，选择弹出菜单的“查看源代码”选项，就可以看到相应的超文本格式代码，如图 1.2 所示。

（2）超媒体。

超媒体是超文本和多媒体在浏览器环境下的结合结果，为浏览的网页提供了图片、动画、声音、视频等效果。实现过程就是把上述媒体文件，以超文本指定格式链接到网页上并展现出来。

（3）超文本传输协议。

超文本传输协议是浏览器访问网站的简单的请求、响应协议。通过该协议，实现了从浏览器端发送访问信息到网站，网站再把相应的网页信息发送回浏览器端的信息传输过程。

```
<!DOCTYPE html>
<!-- [ published at 2020-05-24 14:12:00 ] -->
<html>
<head>
    <meta http-equiv="Content-type" content="text/html; charset=utf-8" />
    <meta http-equiv="X-UA-Compatible" content="IE=edge" />
    <title>新浪首页</title>
    <meta name="keywords" content="新浪,新浪网,SINA,sina,sina.com.cn,新浪首页,门户,资讯" />
    <meta name="description" content="新浪网为全球用户24小时提供全面及时的中文资讯，内容覆盖国内外突发新
    <meta content="always" name="referrer">
    <link rel="mask-icon" sizes="any" href="//www.sina.com.cn/favicon.svg" color="red">
    <meta name="stencil" content="PGLS000022" />
    <meta name="publishid" content="30,131,1" />
    <meta name="verify-v1" content="6HtwmypggdgP1NLw7NOuQBI2TW8+CfkYCoyeB8IDbn8=" />
    <meta name="application-name" content="新浪首页"/>
    <meta name ="msapplication-TileImage" content="//i1.sinaimg.cn/dy/deco/2013/0312/logo.png"/>
    <meta name="msapplication-TileColor" content="#ffbf27"/>
<link rel="apple-touch-icon" href="//i3.sinaimg.cn/home/2013/0331/U586P30DT20130331093840.png" />

    <script type="text/javascript">
```

图 1.2　网页上的 HTML 超文本代码（部分）

在浏览器里通过网址访问网站，实质上是发送 HTTP 请求。HTTP 分 9 种请求方式，如表 1.1 所示。

表 1.1　HTTP 的 9 种请求方式

序号	请求方式	功能说明
1	GET	请求指定资源地址的网页信息，并返回实体数据
2	HEAD	与 GET 请求类似，返回的响应中没有具体内容，用于获取响应头数据
3	POST	向指定资源地址提交数据进行处理请求（如提交表单、上传文件）
4	PUT	向指定资源地址上传数据内容（从浏览器端向服务器端传送数据取代指定的文档内容）
5	DELETE	向指定资源地址发送删除资源的请求
6	CONNECT	HTTP/1.1 协议中预留给能够将连接改为管道方式的代理服务器
7	OPTIONS	获取服务器针对特定资源所支持的 HTML 请求方法
8	TRACE	回复并显示服务器收到的请求，用于测试和诊断
9	PATCH	是对 PUT 方法的补充，用来对已知资源进行局部更新

表 1.1 中最常用的请求方式为 GET 和 POST。

如在新浪网上点击一个网页上的链接，可以看作是一个 GET 请求方式的发生，它根据 HTTP 协议去网站获取指定的数据（如另外一个带数据的网页），并把数据返回到浏览器上，通过网页跳转在新页面上显示出来。

又如在新浪登录页面输入用户名、密码后，将此数据提交给网站，这个提交开始的请求方式是 POST。提交成功后返回成功状态数据，并转入登录成功的新页面。

2. 网站的构成

网站由一个个网页（Web Page）构成。由此，程序员需要设计各种各样的网页，然后通过网站框架把它们组织起来，供不同的用户使用。

从程序员或网站管理员角度来看，网站分前端和后端。前端就是通过浏览器可以访问的

网页功能和内容，主要供网站访问者使用；后端就是信息发布管理系统，包括了登录网站用户信息的管理、使用功能权限的管理、栏目信息的编辑与发布、发布内容的统计、网站访问量统计等。

3. 因特网（Internet）

Internet，也称国际互联网，其将全球各大洲主要网络链接在一起，是提供信息共享与服务的世界上最大的信息资源网络。

Internet 主要由通信链路、服务器、域名、路由设备、信息软件（网站、浏览器、通讯社交软件等）、个人终端组成，如图 1.3 所示。

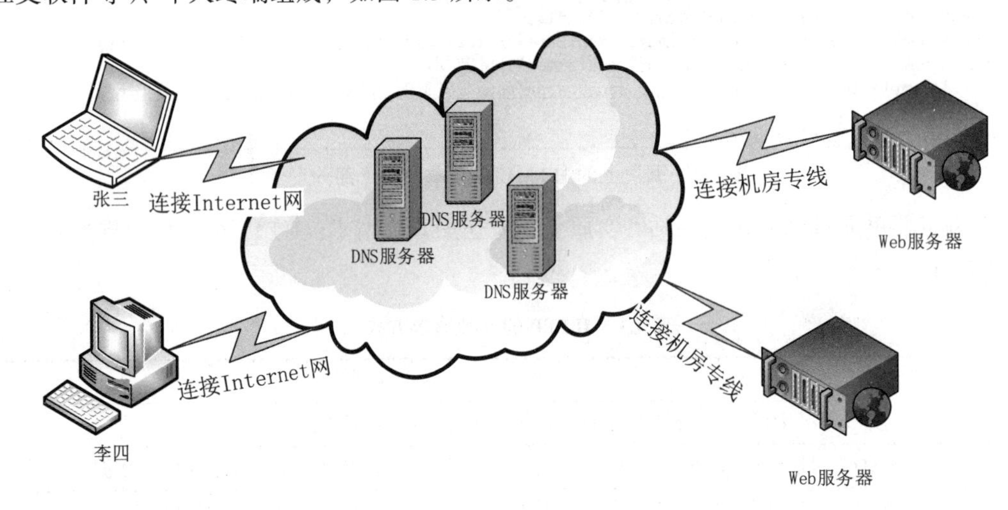

图 1.3 Internet

（1）通信链路包括有线链路、无线链路。有线链路包括国际跨洋海底光缆、国家骨干光纤通道、城市光纤通道、小区楼宇通信线路等；无线链路包括卫星通信链路、无线通讯发送站、家庭无线网络等。这些都是保证数据顺利传输的通信线路。

（2）服务器是用于安装网站等软件系统的专用计算机，也是程序员把开发好的网站进行部署并运行的实际位置。同时服务器用来存储海量的信息数据，包括各种文件、数据库等。另外，DNS（Domain Name Server，域名服务器）服务器提供域名、IP 地址转换统一管理功能。

（3）域名（Domain Name）又叫网域，是 Internet 上由一串用点分隔的名字组成的某一台服务器或服务器组的名称，用于在数据传输时对服务器的定位标识。其格式如下：

www.<用户名>.<二级域名>.<一级域名>

如，新浪的域名为 www.sina.com.cn，“www”代表万维网，“sina”为用户名，“com”为二级域名，“cn”为一级域名，它们之间用点号分隔。“com”用于工商金融企业，“cn”代表中国，为 China 的缩写。由此，部署完成的网站要正式运行，必须先向域名服务商申请域名，并进行备案。

（4）路由设备则为普通用户通过浏览器访问不同地方的服务器提供了网址寻址、转发数据的功能。

（5）信息软件，在本书中就是指网站。

（6）个人终端主要包括了台式电脑及浏览器、手机终端及浏览器、平板电脑及浏览器等。

4. URL

URL（Uniform Resource Locator，资源定位符）代表一个网站上资源的详细地址，一个资源只有一个唯一的地址。如要访问网站的一张图片，该图片具有一个唯一的 URL 地址。如图 1.4 所示为在网站点击的某一链接资源的完整的 URL 网址。

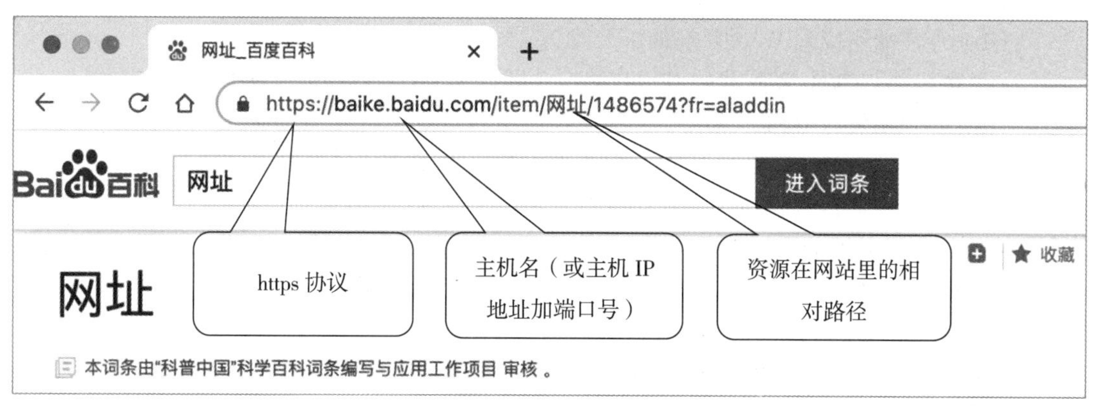

图 1.4　完整的 URL 网址

完整的 URL 格式如下：

协议、主机名（或主机 IP 地址加端口号）、资源相对路径。

（1）协议，这里指 https 传输协议；

（2）主机名，这里指“baike.baidu.com”，在 Web 项目内部开发时，一般指向具体的 IP 地址加端口号；

（3）资源相对路径，这里指“item/网址/1486574?fr=aladdin”，一般指向具体一个网页，其中可以带参数，如“?fr=aladdin”、“?id=1”、“?id=2”等，以增加 URL 指向资源的灵活性。为了方便后续 FastAPI 资源设置及使用描述的方便性，本书后续提到的“URL”都是指“资源相对路径”。

1.1.2 超文本传输协议基础

Web 开发人员需要深入了解 HTTP 协议的实现原理，如工作原理、数据请求格式、数据响应格式，以及响应状态码。

1. HTTP 工作原理

HTTP 协议定义了客户端（通常指浏览器）如何从 Web 服务器请求 Web 页面和数据，以及 Web 服务器如何把 Web 页面和数据传送给客户端，如图 1.5 所示。HTTP 协议采用了请求/响应模型。客户端向 Web 服务器发送一个请求数据报文，请求数据报文包含请求行、请求头、空行和请求数据。Web 服务器的响应数据报文包含了状态行、响应头、空行和响应数据。

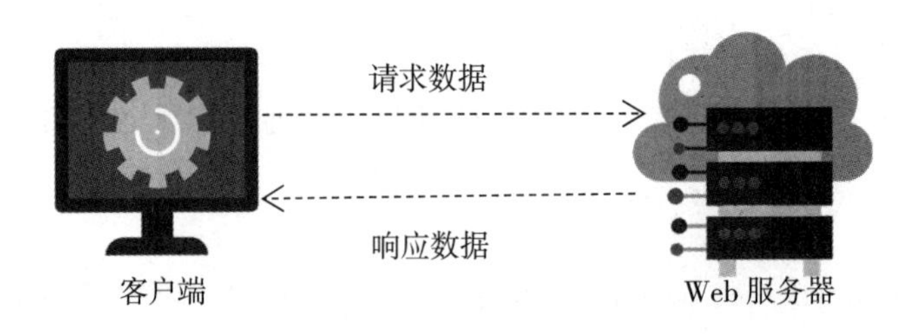

图 1.5　HTTP 请求、响应数据示意图

HTTP 请求、响应的详细实现步骤如下：

（1）客户端连接到 Web 服务器。

一个客户端与 Web 服务器的 HTTP 端口（默认为 80）建立一个 TCP 套接字连接。

（2）客户端发送 HTTP 请求。

通过 TCP 套接字，客户端向 Web 服务器发送一个文本的请求报文。

（3）Web 服务器接收请求并返回 HTTP 响应。

Web 服务器解析请求，定位请求资源。服务器将资源封装成响应数据，写到 TCP 套接字，供客户端读取。

（4）释放 TCP 连接。

若 Web 服务器的连接模式为短连接，则 Web 服务器主动关闭 TCP 连接，客户端被动关闭连接并释放 TCP 连接；若连接模式为长连接，该连接会保持一段时间，在此时间内 Web 服务器可以继续接收请求。

（5）客户端解析响应数据。

客户端浏览器首先解析状态行，检测该请求的状态代码是否成功。然后解析每一个响应头，响应头中包含响应数据的配置信息，比如资源的类型、长度，以及字符集等。接着，客户端读取响应数据，若响应数据格式为 HTML，且客户端为浏览器，则客户端解析 HTML 的内容后，对其进行渲染，并在浏览器中显示为页面。

2. HTTP 请求格式

客户端发送的请求报文，是由请求行、请求头、空行和请求数据 4 部分组成的一段文本，如图 1.6 所示。

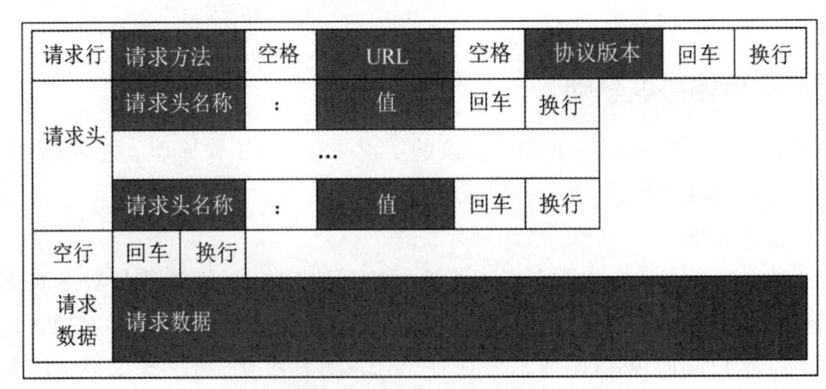

图 1.6　HTTP 请求格式

3. HTTP 响应格式

Web 服务器返回的响应数据报文，是由状态行、响应头、空行和响应数据 4 部分组成的一段文本，如图 1.7 所示。

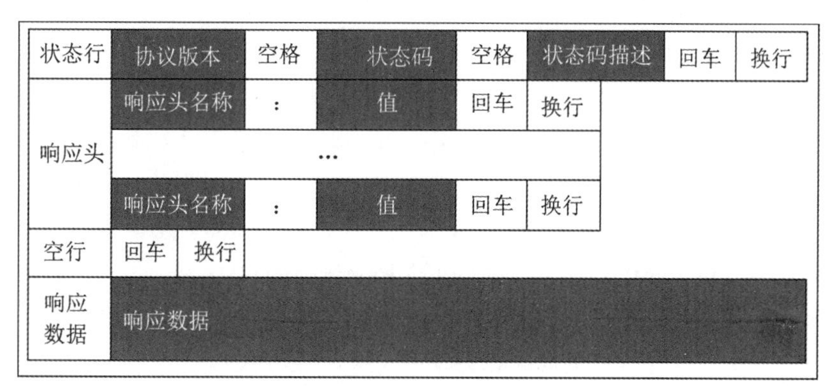

图 1.7　HTTP 响应格式

4. HTTP 状态码

在 HTTP 协议中，Web 服务器将发送 3 位数的状态码作为响应的一部分。这些状态码分数字编码和对应的关联英文名称。

根据 HTTP 的标准，常用的状态码如表 1.2 所示。

表 1.2　HTTP 中常用的状态码

序号	状态码	说　明
1	100	100 及以上状态码用于“信息”的持续操作响应，需要请求后继续执行后续相关操作。该类状态码返回给客户端时，不带有响应对象的业务数据，状态码 100 的英文名称为 Continue
2	200	200 为默认状态码，表示操作成功并返回对应的响应对象数据给客户端，是最常用的响应状态码。如访问一个网页成功，就返回这个网页信息给客户端，并告诉客户端 200 状态码，状态码 200 的英文名称为 OK
3	201	201 表示服务器端已创建了新的资源，该状态码通常用于表示在数据库中成功创建了一条新记录，其对应的英文名称为 Created
4	204	204 表示服务器端成功处理，但是没有返回内容给客户端，其英文名称为 No Context
5	300	300 及以上状态码用于“重定向”，具有这些状态码的响应可能有或者可能没有响应对象的业务数据，如 304“未修改”不得含有响应对象的业务数据
6	400	400 及以上状态码用于访问服务器端发生异常时，返回给客户端的响应状态码，如 404 出错提示，表示客户端访问服务器端时，无法找到对应的资源（主要是网页），其英文名称是 No Found
7	500	500 及以上状态码用于服务端内部错误提示，如 500 为服务器内部错误，无法完成请求，其对应的英文名称为 Internal Server Error

1.2　初识 FastAPI

FastAPI 是一款现代化的、高性能的、支持异步操作的轻量级 Web 框架。其主要特性如下：

（1）快速运行，具有非常高的性能，与 NodeJS 和 Go 相当；

（2）快速编码，使功能开发的速度提升 200%到 300%[1]；

（3）更少的错误，减少约 40%的人为错误；

（4）直观，有强大的编辑器支持，无处不在的代码补全功能，减少了大量的调试时间；

（5）易上手，易于使用和学习，减少了文档阅读时间；

（6）简洁，减少重复代码，支持 Python 类型提示特性，产生更少的错误；

（7）健壮，书写业务代码的同时，自动生成 API 交互文档；

（8）基于标准，完全建立在标准之上，兼容 OpenAPI 标准和 JSON Schema 规范。

1.2.1　FastAPI 简介

FastAPI 是由 Sebastián Ramírez（塞巴斯蒂安·拉米雷兹）于 2019 年创建的。截至 2021 年 3 月，FastAPI 的版本为 0.63.0。

Sebastián Ramírez，德国柏林人，FastAPI 和 Typer 之父，曾长年领导多个团队为不同领域创建复杂的 API（机器学习、分布式系统、异步任务、NoSQL 数据库等），因此接触了各种类型的优秀框架。推出 FastAPI 的初衷是计划在 FastAPI 中使用各种优秀框架的特性，避免重新创建一套框架，后来经过长时间的学习、调查和收集建议，最终决定将那些优秀框架用最佳的方式组合起来，比如使用以前没有的功能（Python 3.6+中的类型检查）。

因此，在开始编码 FastAPI 之前，作者花了大量时间学习各种标准：OpenAPI 规范、JSON 模式、OAuth 2 规范等，深入理解这些标准之间的共性和差异。并且使用了多种开发工具，验证了代码补全、类型检查、错误检查等功能，比如 Jetbrains PyCharm、Microsoft Visual Studio Code（如图 1.8 所示）等，以保证这些特性可以覆盖 80%以上的用户，也给开发者提供了更好的体验。

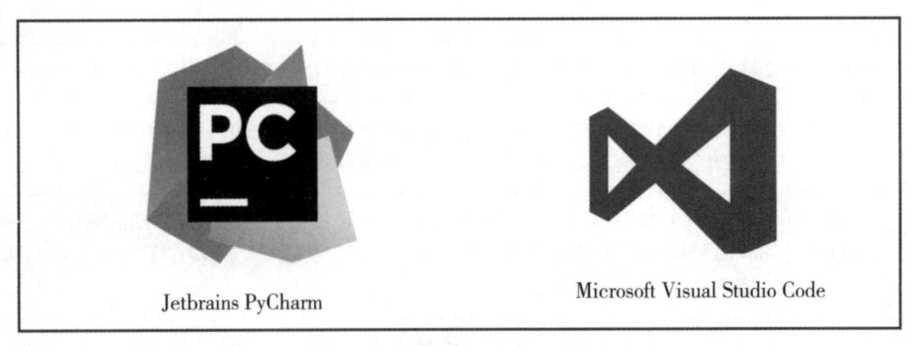

图 1.8　流行的集成开发工具

---

[1] 根据生产型应用的开发团队和测试结果进行的预估

在开源社区的驱动下，FastAPI 自身的特性和功能也在不断完善和提升，有更多的开发者和团队已经将 FastAPI 用到生产环境当中。

FastAPI 的官网地址是 https://fastapi.tiangolo.com/，安装 FastAPI 之前请确认所使用的 Python 版本是 3.6 或更高版本，推荐使用 Python 官网上的最新发行稳定版，本书中使用的版本是 Python 3.9.4。

1.2.2　安装 FastAPI

在计算机接入互联网的前提下，可以使用 Python 中集成的 pip 工具在线安装 FastAPI。主要安装过程分两个步骤：FastAPI 包安装、Uvicorn 包安装。

1. FastAPI 包安装

在命令行终端[2]输入如下命令：

```
C:\> pip3 install fastapi                          # 执行安装命令
```

执行安装 FastAPI 命令，结果如图 1.9 所示。pip 工具在安装 Pyhton 库的时候，会自动检查并安装依赖库。这里核心的依赖库包括 Pydantic、Starlette 等。

提示！

（1）当 Linux 环境下安装 Python 3.x 的第三方库时，建议采用 pip3 命令；

（2）安装 FastAPI 库之前必须已经安装了 Python 3.x。

```
命令提示符
C:\>pip3 install fastapi
Collecting fastapi
  Downloading fastapi-0.65.1-py3-none-any.whl (50 kB)
                                          50 kB 468 kB/s
Collecting pydantic!=1.7,!=1.7.1,!=1.7.2,!=1.7.3,!=1.8,!=1.8.1,<2.0.0,>=1.6.2
  Downloading pydantic-1.8.2-cp39-cp39-win_amd64.whl (1.9 MB)
                                          1.9 MB 72 kB/s
Collecting starlette==0.14.2
  Downloading starlette-0.14.2-py3-none-any.whl (60 kB)
                                          60 kB 38 kB/s
Collecting typing-extensions>=3.7.4.3
  Downloading typing_extensions-3.10.0.0-py3-none-any.whl (26 kB)
Installing collected packages: typing-extensions, starlette, pydantic, fastapi
Successfully installed fastapi-0.65.1 pydantic-1.8.2 starlette-0.14.2 typing-extensions-3.10.0.0
WARNING: You are using pip version 21.0.1; however, version 21.1.1 is available.
You should consider upgrading via the 'c:\python39\python.exe -m pip install --upgrade pip' command.

C:\>
```

图 1.9　在线安装 FastAPI

2. Uvicorn 包安装

Uvicorn 是一个 ASGI（Asynchronous Server Gateway Interface，异步服务器网关接口）服务器框架，Uvicorn 为 FastAPI 提供了快速异步运行环境功能。使用 pip 工具在线安装，

[2] 命令行终端，在 Windows 操作系统里叫命令提示符，在苹果操作系统里叫终端，在 Linux 操作系统里叫 Shell。在 Windows 操作系统里的命令提示符是 C:\>，在苹果操作系统里的命令提示符是$，在 Linux 操作系统里的命令提示符是$或#。另外，Python 交互式命令提示符是 >>>

在命令行输入如下命令：

```
C:\>pip3 install uvicorn                              # 执行安装命令
```

Uvicorn 的安装结果，如图 1.10 所示。

```
命令提示符
C:\>pip3 install uvicorn
Collecting uvicorn
  Downloading uvicorn-0.13.4-py3-none-any.whl (46 kB)
                                    46 kB 325 kB/s
Collecting click==7.*
  Downloading click-7.1.2-py2.py3-none-any.whl (82 kB)
                                    82 kB 217 kB/s
Collecting h11>=0.8
  Downloading h11-0.12.0-py3-none-any.whl (54 kB)
                                    54 kB 284 kB/s
Installing collected packages: h11, click, uvicorn
Successfully installed click-7.1.2 h11-0.12.0 uvicorn-0.13.4
WARNING: You are using pip version 21.0.1; however, version 21.1.1 is available.
You should consider upgrading via the 'c:\python39\python.exe -m pip install --upgrade pip' command.

C:\>
```

图 1.10 在线安装 Uvicorn

1.2.3 验证安装结果

在命令行终端输入如下命令，执行结果如图 1.11 所示，则表示 Uvicorn 安装成功。

```
C:\>uvicorn --version                              # 查看安装版本号
```

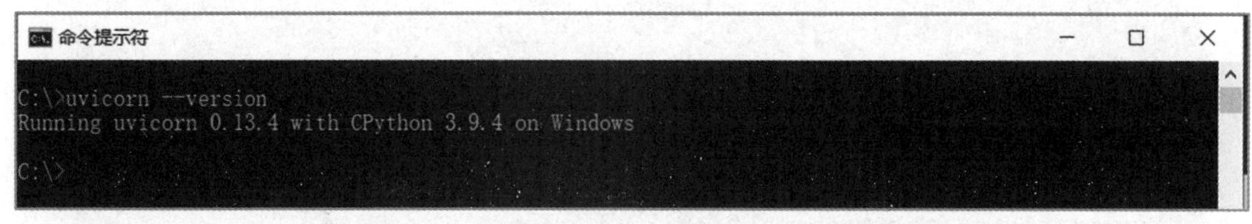

图 1.11 Uvicorn 版本信息

在命令行终端输入如下命令，进入 Python 的命令交互模式，执行结果如图 1.12 所示，则表示 FastAPI 安装成功。

```
C:\>python
>>>import fastapi
>>>fastapi.__version__
```

```
命令提示符 - python
C:\>python
Python 3.9.4 (tags/v3.9.4:1f2e308, Apr  6 2021, 13:40:21) [MSC v.1928 64 bit (AMD64)] on win32
Type "help", "copyright", "credits" or "license" for more information.
>>> import fastapi
>>> fastapi.__version__
'0.65.1'
>>>
```

图 1.12 FastAPI 版本信息

1.3　Hello 三酷猫

安装好 FastAPI 开发环境以后，这里用最快速的方法写第一个程序，初步了解一下 FastAPI 是如何使用的。

1.3.1　第一个程序，Hello 三酷猫

下面开始编写第一个 FastAPI 代码，并用 Python 代码解释器执行该代码。

第一步，创建一个文件 main.py，示例代码如下：

```
# 【示例 1.1】 第 1 章 第 1.3.1 节 main.py
from fastapi import FastAPI                      # 导入 FastAPI 类
import uvicorn                                   # 导入 uvicorn，ASGI 服务器

app = FastAPI()                                  # 创建应用实例

@app.get("/")                                    # 定义路由路径
async def root():                                # 定义路径操作函数
    return {"message": "Hello 三酷猫！"}         # 返回“Hello 三酷猫！”信息到浏览器上

if __name__ == "__main__":
    uvicorn.run(app=app)                         # 在 ASGI 服务器中启动 FastAPI 应用实例
```

第二步，在操作系统上打开命令行终端，如图 1.13 所示，进入 main.py 所在的目录，并输入如下命令，回车，启动第一个程序。

```
C:\Users\anyi\Desktop> python main.py                 # 执行 FastAPI 程序
```

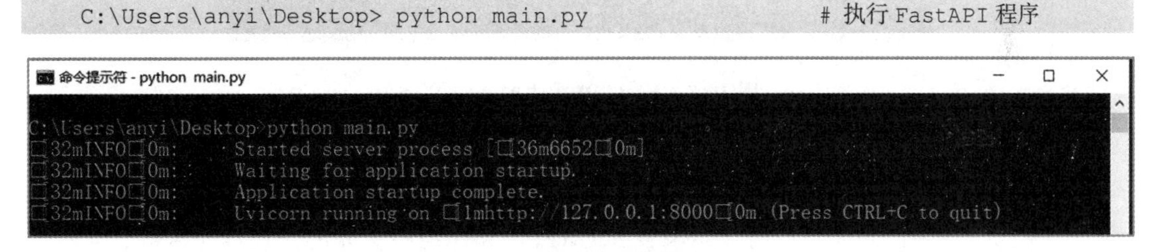

图 1.13　启动第一个程序

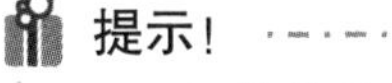
提示！

如果需要停止程序运行，则同时按下键盘上的（Ctrl）和（C）即可。

第三步，打开浏览器并在浏览器地址栏输入：http://127.0.0.1:8000，回车，运行结果如图 1.14 所示。

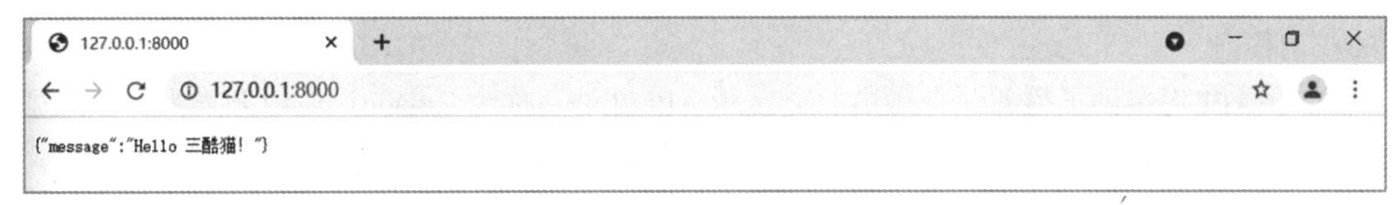

图 1.14　第一个程序的页面

1.3.2 OpenAPI 文档

FastAPI 提供符合 OpenAPI 标准的交互式 API 文档，也称为 Swagger 文档或 OpenAPI 文档，是当下最流行的软件开发文档工具，本书统称为 API 文档。在上一节第一个程序正在运行的基础上，打开浏览器并在地址栏中输入：http://127.0.0.1:8000/docs，回车，显示如图 1.15 所示的 API 文件内容。

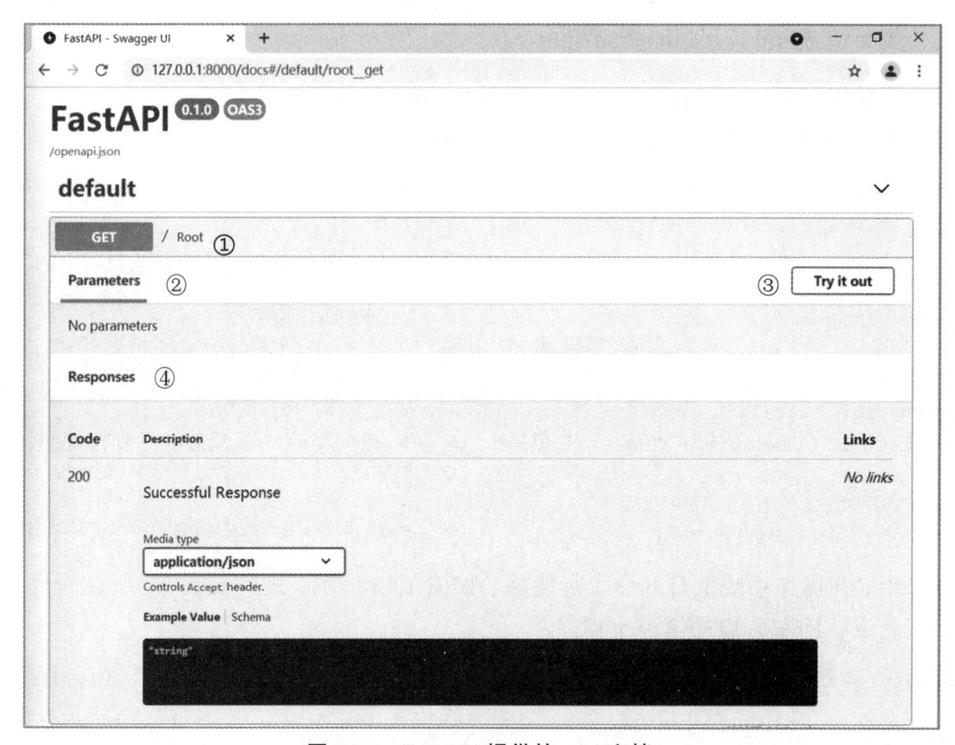

图 1.15　FastAPI 提供的 API 文档

在图 1.15 所示的 API 文档中：

位置①是 API 接口，类型为 GET，接口路径为“/”，对应于 FastAPI 程序中定义的路由路径。在浏览器中访问此接口时，会执行 FastAPI 与路由路径关联的路径操作函数，在本例的代码中为函数 root()。

位置②是 API 接口所需的参数，对应于路径操作函数的参数，在本例的代码中未定义参数，所以 API 文档上显示为“No parameters”。

位置③是“Try it out”按钮，其作用是切换到接口测试页面。本书其他章节中会用到此功能。

位置④是 API 接口的响应数据，包含响应状态码、响应信息描述、响应媒体类型和响应的样例数据。

FastAPI 还提供了另外一个风格的交互式 API 文档，称为 ReDoc。使用方式为，在浏览器地址栏中输入：http://127.0.0.1:8000/redoc，回车，结果如图 1.16 所示。

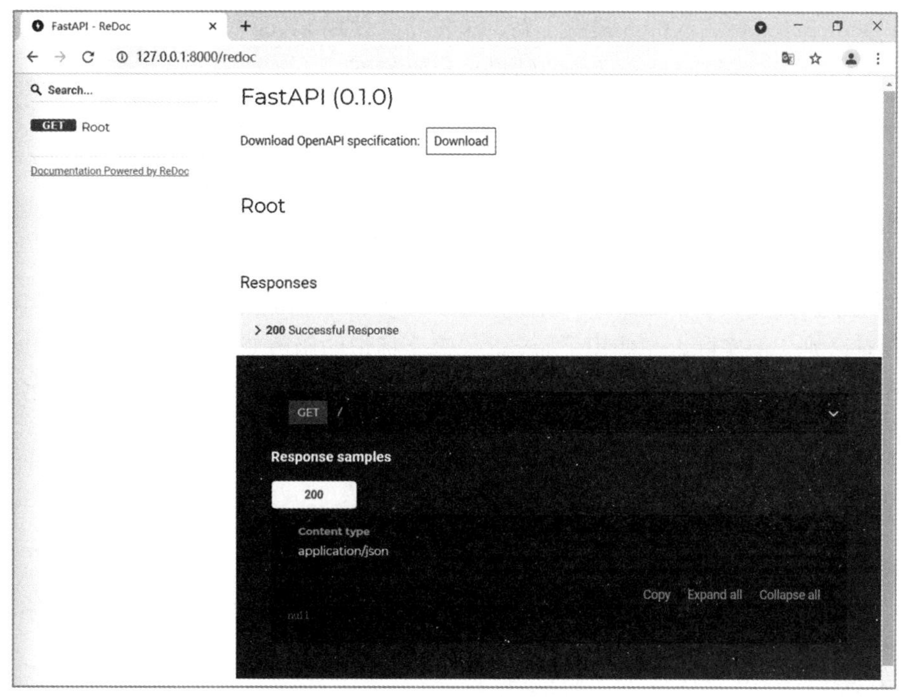

图 1.16　ReDoc 文档

在图 1.16 所示的 ReDoc 文档中提供了不同的页面风格，与 OpenAPI 文档的功能类似，本书不再详细介绍。

OpenAPI 文档是 FastAPI 框架的重要组成部分，通过 OpenAPI 的功能，软件开发人员可以将软件提供的功能以书面化的形式展现出来，为团队中的前端开发工程师提供详细的文档说明。

1.3.3　Python 中的异步语法

在【示例 1.1】中，定义路径操作函数时使用了 async def，这是 Python 异步编程使用的关键字。在学习 FastAPI 之前，首先需要了解一下 Python 中异步编程的一些基础知识。通常在 Python 中定义函数的方式如下：

```
def step():                          # 定义函数 step()
    ....                             # 函数的实现
def some_func(params):               # 定义另外一个函数 some_func()
    step()                           # 在函数中调用 step()
    return some_result               # 返回数据
...
```

以上代码中函数调用的方式称为顺序模型，函数中的代码总是按从上到下的顺序执行，执行完一个步骤以后，才开始执行下一个步骤。

从 Python 3.4 开始，Python 增加了对异步 I/O（Input/Output，输入/输出）的支持，引入了标准库 Asyncio，支持异步特性，使用装饰器@asyncio.coroutine 将函数标记为“协程对象”，初步实现异步编程能力。

从 Python 3.5 开始，Python 提供了新的关键字，使用 async 关键字将函数标记为异步函数，使用 await 关键字接收异步函数的结果，代码如下：

```
async def step():                    # 使用 async def 定义异步函数 step()
    ....
async def some_func(params):         # 定义异步函数 some_func()
   await step()                      # 使用 await 关键字接收异步函数的结果
   return some_result                # 返回数据
```

从代码字面上看，函数增加了两个关键字：async、await，除此之外，上面的函数与普通函数没有区别，但实际上，使用了 async 关键字标记的函数变成了“协程”，由 Python 的事件循环（EventLoop）统一管理，更多关于 Python 异步技术的介绍，请查阅本书第 8 章。此处只需要知道：

（1）使用关键字 async 定义的函数具有异步特性；

（2）接收异步函数的返回数据时，必须使用 await 关键字；

（3）只能在使用 async 定义的异步函数中使用 await 接收返回数据；

（4）在使用 async 定义的异步函数中调用常规函数，不需要使用 await 关键字。

1.4 FastAPI 框架构成

FastAPI 框架功能建立在 Python 类型提示、Pydantic 框架、Starlette 框架的基础上，下面了解它们的组合特点及功能。

1.4.1 FastAPI 框架功能

图 1.17 为 FastAPI 框架功能设计内容，虚线左边为客户端请求访问功能，右边为 FastAPI 框架主体功能。

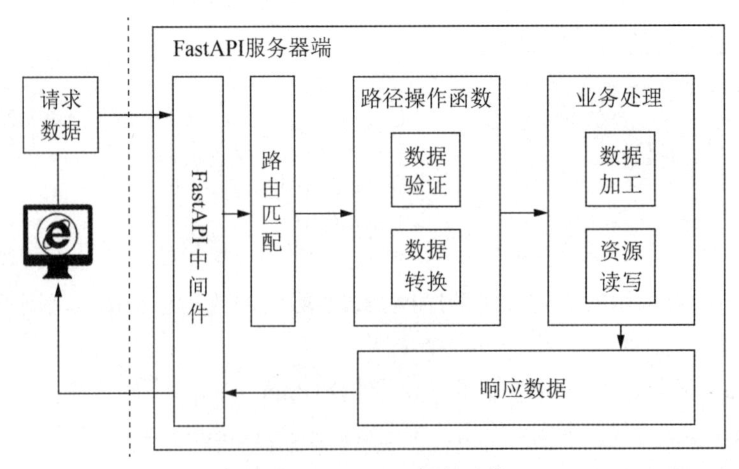

图 1.17 FastAPI 框架功能

当用户通过浏览器发起请求数据时，FastAPI 服务器端对请求数据做以下操作：

第一步，由 FastAPI 中间件接收请求数据，对数据进行初步的处理；

第二步，对请求的 URL 中的路径与 FastAPI 定义的路由列表进行匹配；

第三步，FastAPI 对请求数据进行数据验证和数据转换，生成符合要求的数据，并将数据传递给路径操作函数；

第四步，路径操作函数接收请求数据后，调用业务操作功能或代码对数据进行加工，并对资源进行读写，再将处理结果封装成响应数据；

第五步，将响应数据传递给 FastAPI 中间件，由 FastAPI 中间件对数据进行再次处理后，返回给浏览器。

FastAPI 以 Starlette 库作为 Web 服务器的底层，提供了异步技术接收客户端发起的请求数据。通过高性能的数据模型框架 Pydantic 库对数据进行验证和转换。Pydantic 充分利用了 Python 标准库的类型提示特性，建立数据模型和验证规则。响应数据也通过 Pydantic 库转换成符合 JSON 模式的响应数据，FastAPI 再将最终数据返回给客户端。

提示！

该节知识属于整体概念性知识，部分内容比较复杂，初学读者可以先有一个整体概念，在后续学习中用到本节相关知识时，可以再回顾对照使用，有利后续知识的学习。

1.4.2　Python 类型提示

Python 是动态类型语言，写代码时不需要指定变量类型。但是，2014 年 9 月 29 日，Python 的创始人 Guido van Rossum 创建了一个 Python 增强提议（PEP-484[3]），为 Python 增加类型提示。一年之后，也就是 2015 年 9 月，类型提示作为 Python 3.5 的标准功能发布了。Python 类型的作用是在写代码的过程中可以给变量定义类型信息，供集成开发环境和各种工具使用，在代码运行阶段不起作用，有助于提升代码的可读性。

Python 类型提示使用一种专用的语法为变量指定具体的类型。FastAPI 框架中使用的 Pydantic 框架，是以 Python 类型提示为基础建立的,也是 FastAPI 框架检验数据、转换数据的必要内容。以下是 Python 类型提示的基础知识。

1. 使用方式

Python 中给变量赋值的方式是等于号（=），即：变量 = 值 。Python 类型提示的使用方式为在变量或参数后面使用冒号（:）加数据类型，标准使用格式如下（中括号内容为可选）。

```
变量:类型[=值]
```

用 IDLE 代码编辑器创建一个文本文件 code1_2.py，示例代码如下：

```
# 【示例 1.2】 第 1 章 第 1.4.2 节 code1_2.py
def print_name_with_age1(name, age):    # 函数 print_name_with_age1 有两个参数
    print(name + age)                   # 打印参数

print_name_with_age1('张三', 20)        # 调用函数
```

[3] PEP-484 原文链接：https://www.python.org/dev/peps/pep-0484/

上述代码执行结果如图 1.18 所示。

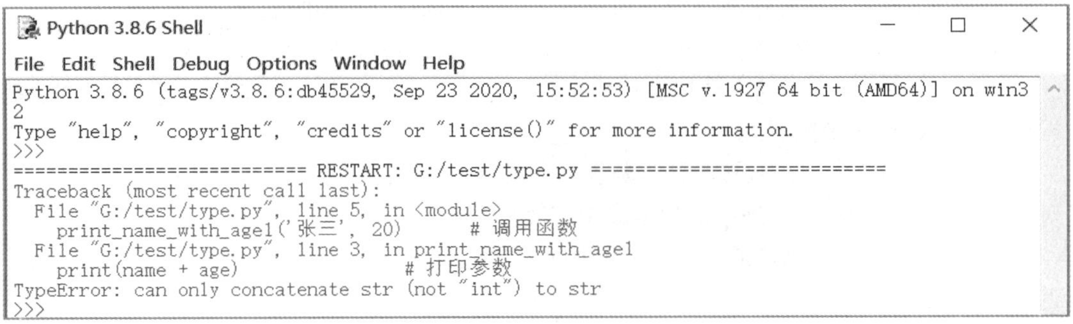

```
Python 3.8.6 Shell
File  Edit  Shell  Debug  Options  Window  Help
Python 3.8.6 (tags/v3.8.6:db45529, Sep 23 2020, 15:52:53) [MSC v.1927 64 bit (AMD64)] on win3
2
Type "help", "copyright", "credits" or "license()" for more information.
>>>
=========================== RESTART: G:/test/type.py ===========================
Traceback (most recent call last):
  File "G:/test/type.py", line 5, in <module>
    print_name_with_age1('张三', 20)      # 调用函数
  File "G:/test/type.py", line 3, in print_name_with_age1
    print(name + age)               # 打印参数
TypeError: can only concatenate str (not "int") to str
>>>
```

图 1.18 代码运行错误

以上代码在编写过程中没有关于类型的提示性信息，执行这段代码时，会出现出错提示：TypeError: can only concatenate str (not "int") to str。提示的内容是“str 类型的变量和 int 类型的变量连接时类型出错”。如果在写代码的阶段引入数据类型提示，就会避免这类错误的发生。

继续改进代码，引入数据类型提示。创建文本文件 code1_3.py，示例代码如下：

```
# 【示例 1.3】 第 1 章 第 1.4.2 节 code1_3.py
def print_name_with_age2(name: str, age: int): # 函数的两个参数的类型分别是 str, int
    print(name + "is this old: " + age)         # 打印参数

print_name_with_age2('张三', 20)                # 调用函数
```

以上代码在记事本、IDLE 等低级代码编辑器中编写时，不会有任何语法提示。而在用一些智能的高级代码编辑工具（如 PyCharm）时，在代码编写阶段，就会根据变量的类型信息，给出相应的提示信息。比如在图 1.19 中，使用 PyCharm 代码编辑工具打开 code2.py 时，将鼠标移动到参数 age 上方，将弹出类型不匹配的提示，这样可以提早预防类型出错的问题。（PyCharm 代码编辑工具安装和使用，详见 1.5 节）。

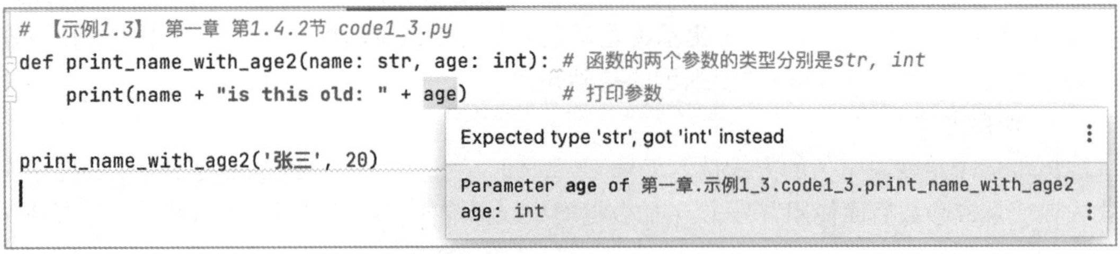

```
# 【示例1.3】 第一章 第1.4.2节 code1_3.py
def print_name_with_age2(name: str, age: int): # 函数的两个参数的类型分别是str, int
    print(name + "is this old: " + age)         # 打印参数

print_name_with_age2('张三', 20)
```

```
Expected type 'str', got 'int' instead
Parameter age of 第一章.示例1_3.code1_3.print_name_with_age2
age: int
```

图 1.19 定义函数的参数类型

使用了 Python 类型提示功能，并不会让 Python 变成强类型的语言，而是对变量类型的使用在代码编写阶段给出友好“提示”，提高了代码编写质量和效率。

2. 基础数据类型

定义变量时，可以使用 Python 中所有的基础数据类型，如：

（1）int，整型；

（2）float，浮点型；

（3）str，字符串型；

（4）bool，逻辑型；

（5）bytes，字节型。

3. 泛型

可以包含其他类型值的数据类型统称为泛型，如字典（Dict）、集合（Set）、列表（List）和元组（Tuple）等。

（1）列表泛型（List）。

比如以下代码中，使用列表泛型定义函数的参数 items。

```
#【示例 1.4】第 1 章 第 1.4.2 节 code1_4.py
from typing import List                      # 从 typing 模块中导入 List
def process_items(items: List[str]):         # 定义函数，参数为字符串列表泛型
    for item in items:                       # 遍历列表中的元素
        print(item)                          # 打印每一项元素

process_items(['a', 'b', 'c'])               # 调用函数
```

本例中 items 的数据类型是列表（List），数据中的每个元素类型是 str。

在 PyCharm 编辑工具中打开以上代码，可以看到 PyCharm 编辑工具对类型提示的支持，如图 1.20 所示。

图 1.20　函数参数的定义方式

（2）元组泛型（Tuple）和集合泛型（Set）。

元组类型和集合类型的泛型使用，示例代码如下：

```
#【示例 1.5】第 1 章 第 1.4.2 节 code1_5.py
from typing import Set, Tuple                   # 从 typing 模块中导入 Set 和 Tuple

def process_items(                              # 定义函数
```

```
        items_t: Tuple[int, int, str],          # 元组泛型参数
        items_s: Set[bytes]                     # 集合泛型参数
    ):
    return items_t, items_s
```

以上代码中，items_t 的类型是元组泛型，元组中包含 3 个参数：两个 int 类型、一个 str 类型；items_s 的类型是集合泛型，集合中每一元素都是 bytes 类型。

（3）字典泛型（Dict）。

定义字典泛型时，需要传入 2 个类型参数，两个类型参数使用逗号（,）分隔。第一个类型参数是字典中的键的类型，第二个参数是字典的值的类型。代码示例如下：

```
# 【示例 1.6】第 1 章 第 1.4.2 节 code1_6.py
from typing import Dict                                 # 从 typing 模块中引入 Dict

def process_items(prices: Dict[str, float]):            # 定义函数，参数是字典泛型
    for item_name, item_price in prices.items():        # 遍历字典的内容
        print(item_name)                                # 打印字典项的键
        print(item_price)                               # 打印字典项的值
```

以上代码中，prices 的类型是字典泛型，字典的键是 str 类型，字典的值是 float 类型。

（4）可选类型（Optional）。

可选类型的含义是可以定义一个带有类型的参数，比如 str 类型，但这个参数是可选的，也就是说，这个参数的值可以为空（None）。代码示例如下：

```
# 【示例 1.7】第 1 章 第 1.4.2 节 code1_7.py
from typing import Optional                           # 从 typing 模块中导入 Optional

def say_my_name(name: Optional[str] = None):          # 定义函数，参数类型是可选类型
    if name is not None:                              # 当 name 不为空时，打印 Hye name
        print(f"我是 {name}!")                        # 打印字符串
    else:
        print("喵")                                   # 否则打印默认字符串
say_my_name()                                         # 调用函数时，不传入参数
say_my_name('三酷猫')                                 # 调用函数时，传入一个名字
```

当函数的参数类型为 str 时，调用该函数必须传入 str 类型的值，否则编辑工具会检测到错误并给出提示。以上代码中使用 Optional[str]替代了 str，如果不传入该参数或者传入为空（None）时，编辑工具认为这是可选类型，符合参数类型定义，则不会提示错误。

4. 自定义类

除了使用简单数据类型、泛型以外，还可以使用自定义类作为参数类型，代码示例如下：

```
# 【示例 1.8】第 1 章 第 1.4.2 节 code1_8.py
class Person:                                   # 定义类
    def __init__(self, name: str):              # 类的构造方法，初始化属性：name
        self.name = name

def get_person_name(one_person: Person):        # 定义函数，参数类型是自定义类
    return one_person.name                      # 返回自定义类实例的属性
```

以上代码中，定义了 Person 类，函数 get_person_name 的参数类型是自定义类。在 PyCharm 编辑工具中，查看【示例 1.8】的代码可以看到编辑器的提示，如图 1.21 所示。

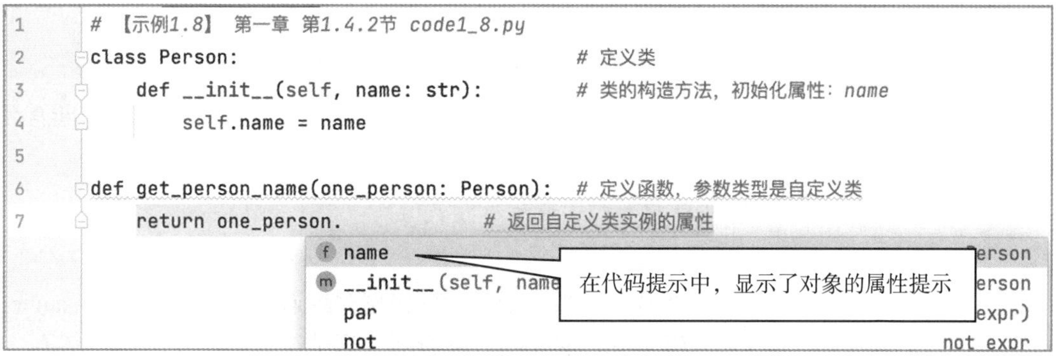

```
1  # 【示例1.8】 第一章 第1.4.2节 code1_8.py
2  class Person:                                  # 定义类
3      def __init__(self, name: str):             # 类的构造方法，初始化属性：name
4          self.name = name
5
6  def get_person_name(one_person: Person):   # 定义函数，参数类型是自定义类
7      return one_person.                 # 返回自定义类实例的属性
              f name                                           Person
              m __init__(self, name                            erson
                par                                            expr)
                not                                            not expr
```

在代码提示中，显示了对象的属性提示

图 1.21　编辑器的提示功能

1.4.3　Pydantic 框架

Pydantic 是一套基于 Python 的类型提示的数据模型定义及验证框架，也是 Python 的第三方库中效率最高的数据验证框架。Pydantic 在验证数据时，对无效的数据提供友好的错误提示。

1. 模型基本用法

Pydantic 中使用自定义类的方式定义数据模型类，数据模型类必须从 BaseModel 继承，数据模型类可以当作强类型语言中的类型，也可以用于定义数据的验证规则。

数据模型的基本用法，代码如下：

```
# 【示例 1.9】 第 1 章 第 1.4.3 节 code1_9.py
from pydantic import BaseModel          # 从 pydantic 模块中导入 BaseModel 类

class User(BaseModel):                  # 继承 BaseModel 类，定义数据模型 User 类
    id: int                             # 字段 id 类型为 int
    name = '三酷猫'                      # 字段 name 未指定类型，值为 '三酷猫'
```

以上代码中，从 pydantic 模块导入了 BaseModel 类，继承 BaseModel 类并定义了一个数据模型类 User，数据模型类中有两个属性 id 和 name。在数据模型中称为字段，字段 id 类型为 int，是必填项；字段 name 未指定数据类型，并且初始值为“三酷猫”。

2. 数据模型测试

下面对数据模型做一些测试。

（1）创建数据模型实例。

```
user = User(id='123')
```

此行代码创建了数据模型类 User 的实例 user，在创建实例时，Pydantic 对实例执行了数据模型的验证和解析。

（2）断言（Assert）数据模型实例 user 中字段 id 的值。

```
assert user.id == 123
```

用关键字 assert 判断 user.id==123 的值与实例（1）里设置的值是否相等。执行结果无出错提示，说明（1）里'123'字符串被强制转为了整数类型。

（3）断言数据模型实例 user 中字段 name 的值。

```
assert user.name == '三酷猫'
```

创建实例时，没有给 name 字段重新赋值，所以此时 name 仍是默认值'三酷猫'，断言测试结果无出错提示。

（4）断言数据模型实例 user 包含的字段集合。

```
assert user.__fields_set__ == {'id'}
```

此行代码是显示创建实例时提供的字段，如果创建实例时传递了 2 个参数 id 和 name，那么 assert user.__fields_set__的值为{'id', 'name'}，此行断言测试结果给出出错提示信息。

（5）断言数据模型实例的 dict()方法获取的数据与其他方式获取的数据是否相同。

```
assert user.dict() == dict(user) == {'id': 123, 'name': '三酷猫'}
```

不论是 dict()方法还是 dict(user)方法，都会将数据模型实例中的数据转换成字典数据。默认情况下，转换出的字典数据是数据模型实例中的完整数据。断言测试结果无出错提示。

（6）修改数据模型字段的内容，并断言判断修改是否有效。

```
user.id = 321
assert user.id == 321
```

数据模型实例 user 支持对字段内容的修改，断言测试结果无出错提示。

3. 常用的模型属性和方法

Pydantic 模型类为定义的数据模型类实例提供如下方法和属性：

（1）dict()，将数据模型的字段和值封装成字典；

（2）json()，将数据模型的字段和值封装成 JSON 格式字符串；

（3）copy()，生成数据模型实例的副本；

（4）parse_obj()，将 Python 字典数据解析为数据模型实例；

（5）parse_raw()，将字符串解析为数据模型实例；

（6）parse_file()，传入文件路径，并将路径所对应的文件解析为数据模型实例；

（7）from_orm()，将任何自定义类的实例转换成数据模型对象；

（8）schema()，将数据模型转换成 JSON 模式数据；

（9）schema_json()，返回 schema()生成的字符串；

（10）construct()类方法，创建数据模型实例时不进行验证；

（11）__fields_set__ 属性，创建数据模型实例的初始化字段列表；

（12）__fields__ 属性，罗列数据模型的全部字段的字典；

（13）__config__ 属性，显示数据模型的配置类。

4. 嵌套模型

数据模型的字段可以定义成常规数据类型，也可以定义成泛型和其他数据模型，这种形式称为嵌套模型，比如【示例 1.10】的代码如下：

```
# 【示例 1.10】 第 1 章 第 1.4.3 节 code1_10.py
from typing import List
from pydantic import BaseModel

class Blackboard(BaseModel):                # 定义数据模型类继承自 BaseModel
    size = 4000                             # 字段类型 int
    color: str                              # 字段类型 str

class Table(BaseModel):                     # 定义数据模型类继承自 BaseModel
    position: str                           # 字段默认为空白

class ClassRoom(BaseModel):                 # 定义数据模型类继承自 BaseModel
    blackboard: Blackboard                  # 字段类型使用数据模型类 Body
    tables: List[Table]                     # 字段类型使用列表泛型

m = ClassRoom(                              # 创建数据模型实例
    blackboard={'color': 'green' },
    tables=[{'position': '第一排左 1'}, {'position': '第一排左 2'}]
)

print(m)
print(m.dict())
```

执行结果如下：

```
blackboard=Blackboard(color='green', size=4000) tables=[Table(position='第一排左1'), Table(position='第一排左 2')]
{'blackboard': {'color': 'green', 'size': 4000}, 'tables': [{'position': '第一排左 1'}, {'position': '第一排左 2'}]}
```

【示例 1.10】中首先定义了两个数据模型类 BlackBoard 和 Table，第三个数据模型 ClassRoom 定义字段时，字段类型分别定义为前两个数据模型类，其含义是定义了一个教室内包含一个黑板和多张桌子的数据模型。之后创建了数据模型 ClassRoom 的实例 m，并打印出实例 m 的数据，数据中包含了数据模型全部的字段和值。

5. 字段

Pydantic 框架中还提供了字段类（Field），用于设置更多的验证规则和信息，以下列出字段类（Field）常用的属性和方法：

（1）默认值（default），为字段提供一个默认值，在创建数据模型实例的时候，字段会使用这个默认值，将默认值设置为（...）用来标记该字段是必填字段；

（2）别名（alias），用来设置字段的别名；

（3）详细信息（description），在 API 文档中显示字段的详细信息，也可以为子类提供文档字符串显示；

（4）数值比较函数（gt、ge、lt、le），为数值型的字段提供数据对比规则；

（5）正则表达式（regex），为字符串型的字段提供正则表达式验证规则。

在【示例 1.10】的基础上简单修改一下代码，在数据模型 BlackBoard 类上增加字段类（Field）的设置，修改如下：

```
from pydantic import BaseModel, Field

class Blackboard(BaseModel):        # 定义数据模型类继承自 BaseModel
```

```
    size = 4000                        # 字段类型 int
    color: str = Field(..., alias='颜色', gt=1, description='黑板的颜色，可选 green
和 black')
```

更多关于 Pydantic 框架的内容，请参考 Pydantic 的官方文档[4]。

1.4.4 Starlette 框架

Starlette 是一个轻量级的、高性能异步服务网关接口框架（ASGI）。FastAPI 框架中高性能异步操作的特性主要来源于 Starlette。下面介绍 Startlette 框架的基本功能。

1. 主要特性

Web 服务器端技术发展日新月异，新技术层出不穷，为了适应技术的发展和变化，Starlette 框架包含了很多先进的特性，如下：

（1）令人惊叹的性能表现；

（2）支持 WebSocket 协议；

（3）支持 GraphQL 协议；

（4）进程内后台任务；

（5）启动和停止事件；

（6）以 requests 库为基础的测试客户端；

（7）支持 CORS、GZIP 压缩、静态文件、文件流等特性；

（8）支持会话和 Cookie；

（9）100%功能测试覆盖率；

（10）100%带类型装饰器的源代码；

（11）完全独立的代码，不依赖任何第三方库。

2. 代码实例

Starlette 的使用和其他 Python Web 框架一样简单，代码示例如下：

```
# 【示例 1.11】 第 1 章 第 1.4.4 节 code1_11.py
from starlette.applications import Starlette
from starlette.responses import JSONResponse
from starlette.routing import Route
import uvicorn

async def root(request):                        # 定义异步函数，参数为请求对象
    return JSONResponse({'hello': '三酷猫'})    # 返回 JSON 响应

app = Starlette(debug=True, routes=[            # 创建服务实例
    Route('/', root),                           # 定义路由，将路径 / 指向异步函数 root
])
if __name__ == '__main__':
    uvicorn.run(app=app)                        # 使用 uvicorn 启动服务器
```

以上这段代码中，用 async def 关键字定义了一个异步函数 root，函数返回了一个响应对象（JSONResponse），然后创建了一个 Starlette 实例，实例中传入了路由列表，列表中第

[4] Pydantic 的官方文档：https://pydantic-docs.helpmanual.io

一个路由对象将路径“/”指向了 root 函数——路径操作函数，路径操作函数将响应对象返回给浏览器。以上就实现了一个简单的、支持异步的 Web 服务端。

在命令行终端中，运行【示例 1.11】的代码，结果如图 1.22 所示。

```
命令提示符 - python code1_11.py
C:\Users\anyi\Desktop>python code1_11.py
□32mINFO□0m:     Started server process [□36m1232□0m]
□32mINFO□0m:     Waiting for application startup.
□32mINFO□0m:     Application startup complete.
□32mINFO□0m:     Uvicorn running on □1mhttp://127.0.0.1:8000□0m (Press CTRL+C to quit)
```

图 1.22　运行 Starlette 服务

然后，在浏览器地址栏中输入：http://127.0.0.1:8000，回车，浏览器显示的页面如图 1.23 所示。

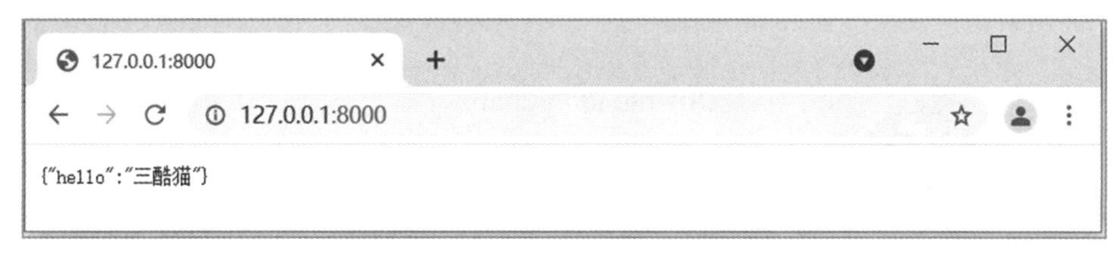

图 1.23　第一个 Starlette 服务的页面

以上就是 Starlette 的基本功能。Starlette 使用了“路由表”的方式，将路径操作函数与访问路径绑定，这与 1.3 节中看到的方式有所不同。FastAPI 使用了装饰器的方式设置“路由路径”与路径操作函数的绑定关系，实际上，FastAPI 在运行时，也会在内部建立“路由表”，将装饰器设置的“路由”保存到“路由表”中，然后启动服务。更多关于 Starlette 框架的内容，请查阅 Starlette 的官方文档[5]。

1.5　PyCharm 代码编辑工具

Python 语言编程有很多代码编辑器，如 Python 自带的 IDLE，JetBrains 公司的 PyCharm，Anaconda 包里的 Spyder、Jupyter Notebook，微软的 VS Code，IBM 的开源项目 Eclipse 等，上述工具都是免费的（或提供免费开源社区版），对于一般的使用者足够用于学习或开发相应软件系统。在中大型软件项目中，对项目管理和开发效率要求很高，希望采用最佳效率的开发工具，以降低开发风险。本书主要采用 PyCharm 代码编辑工具来实现 FastAPI 代码的编写和调试，初学者需要掌握 PyCharm 工具的安装及常用功能的使用。

1.5.1　PyCharm 简介及安装

在 Python 语言的商业级开发工具中，PyCharm 无疑是最为著名的。它是由捷克 JetBrains 公司推出的一款 Python 代码集成开发工具。

---

[5] Starlette 的官方文档：https://www.starlette.io

PyCharm 代码开发工具除了提供基本的编辑、调试、语法高亮、项目管理、智能提示、单元测试、版本控制等功能外，还提供了一些高级功能，如 Django Web 开发功能、Google App Engine 开发功能、IronPython 支持功能等。

PyCharm 分为商业授权版(Professional)、社区开源版(Community)、教育版(Editions)，前者收费，后面两者免费。PyCharm 对 Windows、Mac、Linux 不同操作系统，提供了对应的下载安装版本。社区开源版只有基本功能，不具有高性能集成 HTML、JS、SQL 等的智能编辑功能。本书利用社区开源版的基本功能，实现对所有 Web 代码的开发和管理。

PyCharm 下载地址为 https://www.jetbrains.com/pycharm/download/，如图 1.24 所示。在此页面中根据使用的操作系统，选择对应的安装包，图中选中的是 Windows 版，如果使用其他操作系统，请在“Download PyCharm”文字下方切换不同的操作系统。点击 Community 下的“Download”按钮，在线下载安装包。

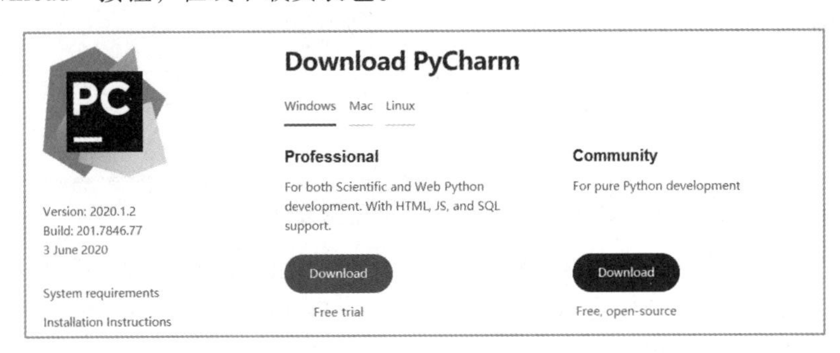

图 1.24 PyCharm 下载界面

下载完成后，双击安装包（如 pycharm-community-2020.1.2.exe），进行 PyCharm 安装，步骤如下。

第一步，在安装的欢迎界面点击“Next”按钮，如图 1.25 所示。

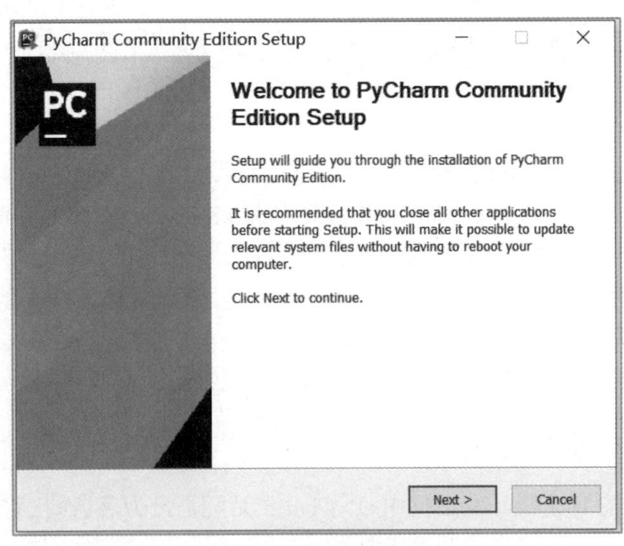

图 1.25 安装欢迎界面

第二步，在安装路径设置界面，点击“Browse...”按钮，选择合适的安装路径（注意，尽量不要安装在 C 盘，避免跟操作系统争夺资源，同时合理保证开发代码的安全），点击“Next”按钮，进入下一步安装选项设置界面，如图 1.26 所示。

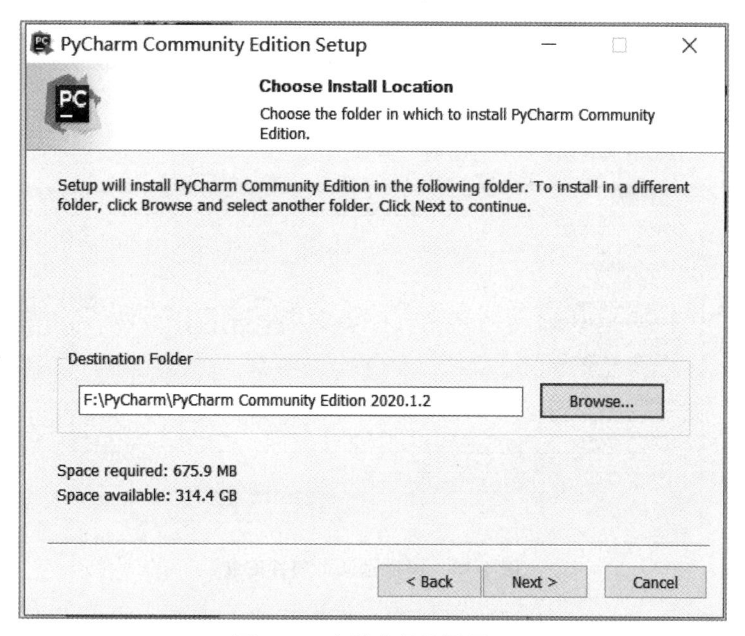

图 1.26　安装路径设置界面

第三步，在安装选项设置界面，依次选择如图 1.27 所示的复选项（注意，尽量按照书上的建议勾选复选框，尤其是“Add”选项为必选），点击“Next”按钮进入下一步界面。

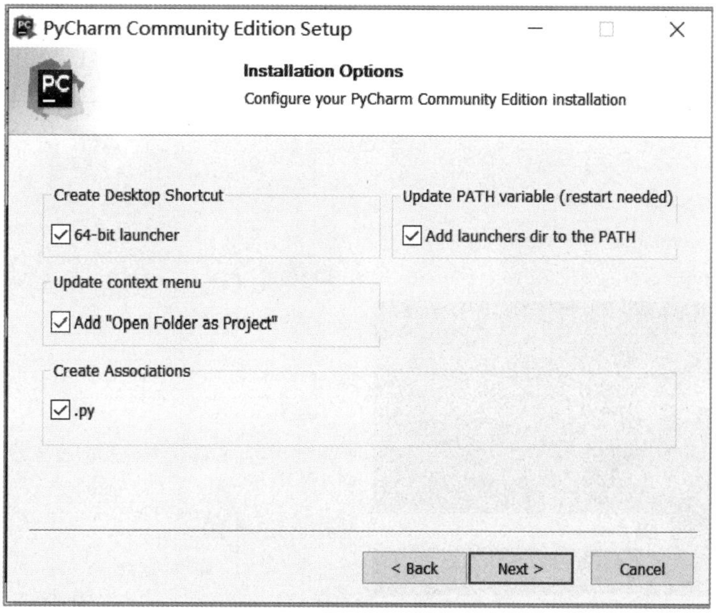

图 1.27　安装选项设置界面

第四步，在该界面选择操作系统“开始”菜单里的默认选项，点击“Install”按钮开始安装，如图 1.28 所示。安装完成选择“Reboot now”选项，点击“Finish”按钮重启操作系统，即可使用。

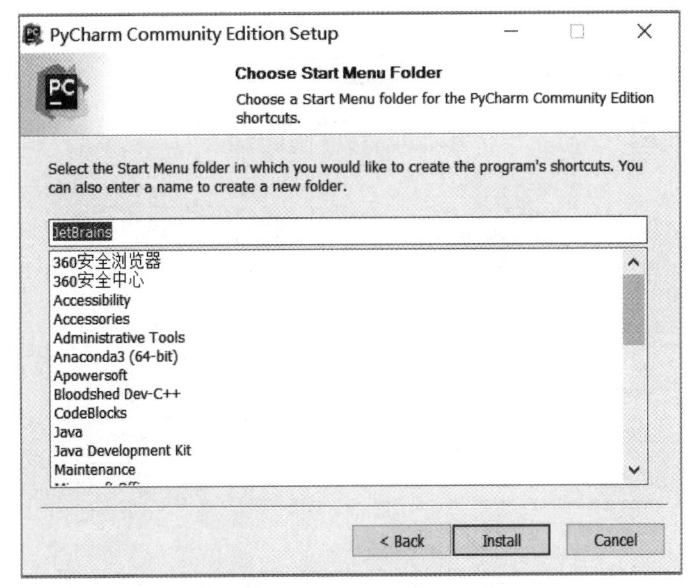

图 1.28 选择默认选项并安装

第五步，设置 PyCharm 工具使用环境。操作系统重启后，双击桌面上的“PyCharm Community Edition”图标，跳出英文用户协议界面，选择底部的“I confirm that have read and accept the terms of this User Agreement”选项，再依次点击“Continue”、“Don’t Send”按钮进入 PyCharm 外观设置界面，如图 1.29 所示。该图左边为“Darcula”风格（背景为黑色），右边为“Light”风格（背景为白色）。作者喜欢亮的颜色，就选择了“Light”风格，点击左下角的“Skip Remaining and Set Defaults”，进入 PyCharm 主界面入口，如图 1.30 所示。

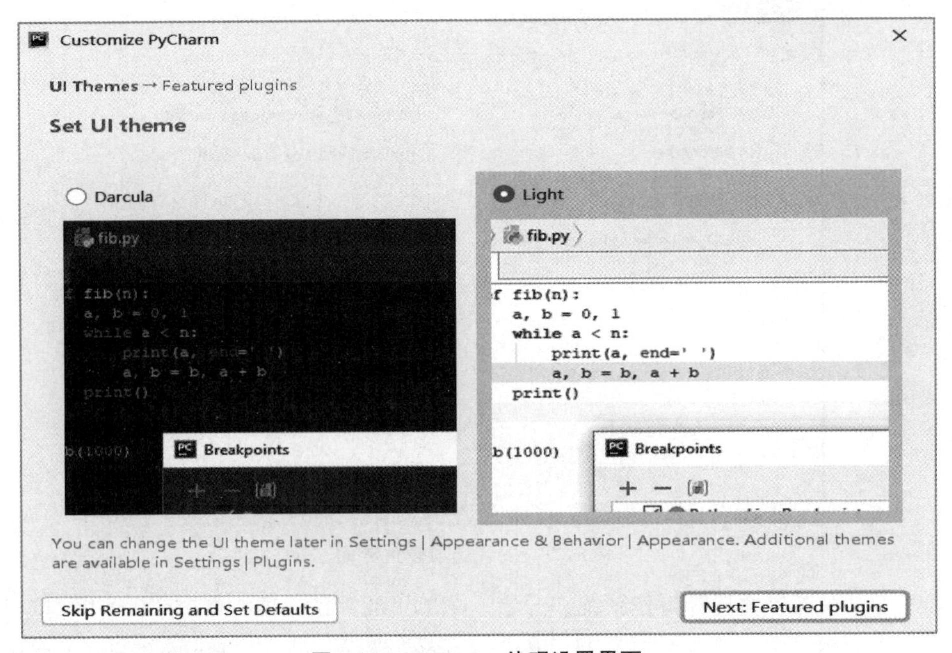

图 1.29 PyCharm 外观设置界面

图 1.30　PyCharm 主界面入口

第六步，这里可以选择主界面的功能。在 PyCharm 主界面入口，选择“Create New Project”选项，则以建立一个新项目的形式进入；选择“Open”选项，则以打开指定目录下的已经存在的项目的形式进入；选择“Get from Version Control”选项，则可以下载更新最新版本的 PyCharm。

第七步，建立新项目。选择“Create New Projec”选项，进入新项目设置界面，如图 1.31 所示。

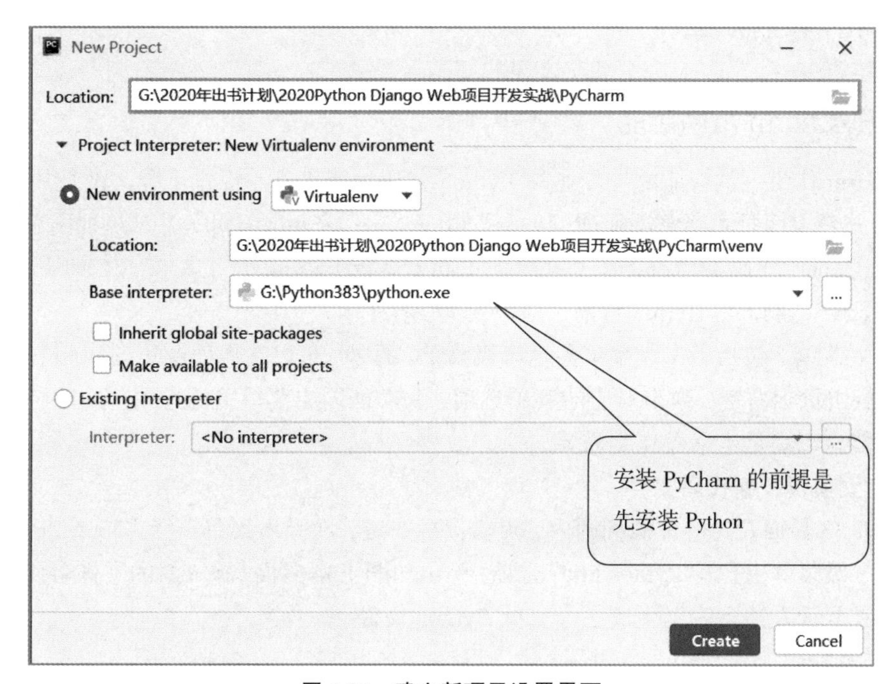

图 1.31　建立新项目设置界面

为了新建立项目代码管理安全，应该指定一个非 C 盘的开发文件路径，通过顶部“Location:”右边图标选择需要的项目文件路径。然后，点击“Create”按钮，进入图 1.32 所示的代码开发工具主界面。

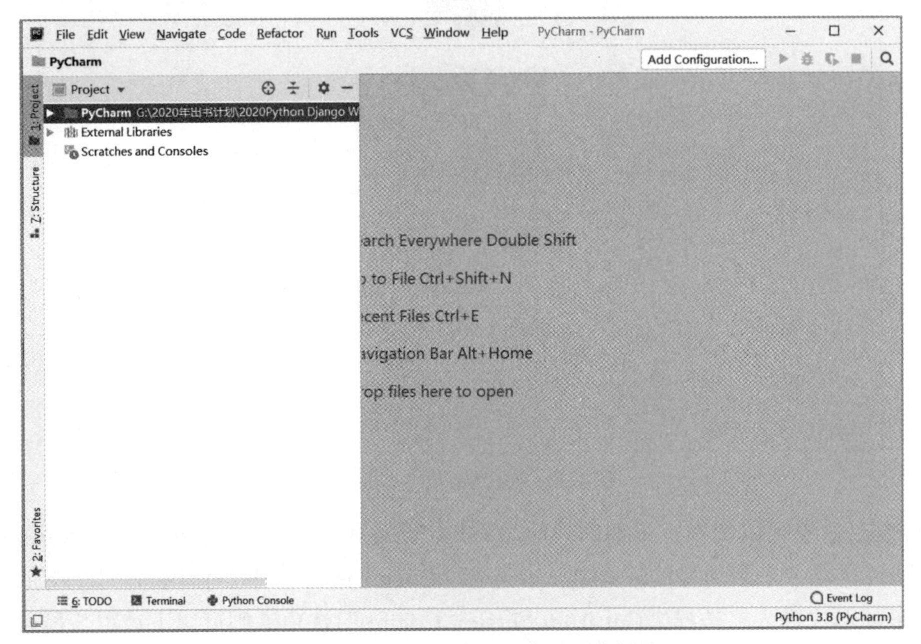

图 1.32　PyCharm 代码开发工具主界面

注意！

上述安装过程，尤其是安装路径，要尽量避免用中文的目录路径，以减少安装或使用过程中的出错现象。

1.5.2　PyCharm 常用功能

PyCharm 作为一款智能的、专业的 Python 代码编辑工具，提供了强大的使用功能。从图 1.32 可知最上面是主菜单功能项，包括了 File（文件）、Edit（编辑）、View（视图）、Navigate（导航）、Code（代码）、Refactor（重构）、Run（运行）、Tools（工具）、VCS（版本控制系统）、Window（窗口）、Help（帮助）。

上述主菜单下包括了二级菜单甚至三级菜单。另外，可以在界面左边列表和右边代码编辑区域，点击鼠标右键，弹出对应的菜单选项，其功能同主菜单里的选项。这里仅介绍常用的几项功能，以满足本书操作之需要。

1. 建立项目、新代码文件

在图 1.33 界面左边的虚线椭圆内，点击鼠标右键，在弹出菜单选择“New”选项，此时右边出现二级菜单，选择“Python File”选项，弹出如图 1.34 界面，输入新的文件名（如 test），回车，就在界面左边列表里生成一个空的 Python 文件。

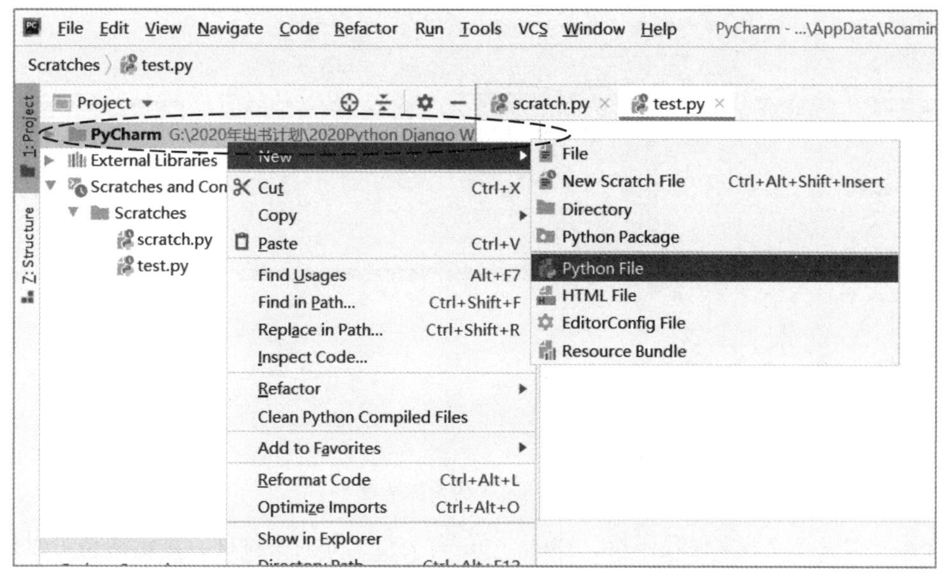

图 1.33　在空项目里建立第一个 Python 代码文件

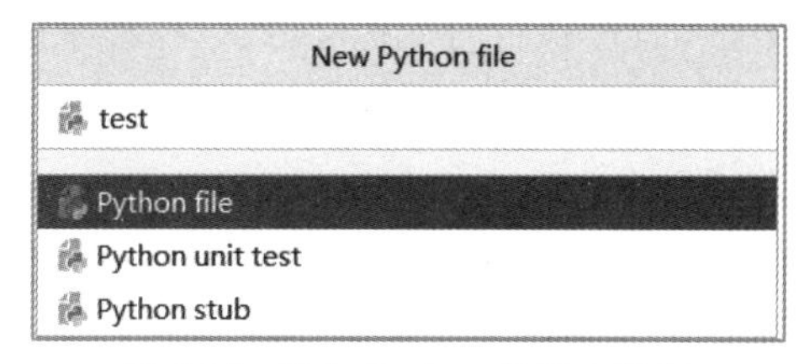

图 1.34　输入 Python 代码文件名

2. 编写代码

在 test.py 文本里输入如下代码：

```
fruits={'苹果':2.5,'猕猴桃':5,'西瓜':1.9,'香蕉':1.5,'草莓':10,'车厘子':12}
for one in fruits.items():
    print(one)
```

第一次执行 test.py 时，如图 1.35 所示，在“Run”菜单里选择“Run...”选项（或按 Alt+Shift+F10 组合键）就可以执行相关代码，其执行结果如图 1.36 所示（虚线部分）。

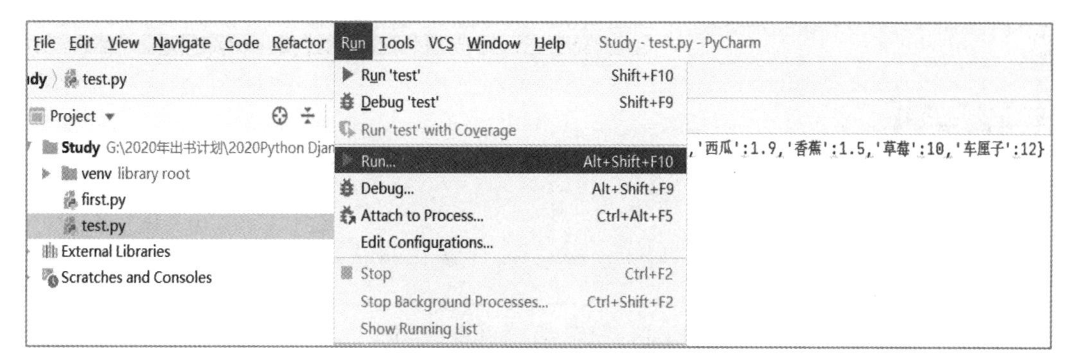

图 1.35　执行 test.py 文件代码

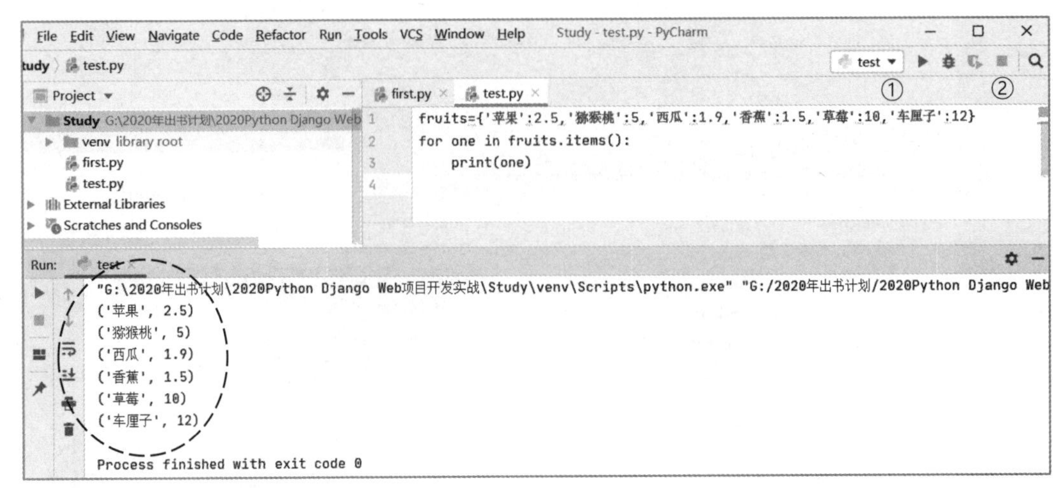

图 1.36　代码执行结果

当第一次执行过该文件代码后，在图 1.36 右上角①处的下拉框，显示的是可以执行的 Python 文件名称（test），其右边有一个绿色的三角形按钮，点击可以重复执行对应文件代码。在②处有一个灰色的方形按钮（程序执行时变棕红色），在程序执行期间，发生死循环等问题时，或者想主动停止运行代码时，可以点击该按钮，终止代码的执行。

3. 代码调试

当代码编写完成需要测试代码时，PyCharm 提供了强大的代码调试功能，其使用方法包括如下几种。

（1）断点调试（Break Point）。

在如图 1.37 所示代码区域左边序号 2 右边空白处双击，会显示一个棕红色的圆点，然后点击“Debug”按钮（可以点右上角的绿色小虫子按钮，也可以在 Run 菜单里选择“Debug”选项），开始以调试模式执行对应文件的代码，一直到断点处，则暂停代码执行，然后可以在图 1.35 的①处查看已执行代码的赋值结果。

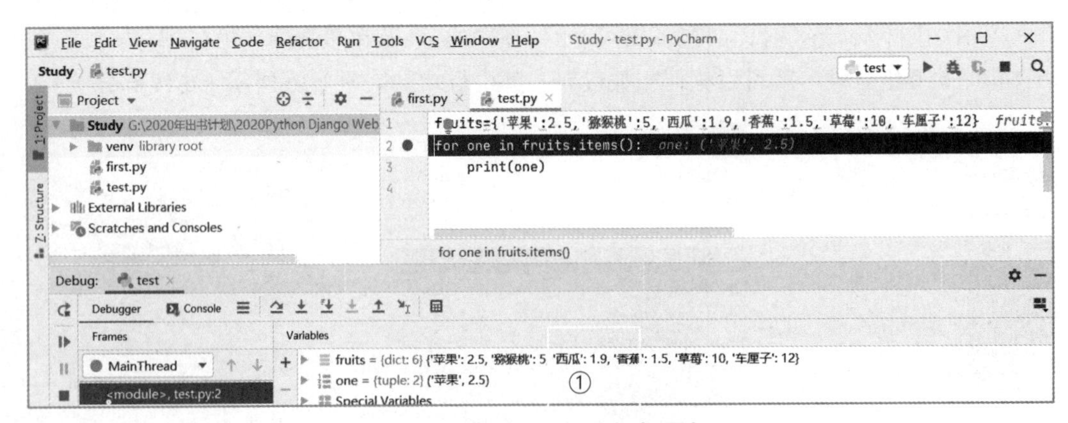

图 1.37　指定点位开始断点调试

（2）单步调试（Step Over）。

新建一个 first.py 文件，在该文件内输入代码，如图 1.38 所示。接着，在需要单步执行的左边①处双击鼠标，设置断点；然后，点击绿色的“Debug”按钮；最后，用鼠标点击虚线椭圆内的第一个折线按钮（F8 快捷键），点击一下就可以发现代码处的蓝色条往下移一行，并把执行结果显示在最下面的右列表里。通过一步步执行代码，可以观察变量的值的变化过程。

单步调试有个特点，并不进入函数体内去一条条执行代码，但是会去执行函数，这对无需了解函数内部执行过程的调试是非常方便的。

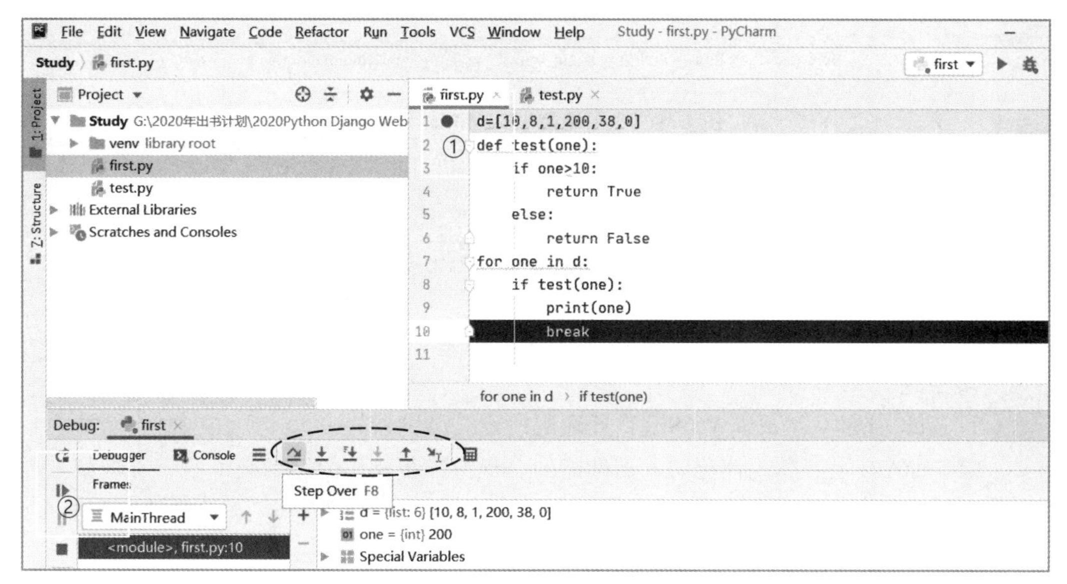

图 1.38　单步调试带函数的程序

（3）单步调试（Step Into）。

图 1.38 虚线椭圆内的第二个下箭线按钮（F7 快捷键）是另外一种单步调试按钮，它与 Step Over 唯一的区别是该单步调试在碰到函数调用时，会进入函数体内一步步执行相应的代码。

在函数体内执行单步调试时，若想提早跳出函数体，可以使用 Step Out（Shift+F8 快捷键）功能（虚线椭圆从左到右数的第 5 个上箭头按钮）。

（4）恢复程序（Resume Program）。

如图 1.38 所示②处的绿色按钮（F9 快捷键），可以恢复程序的调试功能，点击该按钮直接运行到下一断点处或执行代码结束。

4. 命令终端界面

在 PyCharm 左下角有一个“Terminal”的命令行终端界面，如图 1.39 所示，“Terminal”具有等同 DOS 命令提示符界面的功能。在“Terminal”界面提示里，可以执行 DOS、pip 安装等命令，如输入“ping 127.0.0.1”，回车，就开始执行该命令，并显示相关执行结果。若执行界面显示内容过多，可以点击鼠标右键选择“Clear Session”清除界面内容。

上述仅介绍了 PyCharm 最常用的几项功能，若想详细了解该工具的所有功能，可以查阅其在“Help”里提供的相应帮助功能。

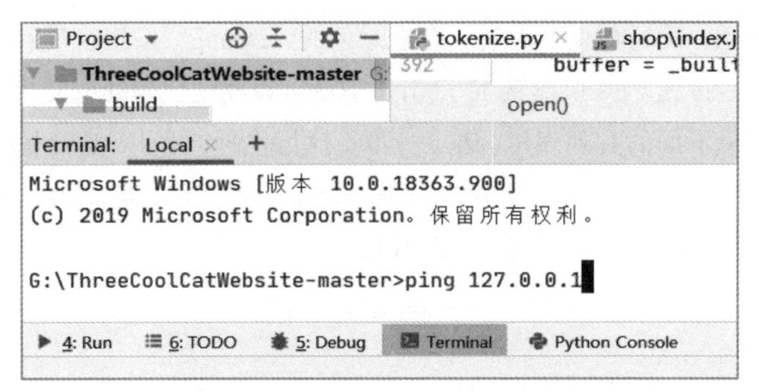

图 1.39　命令终端（Terminal）界面

1.6　习题及实验

1. 填空题

（1）Web 俗称（　　）WebSite，普通用户通过浏览器的（　　）访问对应网站。

（2）FastAPI 是一款现代化的、高性能的、支持异步操作的轻量级（　　）框架。

（3）FastAPI 中使用（　　）关键字标记为异步函数，使用（　　）关键字接收异步函数返回的数据。

（4）Pydantic 是一套基于 Python 的类型提示的（　　　）定义及（　　）框架，也是 Python 的第三方库中效率最高的数据验证框架。

（5）PyCharm 分商业授权版、（　　）开源版、教育版，前者收费，后两者（　　）。

2. 判断题

（1）在 HTTP 协议中，发送请求数据报文时可以没有请求数据。　　　　（　　）

（2）任何函数中都可以使用 await 关键字接收异步函数的数据。　　　（　　）

（3）HTTP 状态码 404 表示服务器异常。　　　　（　　）

（4）Starlette 库主要为 FastAPI 提供了读写访问性能优越的异步技术。（　　）

（5）Windows 下的笔记本、Python 自带的 IDLE、专业的 PyCharm 等工具都可以用于 FastAPI 代码编写，并提供代码调试功能。（　　）

3. 实验

实现在 PyCharm 环境下执行“Hello，三酷猫”的代码。

（1）安装 Python 3.x；

（2）安装 FastAPI；

（3）安装 PyCharm；

（4）编写代码输出“Hello，三酷猫”；

（5）形成实验报告。

第 2 章 认识请求

请求（Request）指从客户端发送请求数据给 FastAPI 服务器端，然后服务器端对请求数据进行处理的过程。

请求与第 3 章的响应（Response）成对出现，服务器端对请求数据做处理，并把处理结果数据以响应方式返回给客户端。

也就是说，请求是用户操作浏览器等终端时，告诉服务器端用户想要什么信息或提交什么信息。

本章的主要内容包括如下：

（1）请求原理；

（2）路径参数；

（3）查询参数；

（4）请求体；

（5）表单和文件。

2.1 请求原理

客户端的请求主要有两种方式，一种是 URL 地址访问，另外一种是表单提交。

URL 地址访问是通过唯一的地址信息访问 Web 服务器端对应的资源，如一篇文章、一张照片、一个视频、一条数据库表记录等。

表单提交则根据网页输入界面，输入或选择相应的内容，如登录界面的用户名、密码，电商平台的购物地址、个人姓名等基本信息，然后通过点击按钮，提交给 Web 服务器端进行数据验证、保存的过程。

URL 地址和表单数据，统一称为请求数据（Request Data）。

图 2.1 为 FastAPI 的请求响应原理图。主体分用户提交请求数据、Web 服务器端处理请求数据、数据逻辑处理、响应数据返回客户端四大部分。

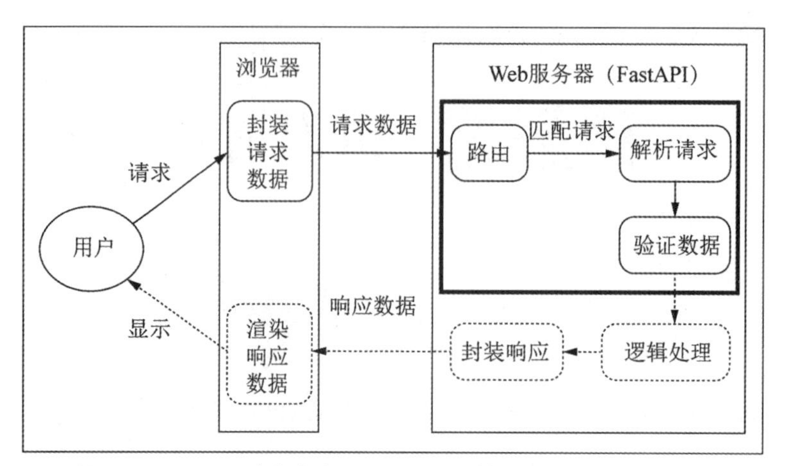

图 2.1　FastAPI 请求响应原理图（实线箭头部分为请求过程）

1. 用户提交请求数据

需要明确提交的 URL 地址、表单数据规则，这是 Web 网站前端开发技术，如 HTML、JavaScript、CSS 等，是前端开发工程师应该掌握的内容，非本书介绍内容。FastAPI 作为服务器后端开发技术，后端开发工程师仅需要熟悉前端的基本技术即可，无需深入学习。提交数据时，浏览器会根据 HTTP 等协议，自动对所提交的数据进行封装处理，以方便数据在网络中的传输及服务器端的接收。

2. Web 服务器处理请求数据

Web 服务器端接收用户提交的请求数据后，首先根据路由规则进行访问地址匹配；匹配成功，则进一步解析请求数据、验证数据格式，只要确定请求提交的数据是可靠的，就可以传递给数据处理部分，数据处理完成后再传递给响应部分，做后续数据处理。

本章围绕图中的实线箭头部分，讲解 FastAPI 中处理请求数据的各种方式，也就是浏览器通过路径参数（Path）、查询参数（Query）、网络跟踪器（Cookie）、请求头（Header）、请求体（Request Body）、表单数据（Form Data）等方式将数据传递 Web 服务器端后，FastAPI 处理这些数据的过程。

2.2　路径参数

客户端传递给服务器端的每一个 URL 地址都指向 Web 网站的唯一资源，如一个网页、一张图片、一条数据库表记录等。

为了使 URL 地址指向不同资源时具有更大的灵活性，在传递 URL 地址时，允许提供路径参数（Path Parameters）设置。例如，一个固定地址加上路径参数值的灵活变动，可以指向不同路径下的上百个图片（图片名的规律为 home1.jpg、home2.jpg、home3.jpg、...）。本节主要讲解路径参数的用法。

2.2.1 简单路径参数

在客户端访问服务器端的 URL 地址中，可以将相对资源路径中的一部分设置为路径参数，URL 地址中被指定的部分就是路径参数的值。

如在浏览器里输入 URL 地址“http://127.0.0.1:8000/items/参数 1”，这里的“参数 1”值可以是灵活设置的路径参数值，如 1、2、3 等。

在 FastAPI 里需要先用带装饰符的@app.get("/items/{id_value}")方法注册路由，用方法里面的带{}参数 id_value 接收 URL 地址传递过来的路径参数值。该路由用于比较从 URL 地址传递过来的地址数据，匹配成功，则执行紧贴路由下一行的路径操作函数（Path Operation Function）。

带路径参数 URL 地址访问 FastAPI，做路由匹配执行路径操作函数，代码示例如下：

```
# 【示例 2.1】 第 2 章 第 2.2.1 节 code2_1.py
from fastapi import FastAPI
import uvicorn
app = FastAPI()                        # 创建应用实例

@app.get("/items/{item_id}")           # 注册路由路径，使用{}定义路径参数，参数名为 item_id
async def read_item(item_id):          # 在路径操作函数中定义同名的路径参数
    print(item_id)                     # 打印路径参数值
    return {"item_id": item_id}        # 用 return 关键字将得到的参数返回给浏览器端

if __name__ == '__main__':
    uvicorn.run(app=app)
```

【示例 2.1】通过@app.get 装饰器里的 get()方法接收从客户端传递过来的 URL 地址。使用花括号“{}”定义了一个路径参数 item_id，意味着可以接收从客户端传过来的更多访问 URL 地址，如“/items/1”、“/items/2”，“/items/3”等。

路径操作函数 read_item(item_id)，用于处理上一行装饰器所接收的 URL 地址。为了使路由准确匹配该函数，路径操作函数的参数名需要与上一行路由里的路径参数名一致，如 item_id。URL 地址匹配成功，该路径操作函数执行打印输出路径参数值及响应返回数据的两行代码。

在 PyCharm 中打开以上代码文件，用鼠标右键点击编辑器，并在弹出的菜单中选择“Run code2_1”，执行以上代码，然后在浏览器地址栏中输入：http://127.0.0.1:8000/items/三酷猫，回车，执行结果如图 2.2 所示。

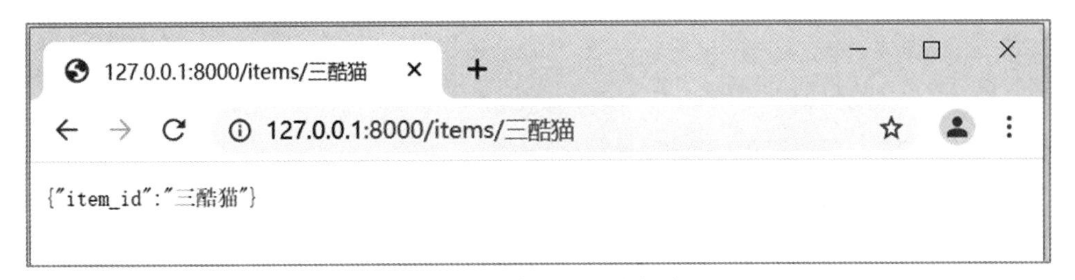

图 2.2 路径参数示例执行结果

2.2.2 有类型的路径参数

有类型的路径参数相对简单路径参数而言，在定义路径参数时，需指定变量类型，如整型、字符型等。

在 FastAPI 中，定义路径参数时也可以使用 Python 类型提示的语法。在【示例 2.1】代码中，增加类型定义，代码示例如下：

```
# 【示例 2.2】 第 2 章 第 2.2.2 节 code2_2.py
from fastapi import FastAPI
import uvicorn
app = FastAPI()                          # 创建应用实例

@app.get("/items/{item_id}")             # 注册路由路径，使用{}定义路径参数，参数名为 item_id
async def read_item(item_id: int):       # 路径操作函数中定义同名的路径参数（带整型 int）
    print(item_id)                       # 打印路径参数值
    return {"item_id": item_id}          # 用 return 关键字将得到的参数返回给浏览器端

if __name__ == '__main__':
    uvicorn.run(app=app)
```

以上代码在前一个示例代码的基础上，将路径操作函数的参数定义为 int 类型，如果在参数定义时，没有指定数据类型，则会默认为 str 类型。在 PyCharm 中执行以上代码，然后在浏览器地址栏中输入：http://127.0.0.1:8000/items/996，回车，执行结果如图 2.3 所示。

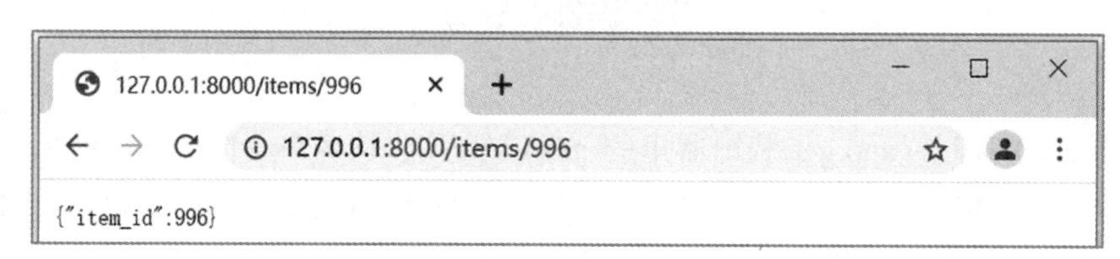

图 2.3 有类型的路径访问结果

图 2.3 界面显示了参数 item_id 获取到的值为 996，并且这个值的类型是整型的 996，不是字符串“996”，这说明 FastAPI 会将输入的参数转换为定义的类型。

2.2.3 有类型路径参数的数据验证

有类型路径参数还有一个功能，就是对数据进行验证。如在执行【示例 2.2】代码的基础上，继续在浏览器地址栏里输入：http://127.0.0.1:8000/items/三酷猫，回车，查看结果如图 2.4 所示。

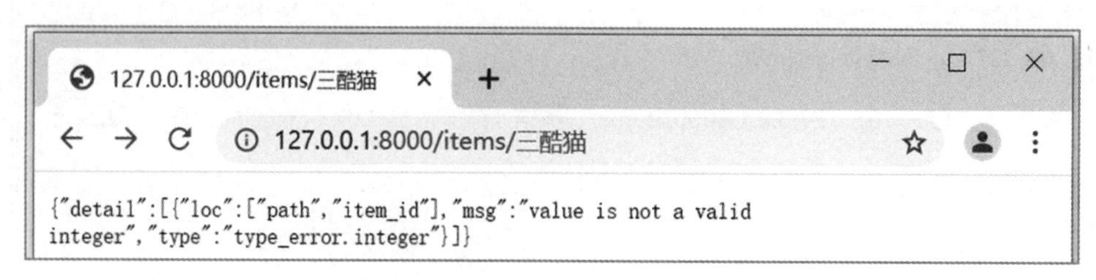

图 2.4 有类型路径参数类型错误提示

上图的页面返回了一段错误信息（Value is not a valid integer），翻译成中文为“值不是一个有效的整型”，这就是 FastAPI 的数据验证功能。根据路径操作函数中的参数定义，URL 地址中参数位置必须输入整型值，否则输入出错。

另外，根据 1.3.2 节知识，以上程序也可以直接查看 API 文档，在浏览器地址栏中输入：http://127.0.0.1:8000/docs，回车，结果如图 2.5 所示。

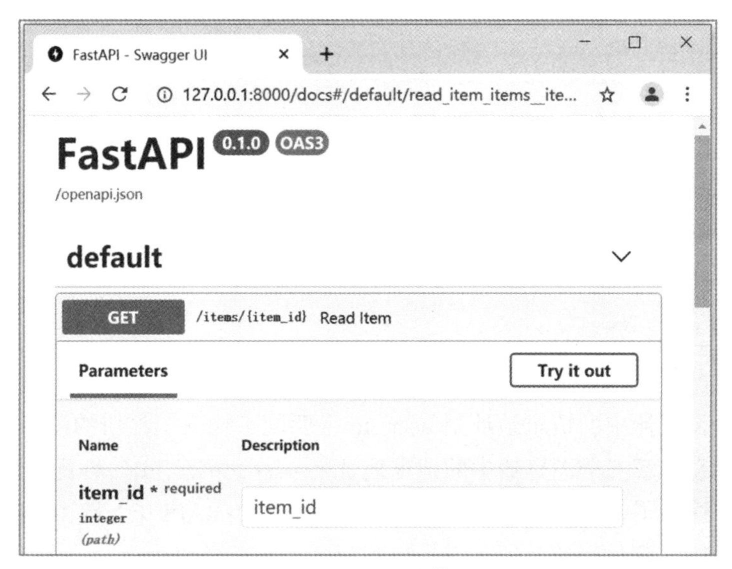

图 2.5　API 文档

在 API 文档中，路由路径 /items/{item_id} 显示为一个 GET 类型的 API 接口，可以接收一个 int 型的参数 item_id。

2.2.4　路由访问顺序

当 FastAPI 程序里使用装饰器注册路由路径时，路由路径按照代码中的顺序保存到后端服务器的路由表中。当后端服务器注册了多个路由路径时，FastAPI 为访问 URL 地址的匹配提出了访问顺序要求。基本的匹配访问原则为从上到下，也就是说，当 URL 地址匹配上第一个路由路径后，不再对后面的路由路径做匹配操作。

如下所示代码，注册了 2 个路由。第一个是静态的路由路径“/users/me”，另外一个是定义了带路径参数的路由路径“/users/{user_id}”。若客户端通过浏览器请求的 URL 地址与第一个路由路径“/users/me”相匹配，则不会再向后匹配下面注册的路由路径。

```
# 【示例 2.3】第 2 章 第 2.2.4 节 code2_3.py
from fastapi import FastAPI
import uvicorn

app = FastAPI()

@app.get("/users/me")                          # 注册静态路由路径 /users/me
async def read_user_me():
    return {"user_id": "the current user"}

@app.get("/users/{user_id}")                   # 注册路由路径 /users/{user_id}
```

```
async def read_user(user_id: str):         # 定义路径参数 user_id，类型为 str
    return {"user_id": user_id}

if __name__ == '__main__':
    uvicorn.run(app=app)
```

在 PyCharm 中执行以上代码，并在浏览器地址栏分别输入：http://127.0.0.1:8000/users/me 和 http://127.0.0.1:8000/users/some-id，回车。运行结果如图 2.6 所示。

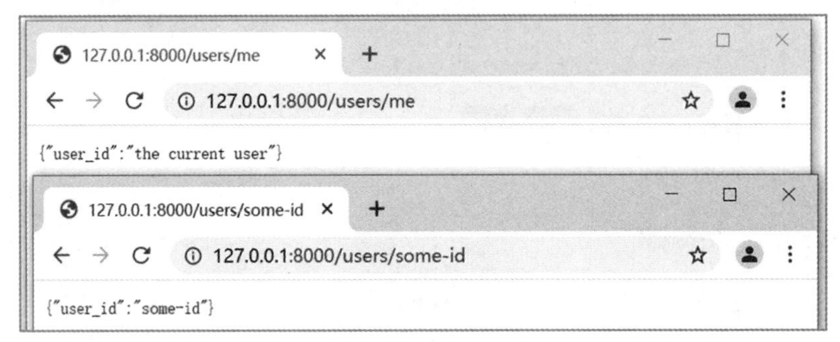

图 2.6 路由访问顺序

上图第一个浏览器中的请求地址是/users/me，匹配了代码中注册的第一个路由路径，返回了当前用户信息；第二个浏览器中的请求地址是/users/{user_id}，匹配了代码中注册的第二个路由路径，返回了 user_id 的值 some-id。因此，在 FastAPI 中，路由路径是按照路由表中从上到下的顺序匹配执行的，而且仅执行到第一个匹配的路由。

2.2.5 使用枚举类型参数

使用 Python 中的数据类型：枚举[1]（Enum），可以对路径参数中接收到的值进行验证，并转换为枚举类型的数据。在 FastAPI 中使用枚举类型定义参数的方法，示例代码如下：

```
# 【示例 2.4】第 2 章 第 2.2.5 节 code2_4.py
from enum import Enum

from fastapi import FastAPI
import uvicorn

class ModelName(str, Enum):                 # 定义枚举类，继承 str，Enum
    alexnet = "alexnet"
    resnet = "resnet"
    lenet = "lenet"

app = FastAPI()

@app.get("/models/{model_name}")            # 注册路由路径，包含路径参数 model_name
async def get_model(model_name: ModelName): # 参数类型是上面定义的枚举类
    if model_name == ModelName.alexnet:     # 使用枚举类型比较
        return {"model_name": model_name, "message": "深度学习模型精英：AlexNet!"}

    if model_name.value == "lenet":         # 使用值比较
        return {"model_name": model_name, "message": "深度学习模型元老：LeNet! "}
```

[1] 枚举类型的文档：https://docs.python.org/3/library/enum.html

```
        return {"model_name": model_name, "message": "深度学习模型新秀: ResNet! "}

if __name__ == '__main__':
    uvicorn.run(app=app)
```

在以上代码中，定义枚举类 ModelName 时，继承了 str 类型和枚举类型（Enum），作用是让 API 文档可以解析到这个枚举类中的值类型是 str。

在 PyCharm 中执行以上代码，然后在浏览器地址栏输入：http://127.0.0.1:8000/docs，回车，查看 API 文档。在 API 文档页面点击“GET”按钮展开 API 接口：/models/{model_name}，再点击 API 接口右侧的“Try it out”按钮，结果如图 2.7 所示。

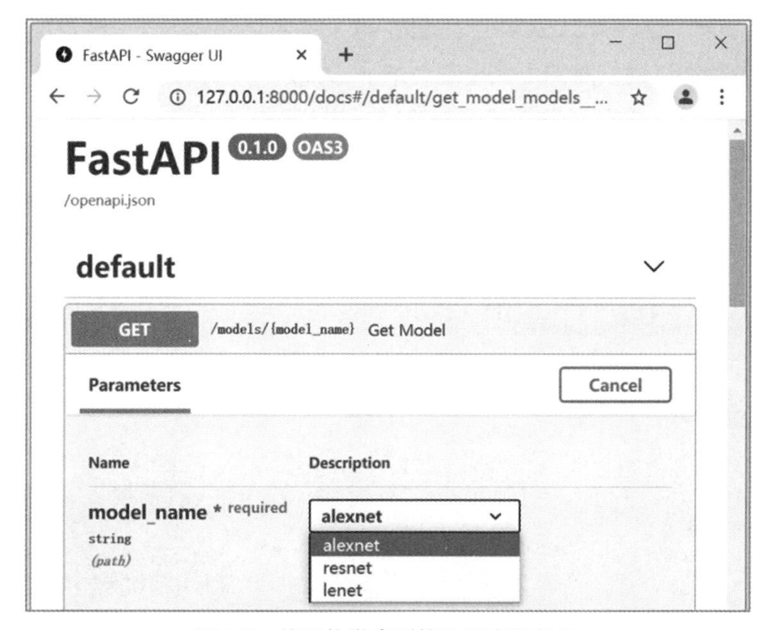

图 2.7　使用枚举类型操作预定义数据

上图路径参数 model_name 的可选值来自于枚举类：ModelName，并且从图中可以看到，路径参数的类型是 string。

可以使用枚举成员进行值比较操作：

```
if model_name == ModelName.alexnet:
```

model_name 是路径操作函数的参数，其类型是 ModelName，其值就是 ModelName 的成员，所以也可以使用枚举对象的值进行比较：

```
if model_name.value == "lenet":
```

枚举类型取值的方式是使用枚举对象的.value 属性，根据定义，这个枚举的值类型是 str，所以可以用枚举的值与字符串“lenet”进行比较。

同理，在返回数据的时候，可以返回枚举的成员，也可以返回枚举成员的值。

2.3 查询参数

URL 地址除了传递路径参数外，还可以采用查询参数，实现对服务器端资源的灵活访问。在 URL 地址中以“?”开始的部分属于查询参数。

2.3.1 标准查询参数

标准的查询参数用法格式如下：

```
? p1=v1 & p2=v2 & ...
```

其中查询参数都以键值对的形式出现，如 p1 为键，v1 为对应的值。

当出现两个及以上的查询参数时，参数之间用“&”关联，比如在浏览器地址栏输入：http://127.0.0.1:8000/items?skip=0&limit=10，则“?”后跟着 skip=0、limit=10 两个查询参数。

在路径操作函数里，通过定义函数参数的方式定义查询参数，与路由路径注册无关。带有查询参数的代码，示例如下：

```
# 【示例 2.5】 第 2 章 第 2.3.1 节 code2_5.py
from fastapi import FastAPI
import uvicorn

app = FastAPI()

# 定义列表 items
items= [{"name": "泰迪"}, {"name": "科基"}, {"name": "加菲"}, {"name": "斗牛"},
{"name": "英短"}]

@app.get("/items/")                                          # 注册路由路径，未定义路径参数
async def read_item(skip: int = 0, limit: int = 10):# 定义了两个参数，参数类型为 int
    print('参数 skip:', skip)
    print('参数 limit:', limit)
    return items[skip : skip + limit]                        # 用下标方式从列表 items 中取出数据

if __name__ == '__main__':
    uvicorn.run(app=app)
```

【示例 2.5】中未定义路径参数，但路径操作函数 read_item 定义了两个参数 skip 和 limit，这样定义的参数称为查询参数。由于它们是 URL 地址的一部分，因此它们的“原始输入值”是字符串。为了将其转换为整型，并具备数值类型的验证功能，在路径操作函数里定义时，显式指定了 int；并为它们分别提供了初始值 0、10。

应用于路径参数的代码支持功能也适用于查询参数：

- 编辑器支持
- 数据解析
- 数据校验
- 自动生成 API 文档

在 PyCharm 中执行以上代码，并在浏览器地址栏中输入：http://127.0.0.1:8000/items?skip=0&limit=3，回车，结果如图 2.8 所示。

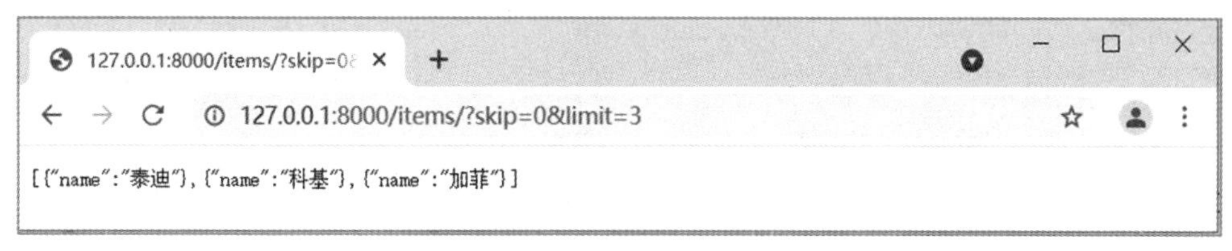

图 2.8 查询参数运行结果

如图 2.8 所示，在浏览器中显示了查询结果，并在 PyCharm 编辑器的控制台中可以看到参数值的打印内容：skip: 0、limit: 3。

根据路径操作函数的参数定义，当 URL 地址中未传递查询参数值时，该函数将会使用查询参数自带的初始值。在浏览器地址栏中输入：http://127.0.0.1:8000/items，回车，结果如图 2.9 所示。

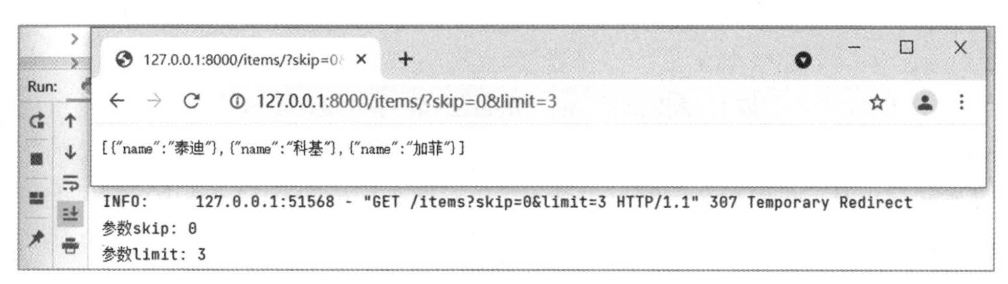

图 2.9 没有查询参数的运行结果

定义查询参数时，由于设置了默认值，所以也可以只传递一个查询参数。

在浏览器地址栏输入：http://127.0.0.1:8000/items?limit=20，回车，结果如图 2.10 所示。

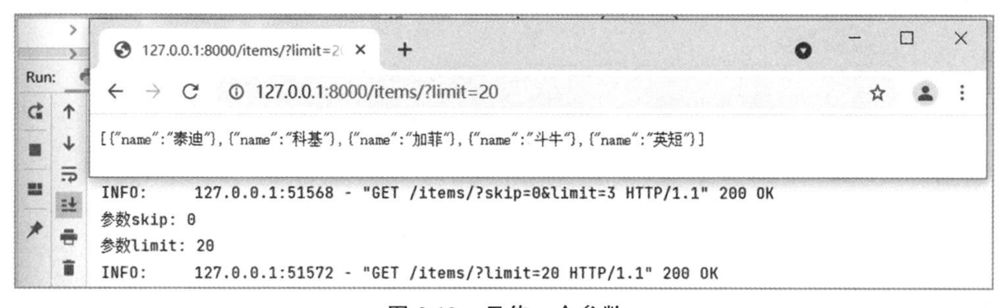

图 2.10 只传一个参数

当只传一个参数 limit=20 时，编辑器控制台中的参数 skip:0 是参数的默认值，参数 limit:20 是地址中输入的参数。所以，如果查询参数设置了默认值，那么在调用 API 接口时可以不传该参数。

2.3.2 可选查询参数

可选查询参数指定义的查询参数可以被使用，也可以不被使用，且默认值只能为 None，在路径操作函数里用 Optional 关键字定义。

在有些业务场景中，部分查询参数是可选的，并且不能指定默认值，其使用方法示例代码如下：

```
# 【示例 2.6】第 2 章 第 2.3.2 节 code2_6.py
from typing import Optional
import uvicorn
from fastapi import FastAPI

app = FastAPI()

@app.get("/items/{item_id}")        # 注册路由路径，定义路径参数
async def read_item(                # 定义路径操作函数
        item_id: str,               # 定义路径参数 item_id，参数类型为 str
        q: Optional[str] = None     # 定义可选查询参数 q，参数类型为 str，默认值为 None
):
    if q:                           # 传入可选查询参数时，返回 item_id，q
        return {"item_id": item_id, "q": q}
    return {"item_id": item_id}     # 未传入可选查询参数时，返回 item_id

if __name__ == '__main__':
    uvicorn.run(app=app)
```

在【示例 2.6】中，路径操作函数 read_item 使用 Optional 关键字定义了一个可选参数 q。该函数的实现代码中，判断 q 是否存在，从而做不同的逻辑处理，并返回对应的结果。客户端发起请求时可提供查询参数 q，也可不提供查询参数 q。在 PyCharm 中执行以上代码，然后在浏览器地址栏中分别输入：http://127.0.0.1:8000/items/996 和 http://127.0.0.1:8000/items/996?q=condition，回车，结果如图 2.11 所示。

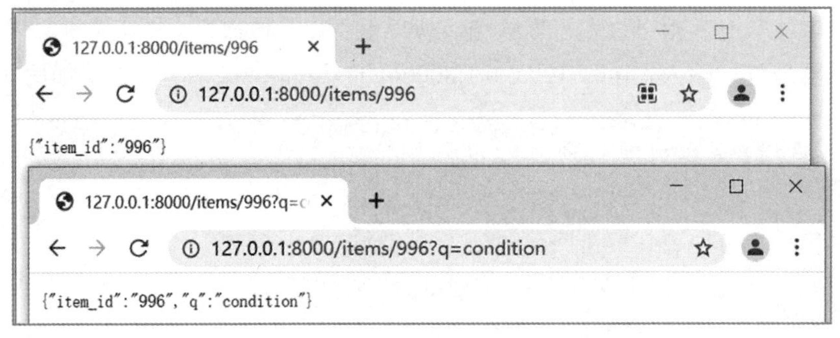

图 2.11　可选参数

图中上半部分未传入查询参数 q，返回的数据中只有路径参数 item_id 的值，下半部分传入了参数 q=condition，返回的数据中包含查询参数 q 的值。

在路径操作函数里，当查询参数被指定了默认值时，则该参数不是必需的。如果不想指定一个默认值，而只是想使该参数成为可选的，则可以使用 Optional 类型，并将参数类型值设置为 None。

2.3.3　必选查询参数

使用 URL 传递参数时，有时希望某些查询参数是必传的。这种情况下，只需要在路径操作函数中定义带常规类型的查询参数，并且不带默认值即可。也就是和路径操作函数中定

义路径参数的方法相同，但不在注册路由时定义参数。

必选查询参数示例代码如下：

```
# 【示例 2.7】 第 2 章 第 2.3.3 节 code2_7.py
from fastapi import FastAPI
import uvicorn
app = FastAPI()

@app.get("/items/{item_id}")                # 注册路由路径，定义了路径参数 item_id
async def read_user_item(                   # 定义路径操作函数
        item_id: str,                       # 定义路径参数
        q: str                              # 定义查询参数
):
    return {"item_id": item_id, "q": q}     # 返回参数值

if __name__ == '__main__':
    uvicorn.run(app=app)
```

以上代码中，函数 read_user_item 定义了两个必选查询参数，这两个参数都没有指定默认值，其中，item_id 在装饰器中定义为路径参数，是必传的；q 未在装饰器中定义，所以是查询参数。这两个参数的值都是必传的，如果不传将会导致验证错误。

在 PyCharm 中执行以上代码，然后在浏览器地址栏中输入：http://127.0.0.1:8000/items/996，回车，执行结果如图 2.12 所示。

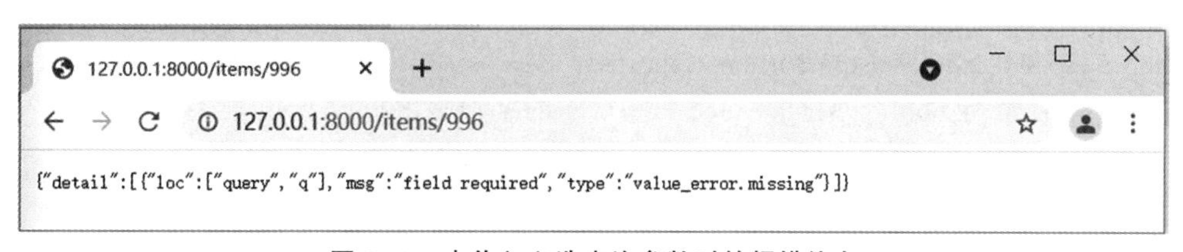

图 2.12　未传入必选查询参数时的报错信息

上图当浏览器地址栏中输入的地址没有传入任何参数时，页面上就会显示错误信息：缺少必需的字段。

2.3.4　参数类型转换

通过 URL 传递的查询参数，参数值的原始类型是字符串，在【示例 2.6】中，将参数类型定义为 int 类型时，FastAPI 会验证参数并将其转换为 int 类型，所以，FastAPI 会将参数转换成其定义的类型。示例代码如下：

```
# 【示例 2.8】 第 2 章 第 2.3.4 节 code2_8.py
from typing import Optional
import uvicorn
from fastapi import FastAPI

app = FastAPI()

@app.get("/items/{item_id}")      # 注册路由路径，定义路径参数 item_id
async def read_item(              # 定义路径操作函数
```

```
        item_id: str,               # 定义路径参数，类型为 str
        q: Optional[str] = None,    # 定义可选查询参数，类型为 str
        short: bool = False         # 定义查询参数，类型为 bool，默认值为 False
):
    item = {"item_id": item_id}     # 创建对象 item，赋值路径参数
    if q:                           # 当传入了可选查询参数 q 时，更新 item
        item.update({"q": q})
    if not short:                   #当传入了查询参数 short，并且其值为 True 时，更新数据
        item.update(
            {"description": "这是一个神奇的东西，而且名字还特别长"}
        )
    return item                     # 返回数据

if __name__ == '__main__':
    uvicorn.run(app=app)
```

在【示例 2.8】中，函数的第三个查询参数 short 定义成了 bool 类型，在 PyCharm 中执行以上代码，然后在浏览器地址栏里分别输入以下地址后回车，页面上会显示不同的数据。本例未提供截图，请读者自行测试。

http://127.0.0.1:8000/users/10/items
http://127.0.0.1:8000/users/10/items?short=True
http://127.0.0.1:8000/users/10/items?short=true
http://127.0.0.1:8000/users/10/items?short=yes
http://127.0.0.1:8000/users/10/items?short=1

FastAPI 在解析 bool 类型时，会将一些常用的字符串解析成 bool 类型的值 True，比如本例中在地址栏传给 short 的 True、true、yes、1。如果传给 short 的值是 False、false、no、0，FastAPI 会将其解析为 bool 类型的值 False。

2.3.5　同时使用路径参数和查询参数

有时可以同时定义多个路径参数和多个查询参数，而且不需要使用特定的顺序，FastAPI 就可以正确识别它们。需要注意的地方是参数名称，因为 FastAPI 是通过参数名称的定义识别参数的。首先匹配路由路径中的路径参数名称，匹配到的参数是路径参数，未匹配到的参数就是查询参数。

路径参数和查询参数共同使用的示例代码如下：

```
# 【示例 2.9】 第 2 章 第 2.3.5 节 code2_9.py
from typing import Optional
from fastapi import FastAPI
import uvicorn
app = FastAPI()

@app.get("/users/{user_id}/items/{item_id}")   # 注册路由路径，定义两个路径参数
async def read_user_item(                       # 定义路径操作函数
```

```
    user_id: int,                              # 定义路径参数，类型为 int
    item_id: str,                              # 定义路径参数，类型为 str
    q: Optional[str] = None,                   # 定义可选查询参数，类型为 str
    short: bool = False                        # 定义带默认值的查询参数，类型为 bool
):
    item = {"item_id": item_id, "owner_id": user_id}
    if q:
        item.update({"q": q})
    if not short:
        item.update(
            {"description": "这是一个神奇的东西，而且名字还特别长"}
        )
    else:
        item.update({'short': short})
    return item

if __name__ == '__main__':
    uvicorn.run(app=app)
```

【示例 2.9】中的路径操作函数 read_user_item 定义了两个路径参数、两个查询参数。在路径操作函数中，定义参数的顺序可以任意调换，因为 FastAPI 解析参数时，是根据参数名称进行匹配的。但是在输入请求 URL 时，路径参数的顺序是固定的，路径/users/后面的路径被解析为 user_id,路径/items/后面的参数被解析为 item_id，查询参数则没有限制，可以写成?q=123&short=yes，也可以写成?short=yes&q=123，都不影响执行的结果。

在 PyCharm 中先停止其他正在运行的代码，再执行以上代码，在浏览器地址栏中输入：http://127.0.0.1:8000/users/10/items/996?q=123&short=yes，回车，然后再打开另一个浏览器，在地址栏中输入：http://127.0.0.1:8000/users/10/items/996?short=yes&q=123，回车（注意两个地址中的参数顺序并不相同），再将两个浏览器窗口如图 2.13 摆放。

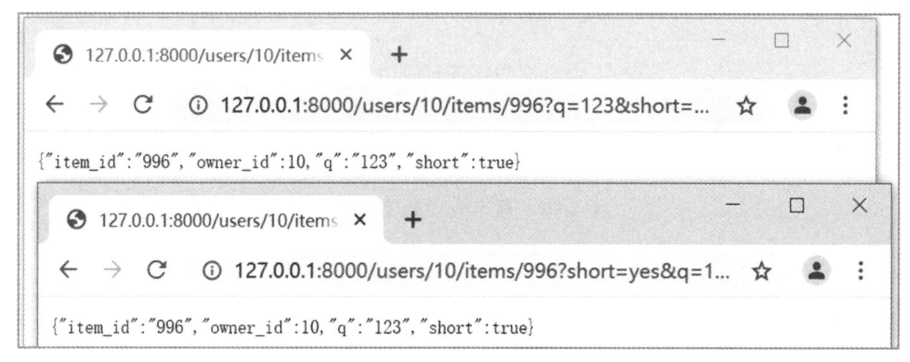

图 2.13　不同的查询参数顺序

图中查询参数的顺序不同，但显示结果是相同的，没有受到参数顺序的影响。

2.3.6　案例：三酷猫卖海鲜（一）

三酷猫开了一家海鲜店，为了扩大营销影响力，决定为会员顾客提供在线海产品查询功能，其查询海鲜信息表如表 2.1 所示。

表 2.1　海鲜信息表

品名	数量	单位	单价（元）
野生大黄鱼	20	斤	168
对虾	100	斤	48
比目鱼	200	斤	69
黄花鱼	500	斤	21

要求，输入任意一种海鲜的名称，获取一条完整的海鲜信息记录。

假设海鲜表存放于 goods 子路径下，可以通过字典模拟记录表 2.1 的信息。

其代码实现如下：

```
#FindSeaGoods.py
from fastapi import FastAPI
import uvicorn
app = FastAPI()
goods_table={'野生大黄鱼':[20,'斤',168],
            '对虾':[100,'斤',48],
            '比目鱼':[200,'斤',69],
            '黄花鱼':[500,'斤',21]}

@app.get("/goods/")                # 注册路由路径
async def findGoods(name):         # 定义路径操作函数

    return name+''+str(goods_table[name])

if __name__ == '__main__':
    uvicorn.run(app=app)
```

执行上述代码，然后在浏览器里用地址访问结果如图 2.14 所示。

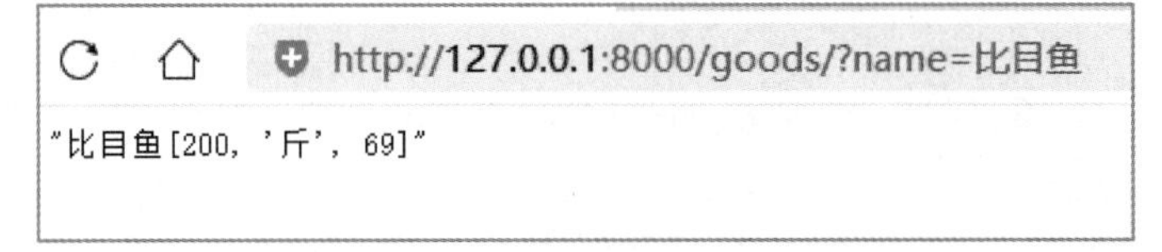

图 2.14　显示查找的海鲜信息

2.4　请求体

使用浏览器等客户端访问 Web 服务器端时，会发送请求数据。另外，Web 服务器端处理完数据后，会返回响应数据给客户端。

在 FastAPI 框架中，客户端发送给服务器端的受数据模型约束的请求数据称为请求体（Request Body）。请求体默认是 JSON 格式，方便前端开发人员和后端开发人员共享调用数据。

在 FastAPI 中，使用 Pydantic 模型库对象来定义请求体的数据模型。向 Web 服务器端发送请求体，必须使用下列方法之一：POST、PUT、DELETE 或 PATCH，不能使用 GET 方法发送请求体。

2.4.1　定义请求体的数据模型

FastAPI 里的所有请求体实现对象，通过 Pydantic 库的 BaseModel 类进行数据模型类的继承定义实现。

1. 在 FastAPI 中实现请求体的使用

首先，从 Pydantic 中导入 BaseModel 类，然后，继承 BaseModel 类定义数据模型类，再使用 Python 标准数据类型定义数据模型的字段，这样就完成了数据模型类的创建。其代码示例如下：

```
# 【示例 2.10】第 2 章 第 2.4.1 节 code2_10.py
from typing import Optional
import uvicorn
from fastapi import FastAPI
from pydantic import BaseModel        # 导入基础模型类

class Item(BaseModel):                # 定义数据模型类，继承自 BaseModel 类
    name: str                         # 定义字段 name，类型为 str
    description: Optional[str] = None # 定义可选字段 description，类型为 str
    price: float                      # 定义字段 price，类型为 float
    tax: Optional[float] = None       # 定义可选字段 tax，类型为 float

app = FastAPI()

@app.post("/items/")                  # 注册路由路径，发送请求数据方法为 post，不是 get
async def create_item(item: Item):    # 在路径操作函数里通过数据模型类 Item 定义请求体 item
    return item                       # 直接返回请求体数据

if __name__ == '__main__':
    uvicorn.run(app=app)
```

以上代码中，实现了一个继承自 BaseModel 类的自定义数据模型类 Item。Item 类中定义了 4 个字段，其中 name 和 price 是必选参数，表示在客户端请求的数据中，这两个参数是必传的；另外两个参数 description 和 tax 使用了 Optional，是可选参数，在请求的数据中可以不包含这两个参数。

在注册路由路径时，本例使用了@app.post 装饰器，也就是将请求方法设置为 POST，以支持请求体的传递。如果使用@app.get 装饰器注册路由，则不支持传递请求体。

2. 请求体数据传输测试

请求体定义实现后，需要通过客户端传输请求体给服务器端，以验证请求体技术是否正常运行。

这里要特别说一下，本例中使用了 POST 请求方法，但是使用浏览器地址栏输入 URL 访问时，发送的是 GET 请求，不能用浏览器地址栏中输入 URL 的方式模拟发送 POST 数据，所以需要使用 API 文档中的测试功能进行请求体数据传输测试，具体步骤如下：

第一步，在 PyCharm 中执行【示例 2.10】代码。

第二步，打开浏览器，在浏览器地址栏中输入：http://127.0.0.1:8000/docs，回车，结果如图 2.15 所示。

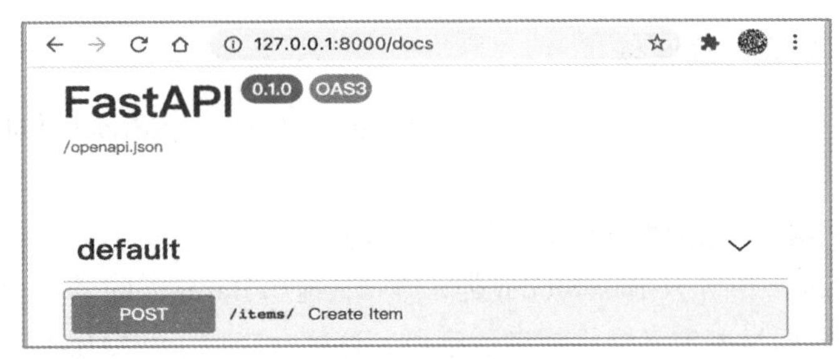

图 2.15　API 文档

第三步，点击图 2.15 中的 API 接口/items/，展开/items/详情，如图 2.16 所示。

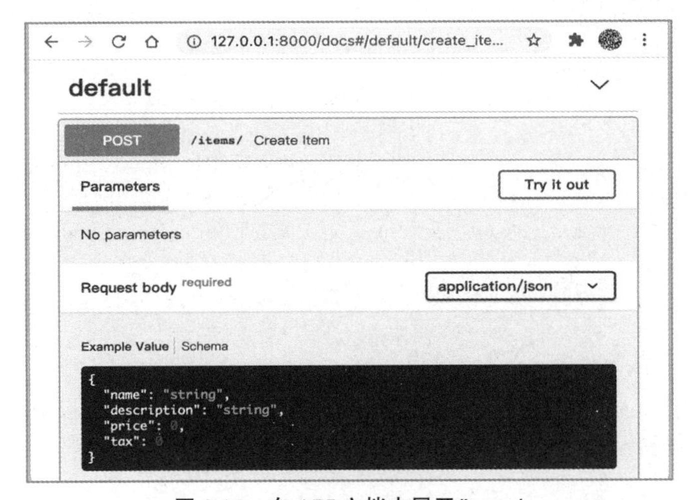

图 2.16　在 API 文档中展开/items/

第四步，点击图 2.16 上的“Try it out”按钮，进入接口测试页面，如图 2.17 所示。

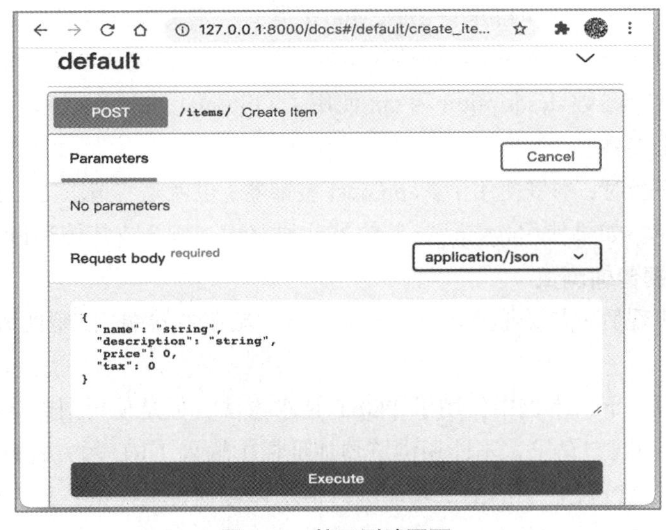

图 2.17　接口测试页面

第五步，在接口测试页面显示一段 JSON 文本，文本中显示的结构与自定义的数据模型类相同，将这段文本中冒号（:）右侧内容直接修改成需要的值，示例如下：

```
{
  "name": "三酷猫",
  "description": "这是一大段说明内容",
  "price": 90.5,
  "tax": 0.05
}
```

第六步，点击图 2.17 中的“Execute”按钮，查看执行结果，此时页面中加入了更多内容，用鼠标将该页面向下滚动到响应结果部分，如图 2.18 所示的位置。

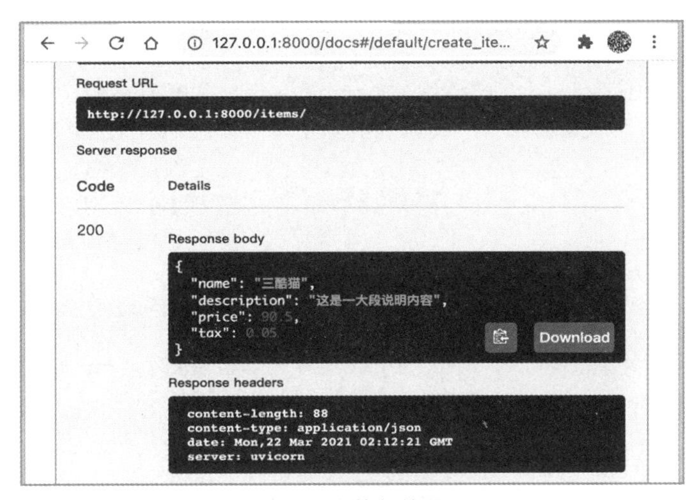

图 2.18 执行结果

页面上的响应部分显示“Code”和“Details”两列，在“Code”列下方显示的是响应状态“200”，在“Details”列下方显示的是响应内容（关于响应将在第 3 章详细讲解，本章只需要知道这是 Web 后端程序返回给页面的数据即可）。在“Response body”下方显示了一段 JSON 文本，显示内容如同前面代码里输入的值。

提示！

（1）用数据模型定义请求体，为客户端提供 API 接口，并规定请求体为 JSON 格式；

（2）客户端根据请求体接口标准，提交请求体格式的数据；

（3）FastAPI 服务器端通过 POST 等方法（非 Get 方法），把请求体通过数据模型参数传入路径操作函数。

2.4.2 同时使用路径参数、查询参数和请求体

以上的例子单独使用了请求体作为参数，请求体和前几节讲到的路径参数、查询参数是可以同时使用的。FastAPI 会通过参数名称，从请求路径中获取路径参数值、从查询字符串中获取查询参数值、从请求体中获取请求体参数的数据。在以下示例中同时使用了路径参数、

查询参数、请求体参数：

```
# 【示例2.11】第2章 第2.4.2节 code2_11.py
from typing import Optional
import uvicorn
from fastapi import FastAPI
from pydantic import BaseModel

class Item(BaseModel):                          # 定义数据模型类，继承自BaseModel类
    name: str                                   # 定义字段name，类型为str
    description: Optional[str] = None           # 定义可选字段description，类型为str
    price: float                                # 定义字段price，类型为float
    tax: Optional[float] = None                 # 定义可选字段tax，类型为float
app = FastAPI()
@app.post("/items/{item_id}")                   # 注册路由，定义路径参数item_id
async def create_item(                          # 定义路径操作函数
item_id: int,                                   # 定义路径参数，类型为int
item: Item,                                     # 定义请求体对象，类型为数据模型类
q: Optional[str] = None                         # 定义可选查询参数，类型为str
):
    result = {"item_id": item_id, **item.dict()}# 将路径参数和请求体参数组合为数据对象
    if q:
        result.update({"q": q})                 # 如果传入了查询参数，则更新查询参数
    return result                               # 返回组合好的数据对象
if __name__ == '__main__':
    uvicorn.run(app=app)
```

以上代码中，同时使用了路径参数、查询参数和请求体参数，三个参数定义的名称不同，FastAPI会依次按照如下顺序对路径操作函数的参数进行解析：

（1）在注册的路由路径中匹配参数名称，匹配到的参数会被解析为路径参数，未匹配到路径参数名称的进入第二步匹配。

（2）如果参数属于 Python 的常规类型（str、int、float、bool 等），则参数被解析为查询参数。

（3）如果参数类型是数据模型类，则参数被解析为请求体参数。

在 PyCharm 中运行以上代码，然后在浏览器地址栏中输入：http://127.0.0.1:8000/docs，回车，结果如图 2.19 所示。

在浏览器页面中，点击 API 接口/items/{item_id}，展开 API 接口详情，再点击右侧“Try it out”按钮，打开如图 2.19 所示的页面，可看到代码中定义的参数：item_id 是路径参数，在参数右侧文本框中，为其输入值“996”；q 是查询参数，在参数右侧文本框中，为其输入值“查询”；下面是一段 JSON 文本格式的请求体，按照图 2.19 所示，修改这段 JSON 文本，然后点击页面下方的“Execute”按钮，再将页面向下滚动到响应部分，得到如图 2.20 的页面结果。

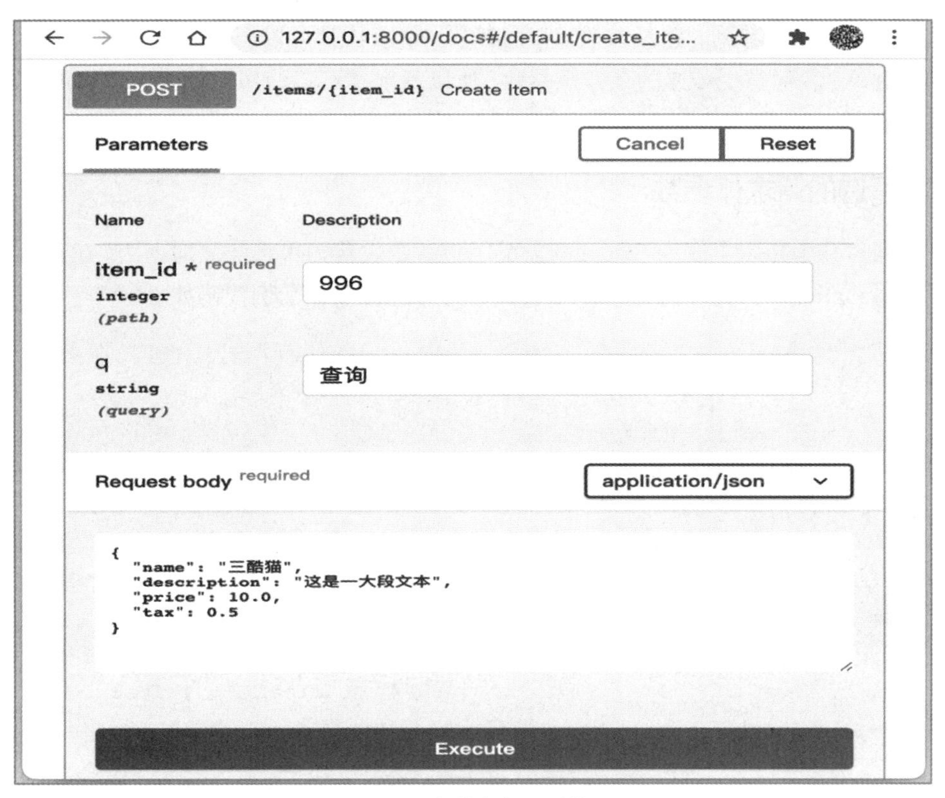

图 2.19　多种参数同时使用

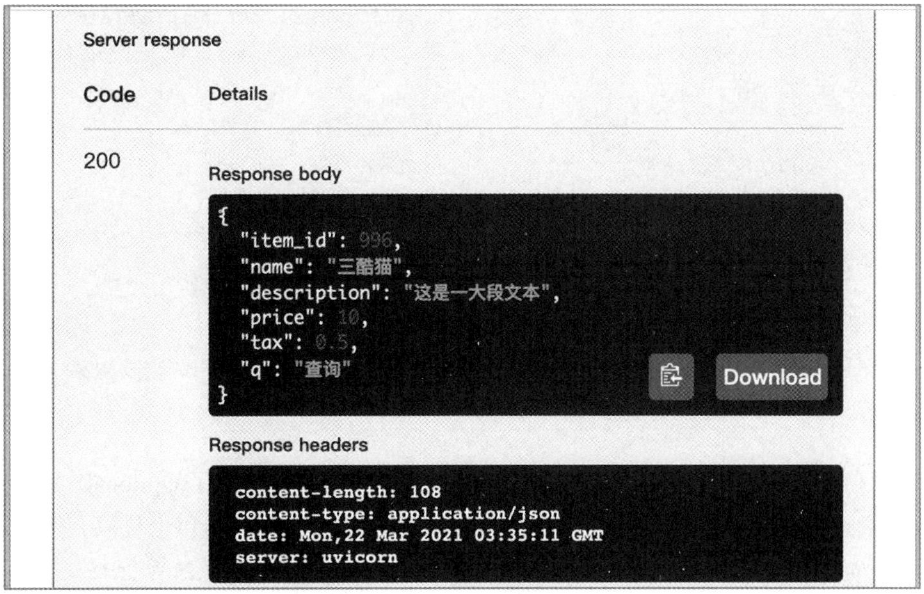

Server response

Code　Details

200

Response body

```
{
  "item_id": 996,
  "name": "三酷猫",
  "description": "这是一大段文本",
  "price": 10,
  "tax": 0.5,
  "q": "查询"
}
```

Download

Response headers

```
content-length: 108
content-type: application/json
date: Mon,22 Mar 2021 03:35:11 GMT
server: uvicorn
```

图 2.20　同时使用多个参数的执行结果

上图 Response body 部分显示的响应文本，是由路径操作函数中的处理逻辑生成并返回的结果数据。

从以上内容可以看到，路径参数、查询参数、请求体都可以用来传递数据，其中请求体传递的是对象，其他类型传递的是常规参数，所以请求体可以使用对象作为载体传递更复杂的数据结构。

2.4.3　可选的请求体参数

在查询参数中介绍了使用 Optional 关键字将参数设置为可选参数的方法，在 FastAPI 中也可以使用 Optional 关键字将请求体参数设置为可选参数，示例代码如下：

```
# 【示例 2.12】第 2 章 第 2.4.3 节 code2_12.py
from typing import Optional
import uvicorn
from fastapi import FastAPI, Path
from pydantic import BaseModel

app = FastAPI()

class Item(BaseModel):                          # 定义数据模型类，继承自 BaseModel
    name: str                                   # 定义字段 name，类型为 str
    description: Optional[str] = None           # 定义可选字段 description，类型为 str
    price: float                                # 定义字段 price，类型为 float
    tax: Optional[float] = None                 # 定义可选字段 tax，类型为 float

@app.put("/items/{item_id}")                    # 注册路由路径，使用 PUT 方法，定义路径参数
async def update_item(
    *,                                          # python 语法，表示后面的参数都是键值对
    item_id: int = Path(..., title="元素 ID", ge=0, le=1000),   #路径参数，类型为
int，值大于等于 0 小于等于 1000
    q: Optional[str] = None,                    # 可选查询参数，类型为 str
    item: Optional[Item] = None,                # 请求体对象，可选参数
):
    results = {"item_id": item_id}
    if q:
        results.update({"q": q})
    if item:
        results.update({"item": item})
    return results                              # 将各个请求参数组合在一起返回结果
if __name__ == '__main__':
    uvicorn.run(app=app)
```

在【示例 2.12】中，在路径操作函数中定义请求体对象时，使用了 Optional。其含义是，请求体对象 item 是可选参数，并且默认值为空。在 PyCharm 中执行以上代码，然后在浏览器地址栏中输入：http://127.0.0.1:8000/docs，回车，执行结果如图 2.21 所示。

点击页面上的“Try it out”按钮，只输入路径参数和查询参数，将请求体参数清空，输入结果如图 2.22 所示。

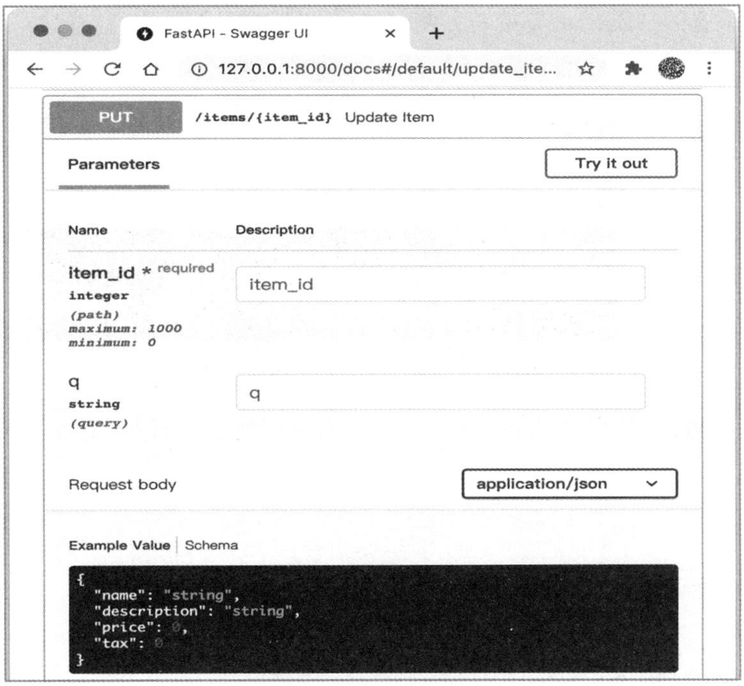

FastAPI - Swagger UI

127.0.0.1:8000/docs#/default/update_ite...

PUT /items/{item_id} Update Item

Parameters　Try it out

Name　Description

item_id * required　item_id
integer
(path)
maximum: 1000
minimum: 0

q　q
string
(query)

Request body　application/json

Example Value | Schema

```
{
  "name": "string",
  "description": "string",
  "price": 0,
  "tax": 0
}
```

图 2.21　请求体可选参数

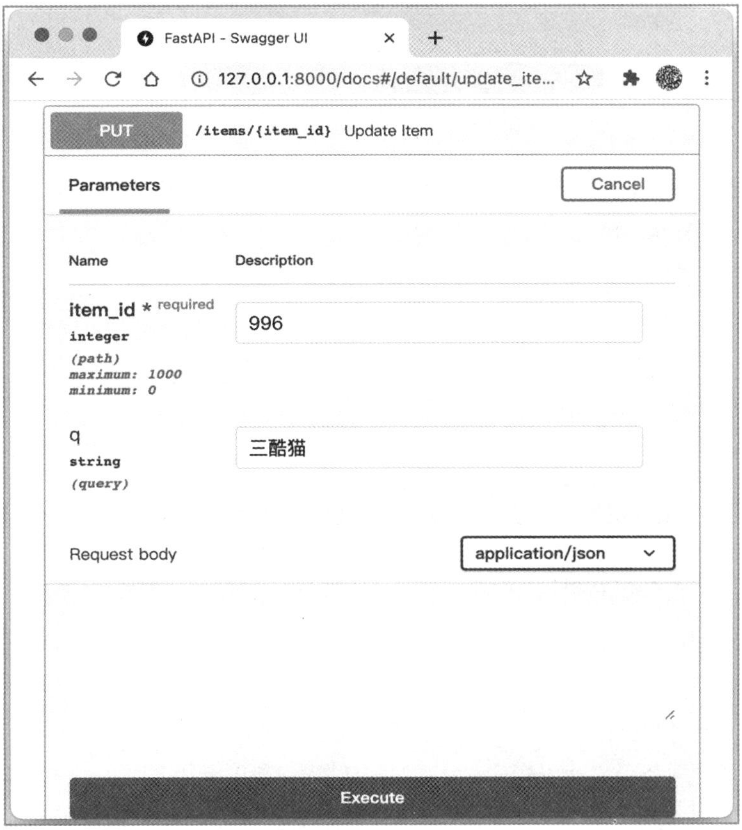

FastAPI - Swagger UI

127.0.0.1:8000/docs#/default/update_ite...

PUT /items/{item_id} Update Item

Parameters　Cancel

Name　Description

item_id * required　996
integer
(path)
maximum: 1000
minimum: 0

q　三酷猫
string
(query)

Request body　application/json

Execute

图 2.22　测试页面，不输入请求体

点击页面下方的“Execute”按钮，测试结果如图 2.23 所示。

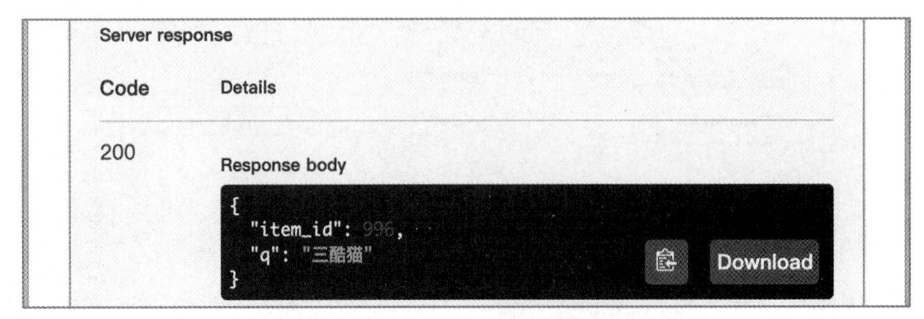

图 2.23　不输入请求体的结果页面

从图 2.23 中可以看出，本次没有输入请求体，页面显示的响应状态是 200，表示成功返回数据，但响应数据中没有请求体的数据，说明在代码中可以使用 Optional 将请求体的参数设置为可选参数。

2.4.4　同时使用多个请求体

在【示例 2.12】中，Web 后端服务器期望接收的是一个 JSON 格式的文本，并且文本符合数据模型的 JSON 模式，比如：

```
{
    "name": "三酷猫",
    "description": "这里是文本",
    "price": 42.0,
    "tax": 3.2
}
```

但是，在有些情况下，需要传递多个请求体对象，比如下面的代码，定义了两个数据模型：

```
# 【示例 2.13】 第 2 章 第 2.4.4 节 code2_13.py
from typing import Optional
import uvicorn
from fastapi import FastAPI
from pydantic import BaseModel

app = FastAPI()

class Item(BaseModel):                          # 定义数据模型 Item，继承自 BaseModel
    name: str                                   # 定义字段 name，类型为 str
    description: Optional[str] = None# 定义可选字段 description，类型为 str
    price: float                                # 定义字段 price，类型为 float
    tax: Optional[float] = None                 # 定义可选字段 tax，类型为 float

class User(BaseModel):                          # 定义数据模型 User，继承自 BaseModel
    username: str                               # 定义字段 username，类型为 str
    full_name: Optional[str] = None # 定义可选字段 full_name，类型为 str

@app.put("/items/{item_id}")                    # 注册路由路径,使用 PUT 方法,定义路径参数 item_id
async def update_item(                          # 定义路径操作函数
        item_id: int,                           # 定义路径参数
```

```
        item: Item,                   # 定义第一个请求体对象
        user: User                    # 定义第二个请求体对象
):
    results = {"item_id": item_id, "item": item, "user": user}
    return results

if __name__ == '__main__':
    uvicorn.run(app=app)
```

以上代码中，定义了两个数据模型，都从 BaseModel 继承，在路径操作函数的参数列表中，也定义了两个请求体对象，分别对应两个数据模型，在这种情况下，Web 后端服务器期望的请求体对象的格式为：使用参数名（对应函数中的 item、user）作为 JSON 模式中的键，参数名对应的数据是每个键对应的 JSON 模式文本，比如下面这样：

```
{
    "item": {
        "name": "三酷猫",
        "description": "一段大文本",
        "price": 42.0,
        "tax": 3.2
    },
    "user": {
        "username": "liuyu",
        "full_name": "刘瑜"
    }
}
```

FastAPI 将对请求数据进行转换，参数 item 和参数 user 将分别接收请求数据中 item 键和 user 键对应的内容。在 PyCharm 中执行以上代码，然后在浏览器地址栏中输入：http://127.0.0.1:8000/docs，回车，显示 API 文档页面。点击 API 接口/items/{item_id}，展开 API 接口详情，再点击右侧的“Try it out”按钮，进入接口测试功能。然后将上面的 JSON 文本写到请求体文本框中，点击请求体文本框下方的“Execute”按钮，再将页面向下滚动到响应部分，结果如图 2.24 所示。

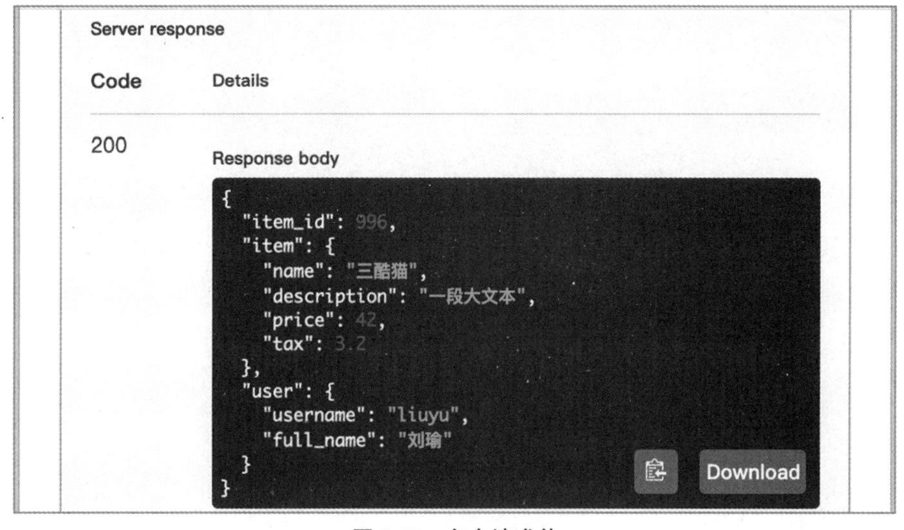

图 2.24　多个请求体

页面上显示的内容包含了参数 item 和参数 user 的内容，说明这两个请求体参数被 FastAPI 成功接收，并返回给页面。

2.4.5 常规数据类型作为请求体使用

前面的内容中，定义请求体对象的方法是，在路径操作函数中将参数的数据类型设置成继承自 Pydantic 中的 BaseModel 类，但是在有些情况下，请求数据可能不是对象，而是一个 Python 常规数据类型的值，此时可以使用 Body 类管理这样的数据。使用 Body 类，可以将指定参数设置为请求体对象中的另外一个键，代码如下：

```
#【示例 2.14】第 2 章 第 2.4.5 节 code2_14.py
from typing import Optional
import uvicorn
from fastapi import Body, FastAPI    # 导入 Body 类
from pydantic import BaseModel

app = FastAPI()

class Item(BaseModel):                          # 定义数据模型 Item，继承自 BaseModel
    name: str                                   # 定义字段 name，类型为 str
    description: Optional[str] = None # 定义可选字段 description，类型为 str
    price: float                                # 定义字段 price，类型为 float
    tax: Optional[float] = None       # 定义可选字段 tax，类型为 float

class User(BaseModel):                          # 定义数据模型 User，继承自 BaseModel
    username: str                               # 定义字段 username，类型为 str
    full_name: Optional[str] = None   # 定义可选字段 full_name，类型为 str

@app.put("/items/{item_id}")          # 注册路由路径,使用PUT方法,定义路径参数item_id
async def update_item(                # 定义路径操作函数
    item_id: int,                     # 定义路径参数
    item: Item,                       # 定义第一个请求体对象
    user: User,                       # 定义第二个请求体对象
    importance: int = Body(..., gt=0) # 使用 Body 设置第三个请求体，类型为 int
):
    results = {"item_id": item_id, "item": item, "user": user, "importance": importance}
    return results

if __name__ == '__main__':
    uvicorn.run(app=app)
```

【示例 2.14】在【示例 2.13】的基础上，增加一个请求体参数 importance，其数据类型为 int，默认值不是数据模型，而是使用了 Body 类获取对应的类实例，这时 FastAPI 期望的请求体如下：

```
{
    "item": {
        "name": "三酷猫",
        "description": "大文本",
        "price": 42.0,
        "tax": 3.2
    },
```

```
    "user": {
        "username": "liuyu",
        "full_name": "刘瑜"
    },
    "importance": 5
}
```

执行上面的代码，并且在 API 文档中将这段内容传递给 FastAPI 时，FastAPI 可以正确地解析数据、校验数据、转换数据。同时，在调用 Body 类时，使用了一个参数：gt=0，这是 Pydantic 模型中的用法，可以给参数增加校验规则，本代码中的规则是 importance 的值要大于 0。

2.5　表单和文件

本节前面的内容中讲到的请求数据全部为基于 JSON 格式的数据。在实际的项目中有很多应用场景，需要通过表单方式提交请求数据。

文件上传也是一种特殊的表单提交请求数据方式，对应的数据是文件流，而不是格式化的数据。本节的主要内容是：表单数据、文件上传、表单和多文件上传。

2.5.1　表单数据

表单数据来自<form>标签中的<input />中的数据。

如果要在 FastAPI 中操作表单数据，首先需要安装一个第三方库：python-multipart，安装方式是在命令行终端输入以下命令：

```
C:\>pip3 install python-multipart
```

安装结果如图 2.25 所示。

```
命令提示符
C:\>pip3 install python-multipart
Collecting python-multipart
  Downloading python-multipart-0.0.5.tar.gz (32 kB)
Collecting six>=1.4.0
  Downloading six-1.16.0-py2.py3-none-any.whl (11 kB)
Using legacy 'setup.py install' for python-multipart, since package 'wheel' is not installed.
Installing collected packages: six, python-multipart
    Running setup.py install for python-multipart ... done
Successfully installed python-multipart-0.0.5 six-1.16.0
```

图 2.25　安装 python-multipart 库

第三方库安装完成后，就可以在 FastAPI 程序中使用表单传递数据了。最常用的使用场景是使用开发登录页面功能时，需要使用表单数据传递用户名和密码，其对应的后端代码示例如下：

```
# 【示例 2.15】 第 2 章 第 2.5.1 节 code2_15.py
from fastapi import FastAPI, Form      # 导入 Form 对象
import uvicorn
```

```
app = FastAPI()

@app.post("/login/")                  # 注册路由路径
async def login(                      # 定义路径操作函数
        username: str = Form(...),    # 定义查询参数，数据类型是 str，初始值是 Form
        password: str = Form(...)     # 定义查询参数，数据类型是 str，初始值是 Form
):
    ...                               # 处理登录的代码，略
    return {"username": username}

if __name__ == '__main__':
    uvicorn.run(app=app)
```

以上代码中，先导入对象 Form，定义路径操作函数的参数时，请求体参数的数据类型是 str，初始值调用了 Form()函数获取到的 Form 对象，这意味着客户端发送的数据被解析为表单字段，而不是 JSON 格式的数据。这是因为发送表单字段格式时，在 HTTP 的请求头中指定数据编码为 application/x-www-form-urlencoded；而发送 JSON 格式的数据时，在 HTTP 请求头中指定的编码为 application/json。

在 PyCharm 中执行以上代码，然后在浏览器地址栏中输入：http://127.0.0.1:8000/docs ，回车，结果如图 2.26 所示。

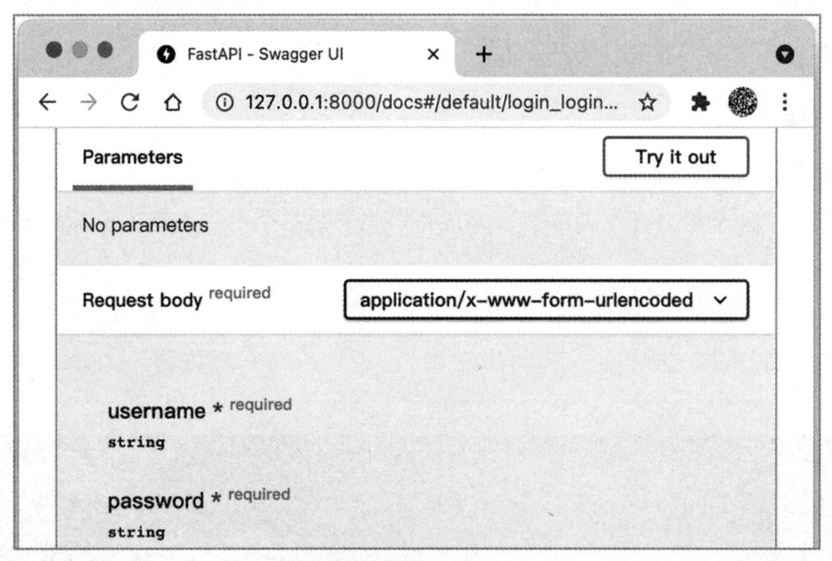

图 2.26　表单数据请求的 API 文档

与前面章节显示不同的是，在该页面上显示的数据编码的格式为 application/x-www-form-urlencoded，并且用户名和密码分别是两个必选字段。另外，Form 类和 Body 类一样，都可以按照 Pydantic 中的方式设置校验规则和元数据。

2.5.2　文件上传

FastAPI 对文件上传的支持，也依赖第三方库 python-multipart。python-multipart 的安装方式请参考 2.5.1 节。与使用 Body 类、Form 类的方式类似，上传文件时，需要引入 File 类，

代码示例如下：

```
# 【示例2.16】 第2章 第2.5.2节 code2_16.py
from fastapi import FastAPI, File, UploadFile
import uvicorn
app = FastAPI()

@app.post("/files/")                    # 注册路由路径
async def create_file(                  # 定义路径操作函数，第一种上传方式
        file: bytes = File(...)         # 定义文件参数，数据类型为bytes，初始值是File
):
    return {"file_size": len(file)} # 返回文件大小

@app.post("/uploadfile/")               # 注册路由路径
async def create_upload_file(           # 定义路径操作函数，第二种上传方式
        file: UploadFile = File(...) # 定义文件参数,数据类型为UploadFile,初始值为File
):
    return {"filename": file.filename} # 返回原始文件名
if __name__ == '__main__':
    uvicorn.run(app=app)
```

以上代码中，首先导入了 File 类对象，然后定义了两个路径操作函数。路径操作函数中的参数都调用 File 类获取 File 对象实例，这表明两个路径操作函数都是用于接收文件上传的。但两个路径操作函数的实现有所不同，如下：

第一个路径操作函数中的参数类型是 bytes，可以用来接收文件流，因为在 HTTP 中的文件上传使用的是文件流，FastAPI 接收文件流时，使用的就是 bytes 数据类型。当上传的文件比较小的时候，可以使用这种方式接收上传文件。

第二个路径操作函数的参数类型是 UploadFile，这个类型使用了一种名为“假脱机文件”的技术，也就是一种保存在内存中的数据格式，当内存中的数据尺寸超过最大限制后，会将部分数据存储在磁盘中。也就是说，这种方式适合处理大文件，比如图片、视频等，而不需要占用太多的内存资源。UploadFile 还提供了其他属性，用来获取原始上传文件的元数据。另外，UploadFile 使用了 Python 标准库中的 SpooledTemporaryFile[2]对象，支持异步的 File-Like[3]对象，可以被其他支持 File-Like 的库使用。

UploadFile 的主要属性如下：

（1）filename：原始文件名，比如 title.jpg；

（2）content_type：文件类型，比如 image/jpeg；

（3）file：文件对象。

UploadFile 的主要方法如下：

（1）write(data)：写入 str 或 bytes 类型的数据；

（2）read(size)：从文件对象中的当前位置开始，读取 size 大小的数据；

（3）seek(offset)：将当前位置指向文件中指定的位置，一般配合 read(size)方法使用；

---

[2] 相应的官方文档：https://docs.python.org/3/library/tempfile.html#tempfile.SpooledTemporaryFile

[3] 相应的官方文档：https://docs.python.org/3/glossary.html#term-file-like-object

（4）close()：关闭文件对象。

类似于提交表单数据，从浏览器页面上发送文件时，也使用<form>标签，但是编码格式有所不同，上传文件时使用的编码格式为 multipart/form-data。因此，在上传文件的同时，可以提交表单数据，但是不能提交请求体，因为请求体使用的格式为 application/json，并且不需要使用<form>标签。

2.5.3 表单和多文件上传

FastAPI 也支持同时上传表单数据和文件，当然这也依赖第三方库 python-multipart。在很多上传文件的场景中，使用 UploadFile 对象获取的元数据不足以支持业务逻辑，这就需要在上传文件的同时，附加一些数据，这种需求一般使用表单数据和文件同时上传的方式进行处理。

FastAPI 对这种需求也提供了很好的支持，不需要再单独增加其他特性，只需要在代码中导入 Form、File、UploadFile，然后按规则定义参数即可，示例代码如下：

```
# 【示例 2.17】第 2 章 第 2.5.3 节 code2_17.py
from fastapi import FastAPI, File, Form, UploadFile
import uvicorn
app = FastAPI()

@app.post("/files/")                          # 注册路由路径
async def create_file(                        # 定义路径操作函数
        file: UploadFile = File(...),         # 定义文件，类型为 UploadFile
        file2: UploadFile = File(...),        # 定义文件 2，类型为 UploadFile
        token: str = Form(...)                # 定义表单数据
):
    return {
        "token": token,
        "fileb_content_type": file.filename,
        "fileb_content_type": file.content_type,
    }
if __name__ == '__main__':
    uvicorn.run(app=app)
```

以上代码中，使用前面讲到的表单数据的方式定义了 token，使用文件的方式定义了 file 和 file2，FastAPI 会从请求中解析出对应的数据，并传递到每个对象中。

2.6 案例：三酷猫卖海鲜（二）

自打三酷猫在 2.3.5 案例里给客户提供了海鲜销售信息后，客户提出希望能在客户端提交需要订购的记录。

三酷猫挠挠头，想模拟客户提交一条完整的订购记录给服务器端，可以直接采用请求体技术。目前 FastAPI 技术主要介绍到了客户端发送请求体数据给服务器端，主要在代码执行后，通过 API 文档来测试模拟（这就体现了前端、后端分离开发 Web 系统的特点和实际商业开发要求）。

那就通过 API 文档模拟客户提交一条订购记录吧。其代码实现如下：

```
#FindSeaGoods1.py
from fastapi import FastAPI
import uvicorn
from pydantic import BaseModel                    # 导入基础模型类
class Goods(BaseModel):                           # 定义数据模型类，继承自 BaseModel 类
    name: str                                     # 定义字段 name，类型为 str
    num:float                                     # 定义字段 num，类型为 float
    unit:str                                      # 定义字段 unit，类型为 str
    price: float                                  # 定义字段 price，类型为 float

app = FastAPI()

@app.put("/goods/")                               # 注册路由路径
async def findGoods(name,good:Goods):             # 定义路径操作函数

      return good

if __name__ == '__main__':
    uvicorn.run(app=app)
```

执行上述代码，在浏览器地址栏里输入：http://127.0.0.1:8000/docs，回车，显示如图 2.27 所示的 API 文档测试界面。输入测试数据，点击“Execute”按钮，测试数据传递给该界面最下面的响应显示部分（用鼠标往下滚动界面），如图 2.28 所示。

三酷猫根据客户要求，完整模拟出从客户端调用请求体 API 接口，用请求体发送海鲜订购记录，然后提交给服务器端的过程。

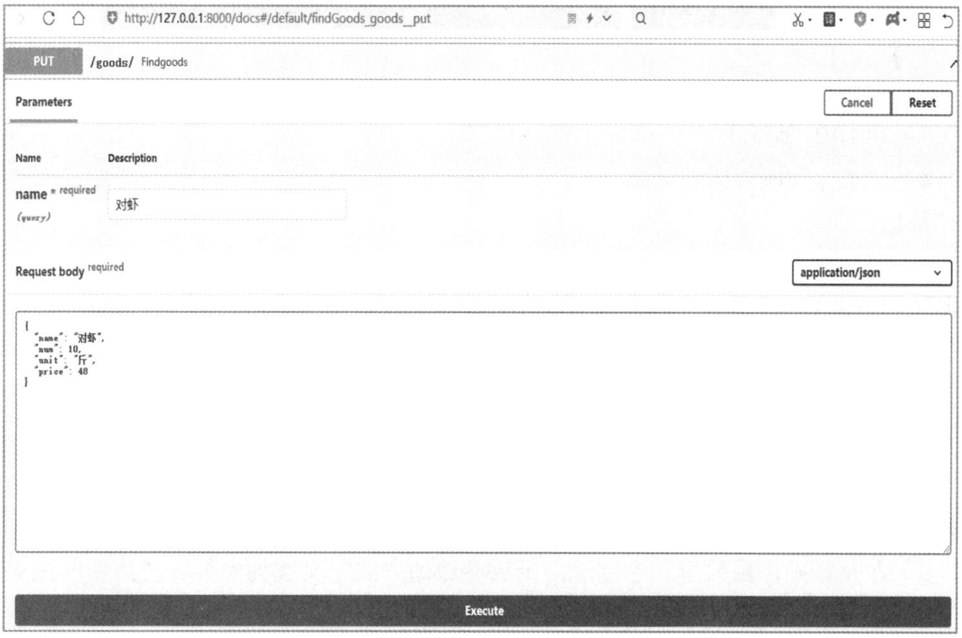

图 2.27　模拟客户端输入测试数据

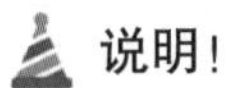

说明！

在商业分离开发模式下，前端往往由另外一拨前端开发工程师设计开发，他们通过 API 文档接口获取前后端接口调用信息，实现前后端数据的传递。本书最后实战篇项目实例展示了前后端开发技术实现过程。

图 2.28 接收客户端传递过来的请求体信息

2.7 习题及实验

1. 填空题

（1）客户端的请求主要有两种方式，一种是（　　）地址访问，另外一种是（　　）提交。

（2）带路径参数的 URL 地址由两部分组成，资源（　　）和（　　）。

（3）在 URL 地址中“?”开始的部分属于（　　）参数。

（4）请求体和响应体默认都是（　　）格式，以方便前端开发人员和后端开发人员共享调用数据。

（5）文件上传是一种特殊的（　　）提交请求数据方式，对应的数据是（　　），而不是格式化的数据。

2. 判断题

（1）客户端访问 Web 服务器端时，FastAPI 框架必须遵循请求、响应的后端资源获取原则。（　　）

（2）为了使路由准确匹配路径操作函数，该函数的参数名需要与上一行路由里的路径参数名一致。（　　）

（3）在路径操作函数里，通过定义函数参数的方式定义查询参数，与路由匹配无关。（　　）

（4）可以通过 GET 方法发送请求体。(　　)

（5）通过传统的用户名、密码方式提交的请求数据方式为表单方式。(　　)

3. 实验

实现多参数访问功能，如下：

（1）定义一个带路径参数、查询参数、请求体参数的路径操作函数；

（2）定义的数据模型要求带初始值，值内容为：菠萝、10 个、单价 9 元；

（3）返回请求体对象；

（4）展现数据测试结果界面；

（5）形成实验报告。

第3章　认识响应

客户端向服务器端发起请求后，服务器端经过数据处理，返回给客户端数据的过程称为响应（Response）。请求体现的是后端服务器的数据服务能力，响应体现的是服务器端向客户端返回并展现数据的能力。

本章的主要内容包括如下：

（1）响应原理；

（2）响应模型；

（3）内置响应类。

3.1　响应原理

服务器端接收客户端访问请求后，将对应数据返回给客户端，以达到用户访问 Web 网站调用相关资源的目的。在 FastAPI 框架中，响应原理如图 3.1 实线箭头部分所示。请求数据通过服务器端验证后，就进入响应处理环节。在该环节，根据业务需求对请求数据进行逻辑处理（如数据计算、调用数据库记录等），再将处理的结果封装成响应数据报文，并返回给客户端（如浏览器、APP 等）。客户端对返回的数据进行渲染，以用户需要的方式展现相应的数据，比如在浏览器上，将响应数据渲染成带颜色且具有不同风格字体的页面，展现给用户。

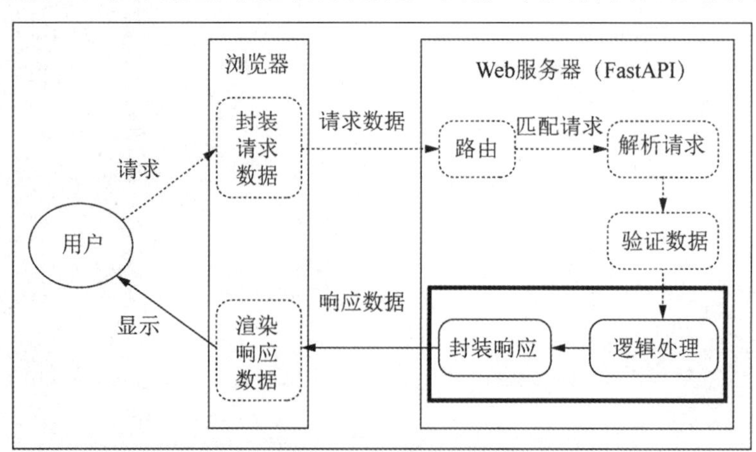

图 3.1　Fast API 响应原理图（实线箭头部分）

3.2　响应模型

响应模型（Response Model），指在处理响应数据时，也可以将响应数据转换成 Pydantic 数据模型实例，以保证响应数据的规范性。同时，响应数据模型在 API 文档中体现为 JSON 模式，这样也增加了文档的可读性及接口的标准化。

3.2.1　认识响应模型

使用响应模型时，首先，需要定义响应数据模型（Response Data Model）类；然后，在注册路由路径的装饰器方法中通过 response_model 参数指定响应数据模型来确定响应模型对象；最后，响应数据被转换为响应数据模型格式返回给客户端。

响应模型接收 HTTP 的不同请求方式，有 GET、POST、PUT、DELETE 等。

处理响应模型的方式，有基础响应模型、复杂响应模型、可变响应模型。

使用响应模型的步骤如下。

第一步，定义响应模型。

通过指定响应模型，使路径操作函数返回与输入数据相同的数据，示例代码如下：

```
# 【示例 3.1】 第 3 章 第 3.2 节 code3_1.py
from typing import Optional
import uvicorn
from fastapi import FastAPI
from pydantic import BaseModel

app = FastAPI()

class UserIn(BaseModel):                        # 定义数据模型
    username: str                               # 定义字段用户名，类型为 str
    password: str                               # 定义字段密码，类型为 str
    email: str                                  # 定义邮箱，类型为 str
    full_name: Optional[str] = None             # 定义可选字段全名，类型为 str
@app.post("/user/", response_model=UserIn) # 注册路由路径，设置响应数据模型为 UserIn
async def create_user(user: UserIn):        # 设置请求数据模型为 UserIn
    return user                                 # 返回符合响应数据模型的请求体数据

if __name__ == '__main__':
    uvicorn.run(app=app)
```

以上代码的作用是在运行过程中，客户端在注册用户的页面填写用户名、密码、邮箱、全名等信息，然后点击注册按钮，调用 API 接口/user/。在调用 API 接口时使用 POST 方式传入了请求体，后端服务器使用 UserIn 模型接收请求体数据。

本例中，路径操作函数直接返回了请求体数据，在返回请求体数据时，FastAPI 会根据路径操作函数装饰器中定义的响应数据模型，将数据转换成响应数据模型的格式，返回给客户端。请求体和响应模型使用了相同的数据模型 UserIn。

第二步，添加不同的响应模型。

接下来，在【示例 3.1】中增加一个响应模型，示例代码如下：

```
# 【示例 3.2】第 3 章 第 3.2 节 code3_2.py
from typing import Optional
import uvicorn
from fastapi import FastAPI
from pydantic import BaseModel

app = FastAPI()

class UserIn(BaseModel):                        # 定义数据模型
    username: str                               # 定义字段用户名，类型为 str
    password: str                               # 定义字段密码，类型为 str
    email: str                                  # 定义邮箱，类型为 str
    full_name: Optional[str] = None             # 定义可选字段全名，类型为 str

class UserOut(BaseModel):                       # 定义数据模型
    username: str                               # 定义字段用户名，类型为 str
    email: str                                  # 定义邮箱，类型为 str
    full_name: Optional[str] = None             # 定义可选字段全名，类型为 str

@app.post("/user/", response_model=UserOut) # 注册路由路径，设置响应模型为 UserOut
async def create_user(user: UserIn):            # 设置请求模型为 UserIn
    return user                                 # 返回请求数据

if __name__ == '__main__':
    uvicorn.run(app=app)
```

以上代码中，定义了一个响应数据模型 UserOut，与请求数据模型 UserIn 相比，它少了一个 password 字段。

在路径操作函数的装饰器中，使用参数 response_model 定义响应模型为 UserOut，所以 FastAPI 会使用 UserOut 模型将返回数据转换为响应数据。响应数据中将不包含 password 字段。

提示！

> 响应模型的作用是通过响应数据模型类使响应数据符合响应数据模型格式。

在 PyCharm 中运行以上这段代码，在浏览器地址栏中输入：http://127.0.0.1:8000/docs，回车，结果如图 3.2 所示。

将 API 文档页面滚动到 Schemas，也就是 JSON 模式部分，然后展开 UserIn 和 UserOut 两个 JSON 模式。这两个 JSON 模式分别对应了请求数据模型 UserIn 和响应数据模型 UserOut，两个模型的区别是，UserIn 的字段中包含了 password，而 UserOut 不包含 password。接下来，使用 API 文档的测试功能，验证请求数据模型和响应数据模型对数据的影响。将 API 文档页面滚动到 API 接口部分，再点击文字 POST，展开接口详情。然后点击接口详情右上方的“Try it out”按钮，结果如图 3.3 所示。

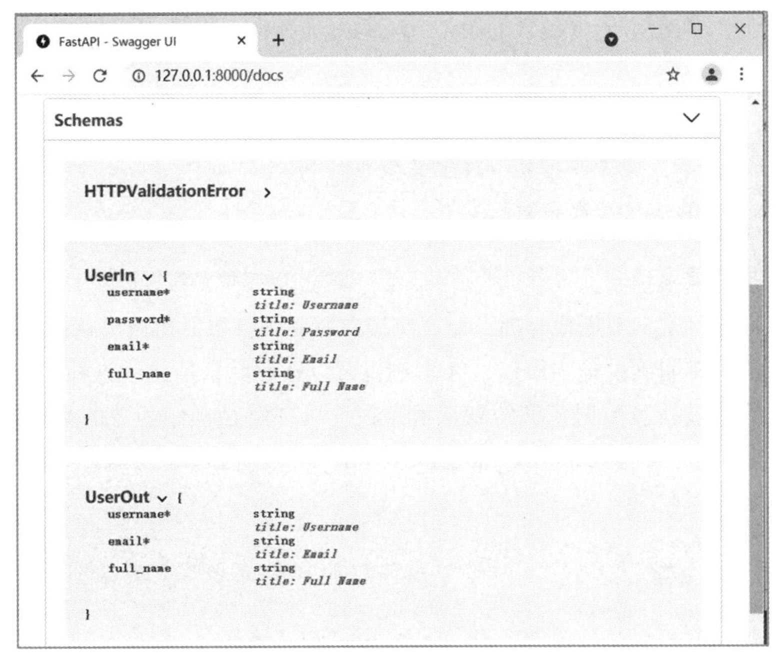

图 3.2　请求数据模型和响应数据模型

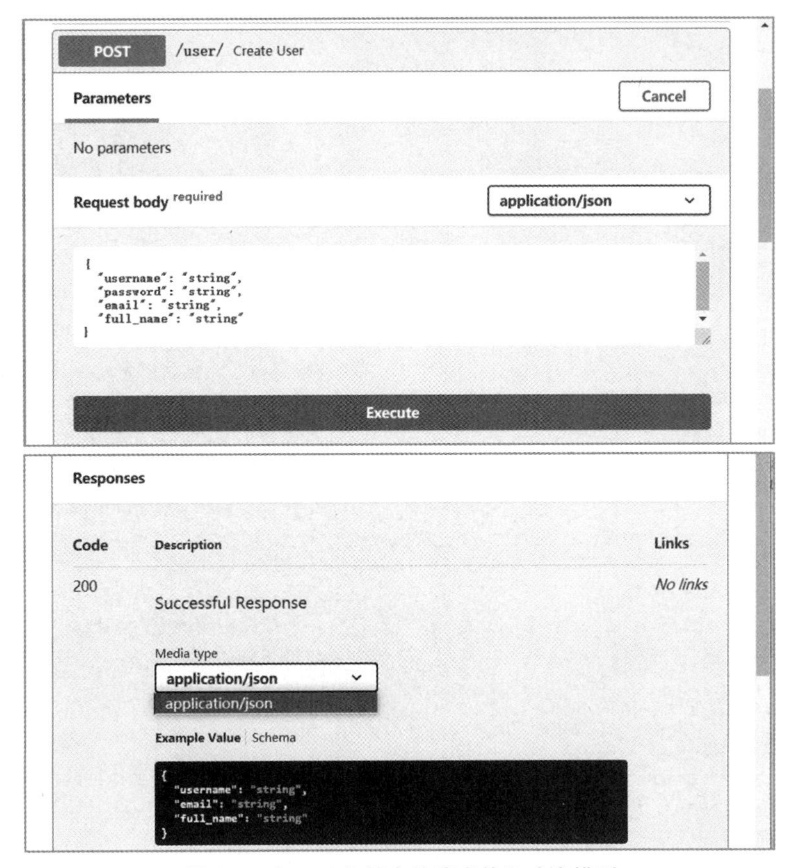

图 3.3　在 API 文档中的请求体和响应模型

如图 3.3 所示，在请求体中包含 password 字段，而在响应模型中不包含 password 字段。

请求体、响应模型对象都带数据和数据结构。
请求数据模型、响应数据模型仅定义数据结构。
请求数据、响应数据都指数据本身。

第三步，加入更多控制。

在使用 Pydantic 定义数据模型时，允许字段有默认值。如果在输出响应数据时，这些带有默认值的字段没有明确设置字段值，客户端也可以按照默认值接收这些字段的数据。

若不想让客户端接收数据模型的默认值字段，则在路径操作函数的装饰器中设置响应模型参数时，可以同时设置 response_model_exclude_unset 参数，以忽略带有默认值的字段，其示例代码如下：

```
# 【示例 3.3】第 3 章 第 3.2 节 code3_3.py
# 第 3 章 3.2.1 节 code3.py
from typing import List, Optional
import uvicorn
from fastapi import FastAPI
from pydantic import BaseModel

app = FastAPI()

class Data(BaseModel):                              # 定义数据模型
    name: str                                       # 定义字段，无默认值
    description: Optional[str] = None               # 定义可选字段，默认值为 None
    price: float                                    # 定义字段，无默认值
    tax: float = 10.5                               # 定义字段，默认值为 10.5
    tags: List[str] = []                            # 定义字段，默认值为[]

datas = {                                           # 模拟数据
                                                    #仅设置了无默认值字段，其他字段均为默认值
    "min": {"name": "最小化", "price": 50.2},
                                                    # 设置了字段值，与默认值不同
    "max": {"name": "最大化", "description": "都有值", "price": 62, "tax": 20.2},
                                                    # 设置了与默认值相同的字段
    "same": {"name": "默认", "description": None, "price": 50.2, "tax": 10.5, "tags": []},
}

@app.get("/data/{data_id}",                         # 注册路由定义路径参数
        response_model=Data,                        # 设置响应模型
        response_model_exclude_unset=True           # 使用属性忽略默认值
       )
async def read_item(data_id: str):
    return datas[data_id]                           # 根据响应数据模型返回匹配的模拟数据
if __name__ == '__main__':
    uvicorn.run(app=app)
```

以上代码中，在装饰器中设置了 response_model_exclude_unset 参数，用于在响应数据

中排除具有默认值的字段，在 PyCharm 中执行以上代码，然后打开浏览器输入地址：http://127.0.0.1:8000/data/min，回车，结果如图 3.4 所示。

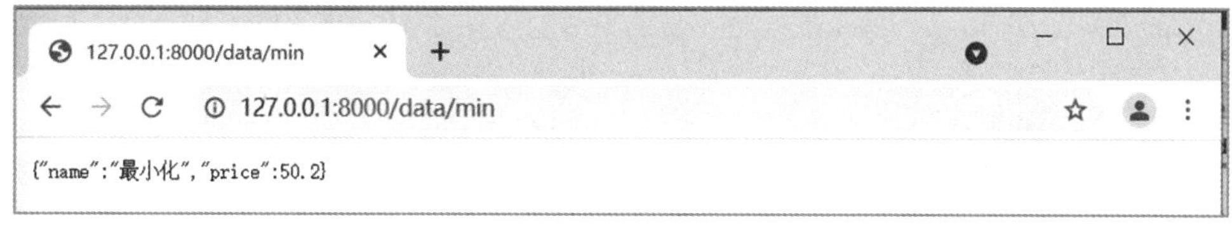

图 3.4 忽略默认值

上述代码中，在路径操作函数 read_item 的装饰器参数里，设置了响应模型为 Data，该数据模型中包含多个具有默认值的字段。在图 3.4 显示的响应内容中，只包含了明确设置字段值的字段 name、price。字段 name、price 都是必选字段，字段值分别为 min、50.2，响应数据模型中几个字段均有默认值，并且未设置字段值，所以均未返回。

除了 response_model_exclude_unset 以外，还可以在路径操作函数的装饰器中使用以下参数：

（1）response_model_exclude_defaults=True，忽略与默认值相同的字段；

（2）response_model_exclude_none=True，忽略值为 None 的字段；

（3）response_model_include={}，输出数据中仅包含指定的字段；

（4）response_model_exclude={}，输出数据中仅排除指定的字段。

在 FastAPI 中，这些参数都来自于 Pydantic 库，更多的内容请查询 Pydantic 官方文档[1]中的模型导出章节。

3.2.2 业务数据模型

在实际商业应用场景中，请求数据往往需要经过一系列逻辑处理之后，才会生成响应数据。在逻辑处理的过程中还会使用其他数据模型，这里称之为业务数据模型（Business Data Model）。

在处理用户注册的路径操作函数中，包含的字段如下：

（1）接收请求数据的请求数据模型中包含用户名和密码字段；

（2）逻辑处理定义的业务模型中包含用户名和密码的哈希值；

（3）响应模型中只包含用户名字段，不包含密码字段。

示例代码如下：

```
# 【示例 3.4】 第 3 章 第 3.2 节 code3_4.py
import uvicorn
from fastapi import FastAPI
from pydantic import BaseModel
from typing import Optional

app = FastAPI()

class UserIn(BaseModel):                              # 定义请求数据模型，用于接收请求数据
    username: str
    password: str
```

[1] Pydantic 官方文档：https://pydantic-docs.helpmanual.io/usage/exporting_models/

```
    phone: Optional[str]
    email: Optional[str]
    address: Optional[str]

class UserOut(BaseModel):                       # 定义响应数据模型，用于输出响应数据
    username: str
    phone: Optional[str]
    email: Optional[str]
    address: Optional[str]

class UserDB(BaseModel):                        # 定义业务数据模型，用于数据的逻辑处理
    username: str
    password_md5: str
    phone: Optional[str]
    email: Optional[str]
    address: Optional[str]
def get_md5(raw_password: str):                 # 生成md5算法密码的模拟函数
    return "密码md5值" + raw_password

def save_user_logic(user_in: UserIn):           # 定义逻辑处理函数，保存数据到数据库中
    password_md5 = get_md5(user_in.password)    # 生成模拟密码
    user_db = UserDB(**user_in.dict(), password_md5=password_md5)
                                                # 将请求模型的数据转换为业务模型
    print("此处应该是将user_db保存到数据库的操作代码")
    return user_db

@app.post("/user/", response_model=UserOut)     # 设置响应数据模型为UserOut
async def create_user(user_in: UserIn):         # 设置请求数据模型为UserIn
    user_saved = save_user_logic(user_in)       # 调用逻辑处理函数，执行数据保存动作
    return user_saved

if __name__ == '__main__':
    uvicorn.run(app=app)
```

以上是一个典型的接收请求数据、数据逻辑处理、返回响应的业务操作代码，定义了3个数据模型，在路径操作函数的参数中使用的是请求模型UserIn，用于接收请求数据；在路径操作函数的装饰器中的参数response_model设置的是响应模型UserOut，用于返回数据；在保存用户数据的逻辑处理函数中，使用的是业务模型UserDB。

3.2.3 简化数据模型定义

在【示例3.4】中，根据用途的不同，定义了三个不同的数据模型，但是产生了很多重复代码。这些模型都共享了大量数据，并拥有重复的属性名称和类型。因此，可以使用类继承的方式，对重复代码做一些简化。比如定义一个UserBase数据模型作为其他模型的基类，然后将三个数据模型都继承该数据模型，再分别定义数据模型的差异部分（UserIn有password字段、UserDB有password_md5字段、UserOut没有password字段）。修改后的代码如下：

```
# 【示例3.5】第3章 第3.2节 code3_5.py
import uvicorn
from fastapi import FastAPI
from pydantic import BaseModel
from typing import Optional
```

```
app = FastAPI()
class UserBase(BaseModel):                          # 定义数据模型基类，包含公用字段
    username: str
    phone: Optional[str]
    email: Optional[str]
    address: Optional[str]

class UserIn(UserBase):                             # 定义请求数据模型，用于接收请求数据
    password: str

class UserOut(UserBase):                            # 定义响应数据模型，用于输出响应数据
    pass

class UserDB(UserBase):                             # 定义业务数据模型，用于逻辑处理
    password_md5: str

def get_md5(raw_password: str):                     # 生成密码哈希的模拟函数
    return "密码 md5 值" + raw_password

def save_user_logic(user_in: UserIn):               # 定义逻辑处理函数
    password_md5 = get_md5(user_in.password)  # 生成模拟密码
    user_db = UserDB(**user_in.dict(), password_md5=password_md5)
                                                    # 将请求模型的数据转换为业务模型
    print("此处应该是将 user_db 保存到数据库的操作代码")
    return user_db

@app.post("/user/", response_model=UserOut)  # 设置响应数据模型为 UserOut
async def create_user(user_in: UserIn):             # 设置请求数据模型为 UserIn
    user_saved = save_user_logic(user_in)           # 调用逻辑处理函数，执行数据保存动作
    return user_saved

if __name__ == '__main__':
    uvicorn.run(app=app)
```

以上代码中，仅修改了定义数据模型的部分，将原来的三个数据模型继承自一个共同的数据模型基类，并且在各自数据模型中定义了不同的字段。代码整体的功能没有变化，但是代码量变少了，代码更加简洁。

3.2.4 使用多个响应模型

在有些场景下，一个路径操作函数需要返回不同的数据模型。这时，可以将 Python 中的类型联合体（Union）类设置为 response_model 对象值。在联合体中配置多个响应模型。

使用联合体类返回多个响应模型的示例代码如下：

```
# 【示例 3.6】 第 3 章 第 3.2 节 code3_6.py
from typing import Union
import uvicorn
from fastapi import FastAPI
from pydantic import BaseModel

app = FastAPI()

class BaseItem(BaseModel):                      # 定义数据模型基类，包含公用的字段
    description: str
    type: str
```

```
class Cat(BaseItem):                          # 定义响应数据模型
    type = "cat"                              # 定义字段 type，默认值为 cat

class Dog(BaseItem):                          # 定义响应数据模型
    type = "dog"                              # 定义字段 type，默认值为 dog
    color: str                                # 定义字段 color

items = {                                     # 模拟数据，分别对应两个数据模型
    "item1": {
        "description": "三酷猫",
        "type": "cat"
    },
    "item2": {
        "description": "中华田园犬",
        "type": "dog",
        "color": "yellow",
    },
}
@app.get("/items/{item_id}",
        response_model=Union[Dog, Cat]        # 使用 Union 类返回多个响应模型
        )
async def read_item(item_id: str):
    return items[item_id]

if __name__ == '__main__':
    uvicorn.run(app=app)
```

以上代码中，在路径操作函数的装饰器中，设置了响应模型为联合体，在联合体中设置了响应数据模型 Dog 和 Cat。所以，根据路径操作函数中的代码，当路径参数 item_id 的值为 item1 时，响应数据中的字段与 Cat 的字段相同，响应模型为 Cat；当路径参数 item_id 的值为 item2 时，响应数据中的字段与 Dog 的字段相同，响应模型就变成了 Dog。

3.3 内置响应类

路径操作函数在返回响应数据时，可以返回基础数据类型、泛型、数据模型的数据。FastAPI 会将不同类型的数据都转换成兼容 JSON 格式的字符串，再通过响应对象返回给客户端。除此之外，也可以在路径操作函数中直接使用 FastAPI 的内置响应类，返回特殊类型的数据，比如 XML、HTML、文件等。

FastAPI 中内置了以下响应类：

（1）纯文本响应（PlainTextResponse）；

（2）HTML 响应（HTMLResponse）；

（3）重定向响应（RedirectResponse）；

（4）JSON 响应（JSONResponse）；

（5）通用响应（Response）；

（6）流响应（StreamingResponse）;

（7）文件响应（FileResponse）。

3.3.1　纯文本响应

纯文本响应（PlainTextResponse）是最基础的响应方式，服务器端将一段纯文本写入响应后，直接返回给客户端，FastAPI 不会对纯文本响应的内容做任何校验和转换。

使用纯文本响应的方法很简单，在路径操作函数的装饰器中使用参数 response_class 指定响应类为 PlainTextResponse 类，然后 FastAPI 会将路径操作函数的返回值转换成字符串直接返回。示例代码如下：

```
# 【示例 3.7】 第 3 章 第 3.3 节 code3_7.py
from fastapi import FastAPI
from fastapi.responses import PlainTextResponse      # 导入纯文本响应类
import uvicorn
app = FastAPI()

@app.get("/", response_class=PlainTextResponse)      # 设置响应类为纯文本
async def main():
    return "Hello World"
if __name__ == '__main__':
    uvicorn.run(app=app)
```

3.3.2　HTML 响应

HTML 格式是 Web 服务器端最常见的返回响应方式，FastAPI 内置了 HTMLResponse 类，用于处理 HTML 数据的响应返回。代码示例如下：

```
# 【示例 3.8】 第 3 章 第 3.3 节 code3_8.py
from fastapi import FastAPI
from fastapi.responses import HTMLResponse
import uvicorn
app = FastAPI()

html_content = """
    <html>
        <head>
            <title>浏览器顶部的标题</title>
        </head>
        <body>
            <h1>三酷猫</h1>
        </body>
    </html>
    """
@app.get("/html/", response_class=HTMLResponse) # 设置响应类为 HTML 响应
async def read_items1():
                                                # 直接返回 HTML 文本
    return html_content

@app.get("/default/")                           # 未设置响应类
async def read_items2():
                                                # 使用 HTMLResponse 对象返回数据
    return HTMLResponse(content=html_content)
if __name__ == '__main__':
    uvicorn.run(app=app)
```

以上代码中，定义了两个路径操作函数，分别用两种方式返回了 HTML 内容。

第一个路径操作函数 read_items1 在装饰器中设置了参数 response_class 的值为 HTMLResponse，浏览器会将返回的内容按照 HTML 格式解析。

第二个路径操作函数 read_items2 将 HTML 内容文本写入 HTMLResponse 对象并返回响应，但没有在装饰器中设置 response_class。

在 PyCharm 中执行以上代码，然后在浏览器地址栏中输入：http://127.0.0.1:8000/docs，回车，然后在打开的 API 文档中点击 API 接口/html/，展开接口详情，结果如图 3.5 所示。

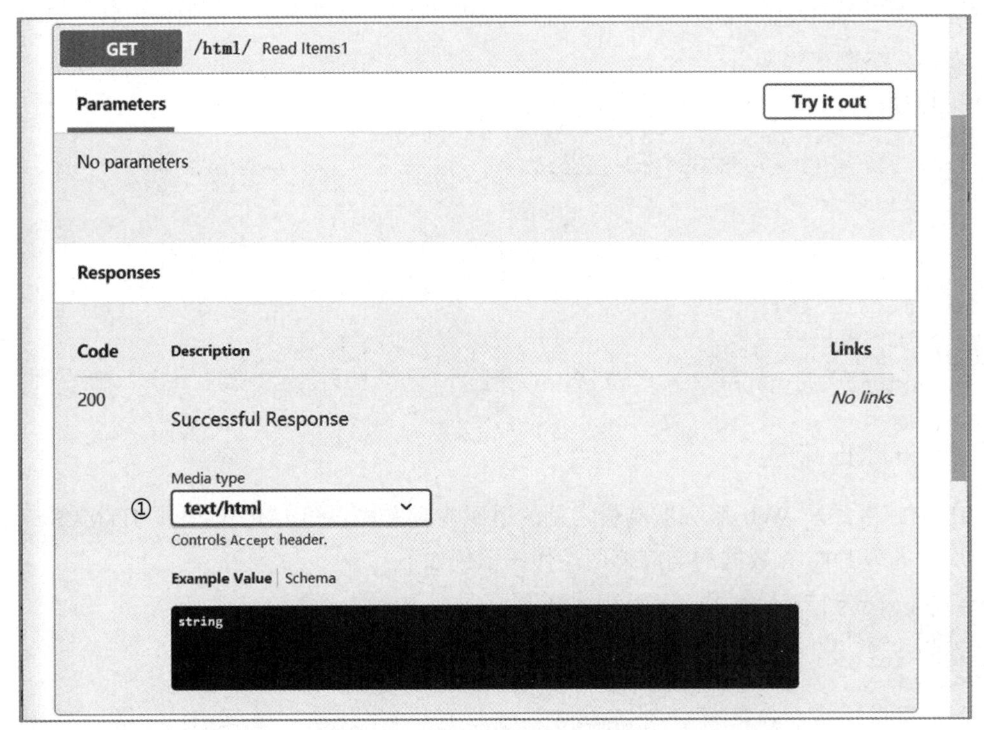

图 3.5　HTMLResponse 响应

在图 3.5 中响应部分的①位置，Media type 的内容是 text/html，表示当前响应类型为 HTML。

接下来，点击 API 接口/default/，展开接口详情，结果如图 3.6 所示。

在图 3.6 的响应部分的①位置，Media type 的内容是 application/json，表示当前响应类型为 JSON，也就是 FastAPI 返回数据模型时的默认类型。

为了在 API 文档中显示正确的媒体类型，必须在请求函数的装饰器中指定 response_class 参数，这个参数会影响到 API 文档中的显示信息，但不会影响返回给浏览器的内容。在浏览器地址栏中输入：http://127.0.0.1:8000/html/，回车，结果如图 3.7 所示。

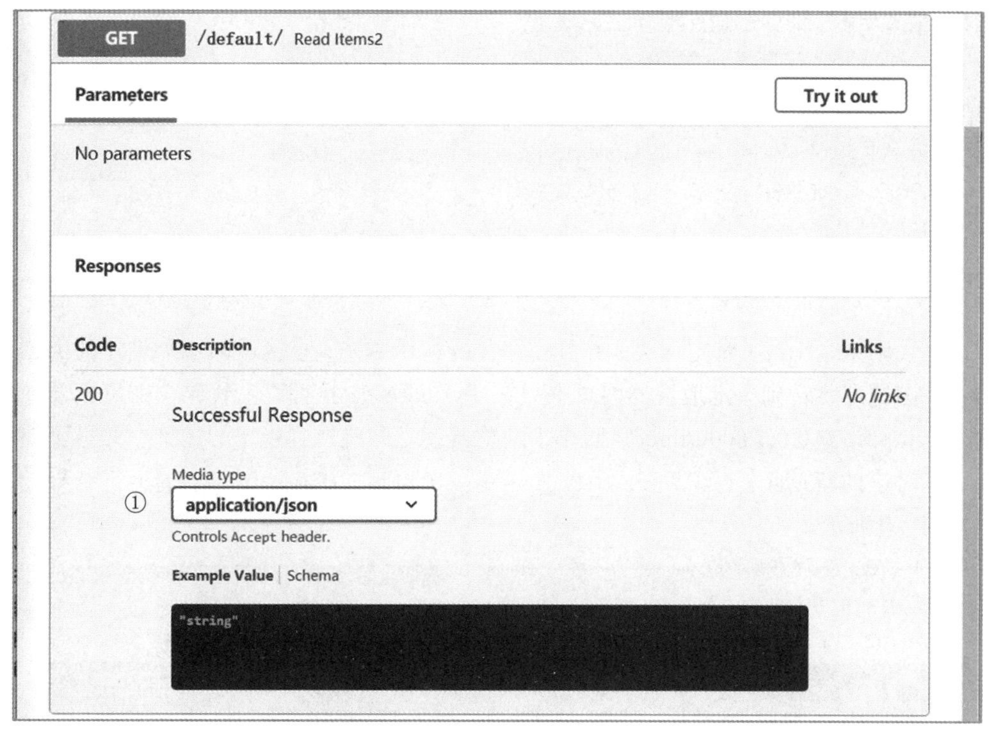

图 3.6　默认响应

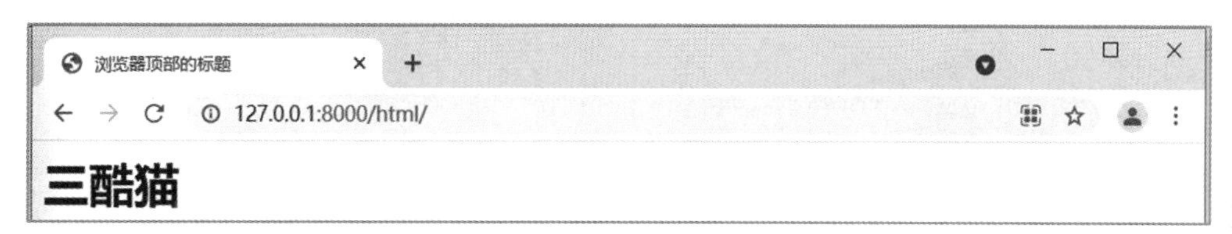

图 3.7　访问/html/的结果页面

在浏览器地址栏中输入：http://127.0.0.1:8000/default/，回车，结果如图 3.8 所示。

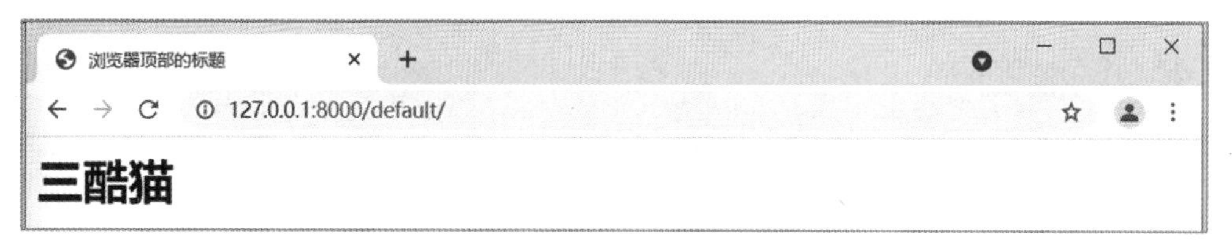

图 3.8　访问/default/的结果页面

图 3.7 和图 3.8 的两个页面访问了不同的 API 接口，但标题和内容是相同的，浏览器都是按照 API 接口返回的 HTML 文本，解析成页面展示的内容。

3.3.3　重定向响应

HTTP 重定向也是 Web 服务中常见的响应方式，此方式不返回数据内容，仅返回一个新的 URL 地址。在 FastAPI 中，内置的 RedirectResponse 类用于处理 HTTP 重定向的需求，示例代码如下：

```
# 【示例 3.9】第 3 章 第 3.3 节 code3_9.py
from fastapi import FastAPI
from fastapi.responses import RedirectResponse                    # 导入重定向类
import uvicorn
app = FastAPI()

@app.get("/three")
async def read_three():
    return RedirectResponse("https://github.com/threecoolcat") # 返回重定向响应
if __name__ == '__main__':
    uvicorn.run(app=app)
```

以上代码中，导入了重定向类，并且在路径操作函数中，直接返回这个重定向类创建的实例，使浏览器跳转到指定地址的网页上。在 PyCharm 中执行以上代码，在浏览器地址栏中输入：http://127.0.0.1:8000/three，回车，浏览器会立即跳转到指定的地址，并且页面内容也变成了对应的新页面，这说明 FastAPI 发送了一个重定向响应，浏览器的运行结果随之改变，如图 3.9 所示。

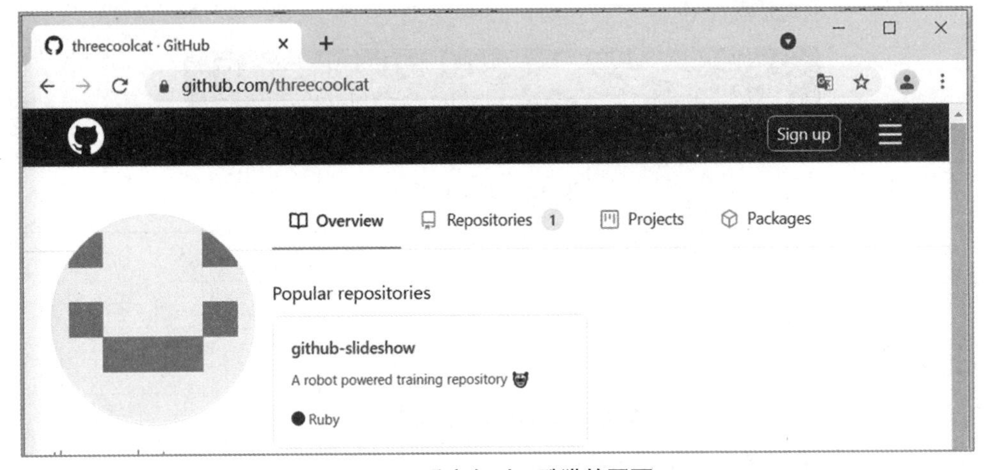

图 3.9　重定向到三酷猫的页面

3.3.4　JSON 响应

在路径操作函数中，可以返回 Response 类或者任意 Response 的子类，比如 JSONResponse。默认情况下，FastAPI 会使用 jsonable_encoder()方法将模型数据转换成 JSON 格式，然后 FastAPI 会将这些 JSON 格式的数据放到一个 JSONResponse 类实例中，接着将该类的实例作为响应数据返回给客户端。

```
# 【示例 3.10】第 3 章 第 3.3 节 code3_10.py
from datetime import datetime
from typing import Optional
from fastapi import FastAPI
from fastapi.encoders import jsonable_encoder          # 导入 JSON 数据格式转换方法
from fastapi.responses import JSONResponse
from pydantic import BaseModel
import uvicorn

class Item(BaseModel):                                 # 定义数据模型
```

```
    title: str
    timestamp: datetime
    description: Optional[str] = None

app = FastAPI()

@app.post("/item/")                                        # 注册路由路径
def update_item(item: Item):
    json_compatible_item_data = jsonable_encoder(item)   # 使用 jsonable_encoder 转换数据
    return JSONResponse(content=json_compatible_item_data) # 返回 JSONResponse 实例

if __name__ == '__main__':
    uvicorn.run(app=app)
```

以上代码中，没有直接返回数据模型，而是使用 jsonable_encoder()方法将数据模型转换成 JSON 格式的数据，再写入 JSONResponse 中并返回，这就是 FastAPI 返回数据的过程。在正常返回数据时，可以直接返回数据模型 Item 的实例 item，不需要转换之后再返回。

3.3.5 通用响应

当返回数据不是 JSON 格式时，一个通用方法可以直接使用 Response 类响应对象。

用 Response 类对象返回一段 XML[2]内容，代码示例如下：

```
# 【示例 3.11】 第 3 章 第 3.3 节 code3_11.py
from fastapi import FastAPI, Response
from typing import Optional
import uvicorn
app = FastAPI()

@app.get("/document/")                                  # 注册路由路径
def get_legacy_data(id: Optional[int] = None):          # 定义可选查询参数
    data = """<?xml version="1.0" encoding="utf-8" ?>
    <Document>
        <Header>
            这里是页头
        </Header>
        <Body>
            这里是内容
        </Body>
        <Footer>
            这里是页脚
        </Footer>
    </Document>
    """
                        # 直接返回 Response 对象，并指定 media_type="application/xml"
    return Response(content=data, media_type="application/xml")

if __name__ == '__main__':
    uvicorn.run(app=app)
```

上述代码通过 Response 对象响应返回了 XML 格式数据。在 PyCharm 中执行以上代码，并在浏览器中地址栏输入：http://127.0.0.1:8000/document/，回车，结果如图 3.10 所示。

---

2 XML 文档：https://en.wikipedia.org/wiki/XML

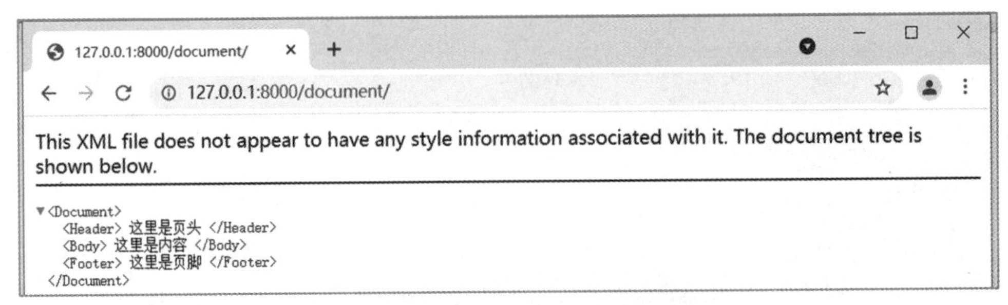

图 3.10　直接返回 XML 格式数据

从图 3.10 中可以看到，网页上显示的内容不是 JSON 格式，而是程序中指定的 XML 格式，且 FastAPI 也没有对 Response 类对象的数据进行校验和转换。

在实例化 Response 类时，接收以下参数：

（1）content：要返回的内容，str 类型或者 bytes 类型；

（2）status_code：HTTP 状态码，int 类型；

（3）headers：由键值对组成的数据， dict 类型；

（4）media_type：媒体类型的文本，str 类型，比如“text/html”、“application/json”。

以 Response 类实例作为响应数据时，将自动包含 Content-Length 头，用于描述 HTTP 消息体的传输长度；另外，它还将自动包含一个基于 media_type 的 Content-Type 头，用于定义网络文件的类型和网页的编码。

3.3.6　流响应

在客户端和 Web 服务器端之间进行的数据传输，除了使用带有格式的文本数据以外，还可以使用字节流（Stream）进行传输。字节流响应的内容是二进制格式的，比如音频、视频、图片等。在 FastAPI 中通过 StreamingResponse 类实现字节流响应。

StreamingResponse 类一般常用于接入云存储、视频处理等场景，代码示例如下：

```
# 【示例 3.12】 第 3 章 第 3.3 节 code3_12.py
from fastapi import FastAPI
from fastapi.responses import StreamingResponse # 导入流响应
import uvicorn
some_file_path = "large-video-file.mp4"         # 运行代码时请替换成真实的视频文件路径
app = FastAPI()

@app.get("/")                                   # 注册路由路径
def main():
    file_like = open(some_file_path, mode="rb")  # 打开文件
    return StreamingResponse(file_like, media_type="video/mp4")
                                                # 返回流并指定媒体类型
if __name__ == '__main__':
    uvicorn.run(app=app)
```

以上代码中，先导入了流响应类，然后在路径操作函数中，使用 open 方法打开视频文件，得到文件流，接着使用 StreamingResponse 类的实例返回文件流的内容。需要注意的是，在运行代码时，请将 some_file_path 的值替换成电脑上真实存在的文件路径。

3.3.7 文件响应

在 FastAPI 中，通过 FileResponse 类处理异步文件响应，与上一节的流响应相比，文件响应类在实例化时可以接收更多的参数，如下：

（1）path：要流式传输的文件的文件路径；

（2）headers：任何自定义响应头，传入字典类型；

（3）media_type：给出媒体类型的字符串。如果未设置，则文件名或路径将用于推断媒体类型；

（4）filename：如果给出，它将包含在响应 Header 的 Content-Disposition 中。

文件响应将包含 Content-Length、Last-Modified 和 ETag 的响应头，这些信息都将传递给浏览器，作为浏览器处理文件响应的依据。

```
# 【示例 3.13】 第 3 章 第 3.3 节 code3_13.py
from fastapi import FastAPI
from fastapi.responses import FileResponse  # 导入文件响应
import uvicorn
some_file_path = "large-video-file.mp4"     # 运行代码时请替换成真实的视频文件路径
app = FastAPI()

@app.get("/")                                # 注册路由路径
async def main():
    return FileResponse(some_file_path)      # 直接使用文件名参数返回文件响应
if __name__ == '__main__':
    uvicorn.run(app=app)
```

以上代码中，导入了文件响应类，并且在路径操作函数中将 FileResponse 类实例化，并指定文件路径为参数。通过这种方式，就可以实现文件的异步下载功能。这段代码与【示例 3.12】代码类似，不同的是：使用 StreamingResponse 类时，需要先将文件打开，载入文件对象中进行返回，文件内容是一次性读取的，如果文件很大，就会占用大量的内存。使用 FileResponse 类时，通过文件路径指定生成了一个 FileResponse 类实例，文件是异步读取的，会占用更少的内存。

所以，在实际的场景中，当需要直接处理流（Stream）时，使用 StreamingResponse 类；当处理文件时，使用 FileResponse 类。

3.4 案例：三酷猫卖海鲜（三）

2.3.5 节案例实现了海鲜销售产品信息的查询，显示结果有点丑陋。这回三酷猫希望能以表格形式，显示完整的海鲜销售产品信息。

其代码实现如下：

```
#ShowAllSeaGoods.py
from fastapi import FastAPI
```

```
from fastapi.responses import HTMLResponse
import uvicorn
app = FastAPI()

html_content = """
    <html>
        <head>
            <title>浏览器顶部的标题</title>
        </head>
        <body>
            <h3>三酷猫海鲜店</h3>
            <table border="1">
              <tr>
                 <th> 品名 </th>
                 <th> 数量 </th>
                 <th> 单位</th>
                 <th> 单价（元）</th>
              </tr>
              <tr>
                 <td>野生大黄鱼</td>
                 <td>20</td>
                 <td>斤</td>
                 <td>168</td>
               </tr>
               <tr>
                 <td>对虾</td>
                 <td>100</td>
                 <td>斤</td>
                 <td>48</td>
               </tr>
               <tr>
                 <td>比目鱼</td>
                 <td>200</td>
                 <td>斤</td>
                 <td>69</td>
               </tr>
               <tr>
                 <td>黄花鱼</td>
                 <td>500</td>
                 <td>斤</td>
                 <td>21</td>
               </tr>
            </table>
        </body>
    </html>
    """
@app.get("/html/", response_class=HTMLResponse)     # 设置响应类为 HTML 响应
async def read_items1():
                                                    # 直接返回 HTML 文本
    return html_content

if __name__ == '__main__':
    uvicorn.run(app=app)
```

执行上述代码，在浏览器地址栏输入：http://127.0.0.1:8000/html/，回车，显示结果如图 3.11 所示。

http://127.0.0.1:8000/html/

三酷猫海鲜店

品名	数量	单位	单价（元）
野生大黄鱼	20	斤	168
对虾	100	斤	48
比目鱼	200	斤	69
黄花鱼	500	斤	21

图 3.11　返回海鲜销售信息表

3.5　习题及实验

1. 填空题

（1）客户端向服务器端发起请求后，服务器端经过数据处理，返回给客户端数据的过程称为（　　　）。

（2）响应模型，指在处理响应数据时，可以将响应数据转换成 Pydantic（　　　　）实例，以保证响应数据的（　　　）。

（3）在注册路由路径的装饰器方法中，通过（　　　　　　）参数指定响应数据模型来确定响应类型对象。

（4）在 FastAPI 框架里，不同的数据模型类可以继承自同一个（　　　　　　）。

（5）路径操作函数在返回响应数据时，可以返回基础数据类型、（　　）、（　　　　）、特殊类型的数据。

2. 判断题

（1）响应数据仅是服务器端返回给客户端数据报文的一部分信息。（　　）

（2）响应数据模型在文档里体现的是字典格式数据。（　　）

（3）在 FastAPI 里，按照用途的不同可以把数据模型分为请求数据模型、业务数据模型、响应数据模型三种。（　　）

（4）在路径操作函数里可以用 return 一次处理多个响应模型。（　　）

（5）内置响应类都由 FastAPI 直接提供，所以无需做导入处理。（　　）

3. 实验

写一个受响应模型约束的返回数据案例，要求如下：

（1）客户端通过 URL 传递一个查询海鲜产品的名称；

（2）请求数据模型提供品名、数量、单位、单价字段，并给出默认值；

（3）响应数据要求不公开单价，并以标准的 JSON 格式返回给客户端；

（4）通过 API 文档测试数据，给出测试截屏界面；

（5）形成实验报告。

第 4 章　深入请求和响应

前两章主要讲述了 FastAPI 中的请求和响应的基本概念和基本使用方式。在 HTTP 通信过程中，请求和响应是一一对应的，并不是独立存在的。本章将更加深入地学习请求和响应技术，主要内容包括：

（1）在请求中使用类；

（2）自定义响应返回数据；

（3）异常处理；

（4）中间件技术。

4.1　在请求中使用类

利用类可以为服务器端请求数据处理，从而提供更加方便的使用功能。这里的类包括了查询参数类、路径参数类、Cookie 参数类、Header 参数类、Field 类等。

4.1.1　查询参数类

第 2 章讲了几种查询参数的使用方式，但在实际业务中，对查询参数需要做更细微的控制，比如参数值的长度限制、内容特征限制（手机号、邮箱、正则表达式等）。在 FastAPI 中提供了查询参数类 Query，以满足实际需要。Query 类的几种使用方式如下：

1. 添加单个约束条件

比如对 URL 地址中的查询参数 q 添加约束条件，该参数是可选参数，类型是 str，参数值的长度不能超过 10 个字符。示例代码如下：

```
# 【示例 4.1】第 4 章 第 4.1 节 code4_1.py
from typing import Optional
from fastapi import FastAPI, Query                              # 导入 Query 类
import uvicorn
app = FastAPI()

@app.get("/")
async def read_items(q: Optional[str] = Query(None, max_length=10)):
                                                                # 使用 Query 设置规则
    return {"q": q}
```

```
if __name__ == '__main__':
    uvicorn.run(app=app)
```

以上代码中使用了 q: Optional[str] = Query(None, max_length=10)替换了默认的查询参数定义方式，其作用是：

（1）定义可选查询参数 q，类型为 str；

（2）通过 q 的默认值调用 Query 类，生成 Query 类的实例，其主要作用是将 q 明确定义为查询参数，这和第 2 章里使用 Body 类将参数定义为请求体的方式是一样的；

（3）Query 类的第一个参数是 None，设置查询参数 q 的默认值为 None；

（4）Query 类的第二个参数是 max_length=10，设置查询参数 q 的最大长度是 10 字节。

在 PyCharm 中执行以上代码，然后在浏览器地址栏中输入：http://127.0.0.1:8000/?q=11111111111，回车，显示结果如图 4.1 所示。

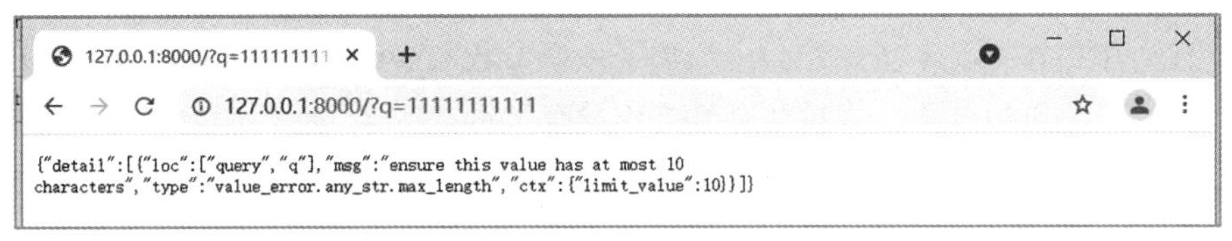

图 4.1　查询参数和字符串最大长度

在浏览器地址栏输入的 URL 地址中，q 的值是 11 个字节的字符，FastAPI 在解析参数时会发现 q 的值不满足 max_length=10，于是返回错误信息。

说明！

可以通过 help(Query)查看 Query 类支持的完整参数。

2. 同时使用多个约束条件

使用 Query 类作为参数默认值时，允许添加多条规则，比如为查询参数 q 增加一条最小长度的规则，代码如下：

```
# 【示例 4.2】 第 4 章 第 4.1 节 code4_2.py
from typing import Optional
from fastapi import FastAPI, Query  # 导入 Query 类
import uvicorn
app = FastAPI()

@app.get("/")
async def read_items(q: Optional[str] = Query(None, min_length=3,
max_length=10)):  #使用 Query 设置规则
    return {"q": q}

if __name__ == '__main__':
    uvicorn.run(app=app)
```

以上代码中，在 Query 类的参数中增加了一条 min_length=3，作用是限制参数 q 的最小长度是 3 字符。

所以查询参数 q 值要满足的完整条件是：允许为空，但是当参数不为空时，至少有 3 个字节的字符，最多 10 个字节的字符。

3. 在约束中使用正则表达式

除了对字符串的长度配置规则以外，还可以使用正则表达式验证参数值，将以上代码中的长度规则替换成正则表达式规则，代码如下：

```
# 【示例 4.3】 第 4 章 第 4.1 节 code4_3.py
from typing import Optional
from fastapi import FastAPI, Query                                # 导入 Query 类
import uvicorn
app = FastAPI()

@app.get("/")
async def read_items(q: Optional[str] = Query(None, regex='^[\w\d]{3,10}$')):
#使用 Query 设置规则
    return {"q": q}

if __name__ == '__main__':
    uvicorn.run(app=app)
```

以上代码中，在 Query 类的参数中增加了一个参数 regex，该参数值的含义如下：

（1）^，以字符串开头，表示此符号之前没有字符；

（2）[\w\d]{3,10}，其中，\w 表示任意字母，\d 表示任意数字组成的字符串，长度在 3 到 10 字节之间。

（3）$，表示字符串结束，此符号之后没有字符。

若对这些正则表达式概念感到迷茫，请不要担心，对于许多人来说，这都是一个困难的主题。一般情况下，不用正则表达式也能实现一些字符串规则的判断。对于正则表达式的详细用法，读者们也可以参考 Python 官网上的专题介绍。

4. 在 Query 类中使用必选查询参数

通过 2.3.3 节的内容可知，在查询参数定义时没有参数值，则为必选查询参数，例如用 q: str 代替 q: str = None。

但是当使用 Query 类约束查询参数时，为了保证查询参数为必选，则需要把 None 替换为...。例如，q: str = Query(None, min_length=3)为可选查询参数，把该参数改为必选时，如下：

```
# 代码略
async def read_items(q: Optional[str] = Query(... , min_length=3)):
# 代码略
```

5. 使用列表泛型的查询参数

使用 Query 类作为查询参数默认值时，还可以用来接收列表数据，换句话来说，接收多个值时，需要以可选项+列表方式进行定义，其基本格式如下：

查询参数:Optional[List[数据类型]]=Query(None)

例如定义一个可在 URL 地址中出现多次的查询参数 q，其示例代码如下：

```
# 【示例 4.4】 第 4 章 第 4.1 节 code4_4.py
from typing import List, Optional
import uvicorn
from fastapi import FastAPI, Query

app = FastAPI()
```

```
@app.get("/")
async def read_items(q: Optional[List[str]] = Query(None)): # 定义列表泛型的查询参数
    return {"q": q}

if __name__ == '__main__':
    uvicorn.run(app=app)
```

以上代码中，查询参数 q 定义为可选参数，其类型是列表泛型 List，值类型为 str。

在 PyCharm 中执行这段代码，然后在浏览器地址栏中输入：http://127.0.0.1:8000/?q=three&q=cool&q=cat，回车，显示结果如图 4.2 所示。

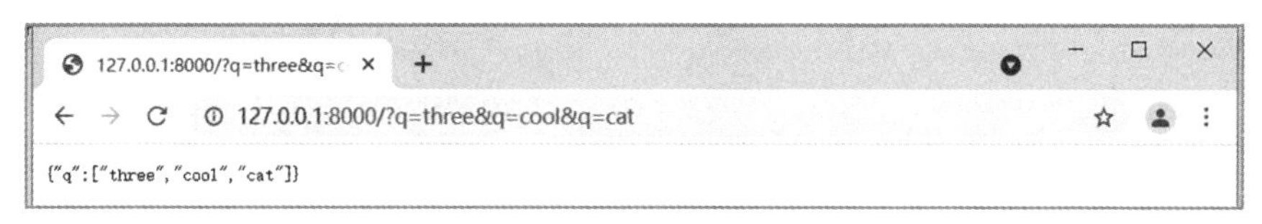

图 4.2　查询参数列表

同时，API 文档也会进行相应的更新，在接口测试页面中，可以允许使用多个值，如图 4.3 所示，可以点击参数下的“Add string item”按钮添加多个数值。

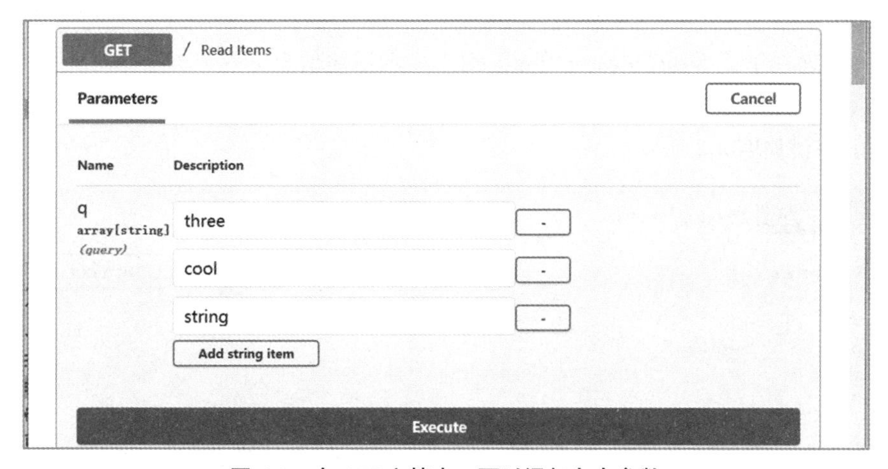

图 4.3　在 API 文档中，可以添加多个参数

还可以为参数列表指定默认值，如修改代码中的 Query 类的列表默认值，如下：

```
# 代码略
async def read_items(q: List[str] = Query(["three","cool","cat"])):
# 代码略
```

按照上面这样修改以后，在 PyCharm 中重新运行修改过的代码，然后在浏览器地址栏中输入：http://127.0.0.1:8000/items，回车，得到的结果和图 4.2 是一致的。

另外，使用列表泛型接收查询参数时，也可以直接使用 list 代替 List [str]，在这种情况下，FastAPI 将不会检查列表泛型的值类型。例如，List[int]将检查列表的类型必须是整数，但是单独的 list 不会检查。

6. 参数对象元数据

Query 类不但可以为查询参数做一些额外的校验，而且还可以添加更多其他信息，这些信息也会包含在生成的 API 文档中，供 API 文档页面显示和其他外部工具所使用，这些信息称为“元数据”。比如给参数添加标题和描述信息，示例代码如下：

```
# 【示例 4.5】 第 4 章 第 4.1 节 code4_5.py
from typing import Optional
import uvicorn
from fastapi import FastAPI, Query

app = FastAPI()

@app.get("/items/")
async def read_items(
    q: Optional[str] = Query(                        # 定义查询参数 q，默认值为 Query 类
        None,                                        # 可选参数默认值为 None
        min_length=3,                                # 定义规则
        description="根据此参数查找匹配的数据",          # 参数详细说明
    )
):
    return {"q": q}

if __name__ == '__main__':
    uvicorn.run(app=app)
```

以上代码中，查询参数的默认值为 Query 类，其参数中添加了字符串校验规则：最小长度为 3，并且增加了元数据：description，用于显示描述信息。

在 PyCharm 中执行以上代码，然后在浏览器地址栏中输入：http://127.0.0.1:8000/docs，回车，显示结果如图 4.4 所示。

图 4.4　验证规则和描述信息

7. 参数别名

有一个如下所示的 URL：

http://127.0.0.1:8000/items/?item-query=threecoolcat

其参数名 item-query 不是一个有效的 Python 变量名，FastAPI 无法将这个参数名转换为有效的查询参数。这时，可以在 Query 类中设置 alias 参数，给 item-query 设置一个别名，以解决该问题，如下：

```
# 代码略
async def read_items(q: Optional[str] = Query(None, alias="item-query")):
# 代码略
```

当设置了 Query 类的参数 alias="item-query"后，FastAPI 在解析 URL 中的参数 item-query=threecoolcat时，会将这个参数的值传给查询参数q，这样就避免了无效变量名的问题。

8. 弃用参数

随着服务器端功能不断改进，API 接口所需的参数也会发生一些改变。比如一个查询接口，原先提供的参数是当按姓名查询数据时使用参数 name=XXX；当按手机号查询数据时，使用参数 phone=XXX。后来增加了一个全文搜索的参数 q，既可以按姓名查询数据，又可以按手机号查询数据，那么参数 name 和参数 phone 已经被完全替代了。但为了兼容性，还需要再保留一段时间，希望在文档上将其展示为"已弃用"，这时可以在 Query 函数的参数中设置 deprecated=True。

```
# 【示例 4.6】 第 4 章 第 4.1 节 code4_6.py
from typing import Optional
import uvicorn
from fastapi import FastAPI, Query

app = FastAPI()

@app.get("/items/")
async def read_items(
    q: Optional[str] = Query(                    # 定义查询参数 q，默认值为 Query 类
        None,                                    # 可选参数默认值为 None
        min_length=3,                            # 定义规则
        description="根据此参数查找匹配的数据",      # 参数详细说明
    ),
    name: Optional[str] = Query(                 # 定义查询参数 name
        None,                                    # 可选参数默认值为 None
        deprecated=True,                         # 标记为弃用
        description="按名称查询"                   # 参数说明
    )
):
    return {"q": q, "name": name}

if __name__ == '__main__':
    uvicorn.run(app=app)
```

在 PyCharm 中执行以上代码，然后在浏览器地址栏中输入：http://127.0.0.1:8000/docs，回车，结果如图 4.5 所示。

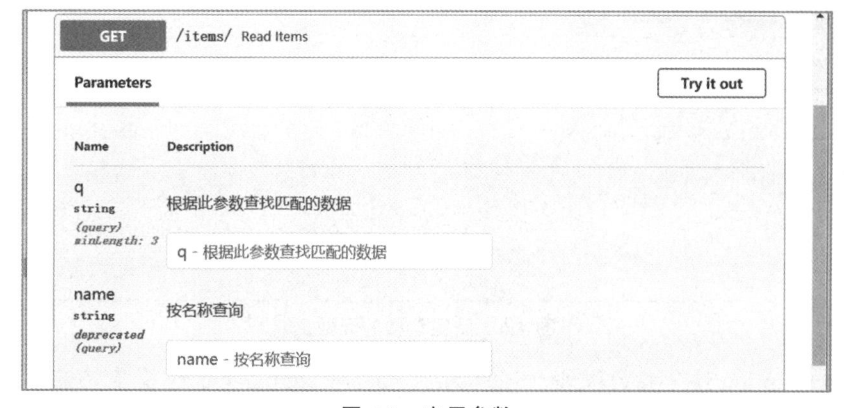

图 4.5　弃用参数

在图 4.5 的 API 文档中，参数 name 下方显示了红色的 deprecated，表示这个参数是被弃用的。

4.1.2　路径参数类

路径参数类 Path 和查询参数类 Query 的用法很相似，Path 类可以为路径参数设置校验规则和添加元数据，它们都是继承了 Param 类。

1. 添加元数据

添加元数据只需要导入 Path 类，然后在路径操作函数的参数中，将默认值设置为 Path 类，并传入相应的参数即可。比如，要修改路径参数的元数据中的描述信息，示例代码如下：

```
# 【示例 4.7】 第 4 章 第 4.1 节 code4_7.py
from typing import Optional
import uvicorn
from fastapi import FastAPI, Path                    # 导入 Path 类

app = FastAPI()

@app.get("/items/{item_id}")
async def read_items(
    item_id: int = Path(                             # 定义路径参数，设置默认值为 Path 类
        ...,                                         # 路径参数是必选参数
        description="项目 ID 是路径的一部分"          # 设置描述信息
    ),
):
    return {"item_id": item_id}

if __name__ == '__main__':
    uvicorn.run(app=app)
```

以上代码中，路径参数是路径的一部分，通过“...” 将其标记为必选参数。该路径参数设置了 description 属性，这个和上一节讲到的 Query 中 description 的用法是一样的，即在 API 文档中，为参数 item_id 增加一个描述信息。

在 PyCharm 中执行以上代码，然后在浏览器地址栏中输入：http://127.0.0.1:8000/docs ，回车，显示结果如图 4.6 所示。

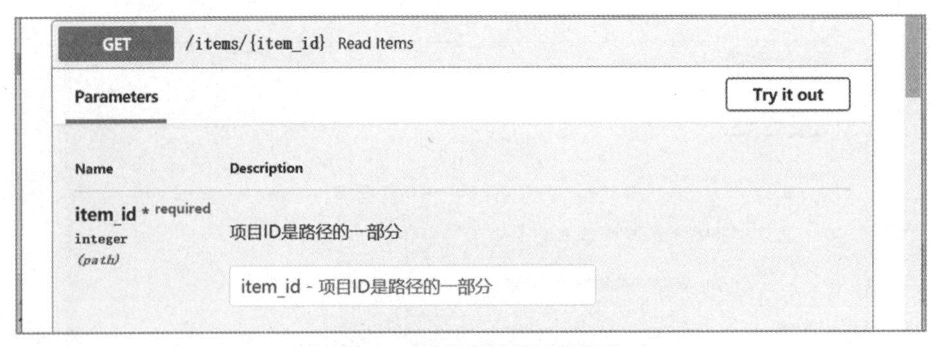

图 4.6　路径参数的元数据

除了 description 这个参数以外，title、alias、deprecated 等 Query 类支持的参数，在 Path 类中也是支持的，具体可以通过 help 函数查看。

2. 数值校验规则：大于、小于、等于

当参数类型为 str 时，可以使用 Query 和 Path 设置字符串长度校验规则、正则表达式规则。当参数类型为数值类型（比如 int、float）时，也可以定义数值校验规则。示例代码如下：

```
#【示例 4.8】第 4 章 第 4.1 节 code4_8.py
from typing import Optional
import uvicorn
from fastapi import FastAPI, Path                    # 导入 Path 类

app = FastAPI()

@app.get("/items/{item_id}")
async def read_items(
    item_id: int = Path(                             # 定义路径参数，通过 Path 设置值规则
        ...,                                         # 路径参数是必选参数
        description="项目 ID 是路径的一部分"         # 设置描述信息
    ),
):
    return {"item_id": item_id}

if __name__ == '__main__':
    uvicorn.run(app=app)
```

在 PyCharm 中执行以上代码，然后在浏览器地址栏中输入：http://127.0.0.1:8000/items/0，回车，显示结果如图 4.7 所示。

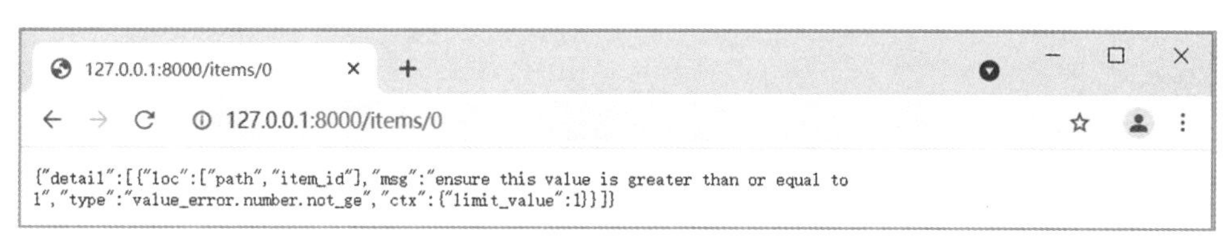

图 4.7　数值范围校验

如图 4.7 所示，当传入的 item_id 的数值不满足条件时，页面显示了报错信息。数值校验可使用的参数如下：

（1）gt，大于（greater than）；

（2）ge，大于等于（greater than or equal）；

（3）lt，小于（less than）；

（4）le，小于等于（less than or equal）。

4.1.3　Cookie 参数类

HTTP Cookie（也叫 Web Cookie 或浏览器 Cookie）是服务器发送到用户浏览器并保存在本地的一小块数据，一般用来记录用户登录状态和浏览器行为的追踪数据。在 FastAPI 中可以使用 Cookie 参数类处理 Cookie，其使用方式类似于 Query 类和 Path 类，示例代码如下：

```
#【示例 4.9】第 4 章 第 4.1 节 code4_9.py
from typing import Optional
import uvicorn
from fastapi import Cookie, FastAPI
```

```
app = FastAPI()

@app.get("/items/")
async def read_items(user_id: Optional[str] = Cookie(None)):   # 定义Cookie参数，默认为空
    return {"user_id": user_id}

if __name__ == '__main__':
    uvicorn.run(app=app)
```

在 PyCharm 中执行以上代码，然后在浏览器地址栏输入：http://127.0.0.1:8000/items/ ，回车，显示结果如图 4.8 所示。

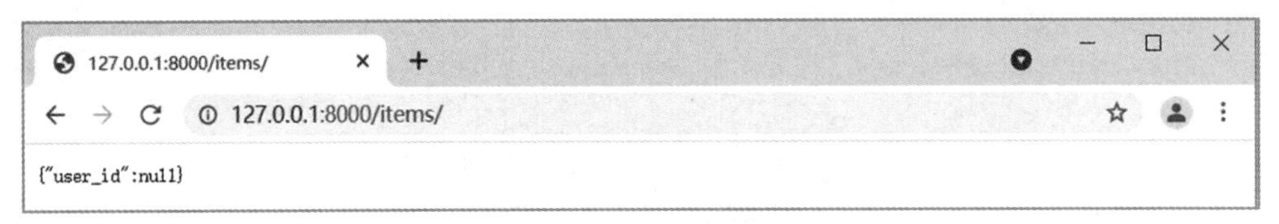

图 4.8　测试 Cookie

上述界面显示的 user_id 值为 null，这是因为在浏览器中还没有设置 Cookie 值。接下来，在浏览器中设置一个 Cookie 值，如图 4.9 所示。

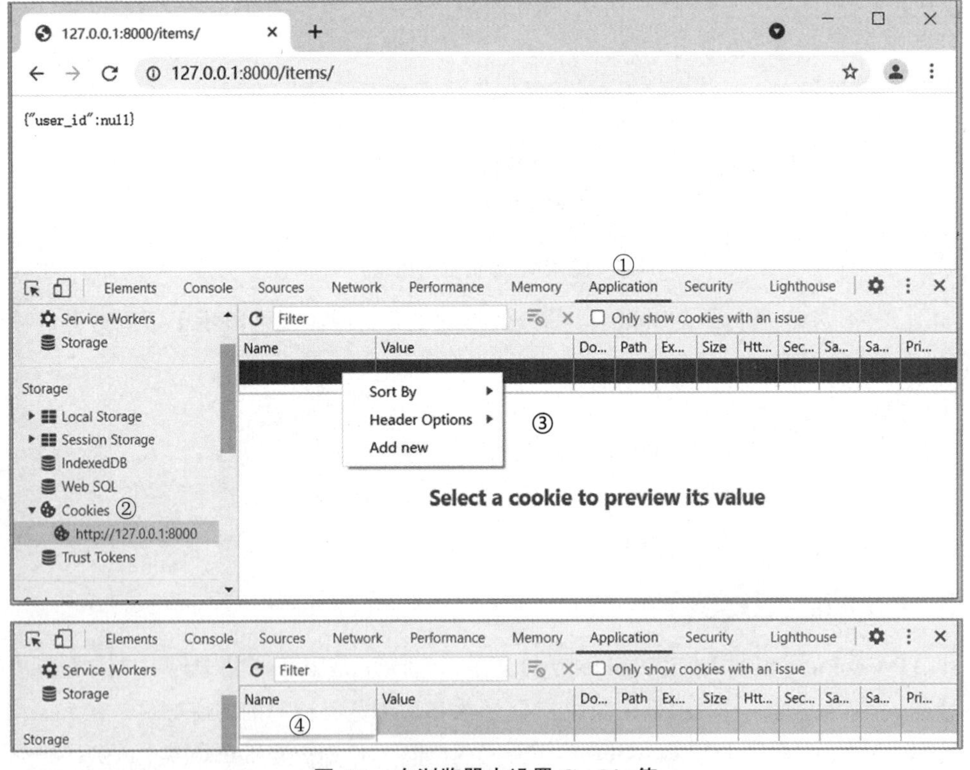

图 4.9　在浏览器中设置 Cookie 值

在浏览器中设置 Cookie 的步骤如下：

第一步，按键盘上的 F12 键，打开浏览器控制台，然后在控制台的标签中找到 Application，如图 4.9 中的位置①所示；

第二步，在控制台左侧找到 Cookies，并展开，如图 4.9 中的位置②所示；

第三步，在右侧列表的空白处点击鼠标右键，弹出菜单，如图 4.9 中的位置③所示；

第四步，选择菜单中的 Add New 选项，此时列表框变成了可编辑状态，如图 4.9 中的位置④所示；

第五步，在图中的光标位置的文本框中输入：user_id，回车，光标跳到下一格，再输入 threecoolcat；

第六步，点击控制台右上角的×号，关闭浏览器控制台，再按键盘上的 F5 键刷新页面，页面上就会显示 Cookie 的内容，如图 4.10 所示。

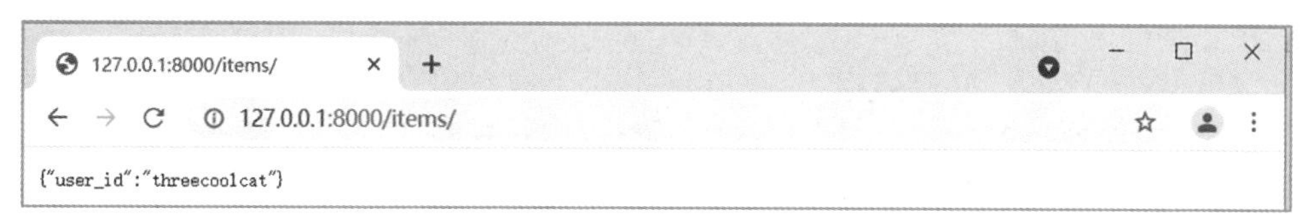

图 4.10　显示设置的 Cookie 值

4.1.4　Header 参数类

HTTP Header（信息头）是 HTTP 传递数据报文的一部分，表示在 HTTP 请求或响应中用来传递附加信息的字段。在 FastAPI 中可以使用 Header 参数类处理 HTTP Header，其使用方式类似于 Query 类、Path 类、Cookie 类。示例代码如下：

```
# 【示例 4.10】第 4 章 第 4.1 节 code4_10.py
from typing import Optional
import uvicorn
from fastapi import FastAPI, Header          # 导入 Header 类

app = FastAPI()

@app.get("/items/")
async def read_items(user_agent: Optional[str] = Header(None)): # 定义 Header
参数，类型为 str
    return {"User-Agent": user_agent}        # 返回 User-Agent 的值

if __name__ == '__main__':
    uvicorn.run(app=app)
```

以上代码中，在路径查找函数 read_items 里定义一个可选 Header 参数 user_agent，类型为 str，默认值为 None。

在 PyCharm 中执行以上代码，然后在浏览器地址栏中输入：http://127.0.0.1:8000/items/，回车，显示结果如图 4.11 所示。

图 4.11 的界面上显示了一段字符串内容，其中包括操作系统、浏览器版本等信息。这些内容来自于当前页面的 HTTP 请求，可以使用以下步骤查看：

第一步，按键盘上的 F12 键，打开浏览器控制台；

第二步，点击浏览器控制台上方页签中的 Network，如图 4.11 中的位置①处；

第三步，按键盘上的 F5 键，刷新当前页面；

第四步，在图 4.11 中的位置②处，显示了当前页面的 HTTP 请求列表，点击列表中的 items/；

第五步，点击 HTTP 请求列表右侧页签中的 Headers，如图 4.11 中的位置③处。

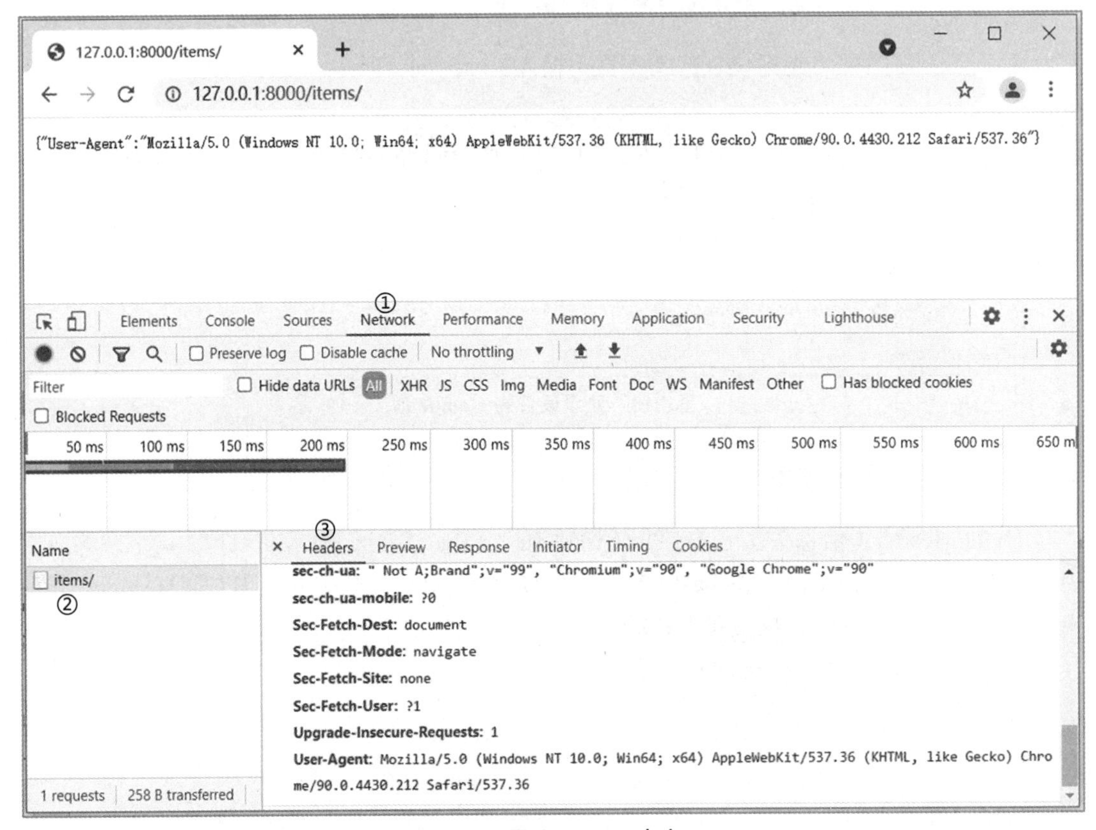

图 4.11　显示 Header 内容

在 Headers 下方显示了本次 HTTP 请求的所有 Header 信息，有 General、Response Headers、Request Headers，在【示例 4.10】中读取的 Header 包含在 Request Headers 中，拖动滚动条，可以在最下方找到 User-Agent。其内容和页面上显示的内容一致。

浏览器与 Web 服务器通信时，使用的 Header 名称有两种方式，一种是全小写的英文单词，另一种是以连字符（-）分隔的键，比如 User-Agent 就是一个标准的 Header 名称，这个 Header 用来标识浏览器的基本信息，任何浏览器访问 Web 服务器时，都会发送 User-Agent 内容，以传递浏览器的基本信息。

另外，FastAPI 接收 Header 数据时，会自动把连字符（-）转换为下划线（_），因为 User-Agent 不是一个合法的 Python 变量，与 User-Agent 最接近的就是 user_agent。所以在路径查找函数中定义的参数名称 user_agent 解析到的实际参数值是 User-Agent 的内容。

在有些特殊的情况下，不需要将连字符（-）转换为下划线（_），这时可以设置 Header 函数的参数：convert_underscores=False，如下：

```
    ...
    async def read_items(user_agent: Optional[str] = Header(None,
convert_underscores=False)):
    ...
```

Cookie、Header 参数和 Query、Path 等参数一样，可以设置验证规则和修改元数据信息。

4.1.5 Field 类

使用 Pydantic 库中的 Field 类,可以在请求数据模型中,给字段增加校验规则和元数据。这是因为 Query、Path、Body、Cookie、Header 都继承自 Params，而 Params 又继承自 Pydantic 的 FieldInfo 类，Pydantic 的 Field 类返回的也是 FieldInfo 对象，所以 Field 类的使用方式和 Query、Path、Body、Cookie、Header 等类的调用方式和调用参数基本相同。

不同之处在于，Query、Path、Body、Cookie、Header 要从 fastapi 库导入，且用在各种请求参数上，而 Field 从 Pydantic 库导入，用在请求数据模型的字段上。

1. 数据模型字段的规则设置示例

在数据模型的字段中使用 Field 类的示例代码如下：

```
# 【示例 4.11】 第 4 章 第 4.1 节 code4_11.py
from typing import Optional
import uvicorn
from fastapi import Body, FastAPI
from pydantic import BaseModel, Field   # 导入 Field 类

app = FastAPI()

class Item(BaseModel):                    # 定义数据模型类，继承自 BaseModel
    name: str                             # 定义字段，类型为 str
    description: Optional[str] = Field( # 定义可选字段，类型为 str，Field 类提供规则设置
        None,                             # 设置字段默认值
        title="一大段说明信息",              # 设置字段标题
        max_length=300,                   # 设置字段内容最大长度
    )
    price: float = Field(                 # 定义字段，类型为 float
        ...,                              # 设置必选字段
        gt=0,                             # 设置验证规则，数值大于 0
        description="单价必须大于 0")       # 设置字段描述信息
    tax: Optional[float] = None           # 定义可选字段，类型为 float

@app.post("/items/{item_id}")
async def update_item(item_id: int, item: Item = Body(...)):
    return {"item_id": item_id, "item": item}

if __name__ == '__main__':
    uvicorn.run(app=app)
```

以上的代码中，从 pydantic 包导入了 Field 类，然后在定义数据模型时，description 字段和 price 字段的默认值都调用了 Field 类，进行字段规则设置。

2. 配置类设置统一的元数据

另外，可以通过配置类 Config 统一设置数据模型的元数据，示例代码如下：

```
# 【示例 4.12】 第 4 章 第 4.1 节 code4_12.py
from typing import Optional
import uvicorn
```

```
from fastapi import FastAPI
from pydantic import BaseModel

app = FastAPI()

class Item(BaseModel):                                  # 定义数据模型类
    name: str                                           # 定义字段，类型为 str
    description: Optional[str] = None                   # 定义可选字段，类型为 str
    price: float                                        # 定义字段，类型为 float
    tax: Optional[float] = None                         # 定义可选字段，类型为 float

    class Config:                                       # 定义配置类，必须命名为 Config
        schema_extra = {                                # 元数据
            "example": {                                # 定义元数据中的样例数据
                "name": "三酷猫",
                "description": "这是一个非常不错的项目",
                "price": 35.4,
                "tax": 3.2,
            }
        }


@app.put("/items/{item_id}")                            # 定义路径参数
async def update_item(item_id: int, item: Item):        # 路径参数和 Body 参数
    return {"item_id": item_id, "item": item}           # 直接返回结果
if __name__ == '__main__':
    uvicorn.run(app=app)
```

以上代码中，在定义数据模型时，增加了一个配置类 Config，Config 给数据模型定义了一些样例数据，这些样例数据会在 API 文档中显示，使文档显示的内容更加容易理解。在 PyCharm 中执行以上代码，然后在浏览器地址栏中输入：http://127.0.0.1:8000/docs，回车，在浏览器里打开 API 文档页面，展开 API 接口/items/{item_id}的详情，再将页面滚动到"Request body"部分，显示结果如图 4.12 所示。

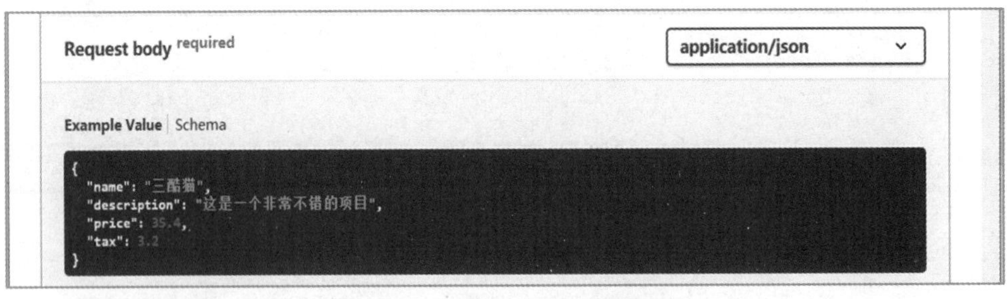

图 4.12 API 文档中的样例数据

API 文档页面中的 Request body 部分显示了样例数据。

3. 用 Field 类设置样例数据

另外，也可以使用 Field 类设置样例数据，比如在【示例 4.11】中，把定义数据模型的部分代码做如下修改：

```
class Item(BaseModel):                                  # 定义数据模型
    name: str = Field(..., example="三酷猫")            # 使用 Field 对象的 example 参数
```

```
    description: Optional[str] = Field(None, example="这是一个不错的项目")
    price: float = Field(..., example=35.4)
    tax: Optional[float] = Field(None, example=3.2)
```

以上代码通过 Field 类的参数 example 设置样例数据，也可以实现 API 文档中样例数据的显示。

说明！

还有一种方式也可以设置样例数据，在定义请求体时，在使用的 Body 类中也可以使用 example 参数定义样例数据。

4.1.6　实现复杂的请求数据模型

FastAPI 使用 Pydantic 库实现请求数据模型，Pydantic 库可以结合 Python 中的泛型实现复杂的数据模型。请求数据模型的复杂度是与业务需求的复杂度相关的，以下介绍几种 Pydantic 库与泛型共同实现的请求数据模型。

1. 使用泛型定义字段类型

通过泛型可以实现更复杂的数据模型，如使用 List、Set 等。

如数据模型 Item 需要增加一个 tags 字段，用来记录 Item 的标签列表，示例代码如下：

```
#【示例 4.13】第 4 章 第 4.1 节 code4_13.py
from typing import Optional, List
import uvicorn
from fastapi import FastAPI
from pydantic import BaseModel

app = FastAPI()

class Item(BaseModel):                          # 定义数据模型类
    name: str                                   # 定义字段，类型为 str
    description: Optional[str] = None           # 定义可选字段，类型为 str
    price: float                                # 定义字段，类型为 float
    tax: Optional[float] = None                 # 定义可选字段，类型为 float
    tags: List[str] = []                        # 定义字段，列表泛型，默认值为[]（空列表）

@app.put("/items/{item_id}")                                # 定义路径参数
async def update_item(item_id: int, item: Item): # 路径参数和请求体参数
    return {"item_id": item_id, "item": item}       # 直接返回结果

if __name__ == '__main__':
    uvicorn.run(app=app)
```

在 PyCharm 中执行以上代码，然后在浏览器地址栏中输入：http://127.0.0.1:8000/docs，回车，在打开的 API 文档页面中，展开 API 接口/items/{item_id}的详情，再将页面滚动到“Request body”部分，显示结果如图 4.13 所示。

如图 4.13 所示，请求数据中增加了一个列表类型的字段 tags。假如不想让 tags 对象里的成员重复，则需用 Set 泛型替代 List 泛型，修改后的数据模型如下：

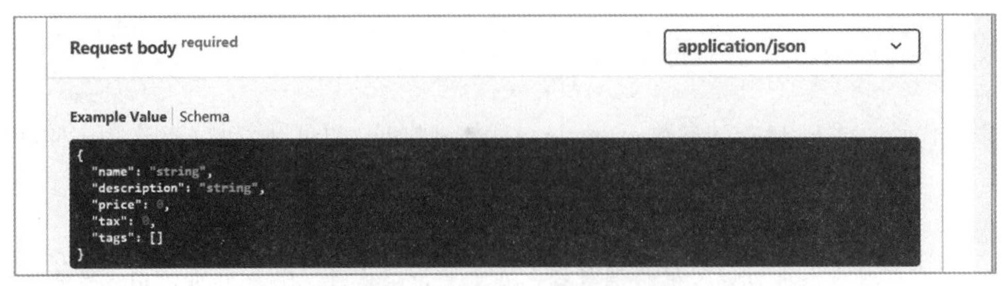

图 4.13　增加带有 str 的列表类型

```
from typing import Set
...
class Item(BaseModel):
    name: str
    description: Optional[str] = None
    price: float
    tax: Optional[float] = None
    tags: Set[str] = set()                    # 定义字段，类型为集合泛型，默认是空集合
```

执行修改后的代码，在 API 文档中的显示结果和图 4.13 相同。在 API 文档上的测试功能页面上提交测试数据，代码如下：

```
{
  "name": "三酷猫",
  "description": "这是一个不错的项目",
  "price": 10.5,
  "tax": 0.4,
  "tags": ["高","大","高"]
}
```

得到的结果如图 4.14 所示。

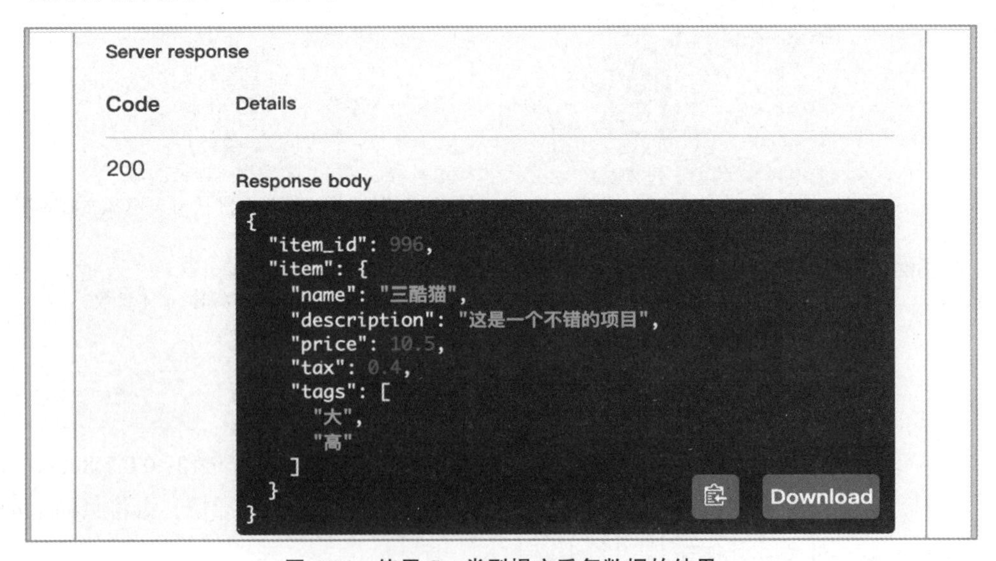

图 4.14　使用 Set 类型提交重复数据的结果

从图 4.14 中看到，提交的带有重复值的数据["高","大","高"]被 FastAPI 转换成了不重复的数据["大","高"]。

2. 在数据模型中嵌套数据模型

使用 Pydantic 库定义数据模型的字段时，可以使用其他 Pydantic 数据模型作为字段的类型。其他数据模型字段类型还可以再使用另外的 Pydantic 数据模型，最终可以实现结构复杂的数据模型。

在【示例 4.13】中，定义一个数据模型，代码如下：

```
class Image(BaseModel):                    # 定义数据模型，从 BaseModel 继承
    url: str                               # 定义字段，类型为 str
    name: str                              # 定义字段、类型为 str
```

修改数据模型 Item，增加一个字段，类型为 Image，代码如下：

```
class Item(BaseModel):
    name: str
    description: Optional[str] = None
    price: float
    tax: Optional[float] = None
    tags: Set[str] = []
    image: Optional[Image] = None    # 定义可选字段，类型为 Image
```

经过上述修改后，重新执行以上代码，在 API 文档的测试功能页面上，需要提交的测试数据变成了以下结构：

```
{
    "name": "三酷猫",
    "description": "这是一个不错的项目",
    "price": 42.0,
    "tax": 3.2,
    "tags": ["高", "大", "上"],
    "image": {
        "url": "http://threecoolcat.cn/title.jpg",
        "name": "the image"
    }
}
```

以上格式中，增加了一个键 image 和该键对应的数据结构。这个结构对应了数据模型 Image 的字段定义。数据模型 Image 中的字段类型还可以使用其他的数据模型，从而可以实现更复杂的嵌套数据模型。

3. 数据模型与泛型的结合使用

在泛型中也可以使用 Pydantic 的数据模型，在定义数据模型中的字段时，字段的类型可以使用泛型结合其他数据模型共同定义。

修改【示例 4.13】中的数据模型 Item，把字段 images 中的值类型 Image 改成数据模型 Image 的列表泛型，修改后的代码如下：

```
from typing import Optional, List, Set
...
class Item(BaseModel):
    name: str
    description: Optional[str] = None
    price: float
    tax: Optional[float] = None
    tags: Set[str] = []
    images: Optional[List[Image]] = None  # 值类型为列表泛型，列表值类型为 Image 类
 ...
```

经过上述修改后，重新执行以上代码，在 API 文档的测试功能页面上，需要提交的测试数据变成了以下结构：

```
{
    "name": "三酷猫",
    "description": "这是一个不错的项目",
    "price": 42.0,
    "tax": 3.2,
    "tags": [
        "rock",
        "metal",
        "bar"
    ],
    "images": [
        {
            "url": "http://threecoolcat.cn/title.jpg",
            "name": "the image"
        },
        {
            "url": "http://threecoolcat.cn/footer.jpg",
            "name": "the footer"
        }
    ]
}
```

请求数据模型中的 images 字段内容，也从单个数据模型变成了多个数据模型的值。

4. 任意类型的请求体

大多数情况下，可以将请求数据定义为数据模型，有时候请求数据的内容不是键值对结构，而是列表类型；另一种情况是请求数据的内容是键值对结构，但请求数据中的键不是固定的。在这些情况下，可以直接使用 Python 的泛型来接收请求数据。

第一种情况，对于列表类型的请求数据，可以直接用 List 来接收数据，示例代码如下：

```
# 【示例 4.14】 第 4 章 第 4.1 节 code4_14.py
from typing import List
import uvicorn
from fastapi import FastAPI
from pydantic import BaseModel

app = FastAPI()

class Image(BaseModel):                                          # 定义数据模型
    url: str
    name: str

@app.post("/images/")
async def create_multiple_images(images: List[Image]):   # 定义列表泛型的请求体
    return images

if __name__ == '__main__':
    uvicorn.run(app=app)
```

以上代码中，在定义路径操作函数时，定义了请求体参数 images:类型为 List[Image] ，此时，可接收的请求体内容将会是如下形式的：

```
[
    {
        "url": "http://threecoolcat.cn/title.jpg",
```

```
        "name": "the image"
    },
    {
        "url": "http://threecoolcat.cn/footer.jpg",
        "name": "the footer"
    }
]
```

第二种情况，请求数据的结构是非固定格式的键值对，无法通过 Pydantic 库定义为数据模型。此时可以使用 Python 的数据类型 Dict 来接收数据，代码如下：

```
# 【示例 4.15】 第 4 章 第 4.1 节 code4_15.py
from typing import Dict
import uvicorn
from fastapi import FastAPI
app = FastAPI()

@app.post("/scores/")
async def create_scores(scores: Dict[int, float]):  # 使用字典泛型接收键值对数据
    return scores
if __name__ == '__main__':
    uvicorn.run(app=app)
```

这段代码中，使用了字典泛型 Dict。Dict 的键是 int 型，值是 float 型。因为在 JSON 模式中，键只能是字符串，所以本例中的键必须是可以转换成整型的字符串，而值的类型则必须是浮点型或者可转换成浮点型的字符串。如果键和值的类型还不确定，可以直接使用 Dict，不指定泛型参数的数据类型。

4.1.7　直接使用请求类

在某些情况下，需要直接使用请求类（Request），不需要对数据进行校验和转换。比如，在路径操作函数中直接获取客户机的 IP 地址/主机时，示例代码如下：

```
# 【示例 4.16】 第 4 章 第 4.1 节 code4_16.py
from fastapi import FastAPI, Request
import uvicorn
app = FastAPI()

@app.get("/host/")                                # 定义路由路径
def read_root(request: Request):                  # 在路径操作函数中直接使用 Request 类
    client_host = request.client.host             # 从请求类实例中获取数据
    return {"客户端主机地址": client_host}

if __name__ == '__main__':
    uvicorn.run(app=app)
```

以上代码，在路径操作函数的参数中定义了请求类（Request）的实例 request，然后就能通过 request 使用请求实例的各种属性。在 PyCharm 中执行以上代码，然后在浏览器地址栏中输入：http://127.0.0.1/host/，回车，显示结果如图 4.15 所示。

图 4.15　直接使用请求类（Request）获取属性值

4.2 自定义响应返回数据

在第 3 章中介绍了响应的数据模型和 FastAPI 中内置的响应类，用来传递响应数据。服务器端还可以在响应中传递 Cookie 数据、Header 数据、响应状态数据，FastAPI 也提供了对这些数据的自定义能力。

4.2.1 自定义 Cookie 数据

在响应中自定义 Cookie 数据的方式为，在路径操作函数中创建响应类的实例，再使用该实例的 set_cookie 方法设置 Cookie 内容，然后路径操作函数返回这个响应类的实例即可，示例代码如下：

```
# 【示例 4.17】 第 4 章 第 4.2 节 code4_17.py
from fastapi import FastAPI
from fastapi.responses import JSONResponse
import uvicorn
app = FastAPI()

@app.post("/cookie/")
def create_cookie():
    content = {"message": "threecoolcats like cookies"}     # 创建响应数据
    response = JSONResponse(content=content)                # 创建响应类实例
    response.set_cookie(key="user_id", value="9527")        # 设置 Cookie
    return response                                         # 返回响应类实例

if __name__ == '__main__':
    uvicorn.run(app=app)
```

以上代码中，定义了一个路径操作函数 create_cookie，在其中创建响应类 JSONResponse 的实例 response ，然后通过 response.set_cookie()方法，设置 Cookie 内容，最后返回带 Cookie 内容的响应数据。

在 PyCharm 中执行以上代码，然后在浏览器地址栏中输入：http://127.0.0.1:8000/docs，回车，打开 API 文档页面后，再点击 API 接口/cookie/展开接口详情，显示结果如图 4.16 所示。

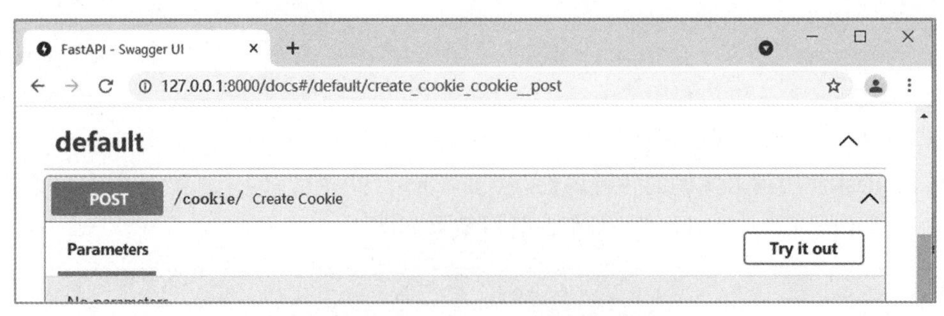

图 4.16 带 Cookie 的 API 接口文档

在上图点击右侧“Try it out”按钮，打开如图 4.17 所示的接口测试页面，再点击“Parameters”下方的“Execute”按钮。

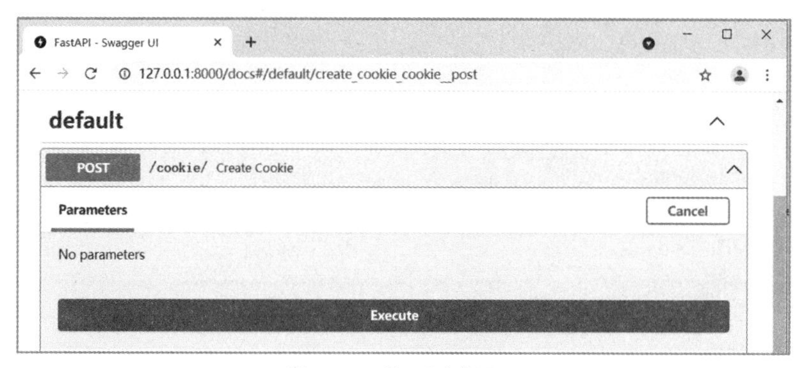

图 4.17　接口测试页面

执行完毕后，可以使用【示例 4.9】的代码获得刚刚设定的 Cookie 数据，也可以通过浏览器控制台查看 Cookie 数据。浏览器控制台的使用方式，请查看 4.1.3 小节中的示例。

4.2.2　自定义 Header 数据

在响应数据中，自定义 Header 数据的方式和自定义 Cookie 数据类似。在路径操作函数中创建响应类的实例，在创建响应类实例时，以字典的形式传入要返回的 Header 参数，示例代码如下：

```
# 【示例 4.18】 第 4 章 第 4.2 节 code4_18.py
from fastapi import FastAPI
from fastapi.responses import JSONResponse
import uvicorn
app = FastAPI()

@app.get("/headers/")                                             # 注册路由路径
def get_headers():                                                # 定义路径操作函数
    content = {"message": "Hello threecoolcat"}                   # 创建响应内容数据
    headers = {"X-three-cool-cat": "miao-miao-miao",              # 自定义 Header
               "User-Agent": "threecoolcat Browser"}              # 内置自定义 Header 数据
    response = JSONResponse(content=content, headers=headers)     # 创建响应类实例
    return response                                               # 返回响应类实例
if __name__ == '__main__':
    uvicorn.run(app=app)
```

以上代码中，在创建响应类 JSONResponse 实例时，传入了两个参数，第一个是响应的 content 内容数据，第二个是响应的自定义字典型 Header 数据。在 PyCharm 中执行以上代码，然后在浏览器地址栏中输入：http://127.0.0.1:8000/docs，回车，打开 API 文档页面后，再点击 API 接口/headers/展开接口详情，结果如图 4.18 所示。

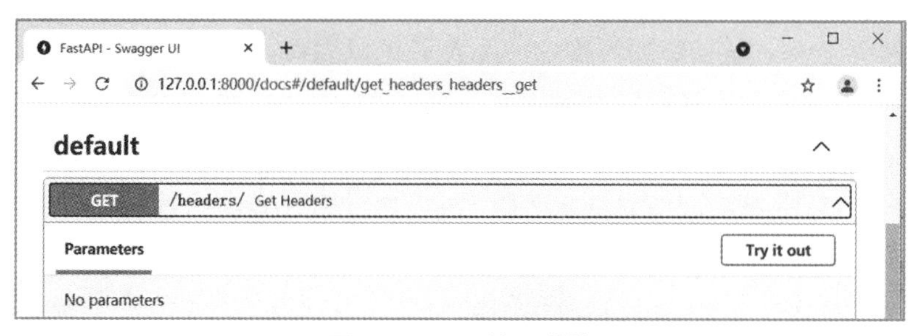

图 4.18　API 接口详情

然后点击右侧“Try it out”按钮，打开如图 4.19 所示的接口测试页面，再点击“Parameters”下方的“Execute”按钮。

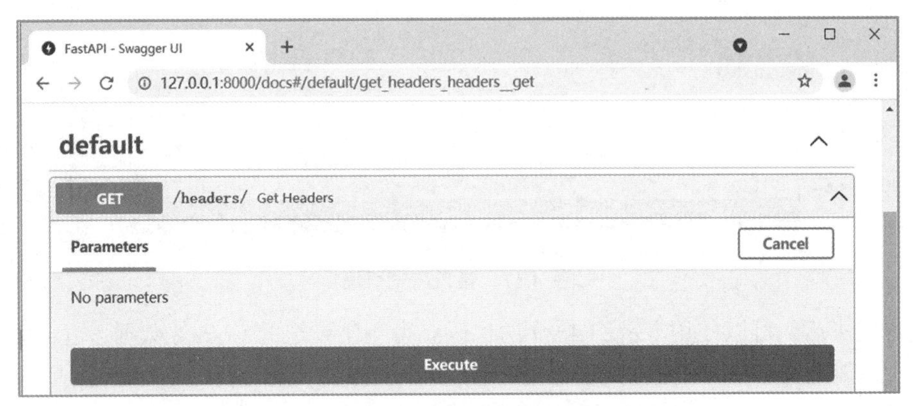

图 4.19 接口测试页面

执行完毕后，将测试页面向下滚动到 Response 位置，在 Response headers 的下方显示了本次请求所返回的 Header 数据，如图 4.20 所示。

Response headers

```
content-length: 32
content-type: application/json
date: Thu,27 May 2021 14:07:46 GMT
server: uvicorn
user-agent: threecoolcat Browser
x-three-cool-cat: miao-miao-miao
```

图 4.20 响应返回的 Header 数据

在响应返回的 Header 数据中，最后两个 Header 的数据是在程序代码中自定义的。

另外，在响应中设置 Header 数据时，有以下三种约定：

第一，设置服务器内置的 Header（比如 User-Agent、Content-Type）时，可以直接设置该 Header 对应的数据，比如本例中设置的 User-Agent: threecoolcat Browser。

第二，要设置的 Header 不是服务内置的，而是自定义的，Header 名称需要以“X-”开头。比如，在要响应的 Header 中返回响应时间，可以将 Header 名称设置为“X-Response-Time”，但不能设置为“Response-Time”。本例中的 X-three-cool-cat 也属于自定义名称。

第三，增加自定义 Header 时，自定义 Header 的名称和内容都不能包含下划线“_”，因为大多数服务器软件都默认过滤掉 Header 名称中的下划线“_”。

4.2.3 默认响应状态码

在 HTTP 协议中，Web 服务器将发送 3 位数的状态码作为响应的一部分。客户端向服务器端发起一次请求后，服务器端响应返回数据的同时，也会带上响应状态码。比如成功返回数据的时候，返回的状态码是 200；程序出错时，返回的状态码是 500。但是在某些业务场景下，需要修改服务端响应的默认状态码。可以通过路径操作函数的装饰器实现修改默认状态码的功能，示例代码如下：

```
# 【示例 4.19】 第 4 章 第 4.2 节 code4_19.py
from fastapi import FastAPI
```

```
import uvicorn
app = FastAPI()
@app.get("/items/", status_code=201)          # 注册路由路径，设置状态码
async def create_item(name: str):             # 定义路径操作函数
    return {"name": name}
if __name__ == '__main__':
    uvicorn.run(app=app)
```

以上代码中，在路径操作函数的装饰器的参数中，设置了 status_code=201，其作用是将本次响应的状态码设置为 201。如果没有设置这个参数，本次响应返回成功的状态码是 200。

在 FastAPI 里提供了 status 模块，该模块中定义了所有响应状态码的别名。比如以上示例中，将 status_code 参数设置为 status_code = status.HTTP_201_CREATED 也是可以的，使用状态码别名的方式，可以增加代码的可读性。

在 PyCharm 中执行以上代码，然后在浏览器地址栏中输入：http://127.0.0.1:8000/docs，回车，打开 API 文档页面后，点击 API 接口/items/，打开接口详情页面，再将页面滚动到 Response 部分，结果如图 4.21 所示。

图 4.21　修改默认响应状态码

该文档中显示的默认状态码是 201。在未设置 status_code 之前，默认的响应状态码都是 200。

4.2.4　自定义响应状态码

大多数情况下，一个路径操作函数在返回响应数据的同时，会返回一个内置响应状态码。但有时，在路径操作函数中，会根据不同的逻辑处理情况，需要返回不同的响应状态码。FastAPI 的实现方式为：在路径操作函数的参数列表中定义 Response 类的实例，然后修改该实例的 status_code 属性，以改变响应状态码，示例代码如下：

```
# 【示例 4.20】第 4 章 第 4.2 节 code4_20.py
from fastapi import FastAPI, Response, status                # 导入 Response 对象
import uvicorn
app = FastAPI()

items = {"1": "cat"}                                          # 模拟数据

@app.get("/items/{item_id}", status_code=200)                 # 默认响应状态码
def get_or_create_item(item_id: str, response: Response):    # 使用 Response 类的实例
    if item_id not in items:
        items[item_id] = "dog"
        response.status_code = status.HTTP_201_CREATED        # 自定义的响应状态码
```

```
    return items[item_id]
if __name__ == '__main__':
    uvicorn.run(app=app)
```

以上代码中，导入了响应类 Response，并且在路径操作函数中定义了 Response 类的实例 response 作为参数，在路径操作函数的装饰器里设置了默认响应状态码为 200，但在路径操作函数内部逻辑中，如果路径参数 item_id 对应的数据不存在，则使用 response.status_code = status.HTTP_201_CREATED 设置指定的响应状态码，然后返回该响应数据。

4.3　异常处理

异常处理，是编程语言或计算机硬件里的一种机制，用于捕捉并处理软件或运行系统中出现的异常信息。这些异常信息可能是因为访问了不存在的资源，也可能是因为代码报错而主动被触发并抛出。FastAPI 提供了异常处理机制，对异常信息的抛出和处理进行统一管理，有助于增加代码的可读性。

4.3.1　异常类 HttpException

在 FastAPI 中，使用 HttpException 异常类来处理异常信息，通过 raise 关键字来主动抛出异常信息，示例代码如下：

```
# 【示例 4.21】 第 4 章 第 4.3 节 code4_21.py
from fastapi import FastAPI, HTTPException
import uvicorn
app = FastAPI()

items = {"1": "cat"}                                    # 定义模拟数据

@app.get("/items/{item_id}")                            # 注册路由路径，定义路径参数
async def read_item(item_id: str):
    if item_id not in items:
        raise HTTPException(status_code=404, detail="未找到指定项目")  # 抛出异常
    return {"item": items[item_id]}
if __name__ == '__main__':
    uvicorn.run(app=app)
```

以上代码中，导入了 HttpException 异常类，在路径操作函数中判断 item_id 的值是否在模拟数据中，如果不在模拟数据中，则抛出一个 HttpException 类型的异常。在 PyCharm 中执行以上代码，在浏览器地址栏中输入：http://127.0.0.1:8000/docs，打开 API 文档页面，点击 API 接口/items/{item_id}，展开接口详情，点击右侧“Try it out”按钮，打开接口测试页面，如图 4.22 所示。

在图 4.22 中的参数 item_id 的右侧文本框中输入“123”，再点击“Execute”按钮，然后将页面滚动到 Response 部分，结果如图 4.23 所示。

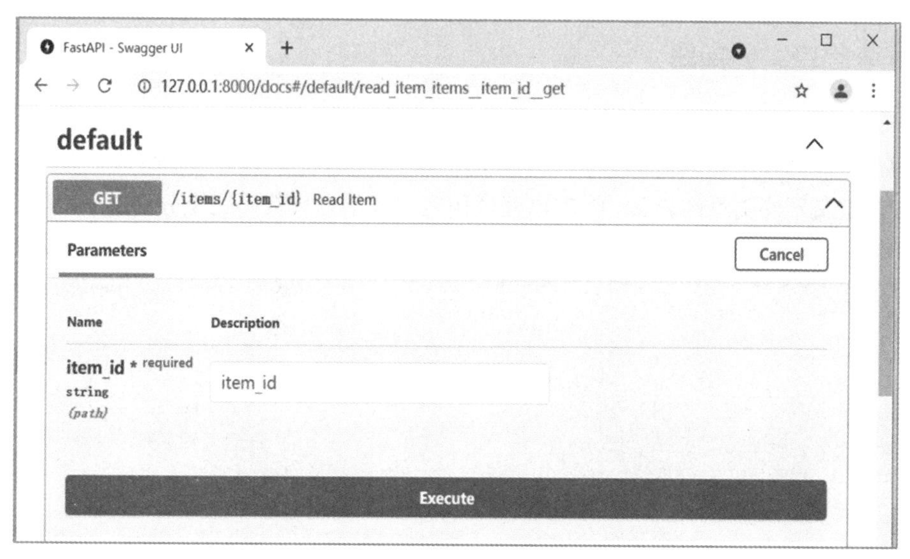

图 4.22　接口测试页面

图 4.23　接口测试的结果 1

该接口返回的响应码是 404，响应数据是“"detail":"未找到指定项目"”。

再次切换到浏览器的接口测试页面上，在图 4.22 中的参数 item_id 的右侧文本框中输入“1”，点击“Execute”按钮，然后将页面滚动到 Response 部分，结果如图 4.24 所示。

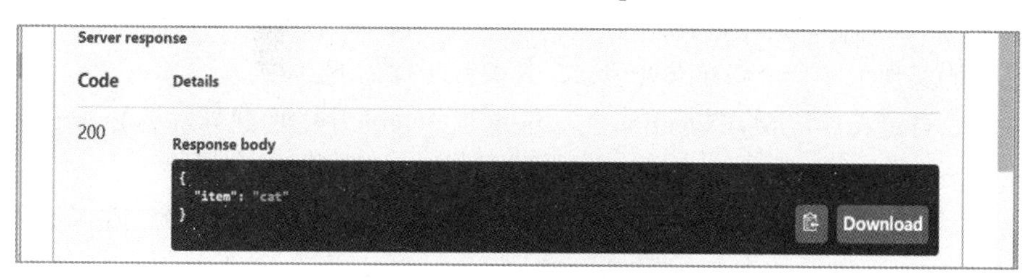

图 4.24　接口测试结果 2

本次测试得到的响应码是 200，响应数据是“"item":"cat"”。

另外，在集成一些第三方服务接口时，需要把异常信息以 Header 的形式返回给第三方系统，HttpException 也支持添加 Header 信息，只需在【示例 4.21】抛出异常时，增加 headers 参数即可，代码如下：

```
raise HTTPException(status_code=404, detail="未找到指定项目",headers={"X-Error":
"访问项目出错"})
```

4.3.2 全局异常处理器

在大型应用中，需要做大量的异常处理。如果每次都使用 raise HttpException 的方式抛出不同异常，也会使异常处理的代码变得更加复杂。FastAPI 提供了一种全局异常处理器的方式，通过自定义不同类型的异常，将逻辑处理代码与异常处理代码完全分开，示例代码如下：

```
# 【示例 4.22】 第 4 章 第 4.3 节 code4_22.py
from fastapi import FastAPI, Request
from fastapi.responses import JSONResponse
import uvicorn

app = FastAPI()

class MyException(Exception):                          # 自定义异常类，继承自 Exception
    def __init__(self, name: str):
        self.name = name

@app.exception_handler(MyException)                    # 注册全局异常管理器
async def my_exception_handler(                        # 定义异常处理函数
        request: Request,                              # 请求类实例
        exc: MyException                               # 异常类实例
        ):
    return JSONResponse(                               # 返回响应类实例
        status_code=418,                               # 响应状态码
        content={"message": f"OMG, {exc.name}又迷路了"},# 状态文本
    )

@app.get("/cats/{name}")                               # 注册路由路径，定义路径参数
async def find_cats(name: str):
    if name == "三酷猫":
        raise MyException(name=name)                   # 抛出自定义异常
    return {"cat": name}

if __name__ == '__main__':
    uvicorn.run(app=app)
```

以上代码实现了一个全局异常处理器，其关键步骤如下：

第一步，自定义异常 MyException 类，继承自 Python 中的内建异常类 Exception，并且重写了构造方法。

第二步，定义异常处理函数，函数的参数为请求类实例和异常类实例，在函数中返回了响应类 JSONResponse 的实例，其中的参数为响应状态码和异常信息。使用装饰器 @app.exception_handler 将异常处理函数注册为全局异常处理器。

第三步，定义路径操作函数，在函数中主动抛出自定义异常。

以上就是在 FastAPI 中使用全局异常处理器的主要流程。在 PyCharm 中执行以上代码，在浏览器地址栏中输入：http://127.0.0.1:8000/docs，回车。打开 API 文档页面，点击 API 接口/cats/{name}，展开接口详情，再点击右侧的“Try it out”按钮，打开接口测试页面，如图 4.25 所示。

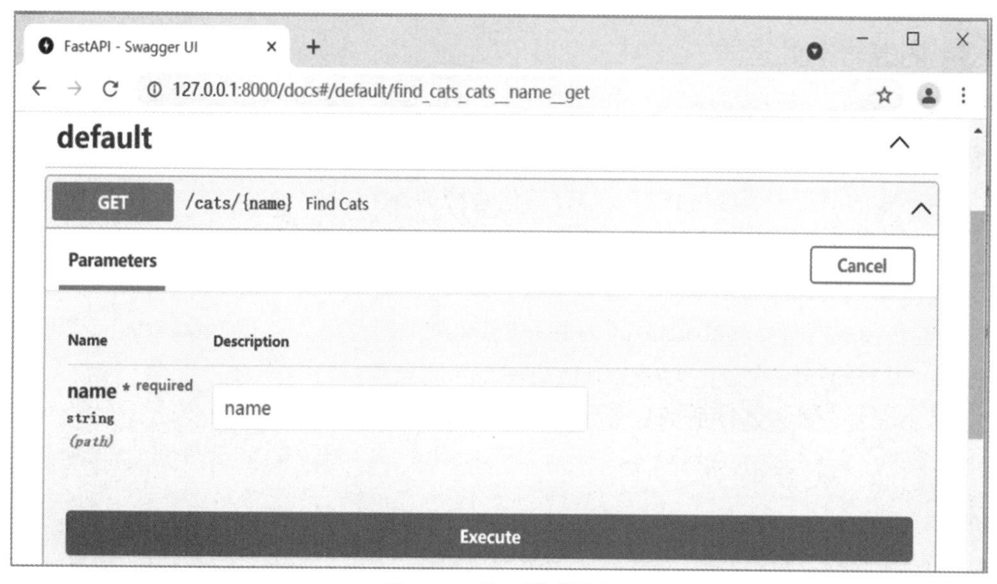

图 4.25　接口测试页面

在图 4.25 页面中，在参数 name 右侧的文本框中输入“kitty”，再点击“Execute”按钮，结果如图 4.26 所示。

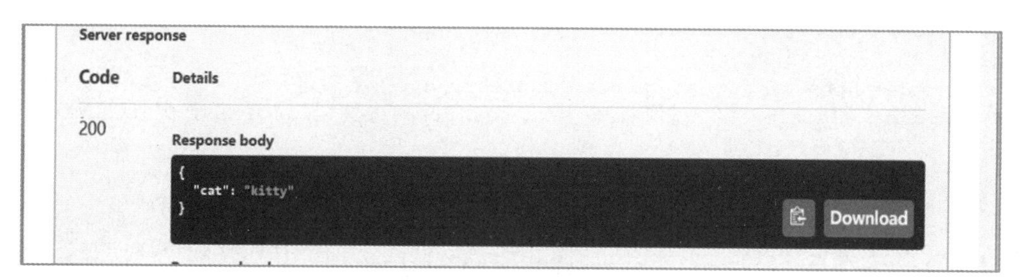

图 4.26　正常返回的数据

再次切换到浏览器的接口测试页面上，在图 4.25 页面中，在参数 name 的右侧文本框中输入“三酷猫”，点击“Execute”按钮，然后将页面滚动到 Response 部分，结果如图 4.27 所示。

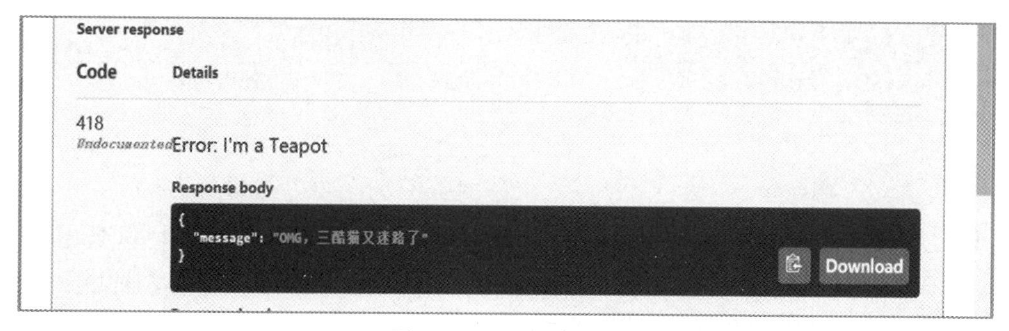

图 4.27　显示异常信息

如图 4.27 所示，本次响应的数据是由全局异常处理器捕获到的自定义异常，然后写到 JSONResponse 类实例后，返回给客户端。

4.3.3 内置异常处理器

FastAPI 内置了一些异常类，比如验证请求数据时，数据无效则会引发异常出错：RequestValidationError。FastAPI 为这些异常类提供了内置的异常处理器，有时也需要改变这些内置的异常的消息内容或格式，以符合其他系统的规范。

【示例 4.23】中重新注册了 2 个异常处理器，并且分别重新写了异常处理器函数的代码逻辑。在后面的路径操作函数中，会引发两个异常：

（1）若传入的路径参数 item_id 的值不是 int 类型的，则会引发 RequestValidationError；

（2）当 item_id==3 时，会抛出 HTTPException 异常。

这两个异常会被重新注册的异常处理器分别捕获并处理。

```
# 【示例 4.23】 第 4 章 第 4.3 节 code4_23.py
from fastapi import FastAPI, HTTPException
from fastapi.exceptions import RequestValidationError
from fastapi.responses import PlainTextResponse    # 导入普通文本响应类
from starlette.exceptions import HTTPException as StarletteHTTPException # 使
用别名导入
import uvicorn
app = FastAPI()

@app.exception_handler(StarletteHTTPException)  # 注册系统异常
StarletteHTTPException
async def http_exception_handler(request, exc): # 覆盖系统异常处理器，重写方法实现
    return PlainTextResponse(str(exc.detail), status_code=exc.status_code)


@app.exception_handler(RequestValidationError)  # 注册系统异常
RequestValidationError
async def validation_exception_handler(request, exc): # 覆盖系统异常处理器，重写
方法
    return PlainTextResponse(str(exc), status_code=400)


@app.get("/items/{item_id}")          # 注册路由路径，定义路径参数
async def read_item(item_id: int):
    if item_id == 3:                  # 如果 item_id==3 时，抛出异常 HTTPException
        raise HTTPException(status_code=418, detail="禁止使用 3")
    return {"item_id": item_id}

if __name__ == '__main__':
    uvicorn.run(app=app)
```

以上代码中使用了 Starlette 库中的 HTTPException 类，Starlette 是 FastAPI 使用的底层框架库，在 FastAPI 中可以直接使用 Starlette 库中的基础类。FastAPI 的异常类 HttpException 是封装的 Starlette 中的异常类 HTTPException。

在 PyCharm 中执行以上代码，在浏览器地址栏中输入：http://127.0.0.1:8000/items/cat，显示结果如图 4.28 所示。

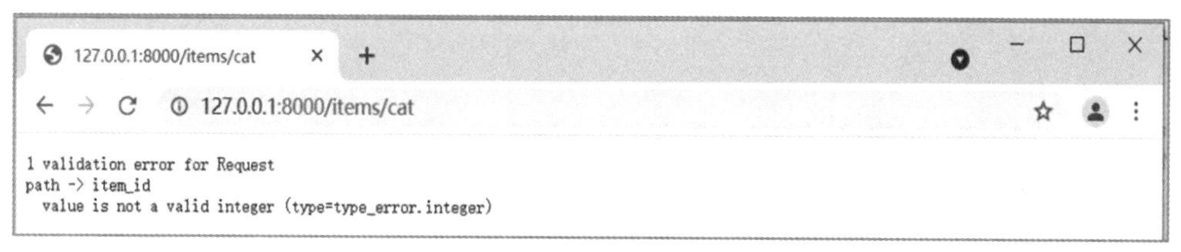

图 4.28 验证异常自定义显示内容

在图4.28界面上看到的错误是普通文本格式,接下来在代码中注释掉验证异常处理器,如下:

```
# 在装饰器前面加个# ，FastAPI 将不会覆盖这个异常处理器
# @app.exception_handler(RequestValidationError)    # 注册内置异常
async def validation_exception_handler(request, exc): # 覆盖内置异常处理器，重写方法
    ....
```

然后重新执行代码，再按键盘上的 F5 键，刷新页面，显示结果如图 4.29 所示，所产生的异常出错信息为系统默认提示信息。

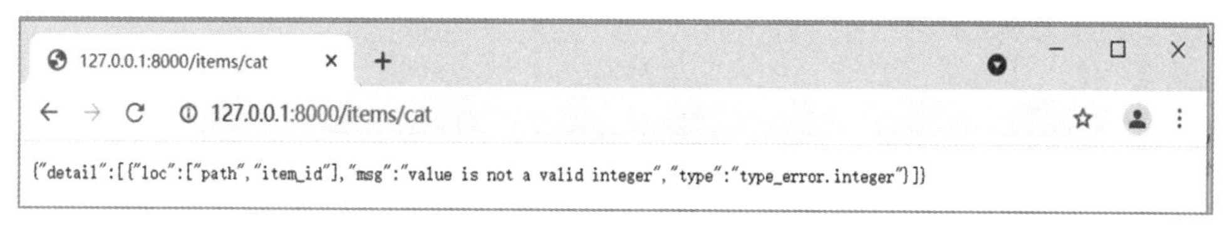

图 4.29 验证异常默认提示信息

如图 4.28 和图 4.29 所示，重写内置异常处理器后，可以改变异常处理器的行为。下一个测试，在浏览器地址栏中输入：http://127.0.0.1:8000/items/3，可以看到手动抛出的 HTTPException 异常的处理结果，如图 4.30 所示。

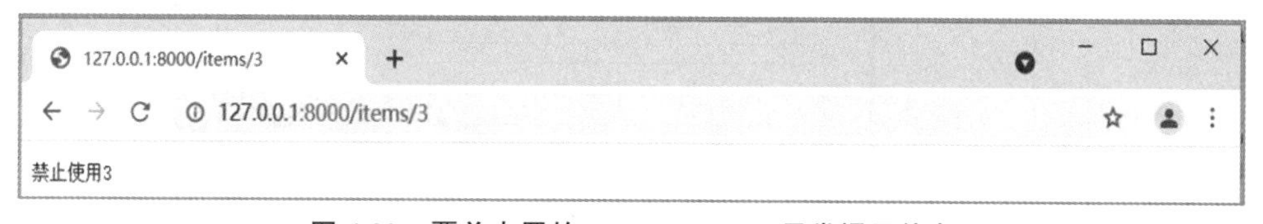

图 4.30 覆盖内置的 HttpException 异常提示信息

在 FastAPI 中，可以覆盖内置的异常处理器函数，替换成自定义的代码。有时，在处理完自定义异常后，还需要将异常处理器还原到默认状态，这时可以导入 FastAPI 内置的异常处理器，并在异常处理函数中重新调用内置的异常处理器，使 FastAPI 的异常处理功能还原到默认状态，主要代码如下：

```
from fastapi.exception_handlers import (          # 导入内置异常处理器
    http_exception_handler,
    request_validation_exception_handler,
)
...
@app.exception_handler(StarletteHTTPException)    # 注册异常处理器
async def custom_http_exception_handler(request, exc):
    print(f"OMG! 网络错误!: {repr(exc)}")
    return await http_exception_handler(request, exc)   # 自定义代码处理完成后，还
```

```
原为默认的异常处理器
    ...

    @app.exception_handler(RequestValidationError)
    async def validation_exception_handler(request, exc):
        print(f"OMG! 请求数据无效!: {exc}")
        return await request_validation_exception_handler(request, exc) # 自定义代
码处理完成后，还原为默认的异常处理器
    ...
```

以上代码中，主要需要修改的内容为：

（1）导入系统内置的异常处理器；

（2）在自定义异常处理函数中，完成其他操作后，使用 return await 调用内置异常处理器。

4.4　中间件技术

FastAPI 中间件（Middleware）实际上是服务器端的一种函数，在每个请求处理之前被调用，又在每个响应返回给客户端之前被调用。中间件提供了服务器端与客户端通信的预处理功能，接收客户端提交的请求数据，发送服务器端的响应数据，如图 4.31 所示。

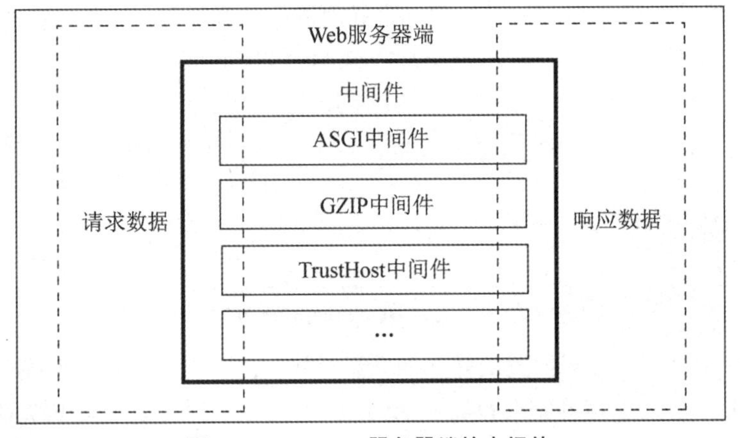

图 4.31　FastAPI 服务器端的中间件

图 4.31 中省略了 Web 服务器端的其他部分，保留了客户端请求到达的请求数据和服务器端响应返回的响应数据两个主要部分。图中列出了一些常见的中间件，服务器端主要提供如下详细功能：

（1）Web 服务器端通过中间件接收客户端传递过来的每个请求数据；

（2）对接收的请求数据执行自定义逻辑代码操作；

（3）将请求数据传递给路径操作函数；

（4）接收路径函数返回的响应数据；

（5）对响应数据执行自定义逻辑代码操作；

（6）返回响应数据给客户端。

显然，上述功能是一个接收数据到发送数据的处理过程。在大多数情况下，FastAPI 自带的中间件功能能够自动实现数据的接收和发送功能，无需程序员处理。在特殊情况下，程序员也可以调用中间件或自定义中间件功能。

4.4.1 自定义中间件

自定义中间件的方式，是先定义一个中间件函数，然后在这个函数上增加装饰器 @app.middleware("http")，该函数的参数包括了请求类 Request 的实例 request 和处理过程回调函数 call_next。自定义中间件函数的工作流程如下：

（1）参数 call_next 接收请求类实例；

（2）该函数把请求数据传递给相应的路径操作函数；

（3）返回路径操作函数生成的响应数据；

（4）在返回响应数据给客户端之前，进一步修改响应。

自定义中间件示例代码如下：

```
# 【示例 4.24】 第 4 章 第 4.4 节 code4_24.py
import time
import uvicorn
from fastapi import FastAPI, Request

app = FastAPI()

@app.middleware("http")                        # 使用装饰器，将下一行函数注册为中间件函数
async def add_process_time_header(request: Request, call_next): # 定义中间件函数
    # 此处在路径操作收到请求之前执行
    start_time = time.time()                                  # 记录时间点
    response = await call_next(request)                       # 获取响应类实例
    # 此处在生成响应数据返回之前执行
    process_time = time.time() - start_time                   # 计算处理时间
    response.headers["X-Process-Time"] = str(process_time)    # 修改响应 Header
    return response                                           # 返回响应实例

if __name__ == '__main__':
    uvicorn.run(app=app)
```

以上代码就实现了一个完整的自定义中间件，中间件函数的内部逻辑是在接收到请求以后，记录一个时间点；等待响应结束后，再计算出处理响应的时间差，并将这个时间差记录到 Header 中，返回给客户端。

中间件可以访问请求类实例和响应类实例，并对这些实例执行一定的操作。这个操作是全局的，Web 服务器端对接收到的每个请求都会调用中间件执行操作。

4.4.2 调用 CORS 中间件

针对目前流行的前后端分离的软件项目开发方式，有一种称为 CORS（跨域资源共享，Cross-Origin Resource Sharing）的机制，用于保护后端服务的安全，FastAPI 提供了 CORS 中

间件，这是一种允许当前域的资源（比如 HTML 代码、JavaScript 脚本、JSON 接口数据）被其他域的脚本请求访问的机制。

这里所说的“域”指的是 HTTP 协议、主机名、端口的组合，也就是网站地址中请求路径的前半部分，比如本书例子运行时用到的 http://127.0.0.1:8000，就是一个“域”。以下这些都是不同的“域”：

- http://localhost
- https://localhost
- http://localhost:8080

假如在浏览器中有一个运行在 http://localhost:8080 的客户端，它的 JavaScript 代码试图与运行在 http://localhost 的服务器端软件进行通信（因为 URL 中没有指定端口，浏览器假设默认端口为 80）。浏览器将发送一个 HTTP OPTIONS 请求到服务器端，服务器端返回适当的消息头，以允许这个来自不同域（http://localhost:8080）的请求。

为了实现这一点，服务器端必须有一个“可用域”的列表。在本例中，它必须包含 http://localhost:8080 才能使前端正确工作。也可以将列表定义为“*”(一个“通配符”)，表示允许所有域。

FastAPI 提供的中间件 CORSMiddleware，用于处理跨域资源共享的问题，使用方法示例代码如下：

```
# 【示例 4.25】 第 4 章 第 4.4 节 code4_25.py
from fastapi import FastAPI
from fastapi.middleware.cors import CORSMiddleware # 导入 CORSMiddleware
import uvicorn
app = FastAPI()
origins = [                                        # 定义可用域列表
    "http://localhost.tiangolo.com",
    "https://localhost.tiangolo.com",
    "http://localhost",
    "http://localhost:8080",
]
app.add_middleware(                                # 在应用上添加中间件
    CORSMiddleware,                                # 内置中间件类
    allow_origins=origins,                         # 参数 1 可用域列表
    allow_credentials=True,                        # 参数 2 允许 cookie， 是
    allow_methods=["*"],                           # 参数 3 允许的方法， 全部
    allow_headers=["*"],                           # 参数 4 允许的 Header，全部
)
@app.get("/")                                      # 注册路由路径
async def main():
    return {"message": "Hello World"}

if __name__ == '__main__':
    uvicorn.run(app=app)
```

以上代码中，先导入中间件 CORSMiddleware，然后定义了一个可用域列表，其中包含了“可用域”地址，接着用 app.add_middleware()方法，将中间件添加到 FastAPI 应用中。该方法的第一个参数指定需要加入的中间件类，其余参数是 CORSMiddleware 中间件可用的配置项，如表 4.1 所示。

表 4.1　CORSMiddleware 配置项

选项名称	选项说明
allow_origins	允许跨域请求的源列表，例如['https://a.org', 'https://www.b.org']，使用['*']代表允许任何源
allow_origin_regex	正则表达式字符串，使用正则表达式匹配的源允许跨域请求，例如'https://.*\.example\.org'
allow_methods	允许跨域请求的 HTTP 方法列表，默认为 ['GET']，可以使用 ['*'] 来允许所有标准方法
allow_headers	允许跨域请求的 HTTP 请求头列表，默认为[]，可以使用['*']代表允许所有的请求头。Accept、Accept-Language、Content-Language 以及 Content-Type 请求头默认为允许 CORS 请求
allow_credentials	指示跨域请求支持 cookies，默认是 False，若设置为 True 时，则 allow_origins 不能设定为['*']，必须指定源
expose_headers	指示可以被浏览器访问的响应信息头，默认为[]
max_age	设定浏览器缓存 CORS 响应的最长时间，单位是秒，默认为 600

以上列出的选项是 FastAPI 支持的参数，对于其他 Web 服务框架而言，也有相应的方式设置这些选项，因为 CORS 是一个 Web 服务的标准规范。在默认不指定上述配置项的情况下，CORSMiddleware 中间件不允许任何跨域的访问。

4.4.3　调用 UnicornMiddleware 中间件

Starlette 库为 FastAPI 提供了 ASGI 使用规范，能满足异步通信要求。但是，在特殊情况下，可以修改 UnicornMiddleware 中间件的设置，以使用第三方 ASGI 组件功能。其使用方式代码如下：

```
from unicorn import UnicornMiddleware
app = SomeASGIApp()                    # 导入的第三方 ASGI 组件对象
new_app = UnicornMiddleware(app, some_config="rainbow")
```

FastAPI 提供了一种更简单的方法，可以确保处理服务器错误的内部中间件和自定义异常处理程序能够正常工作。通过使用 app.add_middleware()方法调用 UnicornMiddleware 中间件，代码如下：

```
from fastapi import FastAPI
from unicorn import UnicornMiddleware          # 导入中间件 UnicornMiddleware
app = FastAPI()
app.add_middleware(UnicornMiddleware, some_config="cool")
                                               # 添加 UnicornMiddleware 中间件
```

上述代码中，app.add_middleware()接收 UnicornMiddleware 中间件作为第一个参数，some_config 参数可以根据实例需求传递任何参数值。

4.4.4　调用 HTTPSRedirectMiddleware 中间件

FastAPI 默认使用 HTTP 协议的访问地址，如“http://127.0.0.1:8000/docs”，但是在商业环境下，为了增强网络访问安全，越来越多的网站采用 HTTPS 协议用于访问。

为了强制用 HTTS 协议访问服务器端，FastAPI 提供了 HTTPSRedirectMiddleware 中间件。该中间件的作用是，约束传入的请求地址必须是 HTTPS 开头，对于任何传入的以 HTTP 开头的请求地址，都将被重新定向到 HTTPS 开头的地址上，示例代码如下：

```
# 【示例 4.26】第 4 章 第 4.4 节 code4_26.py
from fastapi import FastAPI
from fastapi.middleware.httpsredirect import HTTPSRedirectMiddleware # 导入中间件
import uvicorn
app = FastAPI()

app.add_middleware(HTTPSRedirectMiddleware)          # 添加中间件，无其他参数

@app.get("/")
async def main():
    return {"message": "Hello World"}
if __name__ == '__main__':
    uvicorn.run(app=app)
```

以上代码中，首先导入 HTTPSRedirectMiddleware 中间件，然后使用 app.add_middleware 方法，将该中间件添加到应用上。

说明！

HTTPS 的全称为：Hyper Text Transfer Protocol over SecureSocket Layer，是以安全为目标的 HTTP 通道，在 HTTP 的基础上通过传输加密和身份认证保证了传输过程的安全性。HTTPS 在 HTTP 的基础上加入 SSL，HTTPS 的安全基础是 SSL，因此加密的详细内容就需要 SSL。HTTPS 存在不同于 HTTP 的默认端口及一个加密/身份验证层（在 HTTP 与 TCP 之间）。这个系统提供了身份验证与加密通信方法，它被广泛用于互联上安全敏感的通信，例如交易支付等方面。

4.4.5　调用 TrustedHostMiddleware 中间件

在商业环境下要确保公网环境下所运行的网站安全可靠，其中措施之一，就是要求在开发项目时，充分考虑网络访问安全问题，尽可能避免网站被攻击。为了防止 HTTP Host Header 攻击[1]，FastAPI 提供了 TrustedHostMiddleware 中间件，配合 app.add_middleware() 的 allowed_hosts 参数设置域名访问白名单，这样就可以预防非法域名的访问和攻击了。TrustedHostMiddleware 中间件使用示例代码如下：

```
# 【示例 4.27】第 4 章 第 4.4 节 code4_27.py
from fastapi import FastAPI
from fastapi.middleware.trustedhost import TrustedHostMiddleware  # 导入中间件
import uvicorn
app = FastAPI()

app.add_middleware(
    TrustedHostMiddleware, allowed_hosts=["example.com", "*.example.com"] # 添
```

[1] HTTP Host Header 攻击，感兴趣的读者，可以百度查找相关知识说明

```
加中间件
    )

    @app.get("/")
    async def main():
        return {"message": "Hello World"}

    if __name__ == '__main__':
        uvicorn.run(app=app)
```

以上代码中，首先导入中间件 TrustedHostMiddleware，然后使用 app.add_middleware 方法添加到应用上，同时设置了一个参数 allowed_hosts 列表，该列表设置可访问主机域名地址，也就是只有列表中的主机域名地址才可以访问服务，其中*.example.com 使用了通配符，“*”表示任意字符，匹配这个域名的子域名都在名单内。如果想要任意主机域名地址都可以访问，可以将参数设置为 allowed_hosts=["*"]，或者不使用这个中间件。如果调用者传入请求的主机域名地址不在名单内，中间件将会给调用者发送一个 400 响应，表示资源不可用。

在 PyCharm 中执行以上代码，然后在浏览器地址栏输入：http://127.0.0.1:8000，回车，打开 API 文档页面后，按键盘上的 F12 键，打开浏览器控制台，再点击浏览器控制台顶部的 Network 页签，然后按键盘上的 F5 键，刷新页面。在 Network 页签下方显示的网络请求列表中点击 127.0.0.1，显示网络请求的详细信息，如图 4.32 所示。

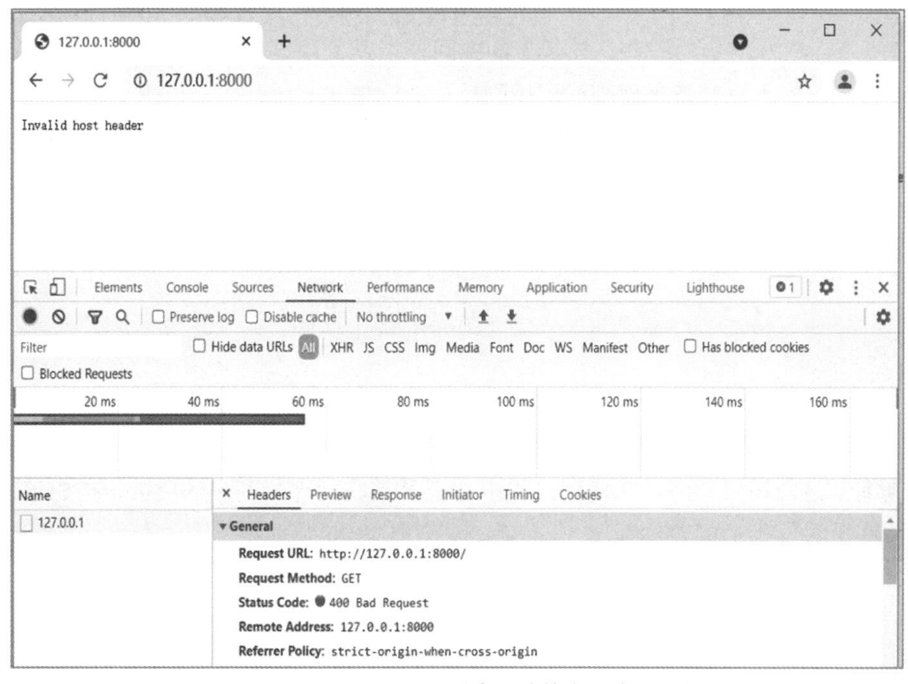

图 4.32　allowed_hosts 列表以外的主机访问服务

图 4.32 的界面上显示了错误文本“Invalid host header”，并且图 4.32 右下角的信息框中显示的响应状态码为“Status Code：400 Bad Request”。这是因为在 allowed_host 中设置的主机为"example.com"和"*.example.com"，而页面发送给服务器的主机是 127.0.0.1，因其不在名单范围内，所以服务器会发送一个 400 响应状态码。

4.4.6 调用 GZipMiddleware 中间件

还有一个常用的中间件是 GZipMiddleware，用于压缩响应数据，其作用是当客户端向服务器端发的请求 Header 中带有“Accept-Encodin:GZip”时，对响应的数据以 GZip 格式进行压缩后，再发送给浏览器；浏览器接收到压缩数据后，先将数据解压缩，再解析渲染数据，示例代码如下：

```
# 【示例 4.28】 第 4 章 第 4.4 节 code4_28.py
from fastapi import FastAPI
from fastapi.middleware.gzip import GZipMiddleware      # 导入中间件
import uvicorn
app = FastAPI()

app.add_middleware(GZipMiddleware, minimum_size=1000)  # 添加中间件，设置压缩参数

@app.get("/")
async def main():
    return "somebigcontent"
if __name__ == '__main__':
    uvicorn.run(app=app)
```

该中间件有一个参数 minimum_size，其作用是设置数据包的最小值，也就是说，只有当需要传递的数据长度大于这个值时，才会使用 GZip 压缩，否则将会传递原始数据。

以上是 FastAPI 内置的一些比较常见的中间件以及使用方法。实际上还有很多有用的中间件，可为构建应用程序带来便利或者增强功能，比如 Sentry、MessagePack、ProxyHeaders 等，如果想了解更多关于 FastAPI 中间件的内容，请查阅 Starlette 中间件官网文档、ASGI 组件列表文档等资料。

4.5 案例：三酷猫卖海鲜（四）

在 2.3.5 节案例中，三酷猫为客户提供了查询海鲜销售产品的 Web 功能。初步满足了客户远程查询信息的需要。但是在使用过程中，三酷猫收到部分客户的反馈，指出该 Web 系统存在一些无法忍受的问题：

（1）输入查询信息出错，给出一组莫名其妙的英文信息，看不懂；

（2）输入查询信息可以随便乱输入，没有对输入范围进行约束。

根据上述问题，三酷猫对 2.3.5 节案例代码进行了深入改造，其代码实现如下：

```
#FindSeaGoods_Ext.py
from fastapi import FastAPI,Query
from typing import Optional
import uvicorn
from fastapi import FastAPI, HTTPException
from fastapi.exceptions import RequestValidationError
from fastapi.responses import PlainTextResponse     # 导入普通文本响应类
```

```
    from starlette.exceptions import HTTPException as StarletteHTTPException # 使
用别名导入
    from pydantic import BaseModel

    app = FastAPI()

    @app.exception_handler(StarletteHTTPException)      # 注册系统异常
StarletteHTTPException
    async def http_exception_handler(request, exc):     # 覆盖系统异常处理器，重写方法
实现
       return PlainTextResponse(str(exc.detail), status_code=exc.status_code)


    @app.exception_handler(RequestValidationError)      # 注册系统异常
RequestValidationError
    async def validation_exception_handler(request, exc): # 覆盖系统异常处理器，重写方法
       return PlainTextResponse(str(exc), status_code=400)

    class One(BaseModel):
       name:str
       num:int
       unit:str
       price:float

    goods_table={'野生大黄鱼':[20,'斤',168],
              '对虾':[100,'斤',48],
              '比目鱼':[200,'斤',69],
              '黄花鱼':[500,'斤',21]}

    #@app.get("/goods/")                         # 注册路由路径
    @app.post("/goods/", response_model=One)
    async  def  findGoods(one:One,name:str=Query(...,max_length=10,min_length=2)):
# 定义路径操作函数
          if name in goods_table.keys():
             values=goods_table[name]
             one.name=name
             one.num=values[0]
             one.unit=values[1]
             one.price=values[2]
             return one
          else:
             raise HTTPException(status_code=418, detail="海鲜"+name+"不存在！")

    if __name__ == '__main__':
       uvicorn.run(app=app)
```

执行上述代码，在浏览器地址栏输入：http://127.0.0.1:8000/docs，回车，就可以在 API 文档里模拟测试查询结果。

4.6 习题及实验

1. 填空题

（1）利用类可以为服务器端请求数据处理，这里的类包括（　　　　）类、（　　　　）类、Cookie 参数类、Header 参数类、Field 类等。

（2）Query、Path、Body、Cookie、Header 从（　　　　）库导入，Field 从（　　　　）库导入。

（3）服务器端响应除了传递（　　　　）外，还可以在响应中传递 Cookie 数据、Header 数据、响应状态数据。

（4）在 FastAPI 中，使用（　　　　）异常类来处理异常信息，通过（　　　）关键字来主动抛出异常信息。

（5）中间件提供了服务器端与客户端（　　　）的预处理功能，接收客户端提交的请求数据，发送服务器端的响应数据。

2. 判断题

（1）Query、Path、Cookie、Header 等参数类都可以为请求数据对象提供校验规则约束和元数据信息服务。（　　）

（2）通过 Field 类实现数据模型字段约束为必选字段，与普通变量类型字段设置必选字段方式一样。（　　）

（3）可以通过路径查找函数的参数设置调整默认响应状态码。（　　）

（4）FastAPI 可以覆盖内置的异常处理器函数，替换成自定义的代码后，才可以触发抛出自定义出错信息以替代默认出错提示信息。（　　）

（5）FastAPI 的内置中间件仅能让 FastAPI 自动调用。（　　）

3. 实验

在互联网环境下，安全问题是 Web 系统最重要的问题之一。从代码角度预防安全漏洞，可以大幅提升 Web 系统本身的安全。

三酷猫投资建设了网上海鲜销售系统，自然需要严肃对待安全问题。因此，它跟软件工程师提出如下安全预防措施要求：

（1）要求该网站只能被指定域的用户访问；

（2）要求采用 HTTPS 方式访问该网站；

（3）要求记录来访 IP 地址到文本文件里；

（4）请在 2.3.5 节案例的基础上进行完善；

（5）形成实验报告。

第 5 章　依赖注入

当一个类调用另外一个类时，允许另外一个类的代码功能自由调整，而不影响调用类的使用。典型应用：在不同的第三方库功能之间的类的调用，当一个类频繁更新时，不影响调用方的正常运行（可以想想为软件打补丁的情况）。为了解决该方面的需求，引入了依赖注入（Dependency Injection）技术。

FastAPI 对依赖注入模式提供了良好的支持。

本章主要的知识点如下：

（1）依赖注入原理；

（2）使用函数实现依赖注入；

（3）使用类实现依赖注入；

（4）依赖注入的嵌套；

（5）在装饰器中使用依赖注入；

（6）依赖项中的 yield；

（7）依赖类的可调用实例。

5.1　依赖注入原理

控制反转（Inversion of Control，缩写为 IoC）是面向对象编程中的一种设计原则，可以用来减小计算机代码之间的耦合度，是一种全新的设计模式。

控制反转最常见的方式叫做依赖注入（Dependency Injection，简称 DI），还有一种方式叫依赖查找（Dependency Lookup，简称 DL）。FastAPI 采用的是主流的依赖注入方式。

下面通过实例简单描述一下应用场景。

在一个应用中，有两个类：ClassA 和 ClassB。在 ClassA 中需要引用 ClassB 的实例 b。

一般情况下，直接在 ClassA 中创建 ClassB 的实例就行了，这样就在 ClassA 和 ClassB 之间建立了耦合关系。当 ClassB 的构造方法发生改变时，必须要修改 ClassA 中创建 ClassB 实例的代码。

如果采用了依赖注入的方式，只需要在 ClassA 中定义一个类型为 ClassB 的私有对象 b，无需创建 ClassB 的实例。当程序运行的时候，通过程序中的“IoC 容器”创建 ClassB 的实例，并“注入”ClassA 中的私有对象 b 上。这样一来，ClassA 和 ClassB 之间就不存在耦合关系了，并且 ClassA 和 ClassB 也无需知道“IoC 容器”的存在，结果是，在程序代码中可以直接关注业务逻辑，无需增加过多的框架相关的代码。

如果采用了依赖查找的方式，ClassA 和 ClassB 先要注册到“IoC 容器”上。“IoC 容器”需要提供一些查找接口，用于查找对象和返回对象。当 ClassA 需要使用 ClassB 的实例时，就要调用“IoC 容器”的查找接口，找到 ClassB 的实例 b，再处理后续的业务。这样的结果就是“IoC 容器”和代码都需要增加一定的工作量。目前很少有框架采用依赖查找的方式。

FastAPI 实现了依赖注入模式，应用本身充当了“IoC 容器”，只需要在代码中建立依赖关系，FastAPI 就可以在运行时将对象“注入”所需的位置。

5.2　使用函数实现依赖注入

FastAPI 的依赖注入机制设计得非常简单易用，任何开发人员都可以很容易地将其他组件与 FastAPI 集成在一起。

在 FastAPI 中，先定义依赖项函数，然后在路径操作函数上定义它需要使用的依赖项。在应用运行时，FastAPI 根据路径操作函数的需求提供依赖项，称为“注入”依赖项。在以下场景中，使用依赖注入的方式可以减少代码重复和逻辑耦合：

（1）共享逻辑（反复使用相同的代码逻辑）；

（2）共享数据库连接；

（3）加强安全性、身份验证、角色需求等。

FastAPI 通过自带的 Depends()方法指定依赖函数来实现函数的依赖注入。依赖注入的基本使用方法，示例代码如下：

```
# 【示例 5.1】第 5 章 第 5.2 节 code5_1.py
from typing import Optional
import uvicorn
from fastapi import Depends, FastAPI

app = FastAPI()

async def dep_params(q: Optional[str] = None, skip: int = 0, limit: int = 100):
# 定义依赖函数
    return {"q": q, "skip": skip, "limit": limit}

@app.get("/items/")                              # 注册路由路径
async def read_items(                            # 定义路径操作函数
        commons: dict = Depends(dep_params)      # 用 Depends()方法指定依赖函数
):
    return commons                               # 返回依赖项的结果

@app.get("/users/")                              # 注册路由路径
async def read_users(                            # 定义路径操作函数
```

```
        commons: dict = Depends(dep_params)          # 用 Depends()方法指定依赖函数
):
    return commons                                    # 返回依赖项的结果

if __name__ == '__main__':
    uvicorn.run(app=app)
```

以上代码中，定义了一个依赖函数 dep_params，此函数接收路径操作函数的所有参数，然后对参数进行处理，返回结果。在路径操作函数中，通过 Depends()方法指定了依赖函数 dep_params，而不是直接调用 dep_params，这就是在 FastAPI 中使用依赖注入的方式。

依赖函数的写法和路径操作函数一样，可以把它看作一个没有装饰器的路径操作函数，它可以返回任何类型的数据。

本例中的依赖函数接收以下参数：

（1）一个可选的查询参数 q，它是一个 str；

（2）一个可选的查询参数 skip，它是一个整数，默认值为 0；

（3）一个可选的查询参数 limit，它是一个整数，默认值为 100。

当 Web 服务器端接收到一个请求后，FastAPI 的内部操作如下：

第一步，对 URL 进行路由匹配，调用对应的路径操作函数；

第二步，在路径操作函数里调用由 Depends()指定的依赖函数 dep_params；

第三步，从依赖函数中获取结果；

第四步，将该结果返回给路径操作函数中的定义的返回数据对象。

在 PyCharm 中执行以上代码，然后在浏览器地址栏输入：http://127.0.0.1:8000/docs，回车。打开 API 文档页面后，点击“/items/”展开 API 接口详情，结果如图 5.1 所示。

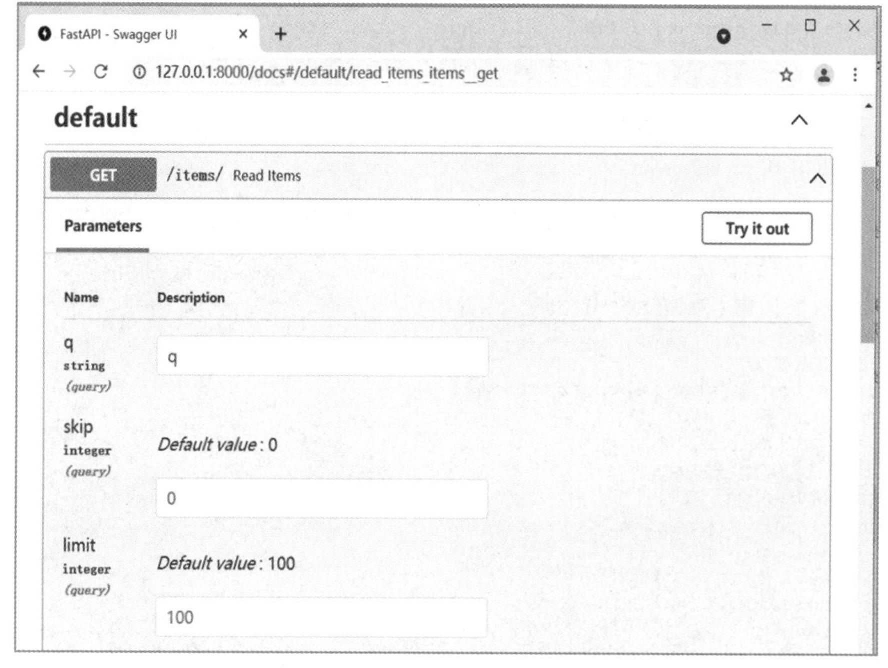

图 5.1　带有依赖注入的 API 文档

图 5.1 中的 API 文档显示了 API 接口、路径参数、查询参数信息，这些信息都是由 FastAPI 从依赖函数中提取的，并将其集成到了 API 文档中。

简单总结一下，当 Web 服务器端接收到请求时，FastAPI 通过请求地址匹配到路径操作函数，然后 FastAPI 找到路径操作函数中定义的依赖函数，再执行此依赖函数，从请求参数中提取数据，再将依赖函数处理后的数据返回给路径操作函数。

通过依赖注入系统，可以定义无限多个对路径操作函数可用的依赖函数，这些依赖函数与路径操作函数之间的关系称为依赖关系。在后面的章节中将看到使用依赖注入方式操作关系数据库、NoSQL 数据库、集成安全框架等知识。

通过以上的方式，可以简单地在路径操作函数中引入依赖函数。同时，在 FastAPI 中还可以给依赖项再指定依赖项，从而形成一个多层次的依赖树。FastAPI 的依赖注入系统会依次处理依赖树中每个依赖项，并且逐步的“注入”处理结果，直到整个依赖树都解析完成。

5.3　使用类实现依赖注入

在 FastAPI 中，既可以通过依赖函数的方式实现依赖注入，又可以通过依赖类完成相同的依赖注入功能。

在 5.2 节的【示例 5.1】中，定义了一个依赖函数，该函数返回了所有参数组成的字典，代码如下：

```
...
async def dep_params(q: Optional[str] = None, skip: int = 0, limit: int = 100):
return {"q": q, "skip": skip, "limit": limit}
...
```

把上述依赖函数定义为相同业务功能的依赖类，可以通过 Depends()方法调用该类，实现依赖注入调用。

修改【示例 5.1】代码，将其中的依赖函数 dep_params 改为依赖类 DepParams。示例代码如下：

```
# 【示例5.2】 第5章 第5.3节 code5_2.py
from typing import Optional
import uvicorn
from fastapi import Depends, FastAPI

app = FastAPI()

class DepParams:                                            # 定义依赖类
    def __init__(self, q: Optional[str] = None, skip: int = 0, limit: int = 100):
        self.q = q
        self.skip = skip
        self.limit = limit

@app.get("/items/")                                         # 注册路由路径
async def read_items(                                       # 定义路径操作函数
```

```
        params: DepParams = Depends(DepParams)          # Depends()方法指定依赖类
):
    return params                                       # 返回依赖项的结果

if __name__ == '__main__':
    uvicorn.run(app=app)
```

在【示例 5.2】中，定义了依赖类，没有使用依赖函数，将多个参数封装成一个参数类，不但增加了代码的可读性，还可以在开发工具上使用代码提示和开发环境的自动完成等辅助功能。

以上代码的执行过程为，当 Web 后端服务器接收到请求后，FastAPI 首先会根据请求地址匹配路径操作函数，然后会检测路径操作函数中定义的依赖项，此时 FastAPI 检测到依赖项 params 的类型是类，就会调用这个类，并创建这个类的实例，返回给路径函数。然后在路径操作函数中，执行路径操作函数中的逻辑代码（若有），并把结果返回给调用者。

另外，在路径操作函数中，定义依赖项的代码为：

```
params: DepParams = Depends(DepParams)
```

其中出现了两次类名称：DepParams ，“=”后面的部分用来指定依赖类，也就是在执行代码的时候，FastAPI 会实际调用的部分。而“=”前面的部分，FastAPI 不会真正使用它进行校验数据，只会用于代码提示和开发环境的自动完成功能。所以，实际上也可以这样定义：

```
params = Depends(DepParams)
```

这样做的结果如同使用依赖函数一样，代码可以正常工作，但失去了代码提示和开发环境的自动完成功能。

FastAPI 对于上述的情况，提供了另外一种简化的方式，也就是省略掉 Depends ()方法的参数部分，比如：

```
paramss: DepParams = Depends()
```

这样只需要使用一次类的名称，FastAPI 就会根据参数的类型定义和 Depends 定义共同作用，解析出所需要的依赖项。

5.4　依赖注入的嵌套

路径操作函数的依赖项是一个可调用实例，使用 Depends()方法指定依赖函数或依赖类实现。如果这个依赖项本身也有其他的依赖，那么这个其他的依赖称之为子依赖，子依赖也可以再有其他的依赖项，这样就可以构成一个庞大的依赖树。在调用路径操作函数时，FastAPI 会优先处理这些依赖树，并将结果返回给上一级的调用者。

实际上，不仅是路径操作函数可以有依赖项，任何函数都可以定义依赖项，FastAPI 会逐级解析并处理这些依赖关系，使软件中各个模块以低耦合的方式组装到一起。

子依赖项使用示例代码如下：

```
# 【示例 5.3】第 5 章 第 5.4 节 code5_3.py
from typing import Optional
import uvicorn
from fastapi import Cookie, Depends, FastAPI

app = FastAPI()

def query_extractor(q: Optional[str] = None):  # 定义依赖函数 1
    return q

def params_extractor(                            # 定义依赖函数 2
        q: str = Depends(query_extractor),       # 定义依赖项 q
        last_q: Optional[str] = Cookie(None)     # Cookie 参数
):
    if not q:                            # 如果未传入参数 q，则使用 Cookie 中的参数
        return last_q
    return q

@app.get("/items/")                              # 注册路由路径
async def read_query(                            # 定义路径操作函数
        params: str = Depends(params_extractor)  # 指定依赖函数
):
    return {"params": params}

if __name__ == '__main__':
    uvicorn.run(app=app)
```

以上代码中，在路径操作函数中指定了依赖函数 params_extractor，同时，在这个依赖函数的参数中，又指定了依赖项 query_extractor。也就是说，这段代码中的依赖关系有两层，第一层为主要依赖，第二层为子依赖。当 Web 后端服务器接收到请求后，FastAPI 首先会根据请求地址匹配到路径操作函数，然后会执行第一层的依赖项，执行第一层依赖项时检测到第二层依赖项，就会执行第二层依赖项，并将结果逐级返回，最终传递给路径操作函数。返回过程如图 5.2 所示。

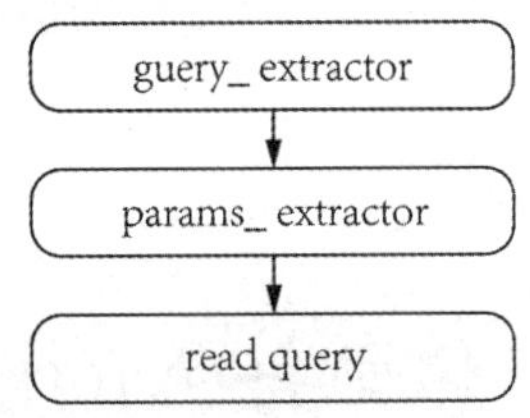

图 5.2 依赖项传递数据顺序

当依赖的层级变得更复杂时，FastAPI 也会正确地解析依赖关系，并且最终返回正确的结果。在 PyCharm 中执行以上代码，并在浏览器地址栏输入：http://127.0.0.1:8000/docs，回车，打开 API 文档页面，然后展开路径函数/items/，结果如图 5.3 所示。

如图 5.3 所示，路径操作函数中定义了两层依赖关系，FastAPI 可以从每层依赖关系中解析出参数信息。

当程序用到的多个依赖项都依赖于某一个共同的子依赖项时，FastAPI 默认会在第一次执行这个子依赖项时，将其执行结果放在缓存中，以保证对于路径操作函数的单次请求。无论定义了多少次子依赖项，这个共同的子依赖只会执行一次。

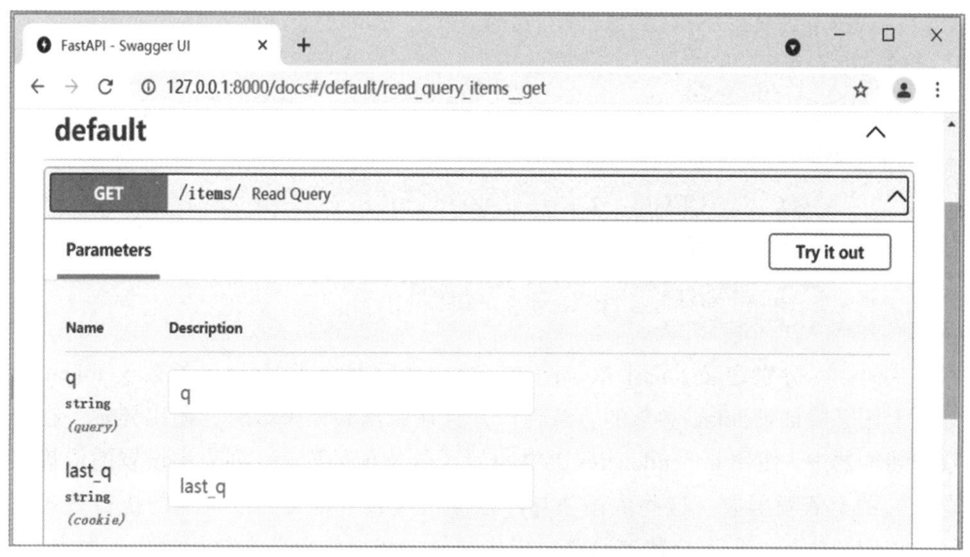

图 5.3　使用子依赖项之后的 API 文档

若希望每次调用子依赖项时，都能执行该子依赖项函数，而不将其执行结果放入缓存，则可以在 Depends()调用时，使用参数 use_cache=False 关闭缓存。其代码如下：

```
...
async def needy_dependency(
    some_value: str = Depends(get_value, use_cache=False)): # 使用参数关闭依赖的缓存
    return {"some_value": some_value}
...
```

5.5　在装饰器中使用依赖注入

在某些情况下，路径操作函数中并不需要依赖项的返回值，或者依赖项没有返回值，只需要在路径操作函数中调用这个依赖项，此时可以在装饰器中添加一个依赖项列表 dependencies 来指定需要执行的依赖项。当路径操作函数被调用时，FastAPI 按顺序执行这个列表中的依赖项，示例代码如下：

```
# 【示例 5.4】 第 5 章 第 5.5 节 code5_4.py
from fastapi import Depends, FastAPI, Header, Cookie, HTTPException
import uvicorn
app = FastAPI()

async def verify_token(x_token: str = Header(...)): # 定义依赖函数
    if x_token != "my-token":                       # 取值不合法时抛出异常
        raise HTTPException(status_code=400, detail="Token 已失效")
                                                    # 没有返回值

async def check_userid(userid: str = Cookie(...)):  # 定义依赖函数
    if userid != "9527":                            # 取值不合法时抛出异常
```

```
        raise HTTPException(status_code=400, detail="无效的用户")
    return userid                                          # 有返回值

@app.get("/items/",                                        # 注册路由路径
        dependencies=[Depends(verify_token), Depends(check_userid)]) # 设置依
赖项列表
async def read_items():
    return "hello 三酷猫"

if __name__ == '__main__':
    uvicorn.run(app=app)
```

以上代码中，分别定义了两个依赖函数，第一个用于验证 Header 参数 x_token 的合法性，第二个用于验证 Cookie 参数的合法性。并且在数据验证失败时，抛出异常。在路径操作函数的装饰器中，使用 dependencies 参数设置了依赖项的列表，列表中设置的依赖项是代码中定义的两个依赖函数。这些依赖项与路径操作函数中定义的依赖项的执行方式是相同的，但是它们的执行结果不会传递给路径操作函数。如果依赖项在执行过程中抛出了异常，则会立即中止依赖的执行，也会中止路径操作函数的执行。

在装饰器中设置的依赖项，和路径操作函数参数中指定依赖项是可以相互替代的，不同之处只是在装饰器中的依赖项的返回值不会传递出来。

无论在装饰器中设置依赖项列表，还是在路径函数参数中指定依赖项，FastAPI 都会将依赖项中的参数解析到 API 文档中。在 PyCharm 中执行以上代码，并且在浏览器地址栏中输入：http://127.0.0.1:8000/docs，回车，打开 API 文档页面，并展开路径/items/，结果如图 5.4 所示。

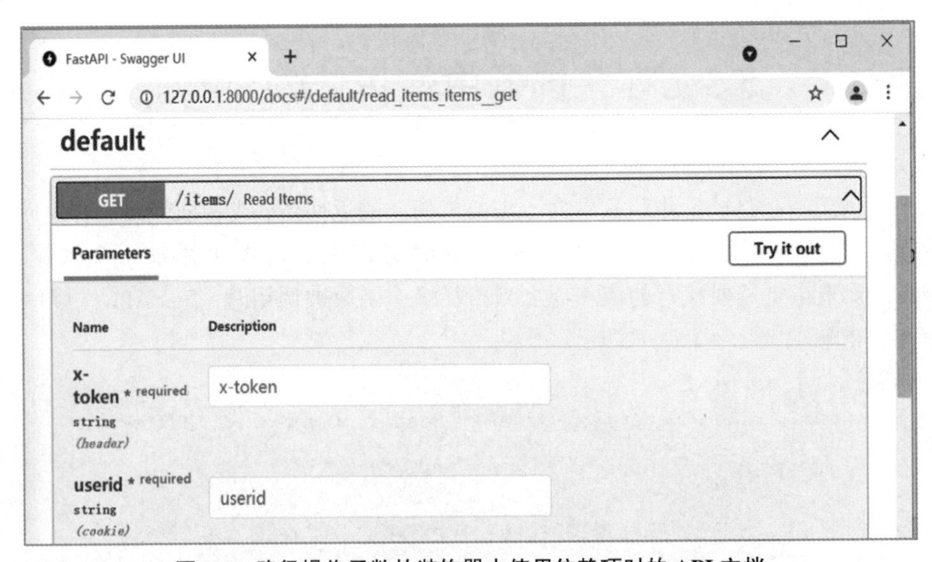

图 5.4　路径操作函数的装饰器中使用依赖项时的 API 文档

FastAPI 的 app 应用实例也可以直接使用 dependencies 作为参数添加依赖项列表。该列表中的依赖项将应用于 FastAPI 程序中所有的路径操作函数，在【示例 5.4】的基础上，修改代码如下：

```
# 【示例5.5】第5章 第5.5节 code5_5.py
from fastapi import Depends, FastAPI, Header, Cookie, HTTPException
import uvicorn

async def verify_token(x_token: str = Header(...)): # 定义依赖函数
    if x_token != "my-token":                       # 取值不合法时抛出异常
        raise HTTPException(status_code=400, detail="Token 已失效")
                                                    # 没有返回值

async def check_userid(userid: str = Cookie(...)):  # 定义依赖函数
    if userid != "9527":                            # 取值不合法时抛出异常
        raise HTTPException(status_code=400, detail="无效的用户")
    return userid                                   # 有返回值

app = FastAPI(dependencies=[Depends(verify_token), Depends(check_userid)])
                                                    # 依赖项列表

@app.get("/items/")                                 # 注册路由路径
async def read_items():
    return "hello 三酷猫"

@app.get("/users/")                                 # 注册路由路径
async def read_users():
    return ["张三","李四"]

if __name__ == '__main__':
    uvicorn.run(app=app)
```

以上代码中定义了两个依赖函数，去掉了路径操作函数装饰器中的 dependencies 参数，并且将 dependencies 参数放到了 app 应用实例中，如下：

```
app = FastAPI(dependencies=[Depends(verify_token), Depends(check_userid)])
```

其结果是，调用 app 中所有的路径操作函数时，都会执行相同的依赖项列表。

5.6　依赖项中的 yield

FastAPI 支持在依赖函数中用 yield[1]替代 return，这样就可以在路径操作函数执行完成后，再执行一些其他操作。比如路径操作函数开始执行时，打开一个文件，执行过程中写入文件，执行完成后再关闭该文件。

如果要在 FastAPI 中使用这个特性，需要满足一定的条件，如果使用的是 Python 3.6.X 及以上版本，则需要安装第三方库 backports。打开命令行终端，执行以下安装命令：

```
C:\> pip3 install backports                    # 在线安装第三方库
```

如果使用的是 Python 3.7 及以上版本，则无需安装 backports。但需要安装另外两个第三

[1] yield 关键字：https://pyzh.readthedocs.io/en/latest/the-python-yield-keyword-explained.html

方库 async-exit-stack、async-generator，安装命令如下：

```
C:\> pip3 install async-exit-stack async-generator        # 在线安装第三方库
```

确认完 Python 环境以后，这里通过一个例子说明如何使用这个特性。比如需要创建一个带有后端数据库的软件系统，当 Web 服务器端接收到请求的时候，要建立数据库的会话连接，然后花费一些时间对数据进行处理，将处理结果返回给响应，接着，关闭数据库会话连接。上述操作需求代码如下：

```
# 伪代码，仅示范
async def get_file():
    file = open("./somefile.txt")       # 打开文件
    try:
        yield file                      # 使用 yield 获取文件对象
    finally:
        file.close()                    # 完成后关闭文件
```

以上代码中，先创建了文件对象 file，再将 file.close()写在了 yield file 语句之后，其作用是，当全部读取文件数据操作完成以后，才会执行 yield 后面的语句，也就是关闭文件。如果没有使用 yield file，而是使用了 return file，就无法在路径操作函数中关闭文件。

接下来，看一下依赖项对这个特性的支持。在 FastAPI 中，整个依赖树上所有的依赖项和子依赖项里，都可以使用 yield 关键字，FastAPI 会保证每个依赖项中的 yield 能够按正确的顺序执行和退出。代码如下：

```
# 伪代码，仅演示逻辑
from fastapi import Depends

async def dependency_a():                           # 定义依赖函数 A
    dep_a = generate_dep_a()
    try:
        yield dep_a
    finally:
        dep_a.close()

                                                    # 定义依赖函数 B，依赖项是函数 A
async def dependency_b(dep_a=Depends(dependency_a)):
    dep_b = generate_dep_b()
    try:
        yield dep_b
    finally:
        dep_b.close(dep_a)                          # 操作完成后，关闭依赖对象 A

                                                    # 定义依赖函数 C，依赖项是函数 B
async def dependency_c(dep_b=Depends(dependency_b)):
    dep_c = generate_dep_c()
    try:
        yield dep_c
    finally:
        dep_c.close(dep_b)                          # 操作完成后，关闭依赖对象 B
```

以上代码中，分别定义了 3 个依赖函数，这里称之为 A、B、C，并且都使用了 yield 关键字。其中：

A 没有指定依赖项，执行完成后关闭自身；

B 指定了依赖项 A，执行完成后关闭 A；

C 指定了依赖项 B，执行完成后关闭 B。

所以，当程序执行完成时，C 收到完成动作后会关闭 B；B 收到完成动作后会关闭 A；A 再将自身对象关闭。这样可以保证程序有序释放对象。当然，根据程序的需求，也可以在某些步骤中使用 return 关键字。

在 FastAPI 中的上下文管理器，就是根据上述 yield 的特性实现的。上下文管理器是可以使用 with 关键字操作的对象，比如在读取文件时使用，代码如下：

```
# 伪代码，仅演示功能
with open("./somefile.txt") as f:             # 创建上下文件，别名为 f
    contents = f.read()                       # 使用上下文管理器
    print(contents)
```

以上代码中，open(...)创建了一个上下文对象，使用 with[2]关键字引用这个对象，在 with 的作用范围内，可以使用上下文对象执行一些操作。在依赖项中，也可以使用上下文的方式管理对象，代码如下：

```
# 伪代码，仅演示功能
class MySuperContextManager:                                  # 定义上下文管理器类
    def __init__(self):                                       # 构造方法
        self.db = DBSession()

    def __enter__(self):                                      # 按上下文管理器要求的方法进入
        return self.db

    def __exit__(self, exc_type, exc_value, traceback):# 按上下文管理器要求的方法退出
        self.db.close()

async def get_db():                                           # 定义依赖函数
    with MySuperContextManager() as db:                       # 使用上下文管理器
        yield db                                              # yield 上下文对象
```

以上代码中，定义了一个上下文管理器类，并根据上下文管理器的规范要求，实现了__enter()__方法和__exit__()方法。然后在定义依赖函数 get_db()时，就可以使用 with 关键字操作这个上下文对象了。

5.7　依赖类的可调用实例

本章前几节所讲的依赖项是使用依赖函数或依赖类。但是，在某些场景下，想在依赖项中设置不同的参数，同时又不想再定义许多相似的函数或类，这个需求可以使用 Python 类实例的可调用特性实现。

根据 5.3 节的内容，类本身就是“可调用”的，但如果让类的实例也成为“可调用”的，

---

[2] with 相关文档：https://docs.python.org/3/library/contextlib.html

就需要在类定义中实现一个特定的方法：__call__()。示例代码如下：

```
# 【示例 5.6】第 5 章 第 5.7 节 code5_6.py
from fastapi import Depends, FastAPI
import uvicorn
app = FastAPI()

class PetQueryChecker:                              # 定义依赖类
    def __init__(self, pet_name: str):              # 构造方法
        self.pet_name = pet_name

    def __call__(self, q: str = ""):                # 使类的实例可调用
        if q:
            return self.pet_name in q               # 检测参数值
        return False

checkcat = PetQueryChecker("cat")                   # 创建依赖类的可调用实例
checkdog = PetQueryChecker("dog")                   # 创建依赖类的可调用实例

@app.get("/pet/")                                   # 注册路由路径
async def read_query_check(                         # 定义路径操作函数
        has_cat: bool = Depends(checkcat),          # 依赖项，参数中有 cat
        has_dog: bool = Depends(checkdog),          # 依赖项，参数中有 dog
):
    return {"has_cat": has_cat, "has_dog": has_dog}

if __name__ == '__main__':
    uvicorn.run(app)
```

以上代码中，在依赖类的定义中实现了方法__call__()，使这个类生成的实例也是可被Depends()方法调用的。然后使用 pet_name="cat"初始化了这个类的实例 checkcat，使用pet_name="dog"初始化了这个类的实例 checkdog。在路径操作函数中实现了两个依赖项，分别是 has_cat 和 has_dog。

在 PyCharm 中执行以上代码，然后在浏览器地址栏中输入：http://127.0.0.1:8000/pet/?q=cat，回车，显示结果如图 5.5 所示。

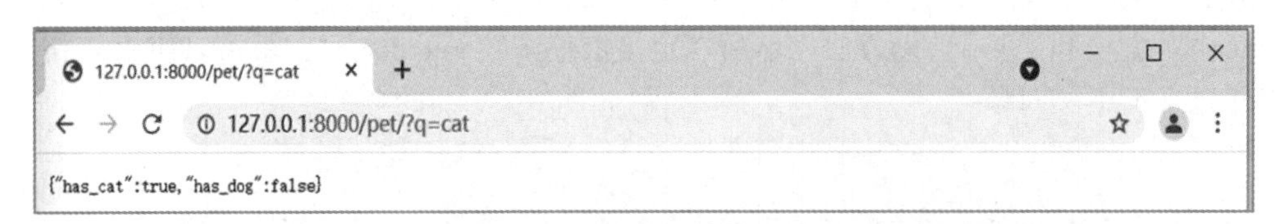

图 5.5　带参数的依赖项测试 1

在浏览器地址栏中输入：http://127.0.0.1:8000/pet/?q=dog，回车，显示结果如图 5.6 所示。

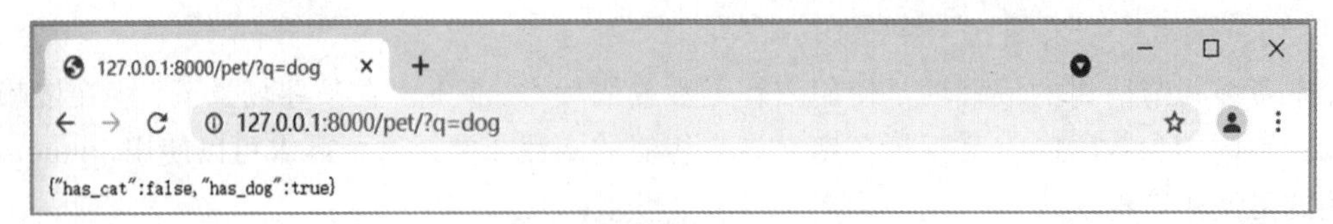

图 5.6　带参数的依赖项测试 2

以上例子中，只定义了一个依赖类，使用不同的参数创建了两个类的实例，并加入路径操作函数的依赖项中。在路径操作函数被调用时，两个依赖项也正确返回了结果。

5.8　案例：三酷猫卖海鲜（五）

在 2.6 的案例中，实现了客户端模拟提交订购海鲜记录的要求，三酷猫希望对提交的订单记录做自动资金计算。但是考虑到以后功能的快速拓展，如客户不但要面向国内，还要面向全球，那么就存在不同币种的汇率换算问题。由此，三酷猫决定通过依赖注入来实现订单资金计算。

在 2.6 案例代码的基础上，继续修改如下：

```
#FindSeaGoods_Stat.py
from fastapi import Depends,FastAPI
import uvicorn
from pydantic import BaseModel                        # 导入基础模型类
class Goods(BaseModel):                               # 定义数据模型类，继承自 BaseModel 类
    name: str                                         # 定义字段 name，类型为 str
    num:float                                         # 定义字段 num，类型为 float
    unit:str                                          # 定义字段 unit，类型为 str
    price: float                                      # 定义字段 price，类型为 float

app = FastAPI()

async def StatMoney(good:Goods):                      # 定义统计金额的依赖函数

    return good.num*good.price

@app.put("/goods/")                                   # 注册路由路径
async def findGoods(stat:float=Depends(StatMoney)):# 定义路径操作函数

      return str(stat)+'元'

if __name__ == '__main__':
    uvicorn.run(app=app)
```

上述代码定义了一个统计依赖函数 StatMoney，然后在路径操作函数里通过 Depends() 进行依赖注入操作，返回统计金额，最后通过响应返回给客户端。

执行上述代码，在浏览器地址栏里输入：http://127.0.0.1:8000/docs，回车，在显示的 API 文档里点击“Try it out”按钮，在如图 5.7 的界面上输入请求体字段的值（这里输入的是对虾、10、斤、48），点击“Execute”按钮，鼠标往下滚动，执行结果如图 5.8 所示。

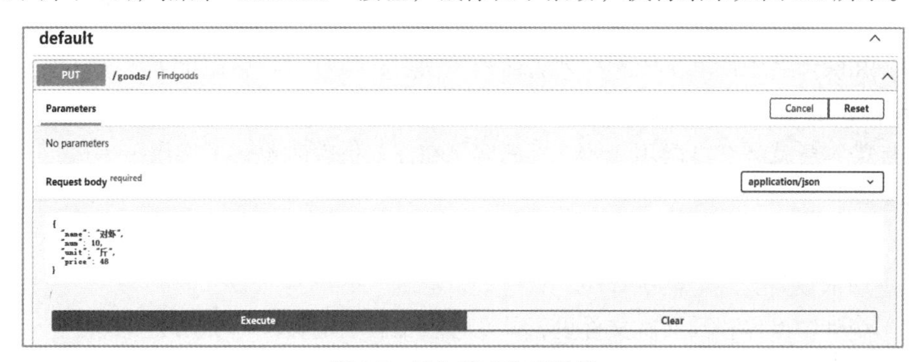

图 5.7　输入请求体字段值

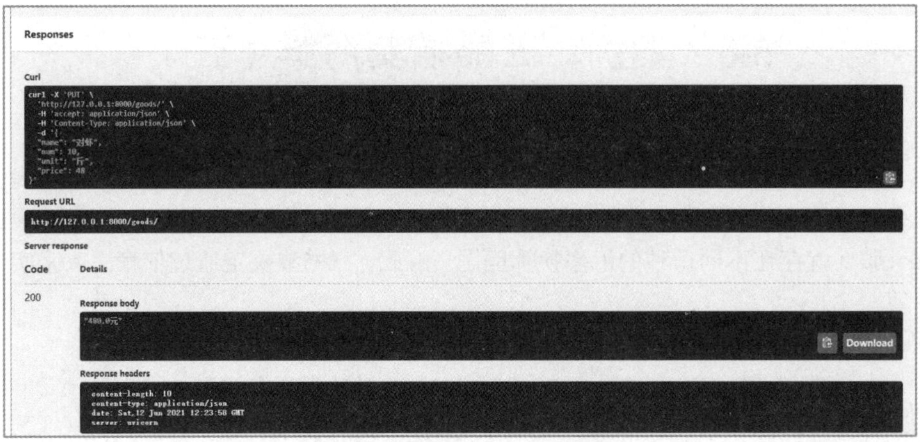

图 5.8　返回 480.0 元的统计结果

5.9　习题及实验

1. 填空题

（1）控制反转最常见的方式叫做（　　　　），还有一种方式叫（　　　　　）。

（2）FastAPI 通过自带的（　　　　　）方法指定依赖函数来实现函数的依赖注入。

（3）在 FastAPI 中，既可以通过（　　　　）的方式实现依赖注入，又可以通过（　　　　）完成相同的依赖注入功能。

（4）没有返回值的依赖函数，可以在装饰器中添加一个依赖项列表（　　　　　　）来指定需要执行的依赖项。

（5）FastAPI 支持在依赖函数中用（　　　　）替代 return，这样就可以在路径操作函数执行完成后，再执行一些其他操作。

2. 判断题

（1）FastAPI 实现了依赖注入模式，应用本身充当了 IoC 容器。（　　）

（2）使用依赖注入的方式可以减少逻辑重复和逻辑耦合。（　　）

（3）只有路径操作函数可以有依赖项。（　　）

（4）在装饰器中设置了依赖项列表的依赖项，在执行过程中抛出了异常，则立即中止依赖的执行，也会中止路径操作函数的执行。（　　）

（5）类本身就是“可调用”的，类的实例在注入依赖时也“可调用”。（　　）

3. 实验

在 5.8 节案例里采用了依赖函数实现了金额统计，现需要进一步做如下改造：

（1）用依赖类实现金额统计；

（2）统计结果保存到文本文件里，并要求在依赖类的方法里关闭文件；

（3）形成实验报告。

第 6 章　数据库操作

Web 系统开发，需要取得数据库系统的支持，才能高效、统一管理服务器端存储的数据，FastAPI 框架也不例外。

数据库是一种按数据结构存储和管理数据的计算机软件系统。在数据库的发展历史中，先后经历了层次数据库、网状数据库、关系数据库等各个阶段，数据库技术也在各个方面快速发展。

随着云计算的发展和大数据时代的到来，越来越多的半关系型和非关系型数据需要用数据库进行存储管理，关系型数据库越来越无法满足需要，于是越来越多的非关系型数据库就开始出现。它们更强调数据的高并发读写能力和大量数据的存储能力，这类数据库一般被称为 NoSQL（Not Only SQL）数据库。同时，传统的关系型数据库在一些传统领域依然保持着强大的生命力。

关系型数据库是以二维表格的形式存储的，表格数据之间存在关联关系。MySQL 是最典型的关系型数据库之一。

非关系型数据库则是以对象格式存储的，最常见的非关系型数据库是以文档形式存储的 MongoDB 和以键值对形式存储的 Redis。

FastAPI 框架对关系型数据库和非关系型数据库提供了良好的支持功能。

本章内容包括：

（1）SQLAlchemy 基本操作；

（2）连接 MySQL；

（3）连接 MongoDB；

（4）连接 Redis。

6.1　SQLAlchemy 基本操作

SQLAlchemy 是 Python 下著名的 ORM（Object Relational Mapping，对象关系映射）工具集，首次发布于 2006 年 2 月，并迅速在 Python 社区中被广泛地使用。SQLAlchemy 提供了完整的企业级持久模式，能够与 FastAPI 中的数据模型进行良好的融合，并具有高效的数据库访问特点。本节主要介绍 SQLAlchemy 的安装及基本使用功能。

6.1.1 安装和连接

通过 Python 的 pip3 工具在线安装 SQLAlchemy 框架，具体方式为打开命令行终端，输入以下命令，回车。

```
C:\>pip3 install sqlalchemy
```

等待安装完成，结果如图 6.1 所示。

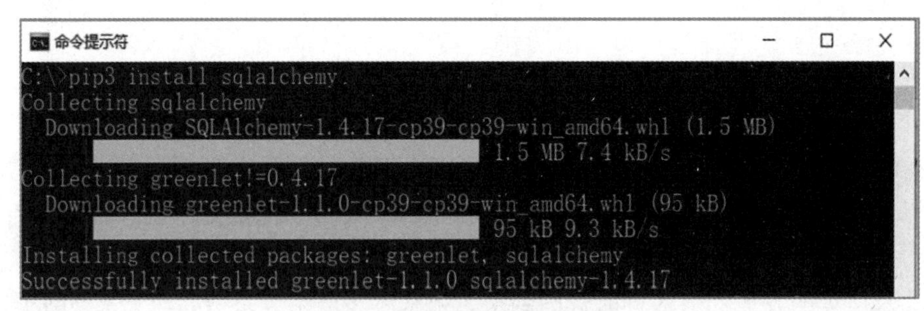

图 6.1　安装 SQLAlchemy 完成

在程序中使用 SQLAlchemy 的代码示例如下：

```
# 【示例 6.1】第 6 章 第 6.1 节 code6_1.py
# 连接 SQLAlchemy
                                # 第一步，导入 SQLAlchemy 组件包
from sqlalchemy import create_engine

from sqlalchemy.orm import sessionmaker

                                # 第二步，创建数据连接引擎
# engine = create_engine("mysql://user:password@mysqlsserver/db?charset=utf8")
# engine = create_engine("postgresql://user:password@postgresserver/db")
engine = create_engine("sqlite:///./sql_app.db", connect_args={"check_same_
thread": False})
                                # 第三步，创建本地会话
session = sessionmaker(autocommit=False, bind=engine)
```

上述代码中使用 SQLAlchemy 的步骤为：

第一步，导入 SQLAlchemy 里的创建数据库连接引擎函数 create_engine。

第二步，通过 create_engine 函数传入连接字符串参数创建连接对象，每种不同的数据库管理系统都有特定的连接字符串写法，比如 MySQL 的连接字符串格式为：

```
mysql://用户名:密码@主机名:端口号/数据库名
```

在使用 SQLAlchemy 连接数据库时，先要检查目标数据库是否安装，服务状态是否正常，是否安装了数据库驱动程序，如果目标数据库无法连接或是未安装驱动，则以上代码在运行时将报错并终止。

如果是连接 SQLite 数据库，则要保证第一个参数中设置的文件名是有读写权限的，因为 Python 安装包中集成了 SQLite 数据库的驱动。SQLite 是一个轻量级的关系型数据库，实现了自给自足的、无服务器的、零配置的、事务性的 SQL 数据库引擎。本节部分示例将使用

SQLite，实现 SQLAlchemy 的基本操作。

第三步，通过 sessionmaker 函数传入刚创建的连接对象，创建本地会话 Session。程序中每次发起对数据库的请求时，都需要创建一个 Session 对象，Session 对象不是用于数据连接，而是用于事务支持，当创建 sessionmaker 的参数为 autocommit=False 时，这个 Session 对象会一直保持在内存中，直到该 Session 被关闭，或者 Session 中的事务被回滚、提交。

回滚数据的方法为：

```
session.rollback()
```

提交事务的方法为：

```
session.commit()
```

关闭会话的方法为：

```
session.close()
```

Session 对象用于操作 SQLAlchemy 数据模型的实例，比如在数据库中增加和删除数据等。

6.1.2　定义数据模型

在 SQLAlchemy 中定义数据模型时，先要使用 declarative_base 类创建数据模型的基类。在继承类中，定义数据库表与 Python 对象的映射关系，示例代码如下：

```
# 【示例 6.2】 第 6 章 第 6.1 节 code6_2.py
from sqlalchemy import create_engine
from sqlalchemy.orm import sessionmaker
from sqlalchemy.ext.declarative import declarative_base
from sqlalchemy import Column, Integer, String

engine = create_engine(                                # 创建数据库连接引擎
    "sqlite:///./sql_app.db",
    connect_args={"check_same_thread": False}
)
session = sessionmaker(autocommit=False, bind=engine) # 创建本地会话
Base = declarative_base()                              # 创建模型基类

class User(Base):                                      # 定义数据模型类
    __tablename__ = 'user'                             # 数据库中对应的表名
    id = Column('id', Integer, primary_key=True)       # 定义字段 id，整型
    name = Column('name', String(50), primary_key=True) # 定义字段 name，字符串型

Base.metadata.create_all(bind=engine)                  # 在数据库中生成表结构
```

在以上代码中，先创建了数据库连接引擎，然后创建了数据模型的基类，接着从该基类继承出数据模型类，最后通过 Base.metadata.create_all()方法将数据模型中定义的表和字段，生成到数据库中。

数据模型类中，使用 __tablename__属性定义数据库中的表名，用 Column 类定义的属性对应于数据库表中的字段。通过 Column 类的参数定义字段属性，如列名、数据类型、数据长度、附加属性等。在 PyCharm 中执行以上代码，代码执行完成后，会在代码同级目录下生成一个数据库文件：sql_app.db，这个文件就是 SQLite 的数据库文件，使用 SQLite 管理工具

可以查看其中的内容。本书使用了开源工具 SQLite Administrator[1]。使用 SQLite Administrator 打开由程序生成的 sql_app.db，其内容如图 6.2 所示。

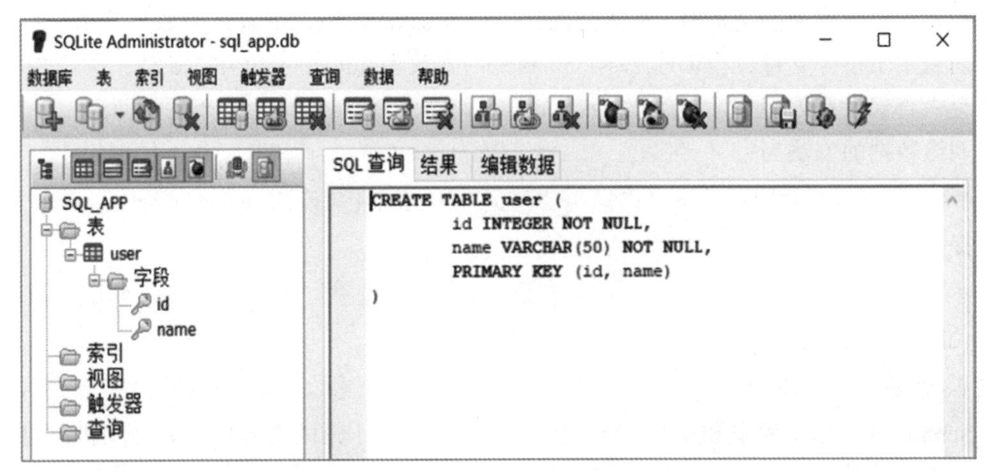

图 6.2 使用 SQLite Administrator 查看 sql_app.db 的内容

在 SQLAlchemy 中可定义的数据类型如下。

- BigInteger：长整型。
- Boolean：布尔型。
- Date：日期型。
- DateTime：日期时间型。
- Enum：枚举型。
- Float：浮点型。
- Integer：整型。
- Interval：时间对象。
- LargeBinary：二进制数据。
- MatchType：Match 操作符的返回类型。
- Numeric：数值型。
- PickleType：Pickle 类型。
- SchemaType：DDL 中使用的类型。
- SmallInteger：短整型。
- String：字符串型。
- Text：文本型。
- Time：时间型。
- Unicode：Unicode 型。
- UnicodeText：Unicode 文本。

这些类型与关系数据库中的字段类型具有对应关系，比如 String 对应的数据库类型是

[1] SQLite Administrator 下载地址为：http://download.orbmu2k.de/download.php?id=19

varchar，Numeric 对应的数据库类型是 number 或 decimal。

6.1.3　定义关联关系

关联关系一般是指数据库中多个表的数据之间的相互依赖关系，常见的关联关系有：一对一、一对多、多对一、多对多。在 SQLAlchemy 的数据模型中，除了用 Column 对象定义字段以外，还可以使用 relationship 函数定义关联关系，relationship 函数的常用参数如下。

- argument：设置另外一个用于建立关联关系的数据模型类名称，字符串型，设置时可以省略 argument 参数名，直接在第一个参数位置指定数据模型类名称。
- backref：通过指定另外一个数据模型类的关联字段名，在一对多或者多对多之间建立双向关系。
- uselist：是否建立一对多关系，默认为 True。
- remote_side：当外键是数据模型类自身时使用。
- secondary：用于指向多对多的中间表。
- back_populates：当属性为反向关系时，指定另外一个数据模型类所对应的关联字段名。
- cascade：指定级联操作时的可用动作，比如，当删除主表数据时，与其关联的子表是否会同步删除对应数据。

1. 一对一关系

一对一关系就是表 A 中的一条记录对应表 B 中的唯一一条记录，在 SQLAlchemy 中用代码实现如下：

```
...
class User(Base):                                      # 定义数据模型类，用户
    __tablename__ = 'user'                             # 数据库中的表名
    id = Column(Integer, primary_key=True)             # id 列，主键
    account = relationship('Account', uselist=False, backref='account')
                                                       # 账号字段
...
```

以上代码省略了其他部分，只看数据模型 User 中 account 字段的定义，使用了参数 uselist=False，建立一对一的关系。

只有另外一个账号基本表（Account 此处省略）的账号记录都是唯一的，才能在两个表之间建立一对一记录关系。

2. 一对多、多对一关系

一对多和多对一是相对而言的。如果有两张表 A 和 B 的记录是一对多关系，那么表 B 和 A 就是多对一关系。如表 6.1 的用户表用于记录借书读者基本信息，如 id、name；表 6.2 的图书记录表用于记录每个读者每次借书的登记信息，如 id，book_name 等。用户表和图书记录表是典型的一对多关系，它们之间通过 id 字段建立一对多的业务逻辑关系。

表 6.1　用户表

id	name
1	张三
2	李四
…	…

表 6.2　图书记录表

id	book_name	user_id	borrow_time
1	《Python 从入门到实战》	1	2021-05-01 09:00:01
2	《Django Web 编程》	1	2021-05-03 10:01:01
3	《Python 从入门到实战》	2	2021-05-01 11:00:04
…	…	…	

使用 SQLAlchemy 中的数据模型来表达以上关系时，用户表对应用户数据模型类；图书记录表对应图书记录数据模型类。

用户数据模型类与图书记录数据模型类之间需要体现一对多的记录关系，在 SQLAlchemy 中使用 relationship 函数实现。代码示例如下：

```
# 【示例 6.3】 第 6 章 第 6.1 节 code6_3.py
from sqlalchemy import create_engine
from sqlalchemy.orm import sessionmaker
from sqlalchemy.ext.declarative import declarative_base
from sqlalchemy import Column, Integer, ForeignKey, String, DateTime
from sqlalchemy.orm import relationship
engine = create_engine(                                   # 创建数据库连接引擎
    "sqlite:///./sql_app.db",
    connect_args={"check_same_thread": False}
)
session = sessionmaker(autocommit=False, bind=engine)  # 创建本地会话

Base = declarative_base()                                 # 定义数据模型基类

class User(Base):                                         # 定义数据模型类，用户
    __tablename__ = 'user'                                # 数据库中的表名
    id = Column(Integer, primary_key=True)       # id 列，主键，保证每个身份号的唯一
    name = Column('name', String(50))            # 定义字段 name，字符串型
    bookrecords = relationship('BookRecord', backref='user')
                                                 # 图书列表字段，定义一对多关系

class BookRecord(Base):                          # 定义数据模型类，图书
    __tablename__ = 'book_record'                # 数据库中的表名
    id = Column(Integer, primary_key=True)       # id 列，主键，顺序记录号唯一
    book_name = Column('book_name', String(50))           # 书名
    borrow_time = Column('borrow_time', DateTime)         # 借书时间
    user_id = Column(Integer, ForeignKey('user.id'))      # user_id ，外键

# user = User(...)
# user.books = [Book(...), Book(...)]
Base.metadata.create_all(bind=engine)            # 在数据库中创建所有数据模型的表结构
```

以上代码中，定义了两个数据模型类：User、BookRecord。

User 类中包含字段 bookrecords，使用 relationship 函数，与数据模型类 BookRecord 建立一对多关系，其中的 backref 参数在 BookRecord 中增加反向引用并命名为 user，其作用是在 BookRecord 类的每个实例上增加一个 user 字段，指向 User 类的实例。

BookRecord 类中的字段 user_id 使用 ForeignKey 定义了外键指向 user 表 id 字段，BookRecord 类通过外键的方式与 User 类形成了多对一关系。

在 PyCharm 中执行以上代码，然后用 SQLite Administrator 打开生成的数据库文件 sql_app.db，结果如图 6.3 所示。

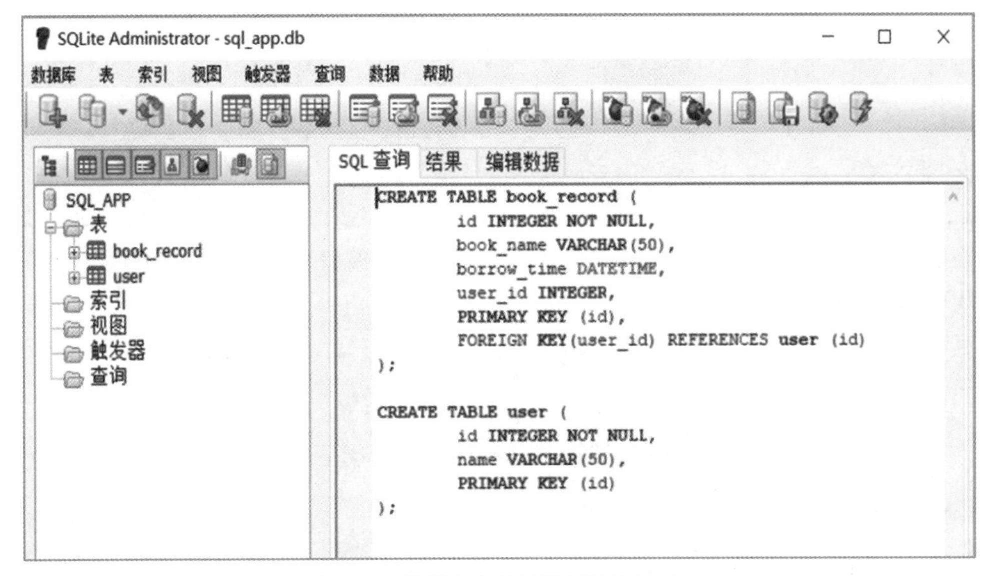

图 6.3　数据库中显示的表结构 SQL

在该图中，表 book_record 中有个外键关系（FOREIGN KEY），其定义指向了表 user 中的主键列 id，两个表建立了一对多的关系。

3. 多对多关系

多对多关系一般需要一个中间表，中间表的两个字段分别指向另外两张表中的字段，最常见的使用场景就是系统管理中的用户权限管理，一个用户可以对应多个行为，一个行为也可以被多个用户使用。如表 6.3、表 6.4、表 6.5 所示为多对多关系。

表 6.3　用户表

id	name
1	张三
2	李四
…	…

表 6.4　行为表

id	name
1	增加
2	删除
3	修改
...	...

表 6.5　用户行为关联表

id	user_id	action_id
1	1	1
2	1	2
3	2	1
4	2	3
...	...	...

在 SQLAlchemy 中使用 Table 对象建立中间表数据模型，再关联到另外两张表的字段上，代码如下：

```
# 【示例 6.4】第 6 章 第 6.1 节 code6_4.py
from sqlalchemy import create_engine
from sqlalchemy.orm import sessionmaker
from sqlalchemy.ext.declarative import declarative_base
from sqlalchemy import Column, Integer, ForeignKey, Table, String
from sqlalchemy.orm import relationship
engine = create_engine(                                  # 创建数据库连接引擎
    "sqlite:///./sql_app.db",
    connect_args={"check_same_thread": False}
)
session = sessionmaker(autocommit=False, bind=engine)    # 创建本地会话

Base = declarative_base()                                # 定义数据模型基类

user_action_rel = Table(                                 # 定义中间表
    'user_action_rel',                                   # 数据库中的表名
    Base.metadata,
    Column('user_id', Integer, ForeignKey('user.id')),   # 外键，关联到 user.id
    Column('action_id', Integer, ForeignKey('action.id')) # 外键，关联到 action.id
)

class User(Base):                                        # 定义数据模型类，用户
    __tablename__ = 'user'                               # 数据库中的表名
    id = Column(Integer, primary_key=True)               # id 列，主键
    name = Column('name', String(50))
    actions=relationship('Action',secondary=user_action_rel,backref='user')
                                                         # 增 secondary 参数

class Action(Base):                                      # 定义数据模型类，功能点
    __tablename__ = 'action'                             # 数据库中的表名
```

```
    id = Column(Integer, primary_key=True)
    name = Column('name', String(50))
    user =relationship('User', secondary=user_action_rel, backref='actions')
                                                                # 增 secondary 参数

Base.metadata.create_all(bind=engine)                           # 在数据库中创建表结构
```

以上代码中，定义了两个数据模型类：User、Action。另外，通过 SQLAlchemy 提供的 Table 类创建了实例，用来定义中间表 user_action_rel。中间表 user_action_rel 中的两个字段 user_id、action_id，分别以外键的形式关联到 User、Action 数据模型的字段上，两个数据模型中，都使用 relationship 函数的 secondary 参数指定了中间表。最终的结果是数据模型 User 和 Action 形成了多对多的关系。

6.1.4　CRUD 操作

CRUD 是关系数据库中的常用语，用来描述软件系统中对数据的基本操作，包括：增加（Create）、检索（Retrieve）、更新（Update）、删除（Delete）。基本操作代码如下：

```
# 【示例 6.5】 第 6 章 第 6.1 节 code6_5.py
from sqlalchemy import create_engine
from sqlalchemy.orm import sessionmaker
from sqlalchemy.ext.declarative import declarative_base
from sqlalchemy import Column, Integer, ForeignKey, String, DateTime
from sqlalchemy.orm import relationship
engine = create_engine(                                         # 创建数据库连接引擎
    "sqlite:///./sql_app.db",
    connect_args={"check_same_thread": False}
)
LocalSession = sessionmaker(autocommit=False, bind=engine) # 创建本地会话

Base = declarative_base()                                       # 定义数据模型基类


class User(Base):                                               # 定义数据模型，用户
    __tablename__ = 'user'                                      # 数据库中的表名
    id = Column(Integer, primary_key=True)                      # id 列，主键
    name = Column('name', String(50))  # 定义字段 name，字符串型，对应数据库中的 name 列
    phone = Column('phone', String(50)) # 定义字段 phone，字符串型，对应数据库中的 phone 列
    bookrecords = relationship('BookRecord', backref='user')  # 图书列表字段

class BookRecord(Base):                                         # 定义数据模型，图书
    __tablename__ = 'book_record'                               # 数据库中的表名
    id = Column(Integer, primary_key=True)                      # id 列，主键
    book_name = Column('book_name', String(50))                 # 书名
    borrow_time = Column('borrow_time', DateTime)               # 借书时间
    user_id = Column(Integer, ForeignKey('user.id'))            # user_id ，外键

Base.metadata.create_all(bind=engine)                           # 在数据库中创建表结构


# 数据库操作：增加
def create(session):
```

```
    user = User(name='三酷猫')
    session.add(user)                              # 增加一条数据
    session.flush()                                # 执行插入数据语句
    session.refresh(user)                          # 增加完成后刷新数据的 id 字段
    print(f'增加: id={user.id},name={user.name},phone={user.phone}')  # 打印 user 数据
    bookrecords = [BookRecord(book_name='book_'+str(i), user_id=1) for i in range(10)]
    session.bulk_save_objects(bookrecords)         # 批量插入数据
    session.commit()                               # 提交事务，将数据保存到数据库


# 数据库操作：检索
def retrieve(session):
    queryuser = session.query(User)                # 创建 query 对象
    print('获取：记录条数:',queryuser.count())      # 打印记录数量
    first = queryuser.get(1)                       # 根据主键获取第一条记录
    print('获取：第一条记录的 name 字段值:',first.name) # 打印第一条记录的 name 值
    querybook = session.query(BookRecord)          # 创建 query 对象
    all = querybook.all()                          # 获取全部记录
    print('获取：全部图书记录的 name 字段值:',[book.book_name for book in all])
books = querybook.filter(BookRecord.id > 5).all()  # 获取 id 大于 5 的图书记录
    print('获取：id 大于 5 的图书记录:', [book.book_name for book in books])

def update(session):
    query = session.query(User)
    query.filter(User.name == '三酷猫').update({User.phone:'18600000000'})
    session.commit()
    user = query.filter(User.name == '三酷猫').first()
    print(f'更新后: id={user.id},name={user.name},phone={user.phone}')
     # 打印 user 数据

def delete(session):
    query = session.query(BookRecord)              # 创建 query 对象
    query.filter(BookRecord.id > 5).delete()       # 删除图书 id 大于 5 的数据
    session.commit()                               # 提交事务
    all = query.all()                              # 获取全部记录
    print('删除后：全部图书记录的 name 字段值:', [book.book_name for book in all])
if __name__ == '__main__':
    session = LocalSession()                       # 创建会话实例
    create(session)
    retrieve(session)
    update(session)
    delete(session)
```

以上代码中，除定义数据引擎和数据模型以外，还定义了 4 个业务操作函数：create、retrieve、update、delete。分别对应了 CRUD 的基本操作。

1. 增加

增加是指在数据库的表中插入一条数据，在【示例 6.5】中定义的业务操作函数 create 中，使用会话对象 session 的 add 方法添加一个数据模型实例，或 bulk_save_objects 方法添加一组数据模型实例，从而达到在数据库表中增加数据的目的。完成以上操作后，需要调用 session.commit()方法，将数据提交到数据库中。

2. 检索

数据检索也称为数据查询，在【示例 6.5】中的业务操作函数 retrieve 中，通过 session.query(User)方法获取查询对象 queryuser，可用于查询记录数量，查询单条数据，再通过 session.query(BookRecord)方法获取查询对象 querybook，然后使用 filter 方法带条件查询数据。

更多关于 SQLAlchemy 的检索方法，请参考 SQLAlchemy 的官方文档[2]。

3. 更新

在【示例 6.5】中的业务操作函数 update 中，先通过 session.query(User)方法获取 query 对象，再使用 filter 方法检索到要修改的数据集合，然后调用该数据集合的 update()方法，在 update 方法的参数中指定要修改的字段名和值，最后调用 session.commit()方法，将修改的数据提交到数据库。

4. 删除

在【示例 6.5】中的业务操作函数 delete 中，先通过 session.query(BookRecord)方法获取 query 对象，再使用 filter 方法检索到要修改的数据集合，然后调用该数据集合的 delete()方法，最后调用 session.commit()方法，从数据库中删除符合条件的记录。

在 PyCharm 中执行【示例 6.5】的代码，可以在控制台看到 CRUD 操作的日志输出，结果如下：

```
增加：id=1,name=三酷猫,phone=None
获取：记录条数：1
获取：第一条记录的 name 字段值：三酷猫
获取：全部图书记录的 name 字段值：['book_0', 'book_1', 'book_2', 'book_3', 'book_4', 'book_5', 'book_6', 'book_7', 'book_8', 'book_9']
获取：id 大于 5 的图书记录：['book_5', 'book_6', 'book_7', 'book_8', 'book_9']
更新后：id=1,name=三酷猫,phone=18600000000
删除后：全部图书记录的 name 字段值：['book_0', 'book_1', 'book_2', 'book_3', 'book_4']
```

6.1.5 直接使用 SQL

在某些场景下，需要直接使用原生 SQL 语句，具体代码如下：

```
session = ...                                      # 建立会话
result = session.execute('SELECT * FROM user')     # 执行 SQL 语句
result.fetchall()                                  # 使用 fetchall()方法返回数据
```

如果需要在 SQL 语句中增加一些查询条件，建议使用以下的方式，可以避免 SQL 注入[3]攻击安全漏洞的隐患：

```
session = ...
result = session.execute('SELECT * FROM user WHERE name = :name', {'name': 'liuyu'})
result.fetchall()
```

---

[2] SQLAlchemy 的官方文档：https://docs.sqlalchemy.org/en/14/index.html

[3] SQL 注入百科：https://baike.baidu.com/item/sql 注入/150289

在 execute 方法的第一个参数 SQL 语句中使用冒号（:）+参数名的形式定义参数，然后在 execute 方法的第二个参数中传入参数值字典，字典的键是已经定义的参数名，字典的值是参数所需的值。当代码执行时，SQLAlchemy 会将带参数定义的 SQL 语句和参数字典组装成最终执行的 SQL 语句，从而避免了 SQL 注入攻击安全漏洞的隐患。

6.2　连接 MySQL

本节将以 MySQL 数据库为例，介绍在 FastAPI 中使用 ORM 框架 SQLAlchemy 连接关系型数据库。MySQL 是知名的开源关系型数据库，广泛应用于互联网业务领域，要实现在 FastAPI 中连接 MySQL，需经过安装 MySQL 数据库系统、安装数据库驱动、创建项目并连接 SQLAlchemy、建立 SQLAlchemy 数据库模型、建立 Pydantic 数据模型、实现数据操作、实现 FastAPI 请求函数七个步骤。

MySQL 的安装过程，本节不做展开，请读者自行准备 MySQL 数据库服务，或者参考本书附录 A 的步骤安装 MySQL。准备好 MySQL 数据库服务后，请创建一个实例名称为 cat 的数据库。

6.2.1　安装数据库驱动

在 FastAPI 中连接 MySQL 数据库，需要先安装数据库驱动，同时 ORM 框架 SQLAchemy 也依赖于数据库驱动。在 Python 3.X 中推荐使用 PyMySQL，PyMySQL 遵循 Python 数据库 API v2.0 规范，并且完全使用 Python 代码实现，安装方法为在线安装，在命令行终端中使用以下命令：

```
C:\>pip3 install pymysql
```

安装结果如图 6.4 所示。

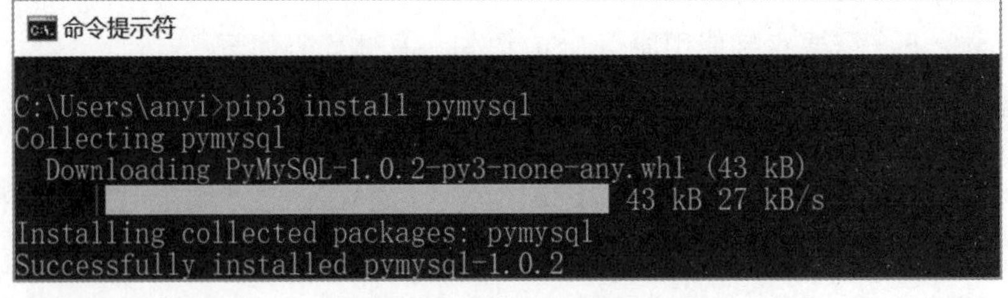

图 6.4　安装 PyMySQL

6.2.2　创建项目并连接 SQLAlchemy

在当前目录下创建示例程序目录 project，进入 project 目录，创建一个文件 main.py，再创建一个程序目录 sql_app。用 PyCharm 工具打开 project 目录，然后在 sql_app 目录下分别建立 Python 文件，如图 6.5 所示。

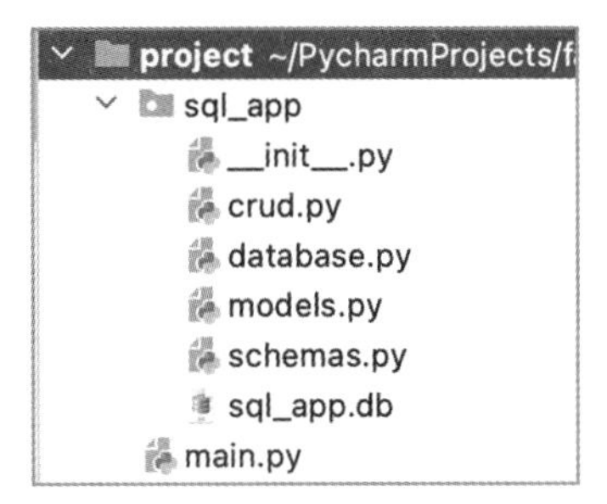

图 6.5 示例程序目录结构

其中，__init__.py 是一个空文件，它的作用是将 sql_app 目录定义为 Python 包。SQLAlchemy 在连接 MySQL 数据时，需要对数据库驱动 PyMySQL 做一些初始化工作，以保证程序正常运行，所以需要在__init__.py 中添加如下代码：

```
# 初始化代码
import pymysql                          # 导入数据库驱动
pymysql.install_as_MySQLdb()            # 将数据库驱动注册为 MySQLdb 模式
```

然后打开 database.py 文件，然后在文件中添加如下代码：

```
# 【示例 6.6】第 6 章 6.2 小节 database.py
                                        # 第一步，导入 SQLAlchemy 组件包
from sqlalchemy import create_engine
from sqlalchemy.ext.declarative import declarative_base
from sqlalchemy.orm import sessionmaker

                                        # 第二步，创建数据连接引擎
engine = create_engine("mysql://root:123456@localhost/cat")
                                        # 第三步，创建本地会话
SessionLocal = sessionmaker(autocommit=False, autoflush=False, bind=engine)
                                        # 第四步，创建数据模型基础类
Base = declarative_base()
```

在文件 database.py 中，使用数据库连接串“mysql://root:123456@localhost/cat”建立数据库连接对象 engine，数据库连接串的格式为“数据库类型://用户名:密码@主机/数据库实例名”。本例中笔者设置的数据库密码是 123456，读者可以将连接串中的 123456 替换成自己实际使用的密码。

6.2.3 创建 SQLAlchemy 数据库模型

SQLAlchemy 通过数据模型基础类的继承实现数据库模型的定义，并通过 ROM 映射把数据库表结构生成到数据库系统中。

models.py 文件用于定义 ORM 数据模型，主要用于生成数据库表。打开 models.py 文件，并在文件中添加以下代码：

```
# 【示例 6.6】第 6 章 6.2 小节 models.py
                                        # 第一步，导入 SQLAlchemy 组件包
from sqlalchemy import Boolean, Column, ForeignKey, Integer, String
from sqlalchemy.orm import relationship
                                        # 第二步，从 database 模块中导入基类 Base
```

```
from .database import Base
                                    # 定义 User 模型类，继承自 Base
class User(Base):
                                    # 指定数据库中的表名
    __tablename__ = "user"
                                    # 定义类的属性，对应表中的字段
    id = Column(Integer, primary_key=True, index=True)
    email = Column(String(50), unique=True, index=True)
    hashed_password = Column(String(50))
    is_active = Column(Boolean, default=True)
                                    # 定义一对多关系
    books = relationship("Book", back_populates="owner")

                                    # 定义 Book 模型类，继承自 Base 类
class Book(Base):
                                    # 指定数据库中对应的表名
    __tablename__ = "book"
                                    # 定义类的属性，对应表中的字段
    id = Column(Integer, primary_key=True, index=True)
    title = Column(String(50), index=True)
    description = Column(String(200), index=True)
    owner_id = Column(Integer, ForeignKey("user.id"))
                                    # 定义关联
    owner = relationship("User", back_populates="books")
```

以上代码中，导入所需的 SQLAlchemy 组件包，然后从上一节添加的文件 databases.py 中导入 Base 类，作为数据库模型的基类，最后定义两个数据库模型：User、Book。在数据模型 User 中，使用 relationship 函数定义一个多对多关系 books，该关系指向另一个数据库模型 Book。在数据库模型 Book 中也使用 relationship 函数定义一个多对一关系 owner，指向数据库模型 User。

6.2.4 创建 Pydantic 数据模型

用 Pydantic 实现的数据模型主要为了实现数据的读写操作，并提供 API 接口文档。为了避免将 Pydantic 模型与 SQLAlchemy 模型混淆，这里将 Pydantic 模型定义写在文件 schemas.py 中，打开 schemas.py，然后添加以下代码：

```
# 【示例 6.6】第 6 章 6.2 小节 schemas.py
                                # 第一步，导入相关的模块
from typing import List, Optional
from pydantic import BaseModel

                                # 第二步，定义 BookBase 模型类，从 BaseModel 继承
class BookBase(BaseModel):
                                # 第三步，定义模型的属性
    title: str
    description: Optional[str] = None

                                # 第四步，定义 BookCreate 模型类，从 BookBase 继承
class BookCreate(BookBase):
    pass
                                # 第五步，定义 Book 模型类，从 BookBase 继承
class Book(BookBase):
    id: int
```

```
    owner_id: int
                                    # 第六步，配置项中启用 ORM 模式
    class Config:
        orm_mode = True

                                    # 第七步，以同样的方式定义一组 User 开头的模型类
class UserBase(BaseModel):
    email: str

class UserCreate(UserBase):
    password: str

class User(UserBase):
    id: int
    is_active: bool
    books: List[Book] = []
                                    # 配置项中启用 ORM 模式
    class Config:
        orm_mode = True
```

在 schemas.py 中，首先导入相关的模块；然后从 BaseModel 类继承定义 BookBase 模型类，在模型中定义所需的字段：title 和 description；再从 BookBase 模型类继承，分别定义 BookCreate 和 Book 模型类，在 Book 模型类内部的 Conifg 类中增加选项：orm_mode = True。再使用上述相同的方式定义一组新模型类：UserBase、UserCreate、User。

根据以上在 models.py 中定义的数据模型，对比 schemas.py 中模型，可以发现，它们定义的字段名称都是一样的，但定义的方式有所区别，models.py 中定义字段用的是 “=”，title=Column(String)；schemas.py 中用的是 “:”，title: str。

以上创建的 Pydantic 模型，可以通过不同的数据模型读取来自 API 接口的数据。比如创建 Book 数据类之前，还不知道字段 id 的值，所以使用 BookCreate 模型类接收数据，但是从数据库中读取一个已经存在的 Book 表数据时，就可以获取到字段 id 的值，所以使用 Book 模型。

Book 模型类和 User 模型类都定义了内部 Config 类，其中的配置项 orm_mode=True，意思是开启 ORM 模式，它的作用是让 Pydantic 模型也可以从任意类型的 ORM 模型读取数据。当这个配置项默认为 False 的时候，只能从字典中读取数据，不能从 ORM 模型读取数据。

6.2.5　实现数据操作

下面用 crud.py 文件实现数据的读写操作。打开文件 crud.py，并将以下代码添加到文件中：

```
# 【示例 6.6】第 6 章 6.2 小节 crud.py
                                    # 第一步，导入会话组件
from sqlalchemy.orm import Session
                                    # 第二步，导入前两步定义的 models 和 schemas 模块
from . import models, schemas

                                    # 第三步，读取数据的函数
                                    # 读取单个用户
def get_user(db: Session, user_id: int):
    return db.query(models.User).filter(models.User.id == user_id).first()
```

```
                                    # 通过 email 读取单个用户
    def get_user_by_email(db: Session, email: str):
        return db.query(models.User).filter(models.User.email == email).first()

                                    # 读取带分页的用户列表
    def get_users(db: Session, skip: int = 0, limit: int = 100):
        return db.query(models.User).offset(skip).limit(limit).all()

                                    # 读取图书列表
    def get_books(db: Session, skip: int = 0, limit: int = 100):
        return db.query(models.Book).offset(skip).limit(limit).all()

                                    # 第四步，创建数据的函数
                                    # 创建一个用户
    def create_user(db: Session, user: schemas.UserCreate):
                                    # 模拟生成密码的过程，并没有真正生成加密值
        fake_hashed_password = user.password + "notreallyhashed"
                                    # 第一步，根据数据创建数据库模型的实例
        db_user = models.User(email=user.email,
hashed_password=fake_hashed_password)
                                    # 第二步，将实例添加到会话
        db.add(db_user)
                                    # 第三步，提交会话
        db.flush()
            db.commit()
                                    # 第四步，刷新实例，用于获取数据或者生成数据库中的 id
        db.refresh(db_user)
        return db_user

                                    # 创建与用户相关的一本图书
    def create_user_book(db: Session, book: schemas.BookCreate, user_id: int):
        db_row = models.Book(**book.dict(), owner_id=user_id)
        db.add(db_row)
        db.flush()
        db.commit()
        db.refresh(db_row)
        return db_row
                                    # 更新图书的标题
    def update_book_title(db: Session, book: schemas.Book):
        db.query(models.Book).filter(models.Book.id==book.id).update({"title":
book.title})
        db.commit()
        return 1

                                    # 删除图书
    def delete_book(db: Session, book: schemas.Book):
        res = db.query(models.Book).filter(models.Book.id==book.id).delete()
        print(res)
        db.commit()
        return 1
```

以上代码中，实现了一系列操作数据的函数。比如函数 create_user，分为以下几个步骤：

第一步，根据函数传入的数据模型 schemas.UsersCreate 的实例 user 中的数据，创建数据库模型的实例：db_user。

第二步，使用 SQLAlchemy 的增加数据方法，将数据保存到数据库中。

第三步，使用 flush()方法把数据应用到数据库，并提交事务。

第四步，使用 refresh()方法，从数据库中取回最新的数据，这一步是为了获取数据库中生成的 id 字段内容。

第五步，将保存完成的数据使用 return 关键字返回。

其他函数的功能分别为：

（1）get_user，根据 id 获取一个用户；

（2）get_user_by_email，根据邮箱获取一个用户；

（3）get_users，按分页方式获取用户列表；

（4）get_books，按分页方式获取图书列表；

（5）create_user_book，创建用户相关的一本图书；

（6）update_book_title，更新图书标题；

（7）delete_book，删除图书。

6.2.6　实现 FastAPI 请求函数

最后一步，使用 FastAPI 将以上功能整合起来，变成一个 Web 后端应用系统。代码如下：

```
# 【示例 6.6】第 6 章 6.2 小节 main.py
from typing import List
import uvicorn
from fastapi import Depends, FastAPI, HTTPException
from sqlalchemy.orm import Session
                                # 导入本程序的模块
from sql_app import crud, models, schemas
from sql_app.database import SessionLocal, engine

                                # 生成数据库中的表
models.Base.metadata.create_all(bind=engine)

app = FastAPI()

                                # 定义依赖函数
def get_db():
    db = SessionLocal()
    try:
        yield db
    finally:
        db.close()

                                # 定义路径操作函数，并注册路由路径：创建用户
@app.post("/users/", response_model=schemas.User)
def create_user(user: schemas.UserCreate, db: Session = Depends(get_db)):
    db_user = crud.get_user_by_email(db, email=user.email)
    if db_user:
        raise HTTPException(status_code=400, detail="Email already registered")
    return crud.create_user(db=db, user=user)

                                # 定义路径操作函数，并注册路由路径：获取用户列表
@app.get("/users/", response_model=List[schemas.User])
def read_users(skip: int = 0, limit: int = 100, db: Session = Depends(get_db)):
    users = crud.get_users(db, skip=skip, limit=limit)
    return users

                                # 定义路径操作函数，并注册路由路径：获取用户信息
```

```
@app.get("/users/{user_id}", response_model=schemas.User)
def read_user(user_id: int, db: Session = Depends(get_db)):
    db_user = crud.get_user(db, user_id=user_id)
    if db_user is None:
        raise HTTPException(status_code=404, detail="User not found")
    return db_user

                            # 定义路径操作函数，并注册路由路径：创建用户相关的项目
@app.post("/users/{user_id}/books/", response_model=schemas.Book)
def create_book_for_user(
    user_id: int, book: schemas.BookCreate, db: Session = Depends(get_db)
):
    return crud.create_user_book(db=db, book=book, user_id=user_id)

                            # 定义路径操作函数，并注册路由路径：获取项目列表
@app.get("/books/", response_model=List[schemas.Book])
def read_books(skip: int = 0, limit: int = 100, db: Session = Depends(get_db)):
    books = crud.get_books(db, skip=skip, limit=limit)
    return books
                            # 定义路径操作函数，并注册路由路径：修改图书标题
@app.put("/books/")
def update_book_title(book: schemas.Book, db: Session = Depends(get_db)):
    return crud.update_book_title(db, book)

                            # 定义路径操作函数，并注册路由路径：删除图书
@app.delete("/books/")
def delete_book(book: schemas.Book, db: Session = Depends(get_db)):
    return crud.delete_book(db, book)
if __name__ == '__main__':
    uvicorn.run(app=app)
```

以上代码的实现步骤：

第一步，导入所需的模块以及本程序中的其他模块，准备整合代码。

第二步，使用 models.Base.metadata.create_all(bind=engine)方法，生成数据库表，这是一个 SQLAlchemy 提供的最简洁的创建数据库表的方式。

第三步，使用依赖注入的方式将 SessionLocal 管理起来，方便路径操作函数调用。在依赖函数中使用了 yield 关键字，其作用是收到请求时创建数据库会话对象，请求完成时再关闭数据库会话对象，这样可以保证在程序执行期间，一直可以使用数据库会话。

第四步，根据业务需求分别定义路径操作函数：创建用户、获取用户列表、获取用户信息、创建项目、获取项目列表。每个路径操作函数都定义了一个依赖项，类型是 Session，依赖项是刚才创建的依赖函数。指定依赖项类型的作用是可以在开发工具中显示代码完成功能。而依赖项是由 databases.py 中 sessionmaker 生成的 session 对象，提供了对数据库操作的方法。

细心的读者可能已经发现以上的代码与之前的示例有所不同，本段代码定义路径操作函数时使用了 def，没有使用 async def。这是因为 async def 是定义异步函数的语法，但是截至本书完成时，SQLAlchemy 框架的稳定版尚未支持异步数据模型，所以不能以异步的方式调用，只能用 def 的方式定义路径操作函数。

代码的部分准备完成后，在 PyCharm 中执行 main.py 文件，在浏览器地址栏中输入：http://127.0.0.1:8000/docs，回车。打开 API 文档界面，如图 6.6 所示。

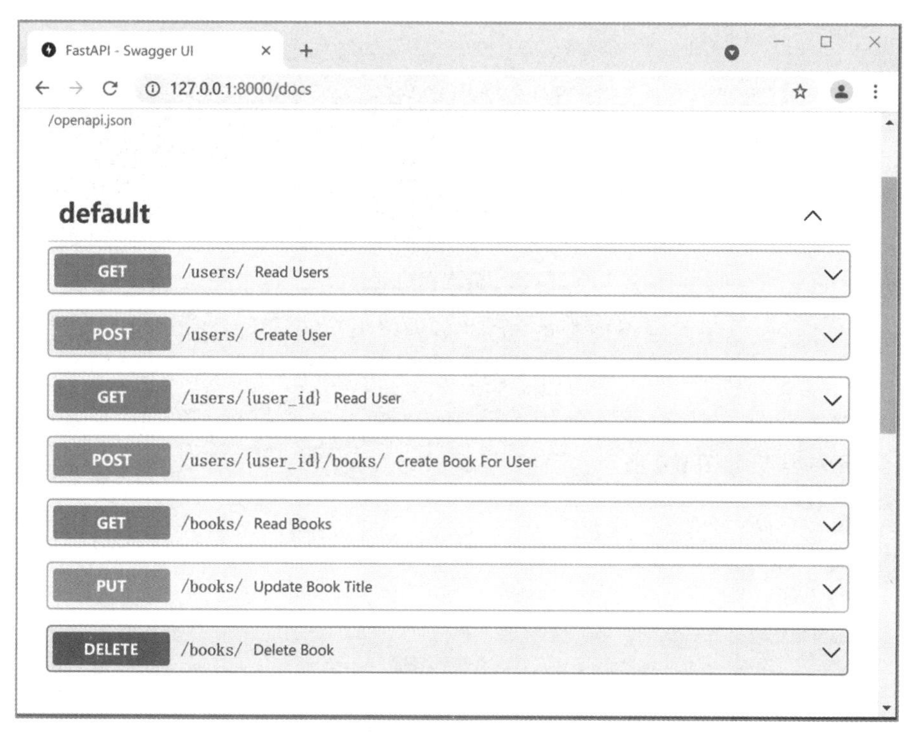

图 6.6　API 文档

程序启动后，可以在 API 文档中显示 API 接口，这些 API 接口对应的路径操作函数会与后台数据库进行交互，比如创建数据会保存到数据库中，从数据库读取数据。

首先测试一下创建用户的接口，在 API 文档中点击第二个 API 接口“/users/ Create User”，展开接口详情后，再点击右侧的按钮“Try it out”，打开接口测试页面。然后在“Request body”下方的文本框中输入请求数据：

```
{
  "email": "three@cool.cat",
  "password": "123456"
}
```

点击文件框下方的按钮“Execute”，将页面滚动到响应部分，结果如图 6.7 所示。

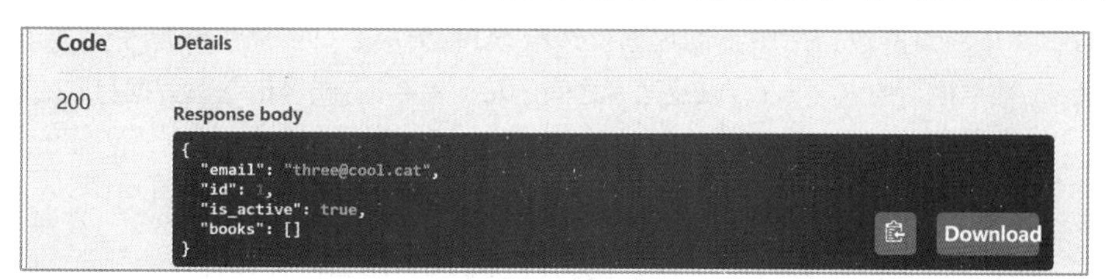

图 6.7　创建用户

页面中的响应数据里显示的 email 以外的内容，是根据 email 创建用户以后，从数据库中获取的数据字段内容：id、is_active、items，然后测试数据查询接口，检查一下数据是否保存，在 API 文档中点击第一个接口“/users/　Read Users”，展开接口详情后，再点击右侧按钮“Try it out”，然后点击按钮“Execute”，结果如图 6.8 所示。

Code　Details

200

Response body

```
[
  {
    "email": "three@cool.cat",
    "id": 1,
    "is_active": true,
    "books": []
  }
]
```

Download

图 6.8　查询用户列表

上图中本次测试结果是一个列表（JSON 最外层为“[　]”），这说明数据已经存到数据库中了。

除了用接口查询以外，还可以使用 MySQL Workbench 直接打开数据库，查询数据库中的内容，显示的结果如图 6.9 所示。

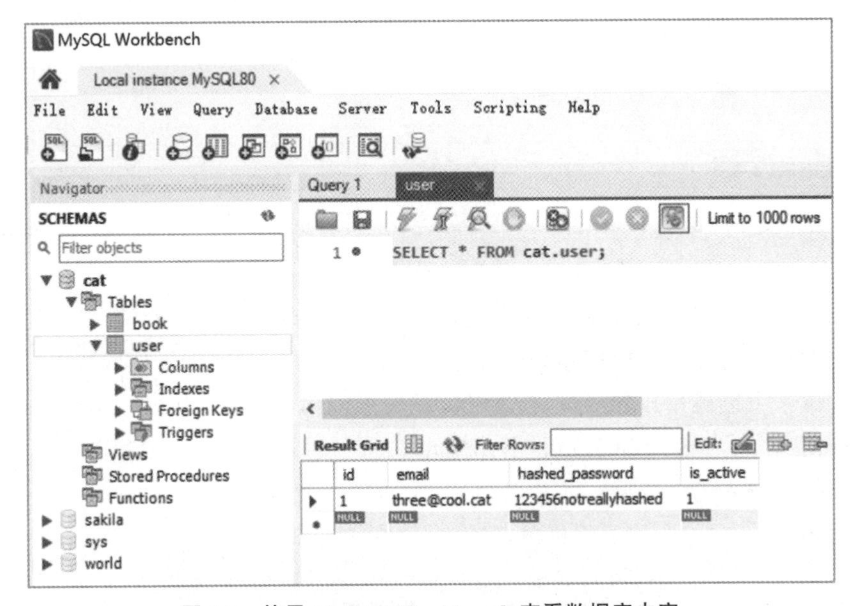

图 6.9　使用 MySQL Workbench 查看数据库内容

以上使用 FastAPI 和 SQLAlchemy 实现了一个简单的数据操作流程，通过 API 接口创建对象存到数据库中，再从数据库中查询数据反馈给 API 接口。只要理解清楚 Pydantic 模型与 SQLAlchemy 数据模型的定义方式，以及两者之间的转换关系，就能轻松掌握数据存取的逻辑了。

6.3　连接 MongoDB

随着数据规模的扩展，传统的关系型数据库已无法满足大规模数据读写的需求，由此产生了 NoSQL 数据库以解决上述问题。MongoDB 是一个基于分布式文件存储的 NoSQL 数据库产品，在国内外大数据市场被广泛使用。FastAPI 框架也支持对 MongoDB 的数据操作。

6.3.1 安装 MongoDB

使用 MongoDB 数据库系统之前，必须先安装，其安装过程如下。

1. 下载 MongoDB 安装包

MongoDB 提供了多种操作系统的预编译二进制包，可以从 MongoDB 官网下载安装，下载地址为：https://www.mongodb.com/download-center/community，如图 6.10 所示。

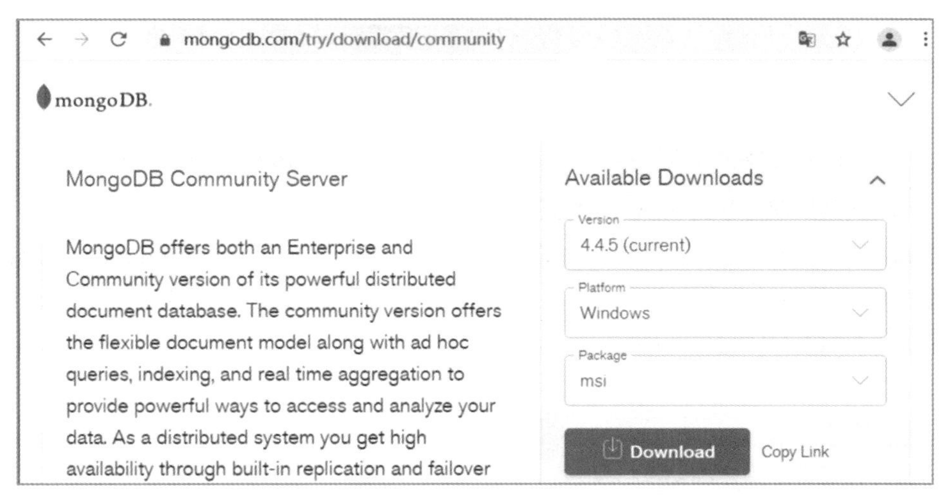

图 6.10 MongDB 下载页面

在页面上选择自己需要的版本、平台、安装包类型，比如 Windows 平台，然后点击“Download”按钮。

2. 安装 MongoDB

MongoDB 安装包下载完成后，双击已下载的文件，跳出如图 6.11 所示的安装 MongoDB 协议界面。

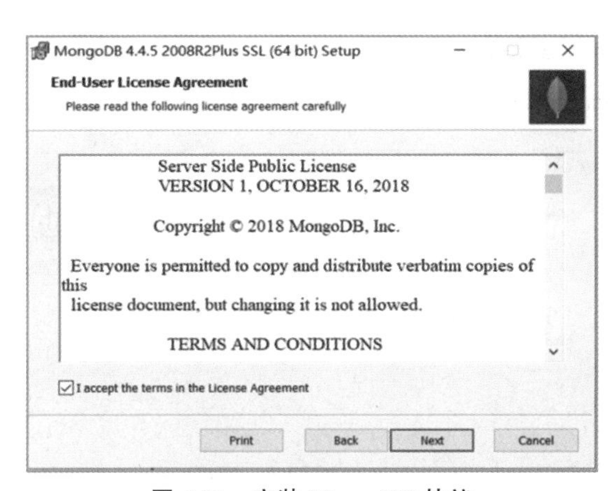

图 6.11 安装 MongoDB 协议

勾选“I accept the terms in the License Agreement”，点击“Next”按钮，进入安装方式确认界面，如图 6.12 所示。在安装方式确认界面点击“Complete”（完整安装）按钮，然后点击“Next”按钮，进入服务配置界面，如图 6.13 所示。

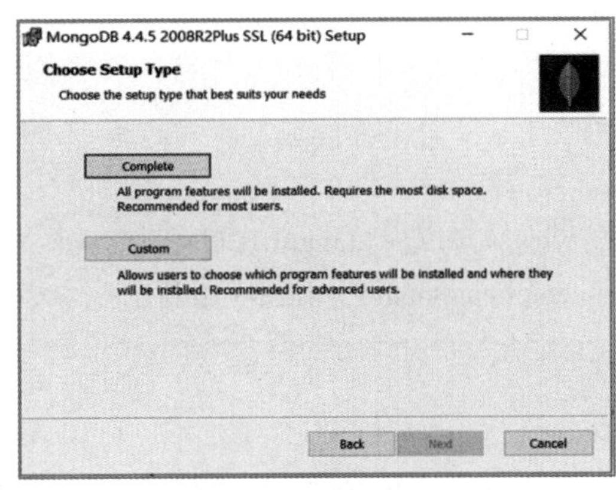

图 6.12　安装方式确认

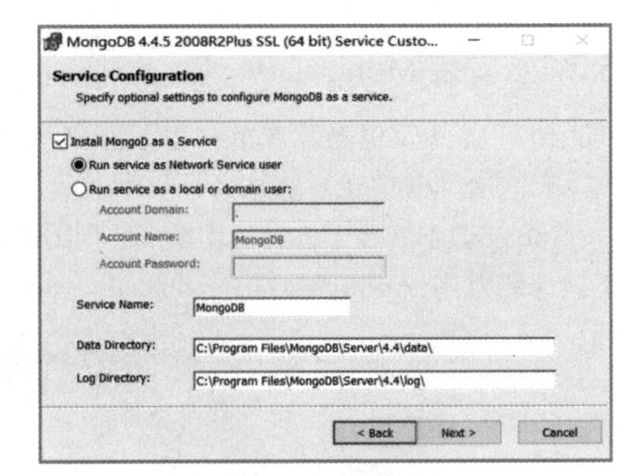

图 6.13　服务配置

选择默认网络服务运行方式为“Run service as Network Servce user”，点击“Next”按钮，进入 Compass 安装确认界面，如图 6.14 所示。取消左下角的“Install MongoDB Compass”的勾选，因为安装这个组件特别慢，需要时可以单独安装。单击“Next”按钮，进入 MongoDB 安装界面，如图 6.15 所示。

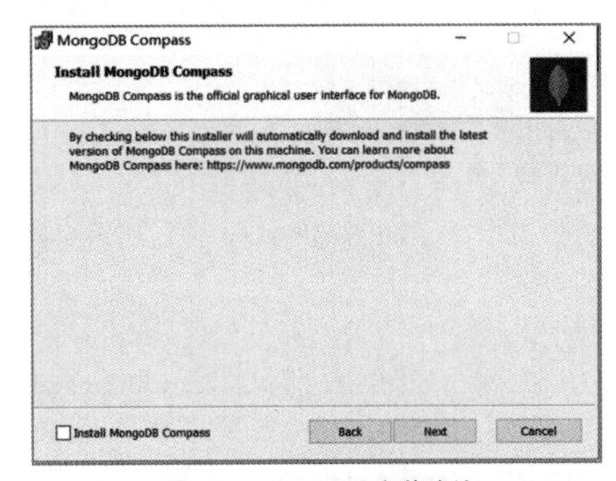

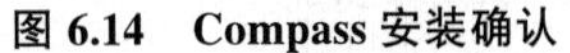

图 6.14　Compass 安装确认

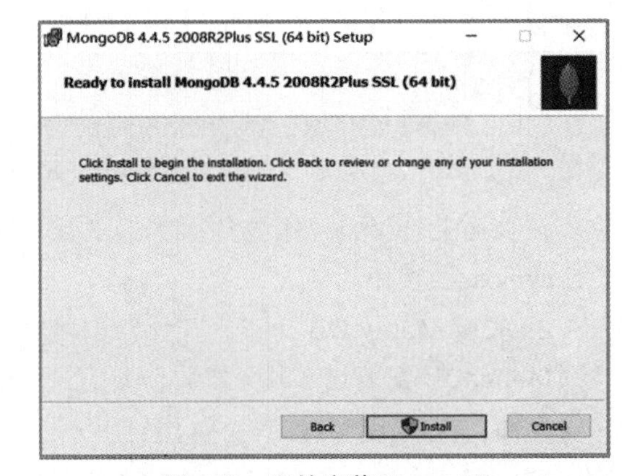

图 6.15　开始安装 MongoDB

点击“Install”按钮，弹出安装进度提示框，开始安装 MongoDB，如图 6.16 所示。

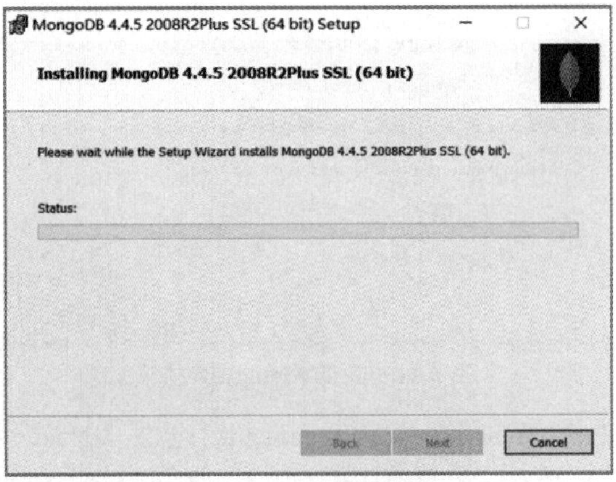

图 6.16　安装进度提示

安装过程如果弹出图 6.17 左边的用户账户控制提示，则选择“是”。继续进入安装进度状态界面，等待安装完成，如图 6.18 所示。

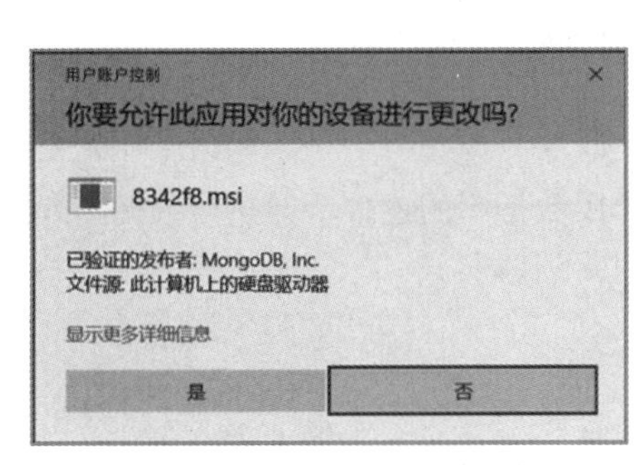

图 6.17　用户账户控制提示

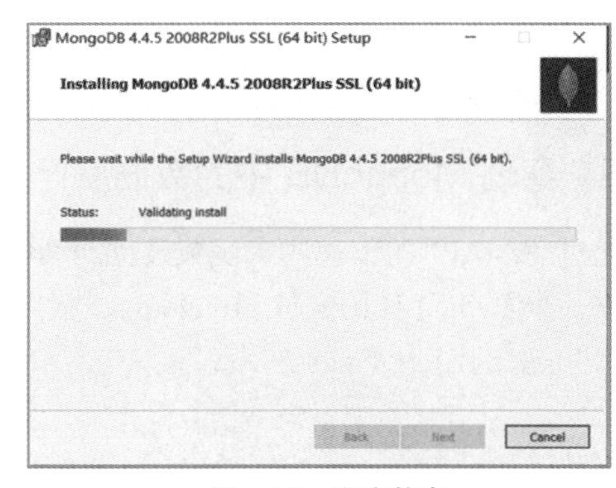

图 6.18　进度状态

安装完成后，点击图 6.19 界面的“Finish”按钮，自动启动 MongoDB 数据库进程，此时已具备了初步使用 MongoDB 的条件。

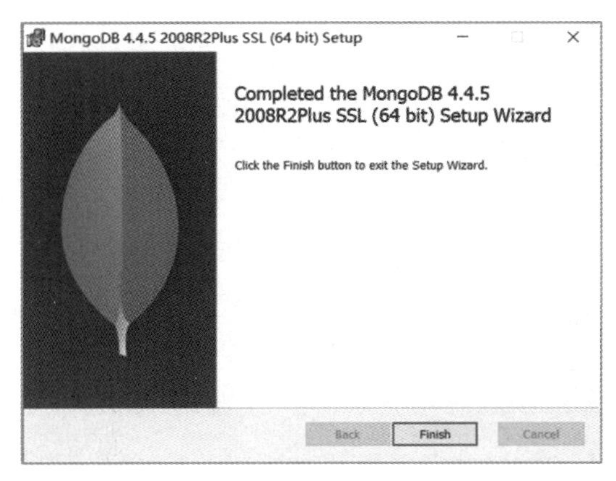

图 6.19　安装 MongoDB 完成

MongoDB 的详细用法，不在本书的讨论范围，相关知识请自行学习。本节仅以 MongoDB 为例，讲解在 FastAPI 中使用 NoSQL 数据库。

6.3.2　安装数据库驱动

安装 MongoDB 数据库驱动的方式是使用 pip3 命令，在命令行终端输入以下命令：

```
C:\>pip3 install pymongo
```

安装结果如图 6.20 所示。

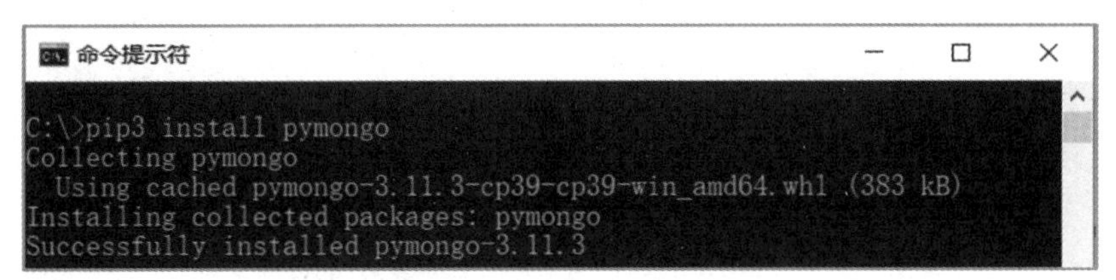

图 6.20　安装 pymongo 驱动

安装完成后，可以通过 IDLE、PyCharm 等工具验证 pymongo 驱动是否安装成功，命令如下：

```
>>> import pymongo
```

在 IDLE 交互界面导入 pymongo，回车，若没有报错，则安装成功。

6.3.3 实现 MongoDB 中的数据操作

通过 FastAPI 的依赖注入函数建立与 MongoDB 数据库的连接，并执行数据插入操作。新建立一个 Python 代码文件 mongo.py，然后输入以下代码：

```
# 【示例 6.7】第 6 章 6.3 小节 mongo.py
from typing import Optional, List
from pydantic import BaseModel
import uvicorn
from fastapi import Depends, FastAPI
from pymongo import MongoClient
from bson.json_util import dumps
import json
app = FastAPI()

MONGO_DATABASE_URL = 'mongodb://localhost:27017/' # mongodb 连接字符串


def get_db():                                    # 定义依赖注入函数，用于连接 MongoDB
    client = MongoClient(MONGO_DATABASE_URL)
    db = client['test']
    try:
        yield db
    finally:
        client.close()


class Item(BaseModel):                                 # 定义数据模型类
    title: str
    description: Optional[str] = None

@app.post('/item/', response_model=Item)               # 注册路由路径
async def create_item(item: Item,                      # 定义路径操作函数,定义参数 item
                db: MongoClient = Depends(get_db)      # 依赖数据库
                    ):
    mycol = db['items']                                # 获取集合
    obj = mycol.insert_one(item.dict())                # 保存一条数据
    return item

@app.get('/item/', response_model=List[Item])          # 注册路由路径
async def get_item(db: MongoClient = Depends(get_db)): # 定义路径操作函数，依赖数据库
    mycol = db['items']                                # 获取集合
    return json.loads(dumps(mycol.find()))   # 将数据库中的对象转换为 dict 并返回

if __name__ == '__main__':
    uvicorn.run(app=app)
```

以上代码中：

第一步，导入组件 MongoClient 和 dumps；

第二步，定义数据库连接串，连接本机的 MongoDB 实例；

第三步，定义依赖注入函数 get_db，在依赖函数中创建数据库会话；

第四步，定义数据模型 Item，该数据模型有两个字段 title、desc；

第五步，定义路径操作函数 create_item，用于新建数据，该函数的参数是请求体 item 和依赖项 db，函数的代码中，先获取了集合对象，再将请求体的数据保存到数据库中；

第六步，定义路径操作函数 get_item，用于查询数据，函数的参数是依赖项 db，函数的代码中，先获取了集合对象，再使用 dumps(mycol.find())，将查询结果转换成 json 字符串，再使用 json.loads 方法转换成字典，并返回。

在 PyCharm 中执行以上代码，然后在浏览器地址栏中输入：http://127.0.0.1:8000/docs，回车。打开 API 文档页面，如图 6.21 所示。

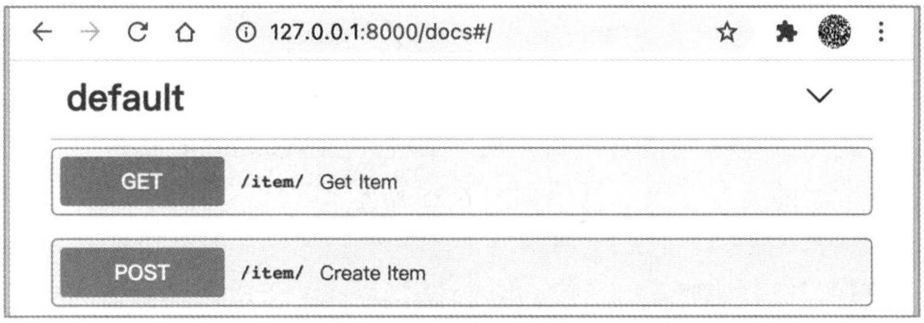

图 6.21　使用 MongoDB 示例代码的 API 文档

首先测试请求接口 Create Item，点击页面上的“Create Item”，展开请求接口详情，如图 6.22 所示，再点击页面上的“Try it out”按钮。

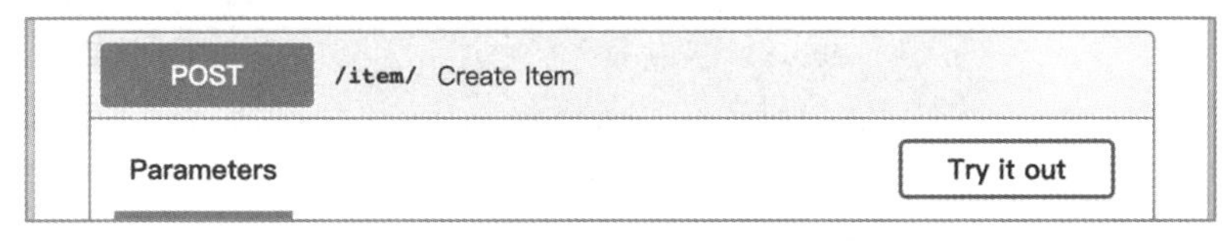

图 6.22　接口详情

在“Request body”下方的文本框中录入：

```
{
  "title": "hello",
  "description": "three cool cat"
}
```

再点击下方的“Execute”按钮，如图 6.23 所示。

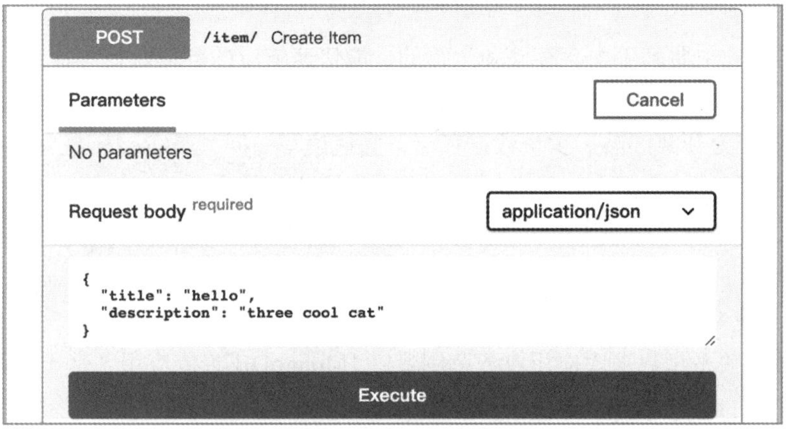

图 6.23　测试 API 接口

最后点击下方的“Execute”按钮，结果如图 6.24 所示。

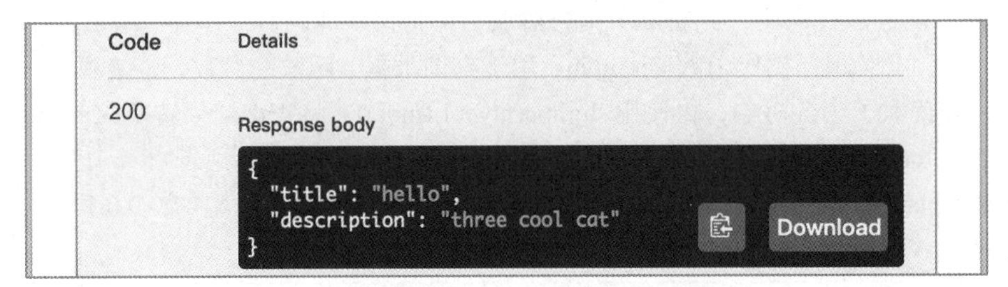

图 6.24　API 接口执行结果

测试结果返回的响应状态是 200，内容是上一步创建的数据。

用同样的方式测试 API 接口 Get Item。在页面上展开“Get Item”接口，并点击“Execute”按钮，测试查询数据的 API 接口，结果如图 6.25 所示。

Code　Details

200　Response body

```
[
  {
    "title": "hello",
    "description": "three cool cat"
  }
]
```

Download

图 6.25　查询数据的 API 接口

查询数据的请求接口返回了一个数据列表，数据列表的内容来源于 MongoDB 数据库。本例中没有讲到删除数据和修改数据，但也可以使用本例中类似的方式完成操作。

6.4　连接 Redis

Redis 是一种主要基于内存存储和运行的、能快速响应的键值数据库产品。它的英文全称是 Remote Dictionary Server（远程字典服务器，简称 Redis）。Redis 数据库产品用 ANSI C 语言编写而成，为开源产品。少量数据存储，高速读写访问，是 Redis 最主要的应用场景。

Redis 在数据库排行网上，长期居于内存数据库排行第一的位置。毋庸置疑，它很受程序员的喜欢，也说明了它在市场上很成功。

在读写响应性能上，传统关系型数据库一般，MongoDB 之类的基于磁盘读写的 NoSQL 数据库较好，基于内存存储的 Redis 数据库最好。

但是，传统关系型数据库应用业务范围最广，MongoDB 主要应用于基于 Internet 的 Web 业务，Redis 只能解决 Internet 应用环境下的特定应用业务。表 6.6 对传统关系型数据库（Traditional Relational Database，TRDB）、MongoDB、Redis 三者之间的主要特点进行了比较。

单服务器每秒插入处理速度可以超过 8 万条，这在高并发处理方面非常具有诱惑力

表 6.6　TRDB、MongoDB、Redis 比较

比较项	TRDB	MongoDB	Redis
读写速度	一般	较快	最快
	基于硬盘读写，强约束	基于硬盘读写，约束很弱	主要基于内存读写
应用范围	最广	互联网应用为主	互联网特定应用为主
	无法很好处理大数据存储和高并发访问	能很好处理大数据存储和高并发访问	最善于处理高并发、高响应的内存数据应用

FastAPI 框架支持 Redis 数据库的使用。

6.4.1　安装 Redis

用 FastAPI 框架调用 Redis 数据库之前，必须先安装 Redis。

1. 下载 Redis 安装包

在 Redis 官网上下载最新版本的 Redis，下载地址为：https://redis.io/download。

如图 6.26 所示，点击“Download”下载最新稳定版本的 Redis 安装包。

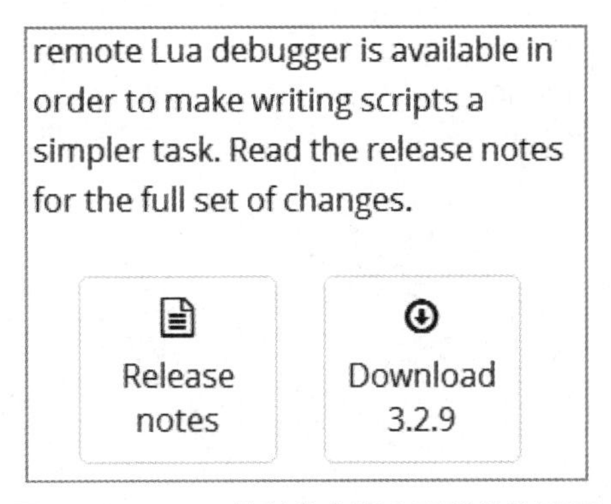

图 6.26　Redis 最新发布版本下载地址界面

2. 安装 Redis

由于在商业环境下 Redis 的主流运行环境为 Linux 操作系统，这里以 Linux 环境为例介绍 Redis 安装过程。在 Linux 环境中解压缩 Redis 安装包，然后执行 make 命令，对 Redis 解压后文件进行编译。

```
$ cd /root/lamp                      # 把 redis-3.2.9.tar.gz 放到该路径下
$tar -zxvf redis-3.2.9.tar.gz        # 解压 redis-3.2.9.tar.gz 文件
$cd redis-3.2.9
$make                                # 编译 Redis 源代码文件为可执行文件
$cd src
$make install                        # 安装该 Redis 文件
```

编译完成之后，可以看到解压文件 redis-3.2.9 中会有对应的 src、conf 等文件夹，这和 Windows 下安装解压的文件一样，大部分安装包都会有对应的类文件、配置文件和一些命令文件。

编译成功后，进入 src 文件夹，执行 make install 进行 Redis 安装。

Redis 安装完成后，需要进一步对相关内容进行部署配置，方便数据库的使用。

先需要将配置文件和常用命令文件放置到新的指定的文件夹下，在 Linux 环境下执行如下命令：

```
$mkdir -p/usr/local/redis/bin
$mkdir -p/usr/local/redis/etc
$mv /lamp/redis-3.2.8/redis.conf /usr/local/redis/etc
$cd /lamp/redis-3.2.8/src
$mv mkreleasdhdr.sh redis-benchmark redis-check-aof redis-check- dump redis-
cli redis-server /usr/local/redis/bin
$cd etc/
$Vi redis.conf                    # 打开配置文件
```

在 conf 文件里将 daemonize 属性改为 yes（意味着启动 Linux 时自动启动 Redis）。

```
$redis-server /usr/local/redis/etc/redis.conf
```

Redis 服务器端启动界面如图 6.27 所示。

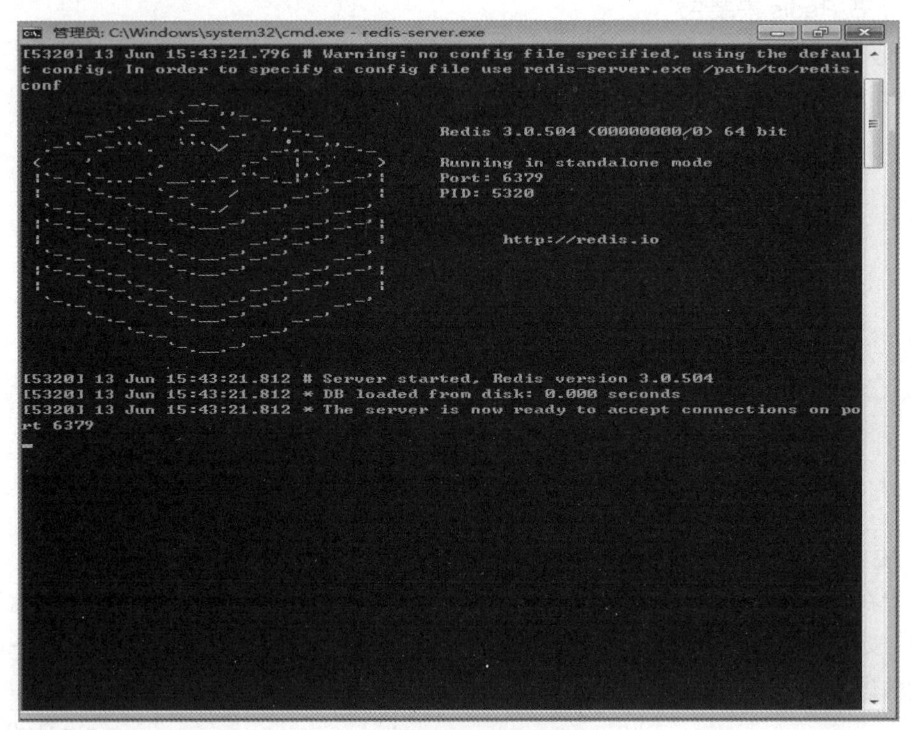

图 6.27　Redis 启动界面

6.4.2　安装数据库驱动

安装 Redis 数据库驱动的方式是使用 pip 命令进行在线安装，打开命令行终端，然后输入以下命令：

```
C:\>pip3 install redis
```

安装结果如图 6.28 所示。

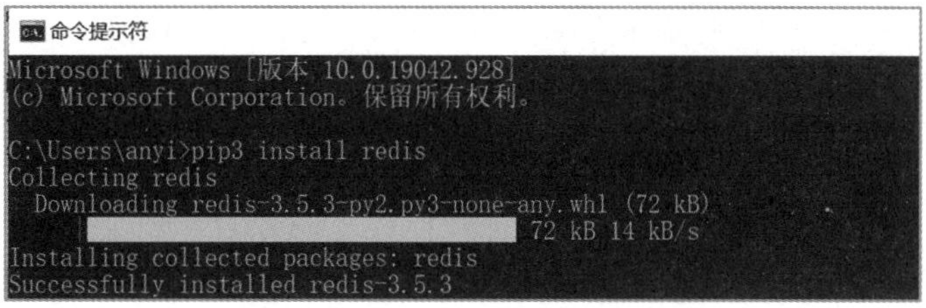

```
命令提示符
Microsoft Windows [版本 10.0.19042.928]
(c) Microsoft Corporation。保留所有权利。

C:\Users\anyi>pip3 install redis
Collecting redis
  Downloading redis-3.5.3-py2.py3-none-any.whl (72 kB)
                                    72 kB 14 kB/s
Installing collected packages: redis
Successfully installed redis-3.5.3
```

图 6.28　安装 Redis 数据库驱动界面

6.4.3　实现 Redis 中的数据操作

安装完成 Redis 数据库、Redis 数据库驱动后，就可以使用 FastAPI 框架了。

建立一个 Python 文件 myredis.py，然后在文件中写入以下代码：

```
# 【示例 6.8】第 6 章 6.4 小节 myredis.py
from typing import Optional
from pydantic import BaseModel
import uvicorn
from fastapi import Depends, FastAPI
from redis import Redis, ConnectionPool
import json
app = FastAPI()

def get_rdb():                                      # 定义依赖注入函数，用于连接 Redis
    pool = ConnectionPool(host='127.0.0.1', port=6379,)
    rdb = Redis(connection_pool=pool)
    try:
        yield rdb
    finally:
        rdb.close()

class Item(BaseModel):                              # 定义数据模型类
    title: str
    description: Optional[str] = None

@app.post('/item/', response_model=Item)            # 注册路由路径
async def create_item(item: Item,                   # 定义路径操作函数，定义参数
                      rdb: Redis = Depends(get_rdb)):# 指定依赖项数据库
    obj = rdb.set('item_name', json.dumps(item.dict()))
                                                    # 将对象转换成 JSON 字符串并获取集合
    return item

@app.get('/item/', response_model=Item              # 注册路由路径
async def get_item(rdb: Redis = Depends(get_rdb)):  # 定义路径操作函数，指定依赖项
    obj = rdb.get('item_name')                      # 获取集合（含数据）
    return json.loads(obj)                          # 将数据库中的对象转换为 dict 并返回

if __name__ == '__main__':
    uvicorn.run(app=app)
```

以上代码中，连接 Redis 使用的方式与连接 MongoDB 类似，也是分步骤操作的：

第一步，引入 Redis 数据库驱动；

第二步，定义依赖注入函数，用于建立数据库连接；

第三步，定义需要操作的数据模型类；

第四步，在实现代码中，将请求数据转换为 Redis 可保存的数据，本例中，在保存 Redis 数据时，所需的键是字符串类型， 值也是字符串类型，所以，需要先把数据模型转换成字典类型的数据，再把字典类型的数据通过 json.dumps 方法转换成 JSON 格式的字符串，再执行保存操作。

从 Redis 中获取数据时，获取到的数据是字节流类型的（以 b"开头的字符串为字节流类型），需要通过 json.loads 方法转换为字典类型。

在 PyCharm 中执行以上代码，然后在浏览器地址栏中输入：http://127.0.0.1:8000/docs，回车。打开 API 文档页面，如图 6.29 所示。

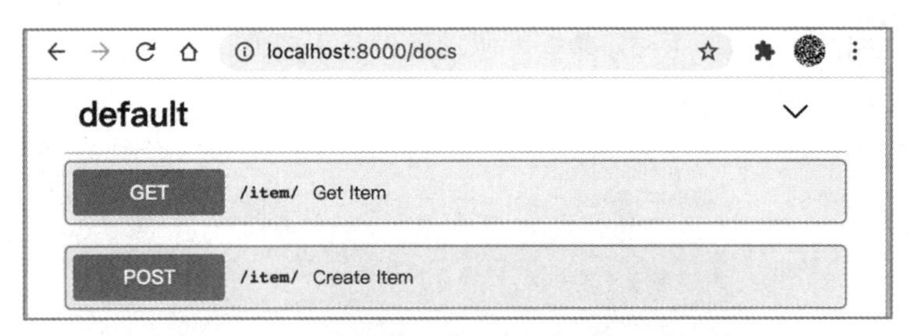

图 6.29　使用 Redis 示例代码的 API 文档页面

测试请求接口 Create Item，点击页面上的“Create Item”，展开请求接口详情，如图 6.30 所示，点击页面上的“Try it out”按钮。

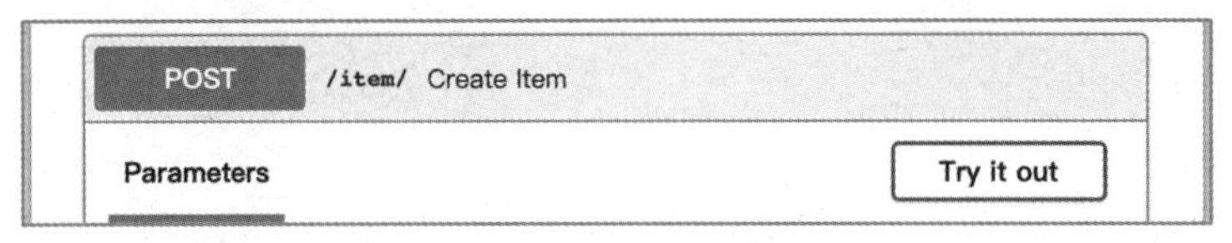

图 6.30　接口详情

在如图 6.31 所示界面的“Request body”下方的文本框中录入：

```
{
  "title": "hello",
  "description": "three cool cat"
}
```

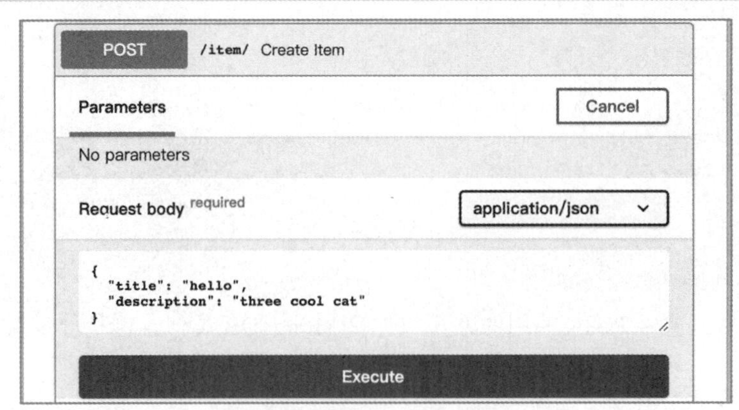

图 6.31　测试 API 接口

点击“Execute”按钮，测试结果如图 6.32 所示。

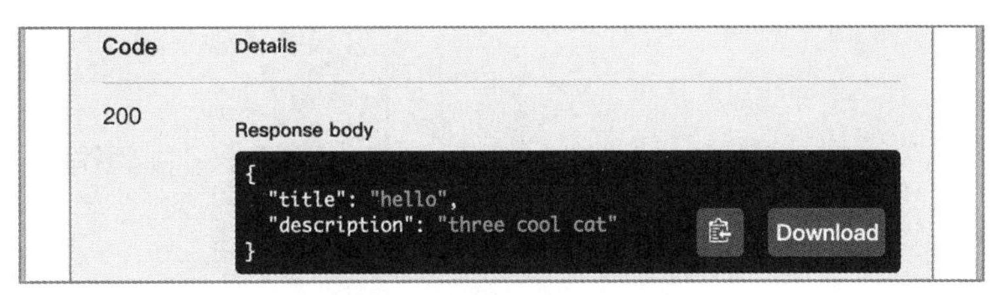

图 6.32　API 接口执行结果

测试结果返回的响应状态是 200，内容是刚创建的数据。

然后再用同样的方式测试接口函数 Get Item。在页面上展开“Get Item”接口，并点击“Execute”按钮，测试查询数据的 API 接口，结果如图 6.33 所示。

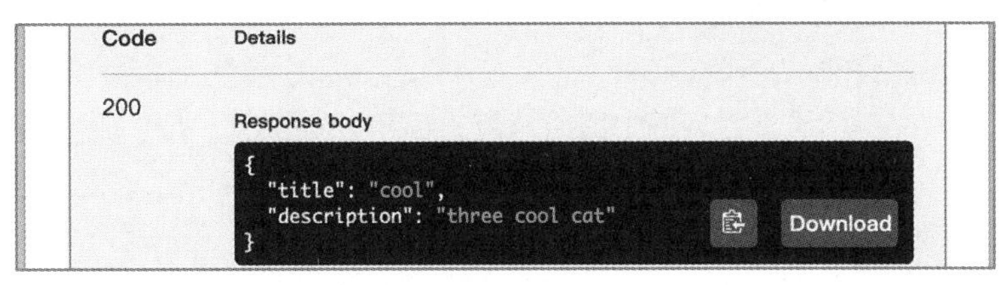

图 6.33　查询数据的 API 接口

该图查询数据的请求接口返回了一个数据对象，数据的内容来源于 Redis 数据库。

6.5　案例：三酷猫卖海鲜（六）

2.6 节案例实现了客户端海鲜订单提交到服务器端的模拟。但是，提交的订单需要交库房查看，确认是否有货，有货还得根据订单进行派送，而且三酷猫每天还得核算客户下了多少订单。由此，需要把客户端提交的订单记录保存到数据库中，供相关方持续查询使用。

在 2.6 节的基础上，本节实现数据保存到数据库里的代码改造。

这里决定利用 MySQL 数据库系统存储数据，先在 MySQL 数据库系统里创建一个 cat 数据库实例。然后，相关代码实现如下：

```
#SeaGoodsIntoDB.py
from fastapi import FastAPI
# 连接 SQLAlchemy
import pymysql
pymysql.install_as_MySQLdb()
from sqlalchemy import create_engine
from sqlalchemy.ext.declarative import declarative_base
from sqlalchemy import Boolean, Column, ForeignKey, Integer, String,Float
from sqlalchemy.orm import sessionmaker, Session
from pydantic import BaseModel             # 导入基础模型类
from fastapi import Depends,HTTPException
import uvicorn

app = FastAPI()
```

```
class Goods(BaseModel):                          # 定义数据模型类，继承自 BaseModel 类

    name: str                                    # 定义字段 name，类型为 str
    num:float                                    # 定义字段 num，类型为 float
    unit:str                                     # 定义字段 unit，类型为 str
    price: float                                 # 定义字段 price，类型为 float


engine = create_engine("mysql://root:cats123.@127.0.0.1:3306/cat?charset=utf8")
session = sessionmaker(autocommit=False, bind=engine)      # 创建本地会话
def get_db():
    db = session()
    try:
        yield db
    finally:
        db.close()

Base = declarative_base()                        # 创建数据模型基础类


class Order(Base):                               # 数据库表模型
                                                 # 指定数据库中的表名
    __tablename__ = "t_order"
                                                 # 定义类的属性，对应表中的字段
    id = Column(Integer, primary_key=True, index=True)
    name=Column(String(20))
    num=Column(Float)
    unit=Column(String(4))
    price=Column(Float)
Base.metadata.create_all(bind=engine)

class OrderCreate(BaseModel):                    # ORM 模式读写字段
                                                 # 配置项中启用 ORM 模式
    id:int=0
    name: str                                    # 定义字段 name，类型为 str
    num:float                                    # 定义字段 num，类型为 float
    unit:str                                     # 定义字段 unit，类型为 str
    price: float                                 # 定义字段 price，类型为 float
    class Config:
        orm_mode = True


def create_NewRecord(db: session, good:Goods):      # 写入数据库表中

    db_order=Order(name=good.name,num=good.num,unit=good.unit,price=good.price)
                                                 # 将数据模型实例添加到会话
    db.add(db_order)
                                                 # 提交会话
    # db.flush()
    db.commit()
                             # 刷新实例，用于获取数据或者生成数据库中的 ID
    db.refresh(db_order)

    return db_order
```

```
@app.post("/goods/",response_model=OrderCreate)          # 注册路由路径
async def findGoods(good:Goods,                           # 定义路径操作函数
     db: session = Depends(get_db)):

     return create_NewRecord(db=db,good=good)

if __name__ == '__main__':
    uvicorn.run(app=app)
```

执行上述代码，在浏览器地址栏里输入 http://127.0.0.1:8000/docs，回车，在显示的 API 文件界面上，测试提交订单数据，结果如图 6.34 所示。可以同步在 MySQL 数据库里验证一条记录已经插入 t_order 表中。

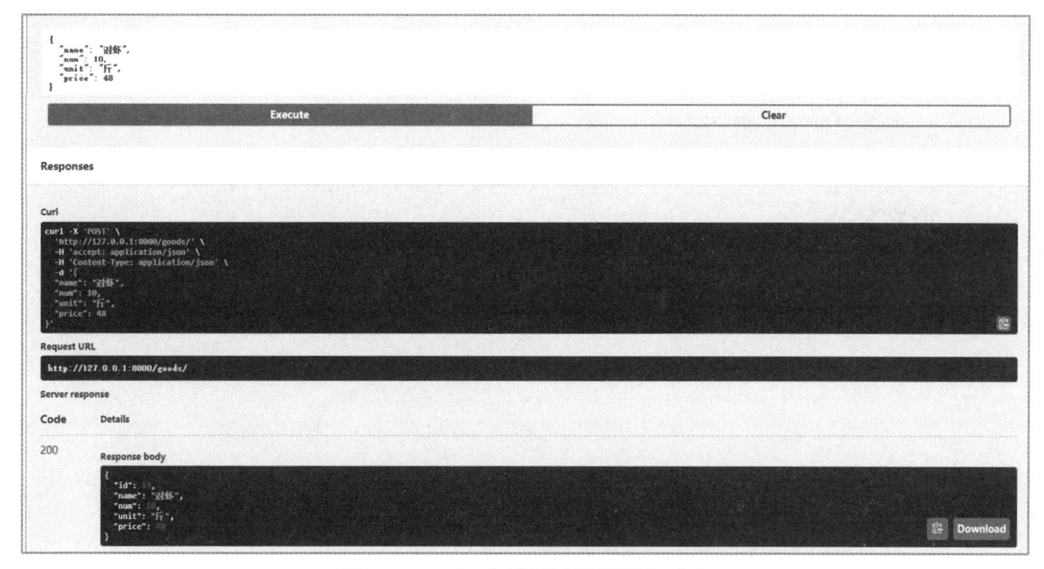

图 6.34　API 文档测试数据插入成功

6.6　习题及实验

1. 填空题

（1）SQLAlchemy 是 Python 下著名的（　　）工具集，用于数据库访问。

（2）在 SQLAlchemy 中定义数据模型时，先要使用（　　　　　　）类创建数据模型的基类。

（3）在数据模型类中，使用（　　　　　）属性定义数据库中的表名，用（　　　　）类定义的属性对应于数据库表中的字段。

（4）CRUD 指对数据库表进行（　　）、检索、更新、（　　）记录操作。

（5）在数据库模型里使用（　　　　　）函数定义多表之间的记录关系。

2. 判断题

（1）在用 SQLAlchemy 定义数据库模型前先需要安装数据库系统，创建数据库实例。（ ）

（2）SQLAlchemy 提供数据库模型定义，并可以自动在对应数据库系统里生成数据库表。（ ）

（3）用 Pydantic 实现的数据模型主要为了实现数据的读写操作功能，并提供 API 接口文档。（ ）

（4）SQLAlchemy 不支持直接使用 SQL 语句的执行。（ ）

（5）FastAPI 框架支持关系型数据库、非关系型数据库的操作。（ ）

3. 实验

实现把数据存储到 MongoDB 里。

（1）实现要求同 6.5 案例；

（2）截取 API 文档测试结果；

（3）形成实验报告。

第 7 章　安全机制

绝大多数的 Web 业务系统，需要通过用户身份验证才能登录使用，这样做主要是保证系统使用安全，避免无关人员使用。

用户访问信息安全是软件系统安全运行的一项重要设置内容。在很多传统框架中，涉及信息安全和身份认证的工作都比较复杂，需要花费大量的时间和精力，而 FastAPI 框架提供了身份验证信息安全模块功能。

本章内容主要包括：

（1）安全机制基本功能；

（2）添加基于 OAuth 2 的安全机制；

（3）实现基于 OAuth 2 的安全机制。

7.1　安全机制基本功能

软件系统的安全是一个很广泛的话题，这里主要介绍 OAuth 2 令牌授权安全机制、OpenID Connect、OpenAPI 的功能。

1. OAuth 2 令牌授权安全机制

OAuth 2 是一个关于令牌授权的开放网络规范，具有非常广泛的应用。它的主要特点是在资源使用者与资源提供者之间，建立一个认证服务器。资源使用者不能直接访问资源服务器，而是登录到认证服务器，认证服务器发放“令牌”；然后资源使用者携带“令牌”访问资源服务器，服务器根据“令牌”的权限范围和有效期，向资源使用者开放资源。其主要运行流程如图 7.1 所示。

OAuth 2 的运行流程：

（1）资源使用者向资源提供者发起认证请求；

（2）资源提供者同意给予资源使用者授权；

（3）资源使用者使用上一步获得的授权，向认证服务器申请令牌；

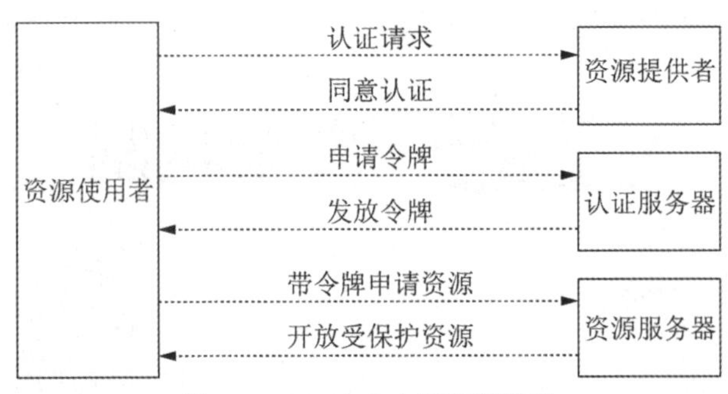

图 7.1 OAuth 2 主要运行流程

（4）认证服务器对资源使用者进行认证成功后，向资源使用者发放令牌；

（5）资源使用者借助令牌向资源服务器申请使用资源；

（6）资源服务器确认令牌无误后，向资源使用者开放受保护的资源。

以上六个流程中，最关键的是（2），也就是资源提供者如何给资源使用者授权。有了这个授权，资源使用者就可以通过授权取得令牌，进而凭令牌使用资源。OAuth 2 定义了以下 4 种授权模式。

（1）授权码模式。从资源使用者的角度来看，需要先从资源提供者处申请授权码，再根据授权码从认证服务器处申请“令牌”，这是最常用的授权模式，各种流行的开放平台都用的这个模式，比如百度开放平台、腾迅开放平台。

（2）隐藏模式。适用于纯前端应用，直接在前端请求中传递“令牌”，通过链接跳转的方式将令牌传递给另一个资源使用者，这种模式适用于短期授权。

（3）密码模式。资源使用者直接通过提供用户名和密码的方式申请令牌，一般适用于提供 OAuth 2 认证的自身平台。

（4）客户端凭证模式。适用于后端应用服务之间的授权，通过交换凭证（应用 ID，应用密钥）的方式，获取认证信息和“令牌”，再使用“令牌”访问所需资源。

更多关于 OAuth 2 的知识在 RFC 标准文档[1]中有详细介绍，感兴趣的读者可以自行学习。

2. OpenID Connect

OpenID Connect 是一种基于 OAuth 2 的规范，是建立在 OAuth 2 协议上的一个简单的身份标识层，所以 OpenID Connect 兼容 OAuth 2。使用 OpenID Connect，资源使用者可以向认证服务器请求“标识令牌”，它会和“访问令牌”一同返回给资源使用者。

其中，“标识令牌”用来识别资源使用者的身份，而资源使用者还可以使用“访问令牌”来访问资源服务器上的资源。另外，标准中还规定了 UserInfo 接口，它允许资源获取自身用户的信息。

3. OpenAPI

OpenAPI 是一套用于构建 API 的开放规范，现已成为 Linux 基金会的一部分。在 OpenAPI 规范中，关于安全模式的类型有以下几种。

（1）APIKey。用来通过查询参数、Header 参数、Cookie 参数传递密钥。

（2）HTTP。使用标准的 HTTP 身份认证系统，包含三种类型：

[1] RFC 标准文档-OAuth 2：http://www.rfcreader.com/#rfc6749

第一种，使用 Authorization 请求头，并且包含以 Bearer 开头的加密令牌；
第二种，使用 HTTP 标准身份认证；
第三种，使用 HTTP 摘要身份认证。
（3）OAuth 2。使用 OAuth 2 规范中定义的 4 种授权模式。
（4）OpenId Connect。使用 OpenId Connect 规范进行认证的方式。
FastAPI 基于 OpenAPI 规范构建了自动交互式文档。

7.2　添加基于 OAuth 2 的安全机制

FastAPI 框架的 security 模块自带身份认证安全模块类 OAuth2PasswordBearer。由于 OAuth 2 使用表单方式提交数据，所以需要安装第三方库 python-multipart，其在线安装命令如下：

```
C:\> pip3 install python-multipart
```

在 FastAPI 中使用身份认证安全模块类，示例代码如下：

```
# 【示例 7.1】 第 7 章 第 7.2 节 code7_1.py
from fastapi import Depends, FastAPI
from fastapi.security import OAuth2PasswordBearer          # 导入安全模块类
import uvicorn
app = FastAPI()

oauth2_scheme = OAuth2PasswordBearer(tokenUrl="login")     # 创建依赖类实例

@app.get("/items/")                                        # 注册路由路径
async def read_items(                                      # 定义路径操作函数
        token: str = Depends(oauth2_scheme)                # 设置依赖项
):
    return {"token": token}

if __name__ == '__main__':
    uvicorn.run(app=app)
```

以上代码中，使用参数 tokenUrl="login"创建了依赖类 OAuth2PasswordBearer 的一个实例，然后在路径操作函数 read_items 中定义了依赖项，这样就把路径操作函数变成受保护的资源。也就是说访问该资源时，必须经过认证。在 PyCharm 中执行以上代码，然后在浏览器地址栏中输入：http://127.0.0.1:8000/docs，回车，打开 API 文档页面，如图 7.2 所示。

在该 API 文档页面中，与之前的示例相比有两个主要变化：

其一，页面右上角多了一个“Authorize”按钮，按钮上有一个“锁”的图标，说明当前的服务已经启用了基于 OAuth 2 的安全机制。

其二，API 接口/items/ 的右侧也多了一把灰色的“锁”图标，说明此接口处于被安全机制保护的状态。

目前，本程序尚未实现登录认证的功能。首先测试在未认证的状态下，该 API 接口的返回结果。点击 API 接口/items/，展开详情页面，如图 7.2 所示，再点击详情页面右上角的“Try it out”按钮，然后再点击详情页面下方的“Execute”按钮。将页面滚动到响应部分，结果如图 7.3 所示。

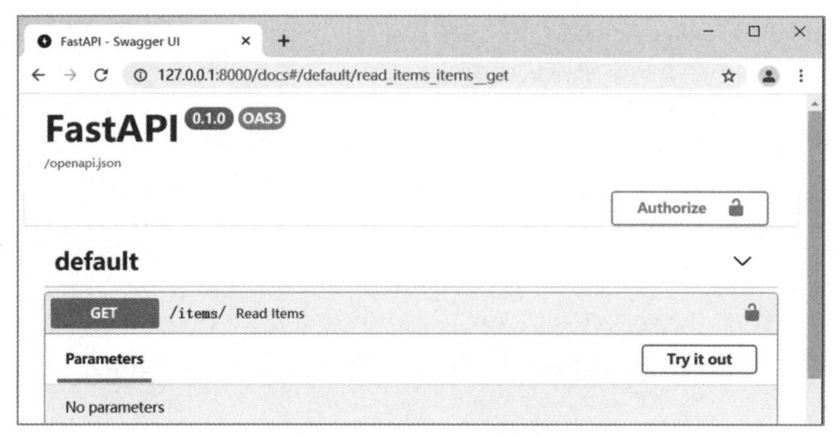

图 7.2　FastAPI 安全模块示例

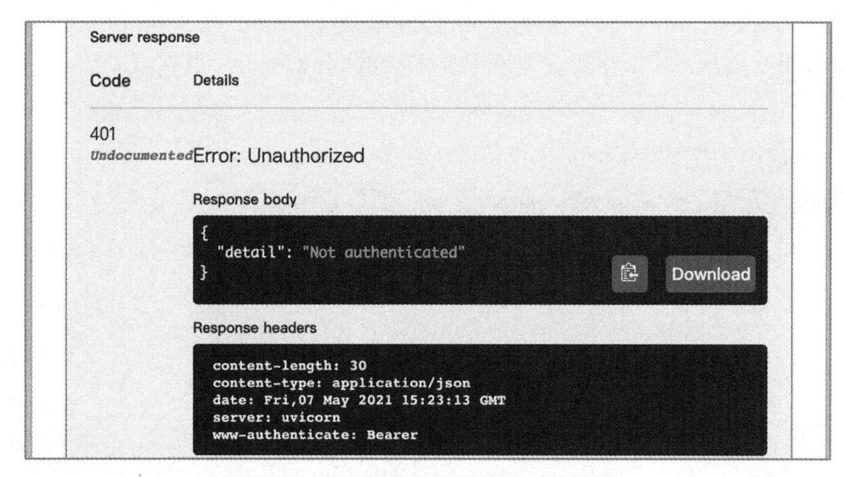

图 7.3　未认证状态下调用接口的结果

如图 7.3 所示，接口的响应部分有几个关键点：

（1）响应状态码为 401，详情是 “Error: Unauthorized”，翻译成中文是 “错误：未授权”。

（2）响应数据中显示了 “"detail": "Not authenticated"”，翻译成中文是 “详情：没有授权”。

以上结果表明，API 接口/items/ 已经处于安全机制的保护状态，未授权的访问是获取不到数据的。

7.3　实现基于 OAuth 2 的安全机制

上一节介绍了添加 OAuth 2 安全模式的方法，但要完成整个安全流程，还需要以下 5 个步骤：

（1）创建数据库应用，并创建用户信息模型；

（2）增加注册用户的功能，将用户信息存到数据库中；

（3）根据登录信息，生成“令牌”，并返回给前端；

（4）增加用户登录功能，并验证有效性；

（5）前端使用“令牌”访问后端服务器，获取当前登录用户数据。

7.3.1　创建数据库应用

在计算机上创建程序目录 authproject，进入 authproject 目录，创建一个文件 main.py，再创建一个程序目录 auth。然后用 PyCharm 工具打开 authproject 目录，在 auth 目录下分别建立以下 Python 文件，如图 7.4 所示。

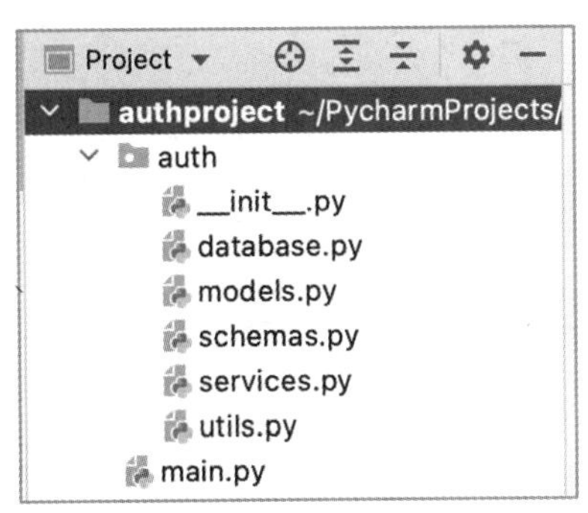

图 7.4　创建程序目录

其中，auth 目录下的__init__.py 是一个空文件，它的作用是将 auth 目录定义为 Python 模块包。接下来开始添加代码，步骤如下。

第一步，创建数据连接，用 PyCharm 打开 database.py 文件，并在文件中添加以下代码：

```
# 【示例 7.2】 第 7 章 第 7.3 节 database.py
                                 # 第一步，导入 SQLAlchemy 库
from sqlalchemy import create_engine
from sqlalchemy.orm import sessionmaker
from sqlalchemy.orm import declarative_base
                                 # 第二步，创建数据连接引擎
engine = create_engine("sqlite:///./data.db",connect_args={"check_same_
thread": False})
                                 # 第三步，创建本地会话
SessionLocal = sessionmaker(autocommit=False, autoflush=False, bind=engine)
                                 # 第四步，创建数据模型基类
Base = declarative_base()
```

以上代码中，使用 SQLAlchemy 库连接数据库，本例使用 SQLite 作为存储数据的数据库系统。

第二步，添加数据模型，用 PyCharm 打开 models.py 文件，并在文件中添加以下代码：

```
#【示例 7.2】 第 7 章 第 7.3 节 models.py
from sqlalchemy import Column, String, Integer, Boolean
from .database import Base

class UserInDB(Base):                     # 定义用户数据库模型类，继承自 Base
    __tablename__ = "user"
    id = Column(Integer, primary_key=True, index=True)
    username = Column('username', String(50))
    full_name = Column('full_name', String(50))
    email = Column('email', String(100))
    hashed_password = Column('hashed_password', String(64))
```

以上代码中，定义了一个数据库模型 UserInDB，其字段包括：id、username、full_name、email、hashed_password，用于保存用户注册信息。

第三步，添加请求数据模型、响应数据模型，用 PyCharm 打开 schemas.py 文件，并添加以下代码：

```
# 【示例 7.2】 第 7 章 第 7.3 节 schemas.py
from pydantic import BaseModel
from typing import Optional
                                          # 响应数据模型-令牌
class Token(BaseModel):
    access_token: str
    token_type: str
                                          # 数据模型基类-用户信息
class UserBase(BaseModel):
    username: str
    email: Optional[str] = None
    full_name: Optional[str] = None
                                          # 数据模型，创建用户，继承自 UserBase
class UserCreate(UserBase):
    password: str
                                          # 数据模型，用户，继承自 UserBase
class User(UserBase):
    class Config:
        orm_mode = True
```

以上代码，定义了两种模型，一种是与令牌数据相关的 Token，另一种是与用户数据相关的 UserBase、User 和 UserCreate，其中 UserBase 是用户数据的基类，User 用于响应数据模型，UserCreate 用于注册用户时的请求数据模型。

第四步，定义好数据库模型和数据模型以后，需要增加数据操作的函数，用 PyCharm 打开 services.py，并添加以下代码：

```
# 【示例 7.2】 第 7 章 第 7.3 节 services.py
from sqlalchemy.orm import Session
from . import models
from . import schemas
from .utils import get_password_hash

                                          # 获取单个用户
def get_user(db: Session, username: str):
    return db.query(models.UserInDB).filter(models.UserInDB.username ==
username).first()

                                          # 创建一个用户
def create_user(db: Session, user: schemas.UserCreate):
                                          # 计算密码的哈希值
    hashed_password = get_password_hash(user.password)
    db_user = models.UserInDB(username=user.username,
                              hashed_password=hashed_password,
                              email=user.email,
                              full_name=user.full_name
                              )
                                          # 将实例添加到会话
    db.add(db_user)
                                          # 提交会话
    db.commit()
```

```
                    # 刷新实例，用于获取数据或者生成数据库中的 ID
    db.refresh(db_user)
    return db_user
                    # 验证用户和密码
def authenticate_user(db, username: str, password: str):
    user = get_user(db, username)
    if not user:
        return False
    if not verify_password(password, user.hashed_password):
        return False
    return user
```

以上代码包含三个主要函数：

（1）get_user 函数，用参数传入的用户名获取数据库中的相应的用户记录；

（2）create_user 函数，将参数传入的用户数据保存到数据库中；

（3）authenticate_user 函数，获取参数传入的用户名和密码，验证其有效性。

在 create_user 函数的实现中，使用了函数 get_password_hash，该函数定义在 utils.py 中，作用是使用 bcrypt 算法计算字符串的哈希值，这是最常用的保存密码方式。用 PyCharm 工具打开 utils.py，并添加如下代码：

```
# 【示例 7.2】 第 7 章 第 7.3 节 utils.py
from passlib.context import CryptContext
_pwd_context = CryptContext(schemes=["bcrypt"], deprecated="auto")
                                        # 验证密码
def verify_password(plain_password, hashed_password):
    return _pwd_context.verify(plain_password, hashed_password)
                                        # 生成密码
def get_password_hash(password):
    return _pwd_context.hash(password)
```

以上代码包含两个函数，verify_password 用于验证密码，get_password_hash 用于获取密码明文的哈希值。代码中用到了 Python 第三方库，因此，需要使用 pip3 工具安装第三方库，安装方式是打开命令行终端，并输入以下命令：

```
C:\>pip3 install passlib
C:\>pip3 install bcrypt
```

等待命令行提示安装完成即可。

7.3.2　增加注册用户功能

对于新增的需要访问软件系统的用户，需要为其提供第一次注册用户信息功能。用 PyCharm 工具打开 main.py 文件，并添加以下代码：

```
# 【示例 7.2】 第 7 章 第 7.3 节 main.py
import uvicorn
from fastapi import Depends, FastAPI, HTTPException, status
from fastapi.security import OAuth 2PasswordBearer, OAuth 2PasswordRequestForm
from jose import JWTError
from sqlalchemy.orm import Session
from auth import schemas, services, database

                # 第一步，创建安全模式：密码模式
OAuth 2_scheme = OAuth 2PasswordBearer(tokenUrl="login")
app = FastAPI()
```

```
                        # 第二步，创建数据库依赖函数
def get_db():
    db = database.SessionLocal()
    try:
        yield db
    finally:
        db.close()

                        # 第三步，定义路径操作函数，注册路由路径，定义依赖项为数据库
@app.post("/user/create/", response_model=schemas.User) # 创建新用户
async def create_user(user: schemas.UserCreate,
                      db: Session = Depends(get_db)):
    dbuser = services.get_user(db, user.username)
    if dbuser:                                           # 判断用户存在
        raise HTTPException(
            status_code=status.HTTP_500_INTERNAL_SERVER_ERROR,
            detail="用户名已存在",
            # headers={"WWW-Authenticate": "Bearer"}    # 非 Auth2，无需添加
        )
    return services.create_user(db, user)              # 在数据库中创建用户

@app.get("/items/")
async def read_items(token: str = Depends(OAuth 2_scheme)):
    return {"token": token, "data":"cool"}

if __name__ == '__main__':
                                                         # 第四步，生成数据库中的表
    database.Base.metadata.create_all(bind=database.engine)
    uvicorn.run(app=app)
```

以上代码是在【示例 7.1】的代码基础上修改的，关键内容如下：

第一步，创建安全模式：密码模式。

第二步，定义数据库依赖注入函数，用于连接数据库。

第三步，增加一个创建新用户的接口，在路径操作函数中定义请求体参数 user，设置第二步定义的依赖注入函数；并在路径操作函数调用 services 模块中的 get_user()方法，验证用户是否存在。如果用户不存在，则调用 services 模块中的 create_user()方法保存新用户信息。

第四步，在程序启动时，使用 SQLAlchemy 提供的工具生成数据库表结构。

至此，注册用户功能程序 authproject 基本完成，执行 main.py 代码，然后在浏览器地址栏中输入：http://127.0.0.1:8000/docs，回车。打开 API 文档页面，显示结果如图 7.5 所示。

图 7.5　authproject 的 API 文档

图 7.5 的 API 文档界面右上角的“Authorize”按钮，其右侧是一个开放状态的锁图标，说明当前的服务已经启用了基于 OAuth 2 的安全机制。

页面中显示了两个请求接口，第一个接口/user/create/右侧没有图标，第二个接口/items/右侧有个灰色的锁图标，也是开放状态的。

接下来通过 API 文档的测试功能创建一个用户，首先点击 API 接口/user/create/，展开接口详情，然后点击接口详情右上角的“Try it out”按钮，打开界面如图 7.6 所示。

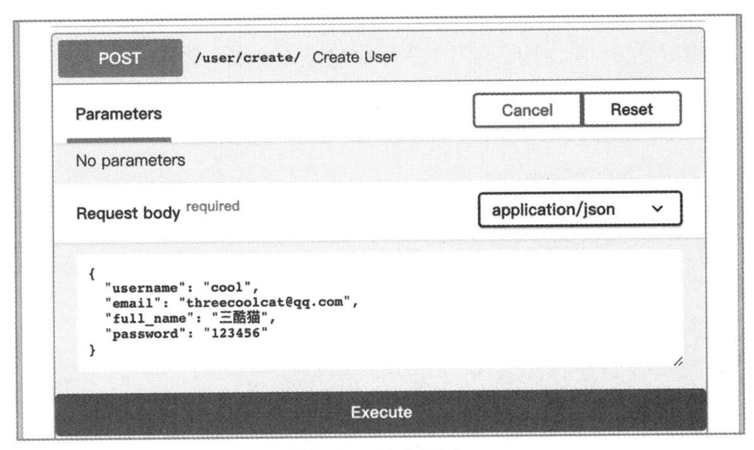

图 7.6　注册用户

在该界面的“Request body”下方的文本框内，输入 JSON 格式的内容，如下：

```
{
  "username": "cool",
  "email": "threecoolcat@qq.com",
  "full_name": "三酷猫",
  "password": "123456"
}
```

点击文本框下方的“Execute”按钮，然后将页面向下滚动到响应部分，显示结果如图 7.7 所示。

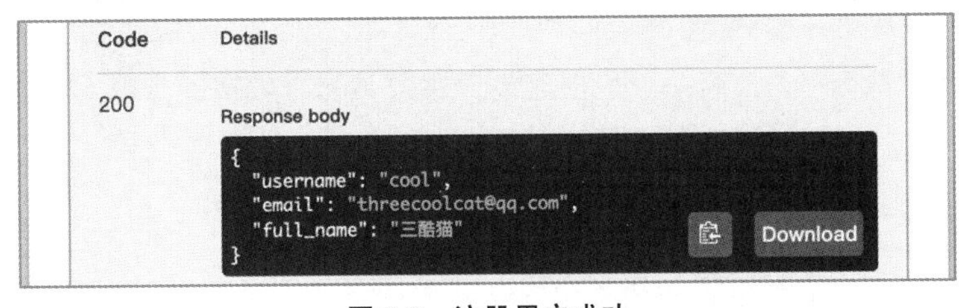

图 7.7　注册用户成功

该界面响应结果中显示了本次注册的用户信息，再次将界面滚动到请求部分，不修改任何内容，点击“Execute”按钮，然后再将界面滚动到响应部分，结果如图 7.8 所示。

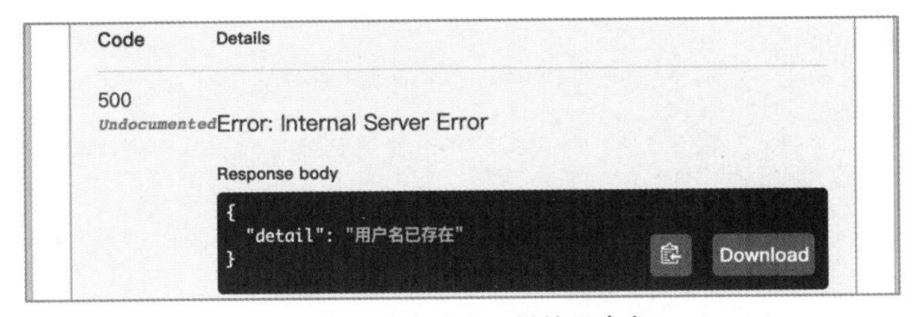

图 7.8　再次注册同样的用户名

本次响应结果中显示“用户名已存在”。对应了在代码中创建用户时，对用户名是否存在进行验证的结果。

7.3.3 生成令牌

在 OAuth 2 中，最常用的是以 JWT（JSON Web Token）作为传递令牌的方式，JWT 是一个基于 JSON 的开放标准，用于在用户和服务器之间传递用户认证信息。本例中采用 Python-jose 第三方库实现令牌相关的功能，因此，需要使用 pip3 工具安装。其安装方式为，先打开命令行终端，然后输入以下两条命令：

```
C:\>pip3 install python-jose
C:\>pip3 install cryptography
```

等待命令行提示安装完成后，在 PyCharm 中打开 services.py，并在现有代码的基础上添加以下代码：

```
# 使用命令获取 SECRET_KEY:
# openssl rand -hex 32
                                                    # 密钥
SECRET_KEY = "0bb93eb8c00be764e8dc60b001091987bd50c41f18bd2fee1c6d8239f0b23048"
ALGORITHM = "HS256"                                 # 算法
ACCESS_TOKEN_EXPIRE_MINUTES = 5                     # 令牌有效期 5 分钟

                                                    # 创建令牌，将用户名放进令牌
def create_token(data: dict):
    to_encode = data.copy()
    expires_delta = timedelta(minutes=ACCESS_TOKEN_EXPIRE_MINUTES)
    expire = datetime.now() + expires_delta
    to_encode.update({"exp": expire})
    encoded_jwt = jwt.encode(to_encode, SECRET_KEY, algorithm=ALGORITHM)
    return encoded_jwt

                                                    # 解析令牌，返回用户名
def extract_token(token: str):
    payload = jwt.decode(token, SECRET_KEY, algorithms=[ALGORITHM])
    return payload.get("username")
```

这段代码包含两个函数，第一个是创建包含用户名和有效期的令牌，第二个是从令牌中获取用户名。

7.3.4 增加用户登录功能

前面几节，用户数据和令牌的相关功能已经准备完毕，现在开始实现用户登录的功能。在 main.py 中定义安全模式的代码，如下：

```
oauth2_scheme = OAuth2PasswordBearer(tokenUrl="login")
```

需要在程序中定义路由/login，用 PyCharm 打开 main.py，并添加以下代码：

```
# 用于登录的路由路径
@app.post("/login", response_model=schemas.Token)
async def login(
        form: OAuth 2PasswordRequestForm = Depends(),         # 依赖项，登录表单
        db: Session = Depends(get_db)                         # 依赖项，数据库会话
):
    user = services.authenticate_user(db, form.username, form.password)
                                                              # 验证用户有效性
    if not user:
        raise HTTPException(
```

```
            status_code=status.HTTP_401_UNAUTHORIZED,
            detail="用户名或密码无效",
            headers={"WWW-Authenticate": "Bearer"},
        )
    access_token = services.create_token(data={"username": user.username})
                                                                # 发放令牌
    return {"access_token": access_token, "token_type": "bearer"} # 返回令牌
```

以上代码，根据安全模式中参数 tokenUrl 的要求，定义了名为/login 的路由，并实现了路径操作函数。路径操作函数的参数使用了一个新的依赖项：OAuth2PasswordRequestForm，该类是 OAuth 2 登录表单的标准实现类，将用户登录表单数据传递给路径操作函数。本例中用到了登录表单数据中的 username、password 两个字段。

重新执行 main.py，然后在浏览器地址栏中输入：http://127.0.0.1:8000/docs，回车。打开 API 文档，结果如图 7.9 所示。

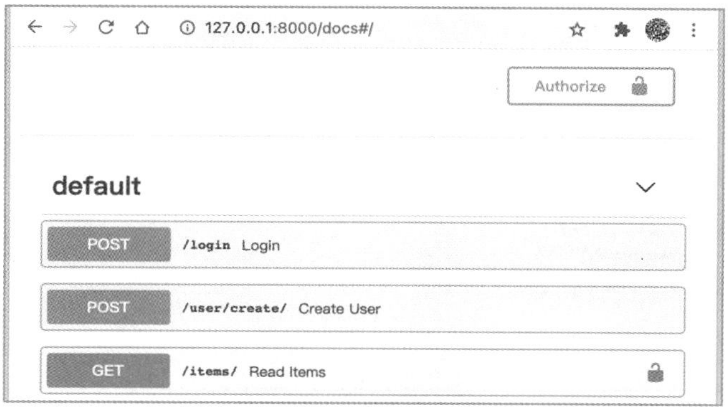

图 7.9　登录接口

该 API 文档中增加了新的 API 接口/login。现在测试一下请求接口/login，本次测试的方式略有不同，要测试 OAuth 2 的认证功能，需要点击界面右上方的“Authorize”按钮，弹出如图 7.10 所示认证窗口。

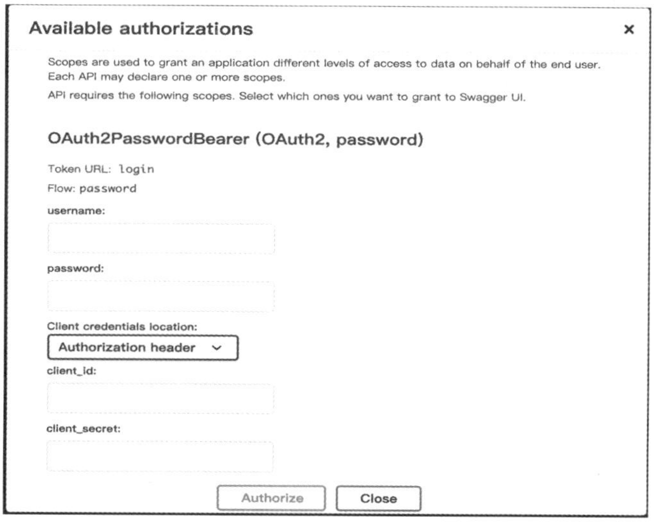

图 7.10　认证窗口

接下来，先使用未注册的用户信息尝试登录，在认证窗口中 username 下方的文本框中

输入 abc，在 password 下方的文本框中输入 123。再点击窗口下方的“Authorize”按钮。执行结果如图 7.11 所示。

```
Auth Error  Error: Unauthorized
```

图 7.11　认证失败信息

该认证窗口显示了错误信息，说明使用未注册的用户名不能进行认证。

然后使用 7.3.2 节注册成功的用户进行测试，在认证窗口中 username 下方的文本框中输入 cool，在 password 下方的文本框中输入 123456。再点击窗口下方的“Authorize”按钮。执行结果如图 7.12 所示。

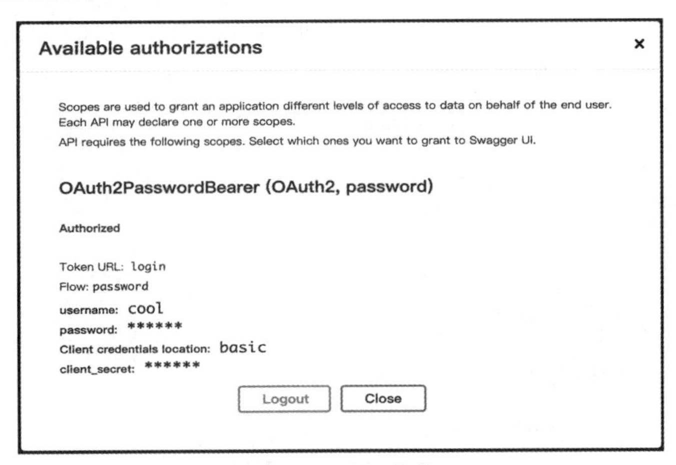

图 7.12　认证成功

认证窗口变成了图 7.12 中所示内容，原来的“Authorize”按钮变成了“Logout”按钮，说明身份认证成功。接下来，点击认证窗口中的“Close”按钮，关闭认证窗口，回到 API 文档页面，如图 7.13 所示，其界面右上角的“Authorize”按钮中的图标变成了已锁状态。同时 API 接口/items/右侧的灰色锁图标也变成了黑色的已锁状态。

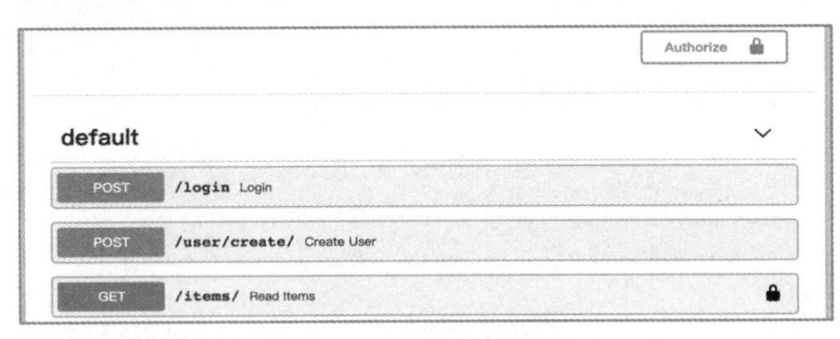

图 7.13　API 文档界面

7.3.5　获取当前登录用户数据

若想查看当前登录用户数据，可以通过下面的方法获取。

用 PyCharm 打开 main.py，并添加获取当前登录信息的路由/user/，需添加的代码如下：

```
# 获取当前用户信息的依赖函数
async def get_current_user(token: str = Depends(OAuth 2_scheme),
db: Session = Depends(get_db)):
    invalid_exception = HTTPException(
```

```
            status_code=status.HTTP_401_UNAUTHORIZED,
            detail="无效的用户数据",
            headers={"WWW-Authenticate": "Bearer"},
        )
        try:
            username: str = services.extract_token(token)
            if username is None:
                raise invalid_exception
        except JWTError:
            raise invalid_exception
        user = services.get_user(db, username=username)
        if user is None:
            raise invalid_exception
        return user
    # 获取用户当前信息，安全模式
    @app.get("/user/", response_model=schemas.User)
    async def read_current_user(current_user: schemas.User = Depends(get_current_user)):
        return current_user
```

以上代码中包含两个函数：

第一个函数 get_current_user 是依赖注入函数，其作用是解析 token 字符串，获取其中包含的用户名，并根据用户名从数据库中查找对应的用户数据，如果找到用户，则返回用户数据，否则触发异常。

第二个函数 read_current_user 是路径操作函数，使用装饰器定义了路由/user/和响应模型 User。函数的参数中使用依赖注入的方式获取当前登录用户的数据。

重新执行 main.py，然后在浏览器地址栏输入：http://127.0.0.1:8000/docs，回车。在浏览器上打开 API 文档页面，如图 7.14 所示。

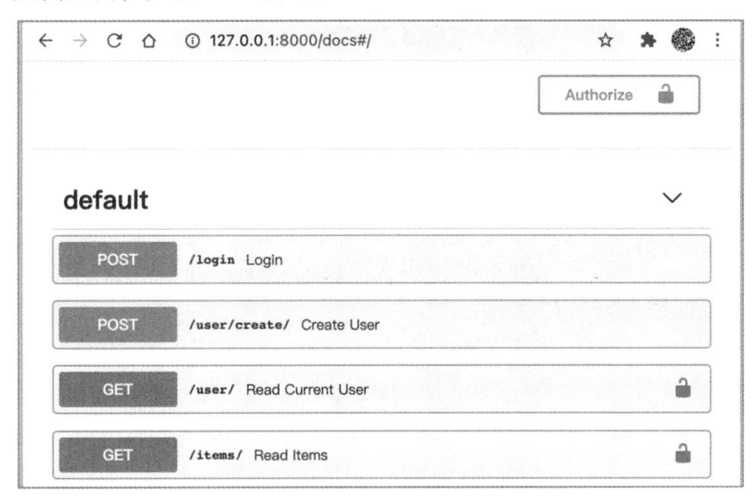

图 7.14　获取当前登录用户信息

上图的 API 文档界面中增加了一个新的 API 接口/user/，该 API 接口右侧也有一把灰色的处于开放状态的锁，说明这个接口也是被安全机制保护的。

接下来，测试一下这个 API 接口。步骤如下：

第一步，点击界面右上角的“Authorize”按钮，弹出认证窗口，使用 7.3.4 节使用的用户名和密码登录。登录成功后，关闭认证窗口，如果登录失败，请检查输入的用户名和密码后重新尝试。

第二步，点击 API 接口/items/，展开详情界面，并点击右上角的“Try it out”按钮，打开接口测试界面。点击下方的“Execute”按钮，然后将页面滚动到接口的响应部分，结果如

图 7.15 所示。

图 7.15　当前登录用户信息

响应状态码是 200，表示成功，在响应结果中，显示了当前登录用户的信息。

至此，实现了在 FastAPI 中基于 OAuth 2 的安全机制。任何新增加的路径操作函数，只需要在参数中添加依赖项 OAuth 2_schema 或 get_current_user，就会被安全机制保护起来，只允许被授权的用户访问。

7.4　习题及实验

1. 填空题

（1）OAuth 2 安全机制下，包括了信息安全、（　　　　）、（　　　　）等功能。

（2）OAuth 2 是一个关于（　　　　）的开放网络规范，其特点是授权的用户需根据合法的令牌访问资源服务器。

（3）资源服务器根据“令牌”的（　　）范围和（　　），向资源使用者开放资源。

（4）OAuth 2 定义了（　　　　）模式、隐藏模式、（　　）模式、客户端凭证模式 4 种授权模式。

（5）使用（　　　　　），资源使用者可以向认证服务器请求“标识令牌”，它会和“访问令牌”一同返回给资源使用者。

2. 判断题

（1）认证服务器发放“令牌”，访问者无需注册用户信息，通过授权“令牌”可以访问资源服务器。（　　）

（2）最常用的授权模式是密码模式。（　　）

（3）OpenAPI 是一套用于构建 API 的开放规范，同时，它也考虑了安全模式的使用。（　　）

（4）OAuth 2 使用表单方式提交数据。（　　）

（5）JWT 是一个基于 JSON 的开放标准，用于在用户和服务器之间传递用户认证信息。（　　）

3. 实验

按照 7.3 节内容，实现三酷猫信息注册、合法登录访问的过程。

（1）第一次实现登录信息的注册；

（2）第二次实现登录访问验证；

（3）形成实验报告。

第 8 章 异步技术

异步技术是 Web 编程的主流应用技术之一，Go、Rust 等语言都将异步技术和高并发作为主要特点。FastAPI 中的高性能、高并发来源于 Python 标准库中的 asyncio 模块，它是由 Python 之父 Guido 亲自主持开发的新功能模块。在 Python 3.4 版本中，新功能模块成为 Python 的试验库；在 Python 3.5 中增加了 async/await 关键字，支持原生协程；从 Python 3.6 开始，新功能模块成为了正式的 Python 标准库组成部分。

从学习 FastAPI 的角度来说，了解异步技术的基本概念和 async/await 关键字的用法就足够了。本章面向对异步编程本身感兴趣的读者，为其讲解 Python 中异步的高级技术。

本章主要内容为：

（1）基本概念；

（2）协程；

（3）Asyncio 库介绍。

8.1 基本概念

在学习异步技术之前，必须先了解一下相关的基本概念：进程、线程、阻塞/非阻塞、同步/异步、并发/并行。

8.1.1 进程/线程

进程和线程的定义如下。

1. 进程（Process）

进程是计算机中的程序在某数据集合上的一次运行活动，是系统进行资源分配和调度的基本单位，是操作系统结构的基础。 如一个运行的 QQ 软件就是一个进程，两个运行的 QQ 软件就是两个进程。

2. 线程（Thread）

线程是操作系统能够进行运算调度的最小单位。它被包含在进程之中，是进程中的实际运作单位。一条线程指的是进程中一个单一顺序的控制流。一个进程中可以并发多个线程，每条线程并行执行不同的任务。如一个运行的 QQ 软件里通过线程通信发送一条消息，就是执行线程指令（往往是多线程同步执行）。

在面向线程设计的计算机结构中，进程是线程的容器。程序是指令、数据及其组织形式的描述，进程是程序的运行实体。

进程和线程的关系如图 8.1 所示。

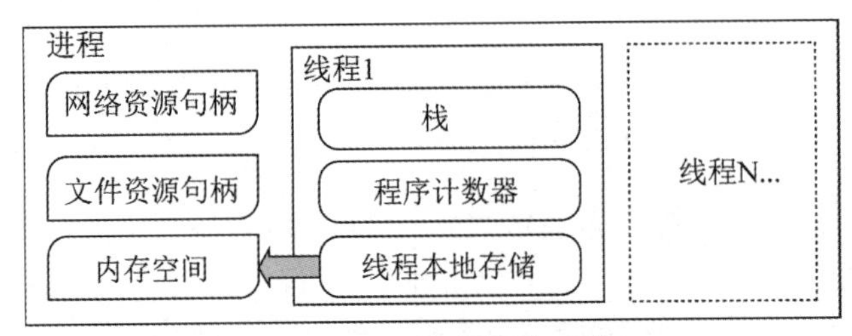

图 8.1　进程和线程关系图

图 8.1 中每部分的功能说明如下：

（1）进程：可以理解为操作系统中正在运行的一个应用程序。

（2）内存空间：是指当程序启动后会分配的内存寻址空间。每个进程的内存空间相互独立。

（3）网络资源句柄和文件资源句柄：是指程序可操作的资源，比如网络上的数据和存在硬盘上的数据，是所有进程都可以访问的。

（4）线程：是操作系统进行运算调度的最小单位，线程由栈、程序计数器、线程本地存储构成。

（5）栈：是内存上的一种存储单元，当程序运行时，会由主线程不断进行函数调用，每次调用的时候，都会把参数地址和返回地址压入栈中。

（6）程序计数器：全称 Program Counter，简称 PC，是存储线程中当前正在运行的指令地址。

（7）线程本地存储：全称 Thread Local Storage，简称 TLS，是线程中的一块独立内存空间，用来存储线程独有的数据。

进程之间通过 TCP/IP 端口实现数据通信，线程之间通过共享内存实现数据通信。同一个进程中至少有一个线程，进程中的多个线程可以并发执行。一个线程可以创建或撤销另一个线程。

8.1.2　阻塞/非阻塞

多个线程并发运行时，会使用共同的资源，资源只能同时被一个线程访问。

1. 阻塞（Blocking）

阻塞是指一个线程所访问的资源被其他线程占用时，需要等待其他线程完成操作，在等待期间该线程自身无法继续其他操作，这个状态称为阻塞。常见的阻塞形式有：网络 I/O（Input/Output，输入/输出）阻塞、磁盘 I/O 阻塞、用户输入阻塞等。

2. 非阻塞（Non-Blocking）

非阻塞是指线程在等待其他线程过程中，自身不被阻塞，可以继续执行其他操作，此时称该程序在此操作上是非阻塞的。

8.1.3 同步/异步

1. 同步

同步是指为了完成某个操作,多个线程必须按照特定的通信方式协调一致,按顺序执行。比如，在车站购买火车票时需要排队，前面的人购买完成，后面的人才开始购买。

2. 异步

异步是指为了完成某个操作，无需特定的通信方式协调也可以完成任务的方式。比如，在快餐店吃饭时，排队点餐后，即可离开队列，回到座位等待，食物准备好以后，再去取餐。

前面提到的通信方式，通常是指信号量、锁、同步队列等。

8.1.4 并发/并行

1. 并发

并发描述的是程序的组织结构，指程序要被设计成多个可独立执行的子任务，它主要以利用有限的计算机资源使多个任务可以被实时或近实时执行为目的。

2. 并行

并行描述的是程序的执行状态，指多个任务同时被执行。它主要以利用更多的计算资源（多核 CPU）快速完成多个任务为目的。

并发提供了一种程序组织结构方式，让问题的解决方案可以并行执行，但并行执行不是必须的。

8.1.5 GIL

Python 是一种动态语言，代码保存在以扩展名为.py 的文本文件中，要运行代码就需要使用 Python 解释器去执行扩展名为.py 的文件。Python 解释器将.py 文件中的代码解释成 CPU 可以执行的指令。

GIL 又叫全局解释器锁（Global Interpreter Lock），是一种全局互斥锁，每个线程在执行的过程中都需要先获取 GIL，保证同一时刻只有一个线程能够控制 Python 解释器。

现在的主流 CPU 都是多核的，支持多线程同时运行，但是，由于 GIL 的存在，同一时刻只有一个 Python 线程在运行，每个线程都在竞争 GIL 的控制权。这样就会影响 Python 多线程代码的执行效率。

应用程序中会存在一些被多个线程共享的变量和资源，如果多线程同时修改它们，就会导致数据冲突。但 GIL 仅可以保证每次只执行一个线程，也就是只有一个线程能够访问和修改这些变量和资源。所以 GIL 的主要作用是避免 Python 程序的线程安全问题，而放弃了并发执行线程的速度优势。

Python 中引入的协程，完美地解决了 GIL 带来的性能损失问题。

8.2 协程

协程（Coroutine），又称为微线程，是一种用户态的轻量级线程，也是一种非抢占式实现多任务的方式。在一个线程中，可以包含多个协程，其作用是在线程中控制代码块的执行顺序。

具体解释为，在一个线程中有很多代码块，这些代码块为子程序或函数。在线程执行过程中，可以中断执行一个子程序 A，切换到子程序 B，并执行子程序 B；子程序 B 执行完成后，可以切换回子程序 A，从子程序 A 之前中断的地方继续执行。该执行过程可以称之为协程。

Python 中实现异步编程，经历以下几个阶段：

（1）事件循环加回调；

（2）基于生成器的协程；

（3）使用 yield from 改进协程；

（4）原生协程。

8.2.1 事件循环加回调

对于 Web 应用服务器的性能而言，对执行效率影响最大的是网络 I/O，要想提高服务器端的性能，除了加大网络带宽以外，另一个方案就是提升程序的执行效率。所以，采用异步 I/O，成为了最理想的方案。

在传统的编程方式下，程序发起一个网络请求后，要等待资源获取成功后再进入下一步操作，也就是阻塞模式。在网络 I/O 的影响下，程序所在的计算机资源一直处于等待状态，并不能完全发挥性能，同时程序中的代码块也是按顺序执行的。所以，如果将阻塞的模式变成非阻塞模式，让计算机的资源发起网络资源请求后不再等待，转而执行别的任务，网络资源获取成功后，再使用函数回调的方式返回结果，这样就能最大化利用计算机的硬件资源。

操作系统将 I/O 状态的变化都封装成了事件，并且提供了专门的系统模块让应用程序可以接收事件通知，这个模块就是 select。应用程序可以通过 select 模块注册文件描述符和回调函数。当文件描述符的状态发生变化时，select 就调用事先注册的回调函数。后来，select 模块改进成 poll 模块，在 Linux 系统中又发展成为增强版本的 epoll 模块。

早期的编程语言，对异步编程的支持没有进行封装，都需要直接使用 epoll 模块去注册事件和回调、维护一个事件循环，大多数时间都花在设计回调函数上。Python 标准库中的 selectors 模块对操作系统的 epoll 模块做了一些封装，但仍然要手动注册事件和回调、维护事件循环。

8.2.2 基于生成器的协程

Python 中有一个特殊的对象叫生成器（Generator），它的特点和协程很相似。每一次迭代之间，会暂停执行，继续下一次迭代的时候还不会丢失先前的状态。所以，从 Python 2.5

开始，对生成器做了一些增强，生成器可以通过 yield 暂停执行和向外返回数据，可以通过 send()向生成器内发送数据，也可以通过 throw()向生成器内抛出异常以便随时终止生成器的运行。

8.2.3 使用 yield from 改进协程

在 Python 3.3 中新引入的语法 yield from，主要解决的就是使用生成器不方便和代码丑陋的问题。它有两大主要功能：

（1）让嵌套生成器不必通过循环迭代 yield，而是直接 yield from；

（2）在子生成器和原生成器的调用者之间打开双向通道，两者可以直接通信。

用 yield from 改进基于生成器的协程，使代码抽象程度更高，业务逻辑相关的代码更精简。由于其双向通道功能可以让协程之间随心所欲传递数据，所以该语法的引入使 Python 异步编程的协程解决方案大大向前迈进了一步。

8.2.4 原生协程

Python 3.4 中引入了一个试验性的异步 I/O 框架 Asyncio，该框架提供了基于协程做异步 I/O 编写单线程并发代码的能力。其核心组件有事件循环（Event Loop）、协程（Coroutine）、任务（Task）、未来对象（Future）等。

另外，该版本还提供了一个装饰器@asyncio.coroutine，用于装饰使用了 yield from 的函数，并将函数标记为协程。

有了 yield from 的加持，让 Python 处理协程更容易了，但是由于协程在 Python 中发展的历史包袱，导致生成器和协程容易混淆，很多人弄不明白 yield 和 yield from 的区别。

于是 Python 设计者们在 Python 3.5 中新增了 async/await 语法，对协程有了明确而显式的支持，称之为原生协程。async/await 和 yield from 这两种风格的协程，底层复用共同的实现功能，而且相互兼容。

从 Python 3.6 开始，Asyncio 库成为标准库的成员，这也是 FastAPI 框架的基础技术之一。

8.3 Asyncio 库介绍

在 Asyncio 库中有以下几个主要的基本概念：

（1）事件循环；

（2）协程；

（3）Future 对象；

（4）Task 对象；

（5）可等待对象。

8.3.1 事件循环

事件循环是每个异步应用的核心，用于管理异步任务和回调、执行网络 I/O 操作，以及运行子进程等。

事件循环的原理是，由主程序开启一个无限循环，把一些协程函数注册到这个事件循环的列表中，事件循环会循环执行这个列表中的函数，当执行到某个函数时，如果它正在等待 I/O 返回，事件循环会暂停它的执行去执行其他的函数；当某个函数完成 I/O 后会恢复执行，下次循环到它的时候继续执行。因此，这些异步函数可以协同（Cooperative）运行。

8.3.2 协程

协程（Coroutine）本质上是一个函数，其特点是在代码块中可以将执行权交给其他协程。当调用协程函数时，不会立即执行该函数，而是会返回一个协程对象。需要将协程对象注册到事件循环中，由事件循环负责调用。

协程通过 async 语法进行声明。例如，以下代码段（需要 Python 3.7 以上版本）会打印“hello”，等待 1 秒之后，再打印“three cool cat”。

```
# 【示例 8.1】 第 8 章 第 8.3 节 code8_1.py
import asyncio
from datetime import datetime
async def main():
    print(f'start: {datetime.now().strftime("%X")}')
    print('hello')
    await asyncio.sleep(1)                          #程序休息 1 秒
    print(f'end: {datetime.now().strftime("%X")}')
    print(f'three cool cat')
asyncio.run(main())
```

以上代码只用于展示 async/await 语法的使用，并没有将函数 main 加入事件循环中。在 PyCharm 中执行以上代码，输出结果如下：

```
start: 15:27:52
hello
end: 15:27:53
three cool cat
```

从结果中可以看出，开始时间和结束时间之间有一秒的时间差，这说明代码中的语句是按顺序执行的。如果想要真正运行一个协程，需要将代码写到协程函数中，示例代码如下：

```
# 【示例 8.2】 第 8 章 第 8.3 节 code8_2.py
import asyncio
from datetime import datetime

async def my_print(timeout, txt):    #定义协程函数
    await asyncio.sleep(timeout)
    print(txt)

async def main():
    print(f"start: {datetime.now().strftime('%X')}")
    await my_print(1, 'hello')
    print(f"end hello: {datetime.now().strftime('%X')}")
    await my_print(2, 'three cool cat')
    print(f"end name: {datetime.now().strftime('%X')}")
asyncio.run(main())
```

以上代码中，定义了协程函数 my_print，其作用是等待 timeout 秒后，打印 txt 内容。然后定义了主函数 main，其作用是等待 1 秒后调用协程函数 my_print，打印“hello”，再等待 2 秒后调用协程函数 my_print，打印“three cool cat”。最后，使用 asyncio.run()方法，调用了代码中的主函数 main。总执行时间为 3 秒。运行结果如下：

```
start: 15:36:32
hello
end hello: 15:36:33
three cool cat
end name: 15:36:35
```

另外，还有一个方法，可以实现并发执行多个协程，代码如下：

```
# 【示例 8.3】 第 8 章 第 8.3 节 code8_3.py
import asyncio
from datetime import datetime
async def my_print(timeout, txt):                        #定义协程函数
    await asyncio.sleep(timeout)
    print(txt)

async def main():
    task1 = asyncio.create_task(my_print(1, 'hello')) #把协程函数加入任务事件循环中
    task2 = asyncio.create_task(my_print(2, 'three cool cat'))
    print(f"task start {datetime.now().strftime('%X')}")
    await task1
    await task2
    print(f"end {datetime.now().strftime('%X')}")

asyncio.run(main())
```

以上代码中，使用 asyncio.create_task()方法创建了 2 个任务，并将任务加入事件循环中，所以两个任务同时开始执行，分别执行 1 秒和 2 秒后打印文字。总执行时间为 2 秒。运行结果如下：

```
task start 15:55:27
hello
three cool cat
task end 15:55:29
```

注意观察【示例 8.2】和【示例 8.3】在运行结果上的差异。

8.3.3 Future 对象

Future 是一种特殊的可等待对象，用来接收异步操作的最终结果。当代码等待一个 Future 对象时，协程将保持等待，直到该 Future 对象在某个操作中标记为完成或取消。

事件循环会监视 Future 对象是否完成。如果已经完成或取消，则通知发起者接收对象，然后将协程移出事件循环。如果没有完成或取消，则继续在事件循环中等待。

在【示例 8.2】中的 await my_print(1, 'hello')，所调用的函数 my_print 就是一个 Future 对象。

8.3.4 Task 和可等待对象

Task 是 Future 的一个子类，用来包装和管理一个协程的执行。当任务所需的资源可用时，事件循环会调度任务允许，并生成一个结果，从而可以由其他协程接收结果。

在事件循环中使用 Task 对象运行协程。如果一个协程在等待一个 Future 对象，那么 Task 对象会挂起该协程的执行并等待该 Future 对象完成。当该 Future 对象完成时，该协程将恢复执行。

事件循环使用协同的方式进行调度：一个事件循环每次运行一个 Task 对象，而一个 Task 对象会等待一个 Future 对象完成，该事件循环会运行其他 Task、回调或执行 I/O 操作。

可以使用 asyncio 库中已封装的 asyncio.create_task()方法来创建 Task 对象，也可用底层的 loop.create_task()方法或 ensure_future 函数。

要取消一个正在运行的 Task 对象，可使用调用对象的 cancel()方法，这将使该 Task 对象抛出一个 CancelledError 异常给协程。如果在取消期间，一个协程正在等待一个 Future 对象，则该 Future 对象也会被取消。

如果一个对象可以在 await 语句中使用，那么它就是可等待对象。以上所说的协程、Future 和 Task 都是可等待对象。

8.4　案例：三酷猫卖海鲜（七）

在 6.5 节的案例中，三酷猫实现了将客户端海鲜订单记录提交到数据库系统存储的功能。它希望在统计订单金额的同时，能够记录提交次数。

三酷猫决定利用异步技术实现统计订单金额、记录提交次数的同步操作。

为了简单起见，直接用一个数据模型提供一条存储记录，并把提交次数保存到文本文件下，代码如下：

```
#SeaGoods_asyncio.py
from fastapi import FastAPI
import asyncio
import uvicorn
from pydantic import BaseModel              # 导入基础模型类

class Goods(BaseModel):                     # 定义数据模型类，继承自 BaseModel 类
    name: str='对虾'                        # 定义字段 name，类型为 str
    num:float=10                            # 定义字段 num，类型为 float
    unit:str='斤'                           # 定义字段 unit，类型为 str
    price: float=48                         # 定义字段 price，类型为 float


async def stat(good:Goods):                 # 定义协程函数，统计金额
    print(good.num*good.price,'元')
    return good.num*good.price

async def Count_users():                    # 定义协程函数，写入提交次数

    with open(r'E:\c1.txt', 'r+') as f:
        num=f.read()
        if num=='':
```

```
            num=0
        f.write(str(int(num)+1))
    print(str(int(num)+1)+'次')


async def main():
    good=Goods()
    task1 = asyncio.create_task(stat(good))
    task2 = asyncio.create_task(Count_users())
    await task1
    await task2

asyncio.run(main())
```

执行上述代码结果如下：

```
480 元
1 次
>>>
====================RESTARTG:\test\SeaGoods_asyncio.py ====================
480 元
2 次
>>>
```

8.5　习题及实验

1. 填空题

（1）进程是计算机中的（　　）关于某数据集合上的一次运行活动，是系统进行资源分配和调度的基本单位。

（2）阻塞是指一个线程所访问的（　　）被其他线程占用时，需要等待其他线程完成操作，在等待期间该线程无法继续其他操作。

（3）（　　）技术可以解决阻塞问题，比同步技术在并发性能上更高效。

（4）协程又称为微线程，是一种用户态的轻量级线程，是一种（　　　　）实现多任务的方式。

（5）从 Python 3.6 开始，（　　　　）库提供了正式的异步技术。

2. 判断题

（1）在内存里运行时，根据运行软件代码的大小，进程大于线程，线程大于协程。（　　）

（2）一款正在下载文件的软件，它运行时是一个进程；当它同时下载多个文件时，则启动了多线程。（　　）

（3）一款软件在执行期间发生了无法动弹现象（所谓的假死），等了一阵子后才恢复正常，这一过程就发生了阻塞现象。（　　）

（4）GIL 支持线程并发运行。（　　）

（5）事件循环是每个异步应用的核心。（　　）

3. 实验

使用 Python 的异步技术，实现一个简单的爬虫，抓取以下网站。

http://www.qq.com/sitemap_index.xml；

http://news.qq.com/topic_sitemap.xml；

http://news.qq.com/topic_sitemap.xml。

（1）要求使用异步网络库 aiohttp，并记录安装步骤；

（2）打印出每个网站的请求开始时间、请求结束时间、请求状态、请求时长；

（3）分析程序执行结果，形成实验报告。

注：本实验用到了部分 asyncio 库的高级功能，读者可参考 asyncio 官方文档深入学习。

第 9 章　企业应用架构

企业应用程序在健壮性、灵活性、扩展性、可靠性等方面有更高的要求，其中会包含很多模块，用于数据展示、数据存取读写、逻辑计算、集成或接入外部系统等。FastAPI 提供或集成了一系列工具，为企业应用程序架构提供支持。

本章主要包含以下内容：

（1）应用程序和子应用；

（2）路由和路由类；

（3）页面模板技术；

（4）后台任务技术。

9.1　应用程序和子应用

Web 应用程序是指运行在服务器上，通过各种协议（比如 HTTP 协议）把业务逻辑暴露给客户端（比如浏览器）的一种程序。暴露业务逻辑的方法称为应用程序接口（Application Programming Interface)，简称为 API。给 API 提供运行环境的程序称为运行容器。在 FastAPI 中，FastAPI 类的 app 实例就是一种运行容器。本节将介绍 FastAPI 类本身的特性，包括如何在应用中使用环境变量，如何管理应用的启动、停止事件，集成子应用和外部应用。

9.1.1　使用环境变量

环境变量（Environment Variable）一般是指在操作系统中用来指定运行环境的一些参数，如临时文件夹位置和系统文件夹位置等。在应用程序中，也会将一些设置或配置项放到环境变量中，如通信用的密钥、连接数据库的凭证和连接邮件服务的凭证等。因此，应用程序需要提供访问环境变量的能力。

1. 设置环境变量

根据操作系统的不同，环境变量的设置方式也有些区别。无论是哪种操作系统，都会习惯性地把环境变量名设置为全大写字母和下划线的组合。

在 Windows 10 中，设置和读取环境变量的方式如图 9.1 所示。

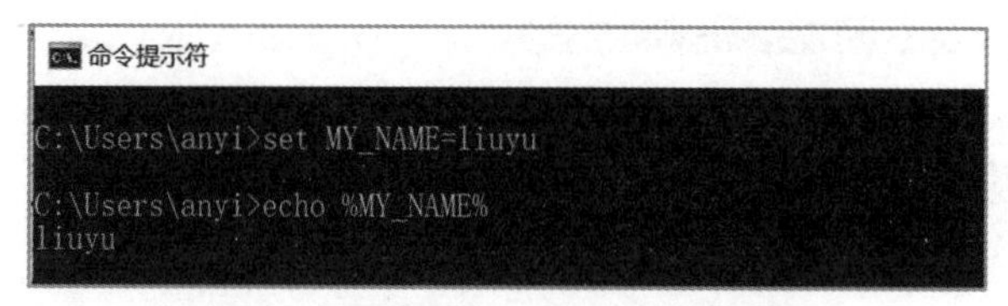

图 9.1　Windows 10 中设置环境变量

在图 9.1 的 Windows 10 的命令行终端中，首先，使用命令“set 变量名=变量值”的方式，将环境变量 MY_NAME 的值设置为 liuyu；然后，使用“命令 echo %变量名%”的方式，打印出变量 MY_NAME 的值。

在 Linux、Unix、macOS 等操作系统中，设置和读取环境变量的方式会有所不同，在 macOS 中设置环境变量如图 9.2 所示。

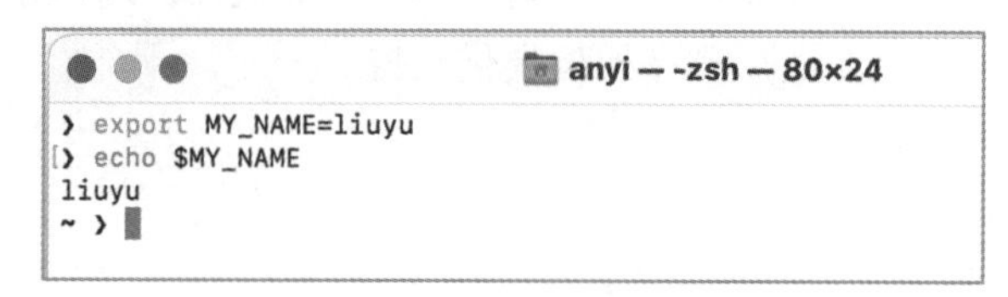

图 9.2　在 macOS 中设置环境变量

在图 9.2 的 macOS 的命令行终端中，首先使用命令“export 变量名=变量值”的方式，将环境变量 MY_NAME 的值设置为 liuyu；然后，使用命令“echo $变量名”的方式，打印出变量 MY_NAME 的值。在大多数 Linux 和 Unix 系统中，默认使用的 SHELL 程序都是 bash 或 sh，所以设置和读取环境变量的方式基本相同。

2. 通过 Python 内置模块访问环境变量

Python 中内置了 os 模块，具有访问环境变量的能力，使用方式如下：

```
import os                              # 导入 os 模块
my_name = os.getenv('MY_NAME')         # 使用 getenv 读取环境变量
print(f'hello {my_name}')              # 打印环境变量值
```

在以上代码中，第一行，导入了 os 模块；第二行，使用 os.getenv 方法，读取刚刚设置的环境变量名称；第三步，将读取到的值打印到终端上。

在操作系统中设置环境变量都是字符串类型的，当然也可以在环境变量中引用其他的环境变量，最终在 Python 中读取到的是环境变量的实际内容。

3. 通过 Pydantic 配置模块管理环境变量

FastAPI 通过 Pydantic 中的配置模块，可以对环境变量进行更多的操作，比如统一管理、类型验证。具体的使用方式如下：

```
# 【示例 9.1】第 9 章 第 9.1 节 code9_1.py
from fastapi import FastAPI
from pydantic import BaseSettings          # 导入 BaseSettings 类
import uvicorn
from fastapi import FastAPI
from pydantic import BaseSettings          # 第一步，导入 BaseSettings 模块
import uvicorn
```

```
class Settings(BaseSettings):              # 第二步，自定义类，继承自 BaseSettings
    my_name: str = '匿名'                   # 第三步，定义环境变量 my_name
    my_age: int = 40                        # 定义环境变量 my_age
    #class Config:                          # 自定义类的配置项
    #    case_sensitive = False             # 默认为大写小不敏感

settings = Settings()                       # 第四步，自定义设置类实例
app = FastAPI()                             # FastAPI 应用实例

@app.get("/")                               # 定义路由
async def info():                           # 定义路径操作函数
    return {                                # 第五步，返回获取到的环境变量
        "my_name": settings.my_name,
        "my_age": settings.my_age,
    }
if __name__ == '__main__':
    uvicorn.run(app=app)
```

以上代码展示了使用 Pydantic 配置模型的方法，步骤如下。

第一步，导入所需的类 BaseSettings。

第二步，创建自定义类，继承自 BaseSettings。

第三步，以类属性的形式，增加所需的环境变量，并可以使用前文讲到的类型提示的方式给属性设置类型。在默认情况下，设置的属性名对系统环境变量的名称大小写不敏感。也就是说 my_name 可以匹配到系统环境变量的 MY_NAME。如果需要更改这个默认行为，可以使用 Settings 的 Config 类修改参考注释掉的代码。

第四步，创建自定义设置类的实例。

第五步，在程序代码中，使用类实例的属性直接访问环境变量值。

接下来，在执行以上代码之前，要做一些设置。因为上一个例子中设置了环境变量 MY_NAME，这个变量的作用范围是设置变量时所使用的会话，也就是执行 export 命令所用的命令行终端，并非全局的环境变量。如果要设置全局的环境变量，需要根据不同的操作系统，修改相应的配置文件。在 PyCharm 工具中，也可以设置运行程序所需的环境变量，具体步骤如下。

第一步，在 PyCharm 的代码编辑界面，右键点击空白处，弹出的菜单如图 9.3 所示。

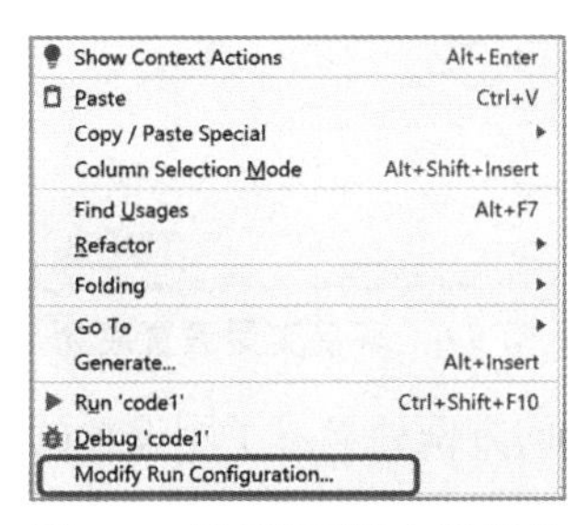

图 9.3　代码界面的右键菜单

第二步，鼠标点击图 9.3 的方框处的菜单"Modify Run Configuration..."，弹出运行配置窗口，如图 9.4 所示。

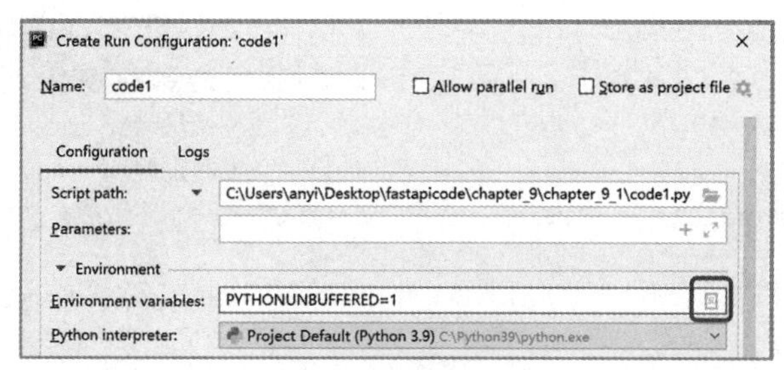

图 9.4　运行配置窗口

第三步，图 9.4 的方框处可设置当前代码的环境变量，点击方框处的图标，打开环境变量设置窗口，如图 9.5 所示。

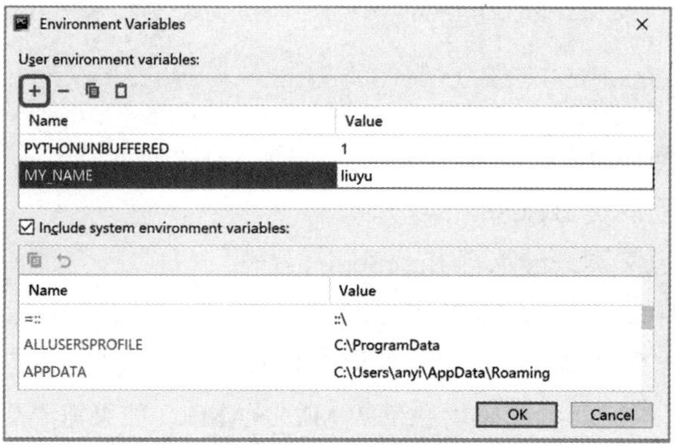

图 9.5　设置环境变量

第四步，在图 9.5 上点击方框处的加号图标，在列表中增加一个空行，然后在空行的 Name 列对应的输入框中，输入环境变量名称：MY_NAME，在 Value 列对应的输入框中，输入环境变量值：liuyu。然后点击窗口右下角的“OK”按钮，保存并关闭设置窗口。回到运行配置窗口，如图 9.6 所示。

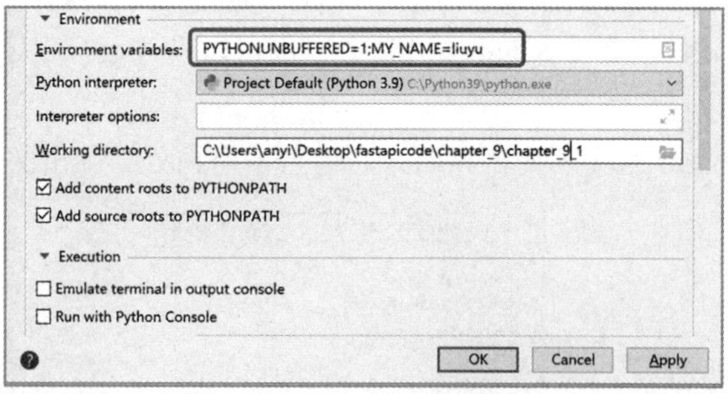

图 9.6　环境变量设置成功

第五步，在图 9.6 环境变量行的方框处显示了刚设置的环境变量：MY_NAME=liuyu。然后点击窗口右下角的“OK”按钮，关闭运行配置窗口。

经过以上的设置后，再次运行程序时，就可以读取到刚刚设置的环境变量；接下来在 PyCharm 中点击右上角的运行按钮，启动程序；然后在浏览器地址栏中输入地址：http://127.0,0,1:8000/，回车，打开如图 9.7 所示页面。

127.0.0.1:8000

{"my_name":"liuyu","my_age":40}

图 9.7　读取环境变量的显示页面

图 9.7 页面上显示了两个环境变量的值，my_name 的值是刚刚设置的环境变量，my_age 的值是代码中设定的初始值。读者可以使用以上步骤修改环境变量 my_name 和 my_age 的值，并观察显示结果。

9.1.2　应用事件处理

企业级的应用程序本身具有一定的复杂度，但对运行环境或是其他程序也有所依赖，这就需要在应用程序启动之前做一些特定操作，比如检测操作系统中的环境变量是否符合程序运行的要求，在不满足条件时，向管理员发送一条信息；有时也会在程序停止运行之前做一些特定操作，比如保存正在执行的任务数据，同时给管理员发送一条信息等。FastAPI 提供了启动事件和停止事件函数，以处理这种特定操作。

1. 启动事件

FastAPI 提供了 on_event 装饰器，用于管理应用级别的事件，当传递的参数为“startup”时，便可以在装饰器绑定的函数中执行启动前的特定操作，具体代码如下：

```
# 【示例 9.2】 第 9 章 第 9.1 节 code9_2.py
from fastapi import FastAPI
import uvicorn
app = FastAPI()
def send_msg_manager(action):
    print(f'通知管理员，XX 主机的 XX 程序于 XX 时间{action}了')

@app.on_event("startup")
async def startup_event():
    raise Exception('ss')
    send_msg_manager('启动')


@app.get("/")
async def read_items(item_id: str):
    return "hello, threecoolcat"

if __name__ == '__main__':
    uvicorn.run(app)
```

以上代码中，在操作函数上方使用了装饰器@app.on_event("startup")，将函数 startup_event 定义为启动事件，启动事件调用了另一个函数 send_msg_manager，该函数中将一句文本打印到控制台上。在真实项目中，可以在该函数中按文本描述的功能写入实现代码。将程序启动的行为通知给具体的管理员。在 PyCharm 中运行以上代码，结果如图 9.8 所示。

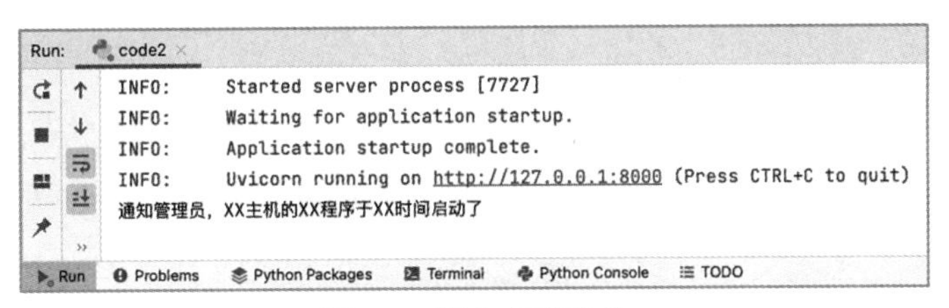

图 9.8　程序启动事件

在图 9.8 的 PyCharm 的运行窗口中，显示出一行文本：通知管理员，XX 主机的 XX 程序于 XX 时间启动了。说明在程序启动时，调用了函数 send_msg_manager。

FastAPI 中还支持定义多个启动事件，每个事件中写入不同的操作代码，只要在操作函数的上方使用装饰器@app.on_event("startup")即可。FastAPI 在启动程序时，会先执行所有的启动事件，一旦执行失败，便会立即中止服务。

2. 停止事件

停止事件与启动事件的定义方式类似，需要在操作函数上方使用装饰器@app.on_event("shutdown")。在【示例 9.2】中添加以下代码：

```
@app.on_event("shutdown")
def shutdown_event():
    send_msg_manager('关闭')
```

然后在 PyCharm 中重新运行程序，结果如图 9.8 所示，程序打印出了启动信息。然后点击程序运行窗口左侧的红色方块按钮，停止正在运行的程序，结果如图 9.9 所示。

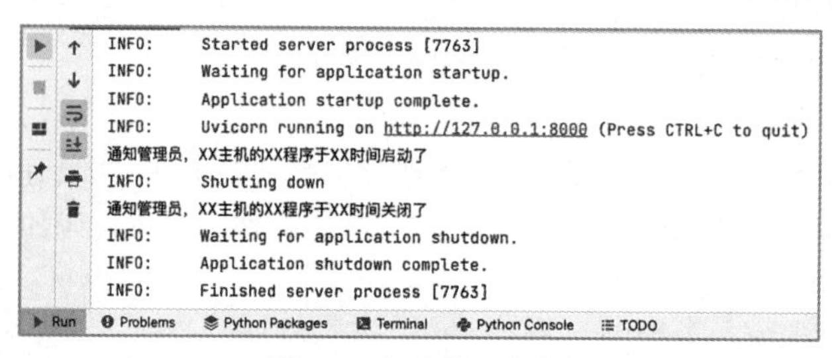

图 9.9　程序停止事件

在图 9.9 的 PyCharm 控制台中打印输出了程序停止时的提醒信息：通知管理员，XX 主机的 XX 程序于 XX 时间关闭了。FastAPI 同样也支持定义多个停止事件，当 FastAPI 应用程序被停止时，会执行所有的停止事件。但与启动事件不同，如果停止事件执行失败，不会影响应用程序的关闭过程。所以，尽量不要在停止事件中写入耗时或特别重要的操作。

9.1.3　管理子应用

企业级的应用程序，一般会按照具体业务拆分成多个独立的功能单元，称为子系统或子应用。比如会员子系统负责管理会员的信息，商品子系统用来管理商品的种类和数量信息，销售子系统用来管理商品的销售情况等。子系统之间以接口的形式相互通信，如图 9.10 所示。

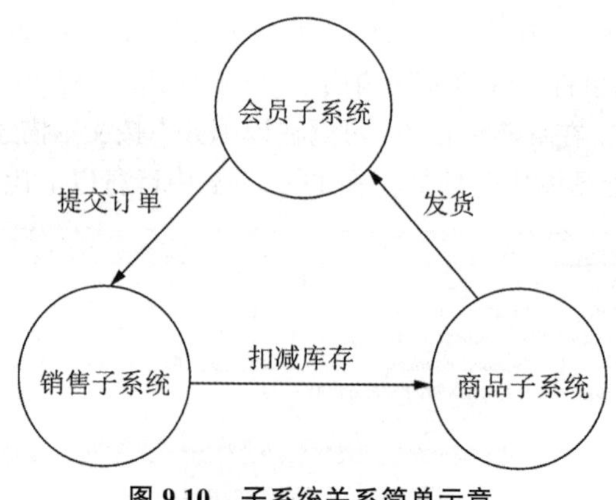

图 9.10　子系统关系简单示意

图 9.10 列出了各子系统之间的简单关系，当然实际的系统会复杂得多。在企业应用软件中，每个子系统都是独立的应用程序，这样的好处是每个子系统可以根据自身的特点维护功能，不影响其他子系统的功能。

FastAPI 提供了一种方式，可以用一个主应用管理各个子应用，这个过程称为“挂载”。挂载通过 app 的 mount()方法来实现，具体实现方式如下：

```
# 【示例 9.3】 第 9 章 第 9.1 节 code9_3.py
from fastapi import FastAPI
import uvicorn
app = FastAPI()                                    # 定义主应用

@app.get("/app")
def read_main():
    return {"message": "Hello 三酷猫"}

catapp = FastAPI()                                 # 定义第一个子应用
@catapp.get("/hello")                              # 在第一个子应用中定义路由
def read_sub():
    return {"message": "喵"}
app.mount("/cat", catapp)                          # 在路径/cat 下挂载子应用

dogapp = FastAPI()                                 # 定义第二个子应用
@dogapp.get("/hello")                              # 在第二个子应用中定义路由
def read_sub():
    return {"message": "汪"}
app.mount("/dog", dogapp)                          # 在路径/dog 下挂载子应用

if __name__ == '__main__':
    uvicorn.run(app=app)
```

以上代码中，定义了一个主应用 app，两个子应用 catapp 和 dogapp，使用 app.mount()方法挂载到主应用 app 上，并分别指定了应用路径/cat 和/dog。在 PyCharm 中运行以上程序，然后在浏览器地址栏中输入地址：http://127.0.0.1:8000/docs，回车，打开 API 文档页面，显示结果如图 9.11 所示。

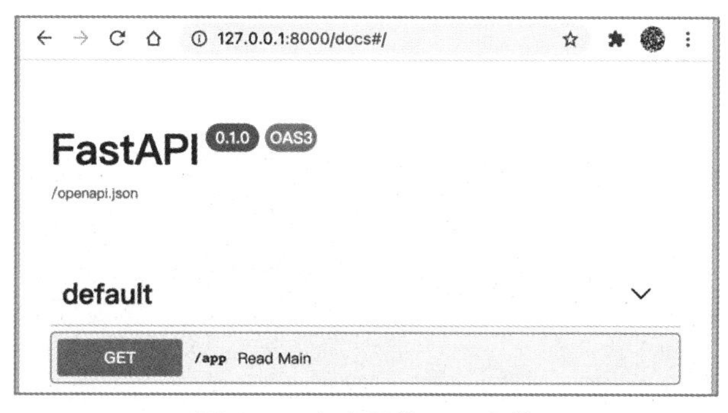

图 9.11　主应用的 API 文档

图 9.11 主应用的 API 文档中只能看到主应用的 API 接口，没有子应用的 API 文档。如果想查看子应用的 API 文档，需要通过挂载时指定的路径，比如访问子应用 catapp 的 API 文档。在浏览器地址栏中输入：http://127.0.0.1:8000/cat/docs，回车，显示结果如图 9.12 所示。

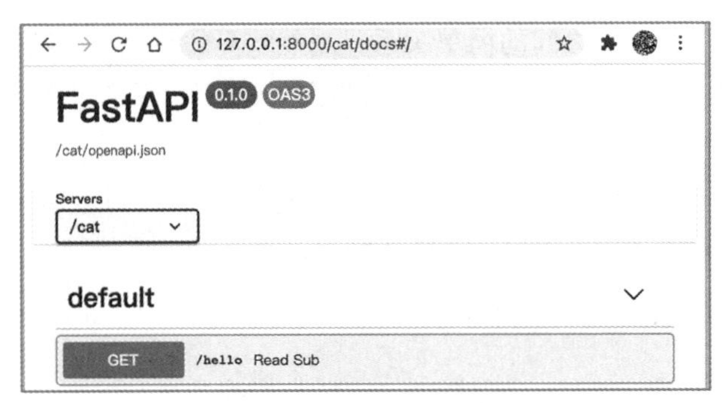

图 9.12　子应用的 API 文档

在图 9.12 子应用 cat 的 API 文档中，只显示了子应用的 API 接口。同理，当访问子应用的 API 接口时，也要带上挂载子应用时的路径。在浏览器地址栏中输入：http://127.0.0.1:8000/cat/hello，回车，结果如图 9.13 所示。

图 9.13 访问子应用的接口

FastAPI 通过挂载的方式，将多个子应用通过不同的路径挂载到一个主应用上统一管理。每个子应用可以添加各自的路径操作函数、路由，既保证了整体应用的统一性，又保证了各子应用的独立性。

9.1.4　管理外部 Web 应用

企业应用软件将内部业务拆分成子系统的同时，也需要接入外部 Web 应用，也就是使用 FastAPI 以外的框架建立的应用。具体的方式是使用中间件 WSGIMiddleware 封装外部 Web 应用，然后使用 app.mount()方法，将中间件挂载到主应用上。

以下示例中，需要使用 Flask 框架，首先需要使用 pip3 工具安装 Flask 框架，在命令行终端中，输入以下命令：

```
pip3 install flask
```

安装结果如图 9.14 所示。

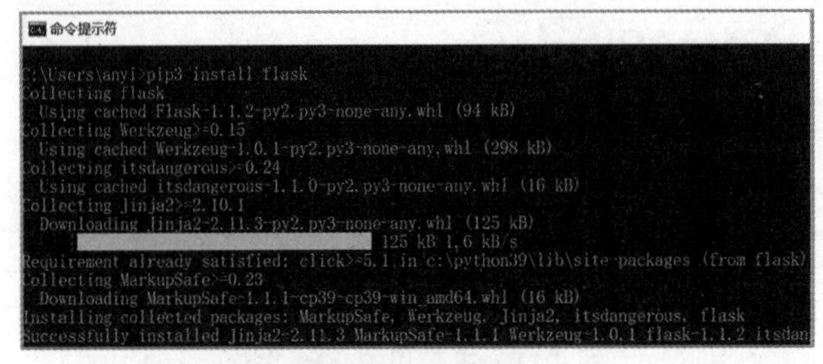

图 9.14　安装 Flask

Flask 安装完成后，在 PyCharm 中打开以下代码：

```
# 【示例 9.4】第 9 章 第 9.1 节 code9_4.py
import uvicorn
```

```
from fastapi import FastAPI
from fastapi.middleware.wsgi import WSGIMiddleware
##### 开始 Flask App #####
from flask import Flask, escape, request
flaskapp = Flask(__name__)
@flaskapp.route("/")
def flask_main():
    name = request.args.get("name", "Flask")
    return f"Hello, {escape(name)} !"
##### 结束 Flask App #####

app = FastAPI()                                         # 定义主应用

@app.get("/app")                                        # 定义路由
def read_main():
    return {"message": "Hello 三酷猫"}

app.mount("/flask", WSGIMiddleware(flaskapp))           # 挂载外部应用
if __name__ == '__main__':
    uvicorn.run(app=app)
```

以上代码中，导入了 Flask 相关组件，并建了一段简单的 Flask 应用，然后使用中间件 WSGIMiddleware，将 Flask 应用挂载到 FastAPI 的主应用的路径/flask 上。运行以上程序，可以使用路径/flask 访问 Flask 应用下的 API 接口。

在浏览器地址栏中输入：http://127.0.0.1:8000/docs，回车。打开 API 文档页面，结果如图 9.11 所示，API 文档页面上只显示了主应用的 API 接口。

然后在浏览器地址栏中输入：http://127.0.0.1:8000/flask，回车，结果如图 9.15 所示。

图 9.15　访问 Flask 接口

在主应用界面下，通过路径/flask，访问到 Flask 应用的接口，显示结果也是由 Flask 中的路径操作函数生成的，这是因为 FastAPI 在接收到请求/flask 后，传递给中间件 WSGIMiddleware，中间件判断该请求路径挂载了 Flask 应用，就将请求交给 Flask 应用，再接收 Flask 应用的处理结果，返回给 FastAPI 的响应，最终传递给页面。

9.2　应用模块管理

一个完整的应用，会包含很多函数和类，有负责提供接口的路径操作函数，负责处理业务逻辑的业务函数，负责数据库定义的数据库类，负责接收请求数据的请求类，负责调用标准加密算法的工具类等。如果不进行统一管理，程序的逻辑将会变得混乱。借助 Python 特性中的包（package），可以将程序按一定规则分模块管理。

9.2.1 路由类

本书前文所有的例子中，都将路由和对应的路径操作函数写在了主文件中。然而，在真实的应用程序中，会有几十个甚至上百个路由，如果写在同一个代码文件中，会使应用程序的主文件变得十分复杂。FastAPI 提供了路由类 APIRouter，用于解决这个问题。

路由类 APIRouter 和应用类 FastAPI 有相同的特性和相似的用法，示例如下：

```
# 【示例 9.5】第 9 章 第 9.2 节 code9_5.py
from fastapi import APIRouter

router = APIRouter(                                    # 定义路由类的实例
    prefix="/child",                                   # 路由的路径前缀
    tags=["child"],                                    # API 文档中显示的名称
    dependencies=[],                                   # 给当前路由类实例指定依赖项
    responses={404: {"detail": "未找到项目"}},         # 自定义响应
)

@router.get("/hello")                                  # 使用 router 实例的装饰器定义路由
async def hello(name: str):                            # 定义路径操作函数
        return {"message": f"hello {name}"}
```

以上代码中，首先导入了路由类 APIRouter，然后定义路由类 APIRouter 的实例，并指定了参数值，如下：

（1）prefix，路径前缀；

（2）tags，API 文档中显示的标签名；

（3）dependencies，依赖项列表；

（4）responses，自定义响应。

然后在路径操作函数上，使用路由类的实例 router 替代的装饰器方法定义了路由/hello。这与使用 FastAPI 的实例 app 定义路由的方法是相同的，也可以用同样的方式定义路径参数、请求参数、请求体，以及使用依赖项、响应体等。

这段代码并不能单独执行，因为必须使用应用类 FastAPI 的实例才能启动 Web 服务。所以，以上代码的使用方式是使用 FastAPI 的方法 include_router，将路由类实例引用到应用中，示例如下：

```
from fastapi import FastAPI
import code1                              # 导入路由所在的包

app = FastAPI()                           # 定义应用实例

app.include_router(code1.router)          # 在应用中引用路由实例
```

这样一来，当 FastAPI 接收到以/child 开头的请求地址后，就会匹配到此路由实例，再匹配路由实例中定义的路径，找到路径操作函数。通过这种方式，可以将主程序中的路由定义部分拆分成模块，将不同功能路径操作函数定义在相应的路由类实例中。

9.2.2 应用目录结构

解决了路由定义拆分成模块的问题后，FastAPI 中其他的功能都可以按 Python 的风格进行拆分，以下列出了一个典型的应用程序目录结构：

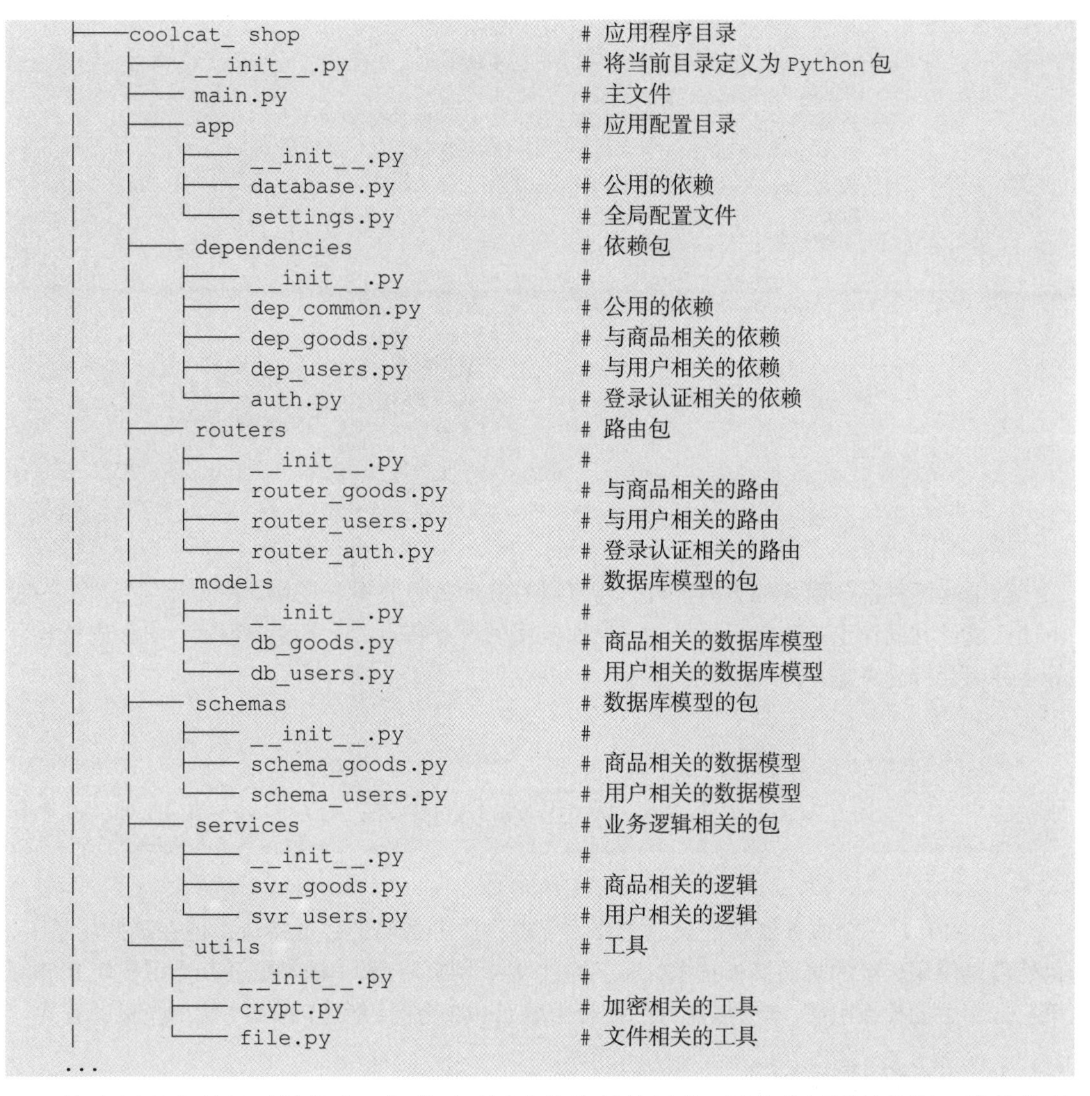

```
├──coolcat_ shop                         # 应用程序目录
│    ├── __init__.py                     # 将当前目录定义为 Python 包
│    ├── main.py                         # 主文件
│    ├── app                             # 应用配置目录
│    │    ├── __init__.py                #
│    │    ├── database.py                # 公用的依赖
│    │    └── settings.py                # 全局配置文件
│    ├── dependencies                    # 依赖包
│    │    ├── __init__.py                #
│    │    ├── dep_common.py              # 公用的依赖
│    │    ├── dep_goods.py               # 与商品相关的依赖
│    │    ├── dep_users.py               # 与用户相关的依赖
│    │    └── auth.py                    # 登录认证相关的依赖
│    ├── routers                         # 路由包
│    │    ├── __init__.py                #
│    │    ├── router_goods.py            # 与商品相关的路由
│    │    ├── router_users.py            # 与用户相关的路由
│    │    └── router_auth.py             # 登录认证相关的路由
│    ├── models                          # 数据库模型的包
│    │    ├── __init__.py                #
│    │    ├── db_goods.py                # 商品相关的数据库模型
│    │    └── db_users.py                # 用户相关的数据库模型
│    ├── schemas                         # 数据库模型的包
│    │    ├── __init__.py                #
│    │    ├── schema_goods.py            # 商品相关的数据模型
│    │    └── schema_users.py            # 用户相关的数据模型
│    ├── services                        # 业务逻辑相关的包
│    │    ├── __init__.py                #
│    │    ├── svr_goods.py               # 商品相关的逻辑
│    │    └── svr_users.py               # 用户相关的逻辑
│    └── utils                           # 工具
│        ├── __init__.py                 #
│        ├── crypt.py                    # 加密相关的工具
│        └── file.py                     # 文件相关的工具
...
```

该应用程序的目录结构中，实现了不同功能代码的拆分，拆分的原则是将同一类的代码放到一个包下，如依赖包、数据库模型包、路由包、服务包、工具包。每个包中将不同的业务功能拆分成不同名称的代码文件，如商品代码文件、用户代码文件。如果在该应用中增加新的业务模块，可以在每个包中添加对应业务的代码文件，不改变应用的目录结构。

还可以按其他方式拆分模块，比如，除主文件以外，将与用户相关的代码文件放到一个包中，商品相关的代码文件放到一个包中。示例如下：

```
.
├── threecoolcat                         # 应用程序目录
│    ├── __init__.py                     # 将当前目录定义为 Python 包
│    ├── main.py                         # 主文件
│    ├── app                             # 应用配置目录
│    │    ├── __init__.py                #
│    │    ├── database.py                # 公用的依赖
│    │    └── settings.py                # 全局配置文件
│    ├── users                           # 用户包
```

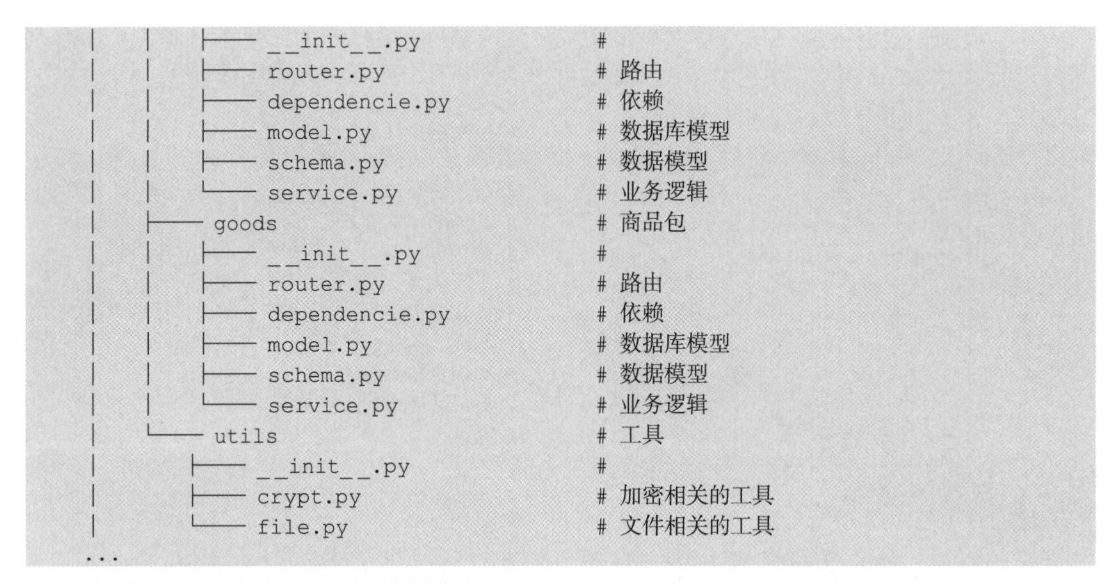

```
|    |    ├── __init__.py              #
|    |    ├── router.py                # 路由
|    |    ├── dependencie.py           # 依赖
|    |    ├── model.py                 # 数据库模型
|    |    ├── schema.py                # 数据模型
|    |    └── service.py               # 业务逻辑
|    ├── goods                         # 商品包
|    |    ├── __init__.py              #
|    |    ├── router.py                # 路由
|    |    ├── dependencie.py           # 依赖
|    |    ├── model.py                 # 数据库模型
|    |    ├── schema.py                # 数据模型
|    |    └── service.py               # 业务逻辑
|    └── utils                         # 工具
|        ├── __init__.py               #
|        ├── crypt.py                  # 加密相关的工具
|        └── file.py                   # 文件相关的工具
...
```

除上述两种拆分模块的方式以外，还可以有其他的方式拆分模块。在实际项目中，一般由团队成员共同讨论来决定目录结构，根据应用的业务特点、业务复杂程度、团队成员数量等各种因素综合考虑。

9.3　页面模板技术

FastAPI 是一个服务器端框架，主要用于提供服务器端的数据接口，但在某些场景下，仍然需要使用传统的页面模板技术，用于提供 Web 网页界面。FastAPI 可以使用任何 Python 第三方库中的模板引擎，本节以流行的模板引擎 Jinja2 为例，介绍 FastAPI 使用模板的方式。

9.3.1　Jinja2 模板入门

要在 FastAPI 框架里使用 Jinja2，先要安装该模板引擎库。具体安装方式为，在命令行终端输入以下命令：

```
C:\>pip3 install jinja2
```

安装结果如图 9.16 所示。

```
命令提示符
C:\Users\anyi>pip3 install jinja2
Collecting jinja2
  Downloading Jinja2-3.0.0-py3-none-any.whl (133 kB)
     |████████████████████████████████| 133 kB 181 kB/s
Collecting MarkupSafe>=2.0.0rc2
  Downloading MarkupSafe-2.0.0-cp39-cp39-win_amd64.whl (14 kB)
Installing collected packages: MarkupSafe, jinja2
Successfully installed MarkupSafe-2.0.0 jinja2-3.0.0
```

图 9.16　安装 Jinja2

安装完成后，在当前目录下建立一个文件 code1.py，在 PyCharm 中打开此文件，写入以下代码：

```
# 【示例 9.6】 第 9 章 第 9.3 节 code9_6.py
from typing import Optional
from fastapi import FastAPI, Request
from fastapi.responses import HTMLResponse
from fastapi.templating import Jinja2Templates   # 导入 Jinja2 模块
from fastapi.staticfiles import StaticFiles      # 导入静态资源文件
import uvicorn
app = FastAPI()
templates = Jinja2Templates(directory="templates") # 定义模板引擎实例,并指定模板目录

@app.get("/", response_class=HTMLResponse)    #定义路由路径，并指定响应类型为 HTML
async def index(request: Request, name: Optional[str] = '! '):
    return templates.TemplateResponse("index.html", # 返回模板响应
            {"request": request, "name": name})   # 传递给模板的数据

if __name__ == '__main__':
    uvicorn.run(app=app)
```

以上代码中，首先导入 Jinja2 的模板引擎模块 Jinja2Templates，然后定义模板引擎的实例，并指定模板目录为 templates。然后在路径操作函数中返回模板响应对象，其参数是模板文件名称和传递给模板的数据。在路径操作函数的装饰里定义路由时，需要指定响应类为 HTMLResponse。

根据以上代码，需要在当前目录下创建一个目录：templates，并在目录中创建一个空白文件：index.html，目录结构如图 9.17 所示。

图 9.17　使用模板的目录结构

然后用 PyCharm 打开 index.html，并写入以下代码：

```
<html>
<head>
    <title>三酷猫</title>
</head>
<body>
    <h1>你好: {{ name }}</h1>
</body>
</html>
```

完成模板引擎 Jinja2 调用代码文件和 html 文件后，在 PyCharm 中打开 code1.py，并执行代码文件。然后在浏览器地址栏中输入：http://127.0.0.1:8000，回车，执行结果如图 9.18 所示。

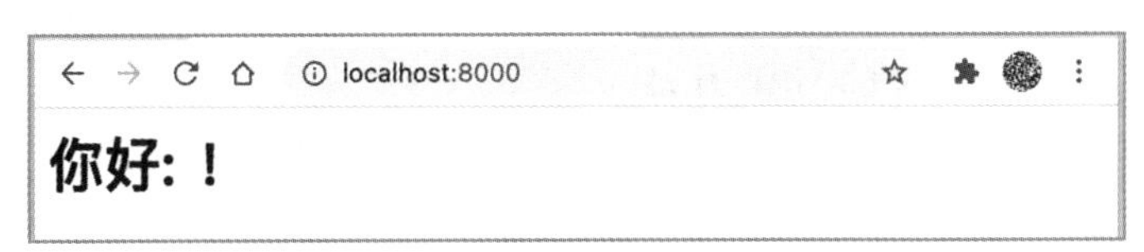

图 9.18　Jinja2 模板显示的页面

说明！

Jinja2 引擎及模板的完整功能，需要至少一章的内容进行介绍，在此省略。感兴趣的读者可以网上搜索“Jinja2 模板”，在 Jinja2 官网文档里获取相应内容。

9.3.2　管理静态文件

使用模板引擎的方式制作页面时，会在 HTML 代码中引用 CSS 样式文件、JavaScript 脚本文件、图片、音乐、视频等资源，这类资源统称为静态资源，静态资源也是通过 URL 地址引用的。FastAPI 提供了 StaticFiles 模块，可以将指定的目录变成“静态资源服务器”，提供给 FastAPI 应用程序调用。

使用此模块之前，首先要用 pip3 工具在线安装第三方库 aiofiles，具体方式为，在命令行终端输入以下命令：

```
pip3 install aiofiles
```

第一步，安装成功后，在上一节建立的示例程序目录中，添加一个目录名 static，并且在目录下创建一个空白文件 style.css，目录结构如图 9.19 所示。

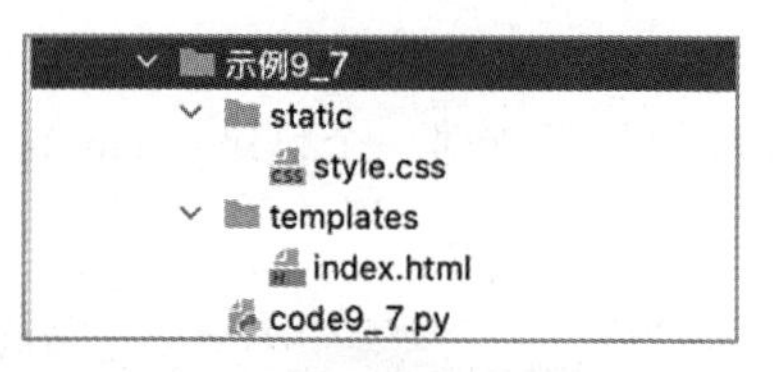

图 9.19　添加静态资源目录

第二步，用 PyCharm 打开 style.css，并写入以下内容：

```
h1 {
    font-style: italic;  //斜体
    text-align: center;  //居中
}
```

第三步，修改 templates 目录下的 index.html，引用 style.css，修改后的代码如下：

```
<html>
<head>
    <title>三酷猫</title>
    <link href="{{ url_for('static', path='/style.css') }}" rel="stylesheet">
</head>
<body>
    <h1>你好：{{ name }}</h1>
</body>
</html>
```

用 Jinja2 的 url_for 标签，指定要引用的静态资源文件 style.css。在页面渲染时，url_for 标签的内容会转换成 style.css 的 URL 地址。

第四步，用 PyCharm 打开【示例 9.6】中的 code9_6.py，加入管理静态资源的代码，修改后的代码如下：

```
# 【示例 9.7】 第 9 章 第 9.3 节 code9_7.py
from typing import Optional
```

```
    from fastapi import FastAPI, Request
    from fastapi.responses import HTMLResponse
    from fastapi.templating import Jinja2Templates       # 导入 Jinja2 模块
    from fastapi.staticfiles import StaticFiles          # 导入静态资源文件
    import uvicorn
    app = FastAPI()
    app.mount("/static", StaticFiles(directory="static"), name="static") # 挂载静
态资源
    templates = Jinja2Templates(directory="templates") # 定义模板引擎实例，并指定模板
目录
    @app.get("/", response_class=HTMLResponse)  # 定义路由路径，并指定响应类型为 HTML
    async def index(request: Request, name: Optional[str] = '! '):
        return templates.TemplateResponse("index.html", # 返回模板响应
                {"request": request, "name": name})      # 传递给模板的数据

    if __name__ == '__main__':
        uvicorn.run(app=app)
```

以上代码中，使用了 app.mount 方法挂载资源目录，其第一个参数是在应用服务上挂载资源的根路径；第二个参数 StaticFiles(directory="static")，是静态资源在硬盘上实际存储的相对路径；第三个参数 name="static"，是静态资源服务在 FastAPI 内部使用的名称，也就是在页面模板中 url_for('static', path='/style.css')中的第一个参数名称。

在 PyCharm 中执行 code9_6.py 文件，然后在浏览器地址栏中输入：http://127.0.0.1:8000，回车，执行结果如图 9.20 所示。

图 9.20　引用样式文件的页面

9.4　案例：三酷猫卖海鲜（八）

在 6.5 节的案例中，三酷猫在 MySQL 数据库里收到提交的海鲜订单后，希望能为后台业务人员显示订单查询 Web 界面，以方便后台出货。要求用模板方式实现获取数据的展示。

第一步，在主程序文件（FromDBShowGoods.py）同目录下，新建 templates 子目录。

第二步，在 templates 子目录下建立如下内容的 html 模板文件。

```
# 读取并以列表格式显示海鲜订单内容模板
<html>
<head>
    <title>三酷猫</title>
</head>
<body>
    <h1>你好: {{ name }}</h1>
<table border="1">
     <tr>
```

```
            <td>序号</td>
            <td>商品名称 </td>
            <td>数量</td>
            <td>单位</td>
            <td>价格 </td>
        </tr>
         {%for one in goods %}{#按照字典值进行排序#}
        <tr>
            <td>{{one.id}} </td>
            <td>{{one.name}} </td>
            <td>{{one.num}} </td>
            <td>{{one.unit}} </td>
            <td>{{one.price}} </td>
        </tr>
         {%endfor%}

    </table>
    </body>
    </html>
```

上述模板获取从主程序传递过来的 goods 对象，然后通过循环显示 goods 里的订单记录。

第三步，实现主程序代码功能。

```
#FromDBShowGoods.py
from fastapi import FastAPI, Request
# 连接 SQLAlchemy
import pymysql
pymysql.install_as_MySQLdb()
from sqlalchemy import create_engine
from sqlalchemy.ext.declarative import declarative_base
from sqlalchemy import Boolean, Column, ForeignKey, Integer, String,Float
from sqlalchemy.orm import sessionmaker, Session
from pydantic import BaseModel                          #导入基础模型类
from fastapi import Depends
from fastapi.responses import HTMLResponse
from fastapi.templating import Jinja2Templates# 导入 Jinja2 模块
from fastapi.staticfiles import StaticFiles # 导入静态资源文件
import uvicorn

app = FastAPI()

class Goods(BaseModel):                                 # 定义数据模型类，继承自 BaseModel 类

    name: str                                           # 定义字段 name，类型为 str
    num:float                                           # 定义字段 num，类型为 float
    unit:str                                            # 定义字段 unit，类型为 str
    price: float                                        # 定义字段 price，类型为 float


engine                                                                          =
create_engine("mysql://root:cats123.@127.0.0.1:3306/cat?charset=utf8")
session = sessionmaker(autocommit=False, bind=engine)    # 创建本地会话
def get_db():
    db = session()
    try:
        yield db
    finally:
        db.close()

Base = declarative_base()                               # 创建数据模型基础类

class Order(Base):                                      # 数据库表模型
                                                        # 指定数据库中的表名
```

```
    __tablename__ = "t_order"
                                                # 定义类的属性，对应表中的字段
    id = Column(Integer, primary_key=True, index=True)
    name=Column(String(20))
    num=Column(Float)
    unit=Column(String(4))
    price=Column(Float)
Base.metadata.create_all(bind=engine)

class OrderCreate(BaseModel):                       # ORM 模式读写字段
    # 配置项中启用 ORM 模式
    id:int=0
    name: str                                       # 定义字段 name，类型为 str
    num:float                                       # 定义字段 num，类型为 float
    unit:str                                        # 定义字段 unit，类型为 str
    price: float                                    # 定义字段 price，类型为 float
    class Config:
        orm_mode = True

def get_goods(db: session, skip: int = 0, limit: int = 100):  # 读取 t_order 表
里的数据
    return db.query(Order).offset(skip).limit(limit).all()
templates = Jinja2Templates(directory="templates") # 定义模板引擎实例,并指定模板目录

@app.get("/goods/", response_class=HTMLResponse) # 设置路径路由，指定响应数据格式
def read_goods(request: Request,skip: int = 0, limit: int = 100, db: session
= Depends(get_db)):
                                                        # 定义路径操作函数
    goods = get_goods(db, skip=skip, limit=limit)
    name="三酷猫！你的订单来啦！"
    return templates.TemplateResponse("index.html",         # 返回模板响应
            {"request": request,"name": name,"goods": goods}) # 传递给模板的数据

if __name__ == '__main__':
    uvicorn.run(app=app)
```

执行上述代码，在浏览器地址栏里输入：http://127.0.0.1:8000/goods/，回车，显示结果如图 9.21 所示。

图 9.21　用模板显示订单记录

9.5　习题及实验

1. 填空题

（1）FastAPI 类的（　　）实例就是为（　　）接口提供运行环境的一种运行容器。

（2）（　　　　　　）一般是指用来指定操作系统运行环境的一些参数，为应用系统运行使用。

（3）Python 中内置了（　　）模块，具有访问环境变量的能力。

（4）on_event 装饰器用于管理应用级别的事件，当传递的参数为（　　　　）时，便可以在装饰器绑定的函数中执行启动前的特定操作。

（5）应用程序挂载外部应用时，先使用中间件（　　　　　　　）封装外部 Web 应用，然后使用 app.mount()方法，将中间件挂载到主应用上。

2. 判断题

（1）在 Windows、Linux、MacOS 操作系统下都可以设置环境变量，方便应用系统运行。（　　）

（2）企业级的应用程序，一般会按照具体业务拆分成多个独立的功能单元，子系统之间以 HTTP 协议的形式相互通信。（　　）

（3）挂载通过 app 的 mount()方法来实现。　（　　）

（4）借助 Python 特性中的包（package），可以将程序按一定规则分模块管理。（　　）

（5）FastAPI 框架主要定位于后端业务功能的开发，但是也可以通过模板引擎实现前端 Web 功能。（　　）

3. 实验

对 9.4 案例进行代码改造，将其代码拆分成合理的应用功能模块，形成一个企业级的项目框架。具体要求如下：

（1）用 PyCharm 工具建立一个项目框架，至少要有主程序代码文件、数据库模块包、业务操作模块包；

（2）在 PyCharm 截取目录分类结果图，说明分类目录存放的内容；

（3）形成实验报告。

第10章　测试与部署

软件开发完成后，需要根据需求对软件中的功能逐项验证，这个过程称为测试。将测试通过的软件安装到服务器上，这个过程称为部署。

本章的主要内容如下：

（1）测试工具；

（2）部署程序。

10.1　测试工具

软件测试是使用人工或自动化测试工具的方法来运行或测定某个软件系统的过程，其目的在于检验它是否满足规定的需求或弄清预期结果与实际结果之间的差别。

软件测试方法的分类有很多种，以测试过程中程序执行状态为依据，可分为静态测试和动态测试；以具体实现算法细节和系统内部结构的相关情况为依据，可分黑盒测试、白盒测试和灰盒测试；从程序执行的方式来分类，可分为人工测试和自动化测试。

软件测试不仅要确保软件的质量，还要给开发人员提供信息，方便其为风险评估做相应的准备，软件测试要贯穿在整个软件开发的过程中，保证整个软件开发的过程是高质量的。

本节主要讲述 FastAPI 常用的测试工具及其使用方式。

10.1.1　常规测试

TestClient 是 FastAPI 中提供的一套测试工具，基于 Requests 库进行网络通信，支持 Python 中标准的 pytest 测试框架。

使用 TestClient 之前，首先要使用 pip3 工具在线安装相关的库，在命令行终端执行以下命令：

```
C:\>pip3 install requests
C:\> pip3 install pytest
```

安装完成后，使用 PyCharm 工具，创建一个代码文件，本例中命名为 main.py，然后在 main.py 中写入如下代码：

```
# 【示例 10.1】 第 10 章 第 10.1 节 main.py
from fastapi import FastAPI
```

```
from fastapi.testclient import TestClient
import uvicorn
app = FastAPI()

@app.get("/")                      # 注册路由路径
async def index():                 # 定义路径操作函数
    return {"name": "threecoolcat"}    # 返回一个对象

client = TestClient(app)           # 创建 TestClient 实例

def test_index():                  # 定义测试函数
    response = client.get("/")     # 使用 TestClient 的实例发起请求，接收返回数据
    assert response.status_code == 200                      # 断言：状态码
    assert response.json() == {"name": "threecoolcat"}      # 断言：返回对象

if __name__ == '__main__':
    uvicorn.run(app)                                        # 启动 Web 服务
```

以上代码中，比前文用到的 FastAPI 示例多了一些操作，如下：

（1）导入 TestClient 库；

（2）创建 TestClient 库的实例，参数中使用了 FastAPI 的实例 app，表示本实例的测试目标是 app；

（3）定义了一个以 test_开头的测试函数 test_index。根据 pytest 的约定，测试函数必须以 test_开头；

（4）在测试函数 test_index 的实现代码中，使用 client 对象发起请求，将请求的返回值写到 response 对象，请求的路径是在应用中使用装饰器定义的路由地址。test_index 函数是用 def 定义的，说明这是一个同步函数，这是因为 TestClient 仅支持使用同步函数进行测试；

（5）使用了 assert 关键字验证 response 对象的属性。assert 的作用是“断言”，是在测试中常用的一个术语，其作用是判断传给这个关键字的表达式计算结果为 True 还是 False。如果传入的表达式计算结果为 True，则表达式通过测试；否则，引发一个测试异常，并带有详细信息，供排查错误使用。

在 PyCharm 中执行以上 main.py 文件，然后在浏览器地址栏中输入：http://127.0.0.1:8000/，回车，打开页面如图 10.1 所示。

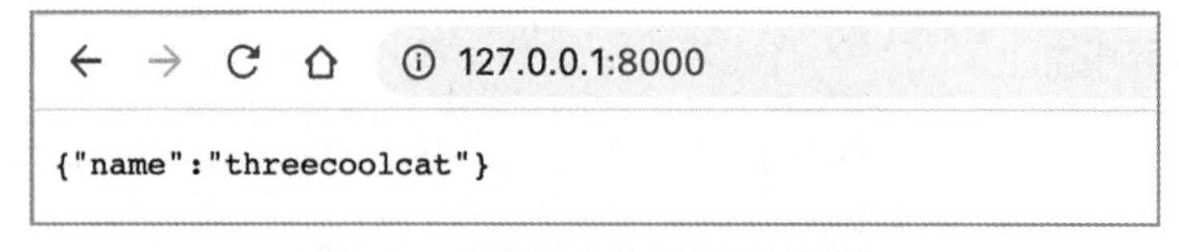

图 10.1　代码正常执行的显示页面

接着，在 PyCharm 中用鼠标点击停止按钮，停止运行服务。然后在 PyCharm 的底部工具栏找到 Terminal 并点击，打开命令行控制台，输入以下命令进行代码测试，回车：

```
pytest main.py
```

执行结果如图 10.2 所示。

```
Terminal:  Local ×  +
› pytest main.py
======================= test session starts ========================
platform darwin -- Python 3.9.5, pytest-6.2.4, py-1.10.0, pluggy-0.13.
1
rootdir: /Users/anyi/PycharmProjects/fastapicode/第十章/示例10_1
plugins: asyncio-0.15.1
collected 1 item

main.py .                                                     [100%]

======================== 1 passed in 0.45s =========================
```

图 10.2 执行代码测试的结果 1

图 10.2 显示本次测试结果为 1 passed in 0.45s。意味着通过 1 个测试，用时 0.45 秒。接下来修改一下路径操作函数的返回值，如下：

```
@app.get("/")                          # 定义路由
async def index():                     # 定义路径操作函数
    return {"name": "dog"}             # 返回一个数据字典
```

如上面代码所示，将路径操作函数中的返回值改成：return {"name": "dog"}，然后在 PyCharm 的命令行控制台中，再次输入以下命令进行测试，回车：

```
pytest main.py
```

执行结果如图 10.3 所示。

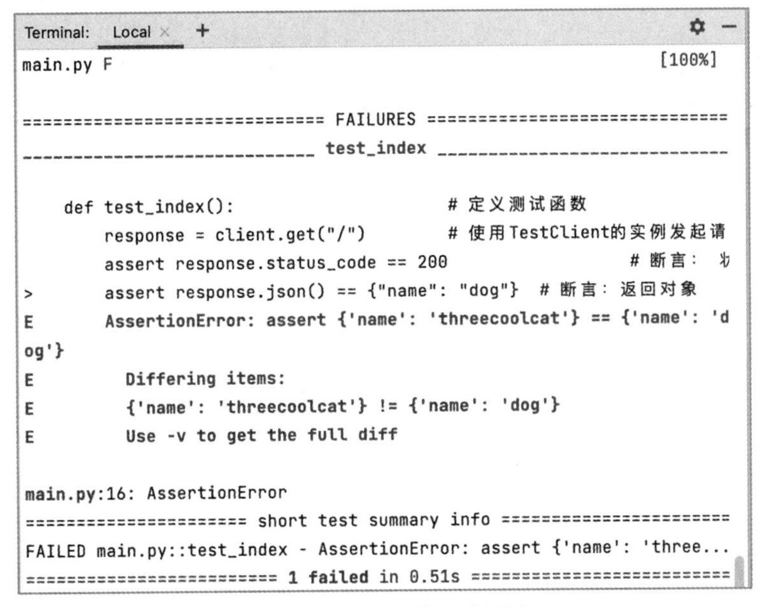

```
Terminal:  Local ×  +
main.py F                                                     [100%]

============================= FAILURES =============================
____________________________ test_index ____________________________

    def test_index():                          # 定义测试函数
        response = client.get("/")             # 使用TestClient的实例发起请
        assert response.status_code == 200               # 断言： 状
>       assert response.json() == {"name": "dog"}  # 断言：返回对象
E       AssertionError: assert {'name': 'threecoolcat'} == {'name': 'd
og'}
E         Differing items:
E         {'name': 'threecoolcat'} != {'name': 'dog'}
E         Use -v to get the full diff

main.py:16: AssertionError
===================== short test summary info ======================
FAILED main.py::test_index - AssertionError: assert {'name': 'three...
======================== 1 failed in 0.51s =========================
```

图 10.3 执行代码的测试结果 2

图 10.3 显示本次测试的结果为 FAILURES，意思是失败，下面列出了测试失败的具体信息，包括出错的代码，所在的行数，失败的原因等，便于排查错误使用。

10.1.2　分离测试代码

功能代码是为了完成功能，测试代码是为了验证功能代码，所以这两类代码的用途是不同的。在实际项目中，需要把功能代码和测试代码分离成不同的文件，以便于管理，所以，在 FastAPI 中推荐将功能代码和测试代码分离。

在 main.py 同级目录下新建文件：main_test.py，将【示例 10.1】中的测试代码，移动到 main_test.py 中，并且在代码中导入 main 模块，因为创建 TestClient 实例时，需要指定 FastAPI 应用。代码移动之后 main.py 的功能代码内容如下：

```
# 【示例 10.2】 第 10 章 第 10.1 节 main.py
from fastapi import FastAPI
import uvicorn
app = FastAPI()

@app.get("/")                              # 定义路由
async def index():                         # 定义路径操作函数
    return {"name": "threecoolcat"}         # 返回一个对象

if __name__ == '__main__':                 # 当本文件为入口文件时
    uvicorn.run(app)
```

main_test.py 文件的测试代码内容如下：

```
# 【示例 10.2】 第 10 章 第 10.1 节 main_test.py
from fastapi.testclient import TestClient
import main
client = TestClient(main.app)              # 创建 TestClient 实例

def test_index():                          # 定义测试方法
    response = client.get("/")             # 使用 TestClient 的实例发起请求，接收返回数据
    assert response.status_code == 200                          # 断言：状态码
    assert response.json() == {"name": "threecoolcat"}   # 断言：返回对象
```

功能代码都在 main.py 中，测试代码都在 main_test.py 中，在 PyCharm 的命令行控制台中执行测试命令 pytest main_test.py，回车，结果如图 10.4 所示。

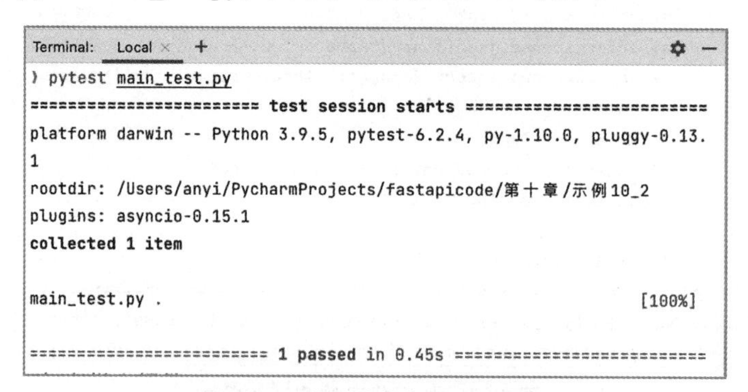

图 10.4　分离测试代码后的结果

分离代码后，测试代码可以正常运行。当应用程序的功能越来越丰富时，也可以建立多个测试文件，将测试代码按一定规则分类管理。

10.1.3　应用事件测试

FastAPI 通过@app.on_event("startup")，在应用启动前执行一些操作，这些操作也可以用 TestClient 进行测试，比如示例 10.3。

首先，在 PyCharm 中创建文件 main1.py，写入以下代码：

```
# 【示例 10.3】 第 10 章 第 10.1 节 main1.py
from fastapi import FastAPI
import uvicorn
app = FastAPI()
data = {                                    # 应用中的模拟数据
    "cat": "猫",
    "dog": "狗"
}
@app.get("/{name}")                         # 注册路由路径，定义路径参数
async def index(name: str):                 # 定义路径操作函数
    return {"name": data[name]}             # 返回数据

if __name__ == '__main__':
    uvicorn.run(app)
```

以上代码中，定义了模拟数据 data，在路径操作函数中通过路径参数 name，获取 data 中的值，并返回获取到的数据。在 PyCharm 中执行以上代码，在浏览器地址栏中输入：http://127.0.0.1:8000/cat，回车，打开页面如图 10.5 所示。

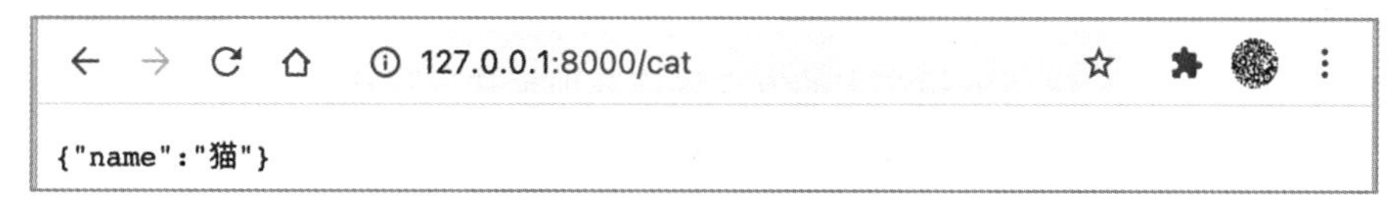

图 10.5　应用中的默认数据

如图 10.5 所示，路径参数的值为 cat 时，页面上显示的数据为{"name":"猫"}。

然后，在 PyCharm 中的 main1.py 同级目录下创建文件 main1_test.py，写入以下代码：

```
# 【示例 10.3】 第 10 章 第 10.1 节 main1_test.py
from fastapi.testclient import TestClient
import main

@main.app.on_event("startup")
async def startup_event():
    main.data["cat"] = "小猫"
    main.data["dog"] = "小狗"

def test_index():                           # 定义测试方法
    with TestClient(main.app) as client: # 创建 TestClient 实例
        response = client.get("/cat")    # 使用 TestClient 的实例发起请求，接收返回数据
        assert response.status_code == 200               # 断言：状态码
        assert response.json() == {"name": "小猫"}        # 断言：返回对象
```

以上代码中，定义了应用启动事件和相应的事件函数。在函数中，改变了 data 的默认值。在测试函数 test_index()中，通过 with TestClient(main.app) as client 语句，创建了 TestClient 的实例，发起请求，将请求的返回值写到 response 对象，然后使用了 assert，验证 response 对象的属性，其中 assert response.json()的期望值是应用事件中设置的{"name": "小猫"}。

在 PyCharm 的命令行控制台中，输入以下测试命令，回车：

```
pytest main1_test.py
```

执行结果如图 10.6 所示。

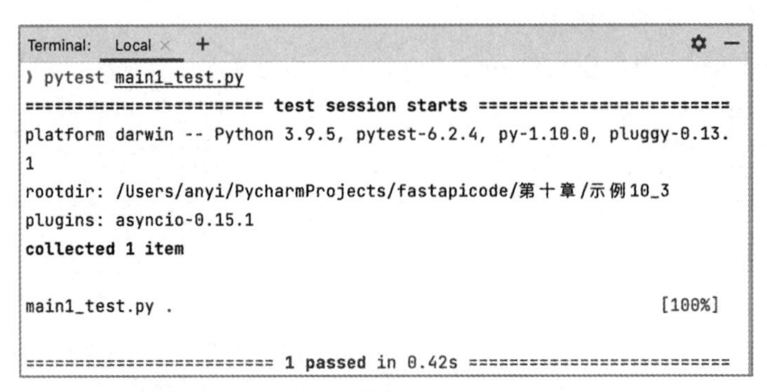

图 10.6　测试应用事件

测试结果为通过。以上在应用启动事件中修改的数据，仅在测试代码中有效，不影响应用本身的默认数据。

同样道理，也可以使用相同的方式测试应用关闭事件，只需要在测试代码文件中定义关闭事件即可。

10.1.4　依赖项测试

在 FastAPI 程序中，使用依赖注入的方式调用其他模块或集成第三方服务。在测试期间可能需要不同的依赖项，比如在程序中通过依赖的方式调用第三方短信平台发送短信，会产生费用，但在测试期间不需要每次都真正发送短信，只要确认此步骤已经执行即可。这时就要通过覆盖的方式，将发送短信的依赖项替换为消息输出的依赖项。

FastAPI 提供了设置覆盖依赖性的属性 dependency_overrides，其类型是一个字典，字典的键是原来的依赖项，字典的值是替换后的依赖项。

首先，在 PyCharm 中创建文件 main2.py，写入代码如下：

```
# 【示例 10.4】 第 10 章 第 10.1 节 main2.py
from fastapi import FastAPI, Depends
import uvicorn
app = FastAPI()

async def sms_sender(text: str):                        # 定义依赖注入函数
    print(f'调用短信平台发送短信，内容为：{text}')          # 发送短信的代码
    return f'成功发送内容：{text}'                        # 返回值

@app.get("/sendsms")                                    # 注册路由路径，定义路径参数
async def sendsms(sms = Depends(sms_sender)):           # 定义路径操作函数
    return {'data': sms}

if __name__ == '__main__':
    uvicorn.run(app)
```

以上代码中，定义了一个依赖注入函数，用于调用短信平台，发送短信，在路径操作函数中指定了该依赖注入函数为依赖项。执行以上代码，然后在浏览器地址栏中输入：

http://127.0.0.1:8000/sendsms?text=验证码，回车，执行结果如图 10.7 所示。

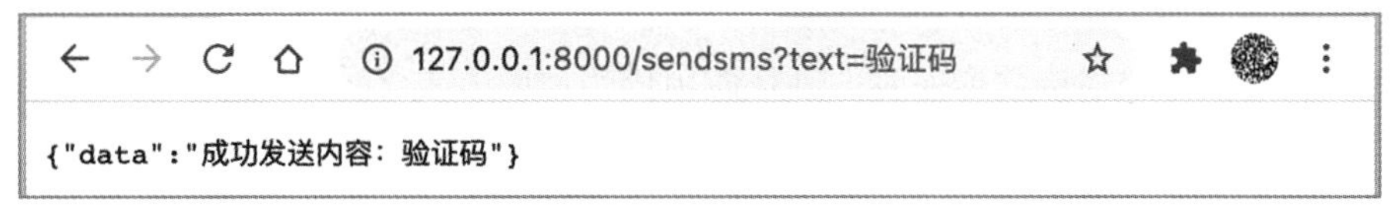

图 10.7　测试发送短信功能

在 PyCharm 中的 main2.py 同级目录下，创建代码文件 main2_test.py，然后写入以下代码：

```
# 【示例 10.4】 第 10 章 第 10.1 节 main2_test.py
from fastapi.testclient import TestClient
import main2

client = TestClient(main2.app)              # 创建 TestClient 实例

async def override_sms_sender(text: str): # 定义依赖注入函数，仅输出消息，不发送短信
    print(f'需发送短信内容为：{text}，仅记录，未发送')
    return f'成功发送内容：{text}'
main2.app.dependency_overrides[main2.sms_sender] = override_sms_sender

def test_sendsms():                         # 定义测试方法
    response = client.get("/sendsms?text=验证码") # 使用 TestClient 的实例发起请求
    assert response.status_code == 200          # 断言：状态码
```

在以上代码中，定义了一个依赖注入函数 override_sms_sender，其作用是打印内容，不真正发送短信。然后使用 app.dependency_overrides 方法，将应用原有的依赖项 sms_sender 替换成 override_sms_sender。通过这种方式，可以在测试期间，替换原有的依赖项，不真正发送短信，仅打印内容，而不影响程序中原有的功能。

在 PyCharm 的命令行控制台中，输入以下命令（命令中的参数-s，是为了输出控制台消息），回车：

```
pytest main2_test.py -s
```

执行结果如图 10.8 所示。

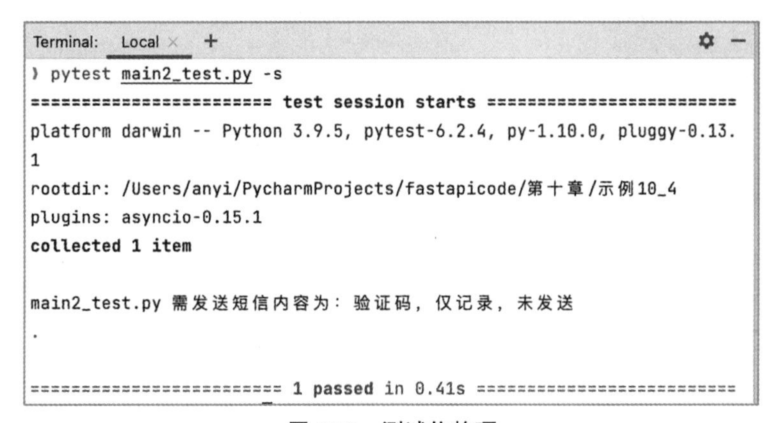

图 10.8　测试依赖项

在测试阶段，没有执行程序本身的依赖项，而是执行了通过 dependency_overrides 覆盖的依赖项，并在控制台输出了打印结果。

10.1.5　测试数据库

在 FastAPI 程序中连接数据库时，也是使用依赖项的方式，所以，可以使用替换依赖项的方式测试数据库。

先在 MySQL 中创建一个数据库实例 cat_test，所有测试的数据都写入该数据库实例中，不会影响开发环境中的数据。在程序测试过程中，使用替换依赖项的方式将数据库连接修改为测试数据库。在调用操作代码之前，先开启事务，测试完成之后再回滚事务，清除测试程序写入的数据，从而验证操作是否正确有效。

在 PyCharm 中打开【示例 10.5】中的 project 项目目录，然后在目录中创建一个文件 main_test.py，代码如下：

```
# 【示例 10.5】第 10 章 10.1 小节 main_test.py
from fastapi.testclient import TestClient
from sqlalchemy import create_engine
from sqlalchemy.orm import sessionmaker

from sql_app.database import Base
from main import app,get_db
# 第一部分，连接数据库
# 创建数据库引擎，用于测试
engine = create_engine("mysql://root:123456@localhost/cat_test")
# 创建数据库会话，用于测试
TestingSessionLocal = sessionmaker(autocommit=False, autoflush=False, bind=engine)
# 创建测试数据库的表结构
Base.metadata.create_all(bind=engine)
# 第二部分，替换依赖项
def get_test_db():                              # 定义依赖函数
    try:
        db = TestingSessionLocal()              # 开启事务
        db.begin(subtransactions=True)
        yield db
    finally:
        db.rollback()                           # 回滚事务
        db.close()
app.dependency_overrides[get_db] = get_test_db
# 第三部分，写测试函数
client = TestClient(app)
def test_create_user():                         # 测试函数
    response = client.post(                     # 创建用户
        "/users/",
        json={"email": "cnanyi@qq.com", "password": "123456"},
    )
    assert response.status_code == 200, response.text
    data = response.json()
    assert data["email"] == "cnanyi@qq.com"
    assert "id" in data
```

以上代码中包含几个主要步骤：

（1）创建一个新的数据库引擎实例，以及数据库会话类，连接测试数据库；

（2）定义依赖函数，使用替换依赖项的方式，将原来的数据库会话替换成新建的测试数据库会话。在定义的依赖函数中，创建数据库会话实例后，开启事务，在 yield 语句后回滚事务。这样做的目的是验证完代码逻辑后，清理数据库中的数据，保证每次测试的结果都是一致的；

（3）写测试函数，在测试函数中使用接口访问后台服务，获取返回数据，使用断言的方式验证数据结果。

10.1.6　异步测试工具

在 FastAPI 中集成了 pytest-asyncio 库，这是一个支持异步的测试框架，它底层使用 HTTPX 库进行网络通信，HTTPX 库与 Requests 库的不同之处在于， Requests 只支持同步网络请求，而 HTTPX 既支持同步网络请求也支持异步网络请求。

使用 python-asyncio 之前，首先要使用 pip3 工具在线安装相关的库，在命令行终端执行以下命令：

```
C:\>pip3 install pytest-asyncio
C:\>pip3 install HTTPX
```

安装完成后，使用 PyCharm 工具，在【示例 10.6】的目录下，创建一个文件，本例中命名为 async_test.py，然后在 async_test.py 中写入如下代码：

```
# 【示例 10.6】第 10 章 10.1 节 async_test.py
import pytest
from httpx import AsyncClient                             # 导入异步测试模块
import main

@pytest.mark.asyncio
async def test_index():                                   # 定义测试方法
    async with AsyncClient(app=main.app,                  # 创建异步客户端实例
        base_url='http://127.0.0.1:8000') as ac:
        response = await ac.get("/")                      # 发起异步请求，接收返回数据
    assert response.status_code == 200                    # 断言：状态码
    assert response.json() == {"name": "threecoolcat"} # 断言：返回值
```

以上测试代码采用了异步请求的方式，具体内容如下：

（1）导入异步测试框架；

（2）从 async_test.py 中导入了 main 模块，这说明测试代码分离以后，在不改变功能代码的前提下，可以更换测试方式；

（3）使用装饰器@pytest.mark.asyncio 将测试函数标记为异步函数，允许在函数中使用异步的方式发起请求；

（4）使用 async def 定义异步测试函数；

（5）在异步测试函数中，创建异步测试框架 AsyncClient 的实例，第一个参数传入要测试的应用 app，第二个参数是该应用的基础访问地址；

（6）使用 ac.get 方法发起请求，并使用 await 的方式接收返回数据；

（7）后面两个断言语句用于验证返回数据。

在 PyCharm 的命令行控制台中，输入以下命令，回车，执行结果如图 10.9 所示。

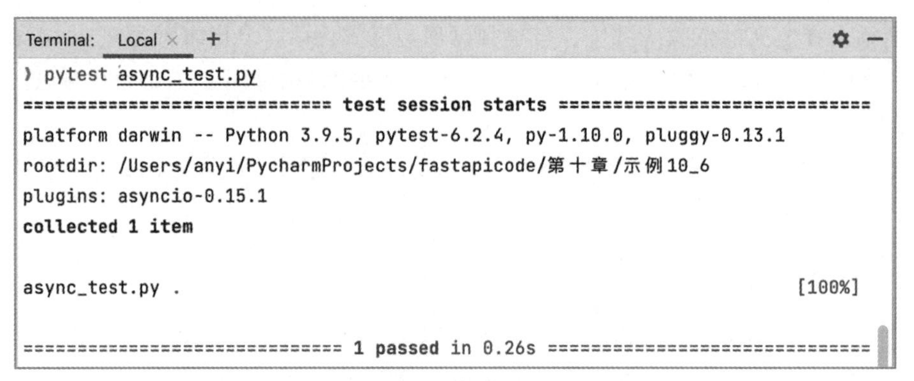

图 10.9　使用异步测试工具的结果

使用 FastAPI 构建的服务端应用采用的是异步框架，使用 TestClient 工具测试服务接口时，可以验证数据逻辑的正确性，但不能真正测出异步服务的性能，因为 TestClient 在发起请求后，会一直等待后端服务的返回结果。所以，在测试服务器并发能力的场景下，需要使用异步测试客户端 AsyncClient，以异步的方式测试异步服务接口。

10.2　部署程序

一般而言，程序的运行环境分为三种：开发环境、测试环境、生产环境。同时，也对应了软件开发的三个阶段：开发、测试、上线。

1. 开发环境

开发环境是给程序员用于开发的服务器，配置比较随意。为了调试方便，会打开所有级别的日志输出。

2. 测试环境

测试环境一般是部署在测试服务器上的，它是开发环境的完整克隆。一般会定期将开发中的程序部署到测试环境，供测试人员使用。测试人员根据此环境测试出的问题，反馈给程序员修改。

3. 生产环境

生产环境部署在专门的服务器上，是正式对外提供服务的环境。只有通过测试的程序才会部署到生产环境，生产环境一般只保留错误级别的日志输出。

所以，一套程序从开发环境到生产环境，会有很多运行条件发生改变，如：

（1）操作系统，比如开发环境大多是 Windows，生产环境大多是 Linux。

（2）Python 运行环境，这里主要是指 Python 的第三方库，开发环境上使用的版本与服务器上不一致，比如开发环境使用的 MySQL 驱动版本是 1.0.2，而生产环境使用的是 0.9.8，这会导致程序出现一些兼容性问题。

在操作系统很难统一的前提下，可以使用一系列工具，将开发环境和生产环境下的

Python 环境统一。

本节介绍几种流行部署工具的使用方法。

10.2.1　virtualenv 和 pip3

virtualenv 是目前最流行的 Python 虚拟环境配置工具，不仅同时支持 Python 2 和 Python 3，而且可以为每个虚拟环境指定 Python 解释器，并选择不继承基础版本的包。virtualenv 的作用如下：

（1）使得不同 Python 应用的开发环境相互独立。

（2）开发环境升级不影响其他应用的开发环境，也不会影响全局的环境，因为虚拟环境是将全局环境进行私有的复制，在虚拟环境执行 pip install 安装第三方库时，只会安装到当前选择的虚拟环境中。

（3）可以防止系统中出现包管理混乱和版本的冲突的问题。

下面为 virtualenv 的安装步骤。

第一步，使用 pip3 在线安装，命令如下：

```
pip3 install virtualenv
```

第二步，创建程序目录，命令如下：

```
mkdir myproject
cd myproject
```

创建的程序目录，可以存放任意 Python 的项目文件，比如 FastAPI 的 main.py 和各个模块的目录，也可以进入已有的项目根目录下，再执行后续操作。

第三步，创建虚拟环境，命令如下：

```
virtualenv myenv
```

以上命令成功后，当前目录下会生成一个名为“myenv”的目录，该目录中存放刚生成的虚拟环境文件。

第四步，激活虚拟环境，命令如下：

```
# Windows:
myenv\Scripts\activate.bat
# Linux:
source myenv/bin/activate
```

第五步，安装第三方库。激活了虚拟环境以后，命令行终端中的命令行提示符会显示当前环境的名称，可以在此环境下使用 pip3 命令在线安装各种第三方库。在软件开发的过程中，也可以随时使用 pip3 命令在线安装各种第三方库。

待软件开发完成，需要进行部署时，再使用 pip3 freeze 命令，将当前环境中已安装的第三方库“冻结”为安装包列表。具体命令如下：

```
C:\myproject\>pip3 freeze > requirements.txt       # 将第三方库列表输出到文件中
```

然后用记事本打开 requirements.txt，结果如图 10.10 所示。

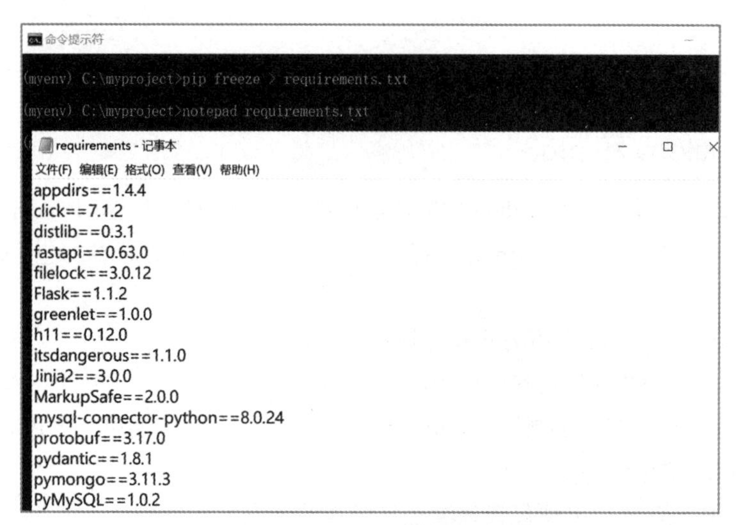
命令提示符
(myenv) C:\myproject>pip freeze > requirements.txt
(myenv) C:\myproject>notepad requirements.txt
requirements - 记事本
文件(F) 编辑(E) 格式(O) 查看(V) 帮助(H)
appdirs==1.4.4
click==7.1.2
distlib==0.3.1
fastapi==0.63.0
filelock==3.0.12
Flask==1.1.2
greenlet==1.0.0
h11==0.12.0
itsdangerous==1.1.0
Jinja2==3.0.0
MarkupSafe==2.0.0
mysql-connector-python==8.0.24
protobuf==3.17.0
pydantic==1.8.1
pymongo==3.11.3
PyMySQL==1.0.2

图 10.10　使用 pip3 命令"冻结"第三方库列表

用命令生成的这个 requirements.txt 文件保存在项目根目录下，其中包含了当前项目用到的所有第三方库和对应的版本号。将此文件上传到服务器上，然后使用以下命令安装同样版本的第三方库，保证第三方库的版本一致：

```
# pip3 install -r requirements
```

virtualenv 工具结合 pip freeze 命令是最广泛的使用 Python 程序部署的工具。另外还有一些 Python 的第三方库管理工具，比如 pipenv、poetry 等，都是在 virtualenv+pip3 的基础上做了很多优化，提升了方便性和易用性。感兴趣的读者可以自行了解，本书不展开介绍。

10.2.2　部署到 Linux 服务器

因为 FastAPI 中的异步技术依赖 Linux 内核中的 epoll 模块，所以 FastAPI 程序的部署环境大多采用 Linux 环境。如果采用 Windows 作为 FastAPI 的运行环境，将不能发挥最大性能。FastAPI 应用程序使用 uvicorn 库作为 Web 代码运行服务器。具体步骤如下：

第一步，在服务器上安装 Python 程序，略。

第二步，使用 pip 命令安装 virtualenv 库，命令如下：

```
# pip3 install virtualenv
```

第三步，使用 winscp 或其他工具将程序目录上传到服务器的指定目录，比如/opt/myproject。

第四步，使用终端工具（比如 putty 或 Windows 中的 ssh 命令）连接到服务器上，并进入程序所在目录。命令如下：

```
# cd /opt/myproject
```

第五步，在服务器上创建 Python 虚拟环境，命令如下：

```
# virtualenv myenv
```

第六步，激活刚创建的虚拟环境，命令如下：

```
# myenv/bin/activate
```

第七步，使用程序目录下的 requirements.txt 安装第三方库，命令如下：

```
# pip install -r requirements.txt
```

第八步，在程序目录下，使用命令行的方式启动程序，命令如下：

```
# uvicorn main:app --host 0.0.0.0 --port 80 --root-path /api
```

其中：

uvicorn，是 ASGI 服务器，用于运行 FastAPI 程序。

main:app，即 FastAPI 的主文件名:文件中的服务实例，如果程序的主文件是 code1.py，则此参数是 code1:app。

--host 0.0.0.0，是程序监听的访问者地址，0.0.0.0 表示允许所有 IP 地址访问，默认为当不指定此参数时，只能从本机 127.0.0.1 访问。

--port 80，是程序监听的端口，如果不指定端口，默认为 8000。

--root-path，是程序提供接口使用的根路径，默认为/。

至此，服务器上的程序启动完成。可以在电脑上通过“http://服务器地址:服务运行端口/”访问 Web 服务。

10.2.3　部署为后台进程

在服务器上，使用 uvicorn 直接运行的程序，当终端工具关闭后，程序也随之停止运行，所以，需要将程序转换成后台进程运行。常用的方式有两种：使用 nohup 命令，使用 gunicorn 程序。

1. 使用 nohup 命令运行程序

nohup 英文全称为 no hang up（不挂起），用于在系统后台不挂断地运行命令，退出终端不会影响程序的运行。其命令格式为：

```
# nohup uvicorn main:app --host 0.0.0.0 --port 80 > main.log 2>&1 &
```

运行以上命令后，控制台不会有新的输出，可以使用 jobs 命令查看使用 nohups 命令运行的后台进程。如下：

```
# jobs
[1]  + running nohup uvicorn main:app --host 0.0.0.0 --port 80 > main.log 2>&1
```

在重新部署程序时，如果需要停止后台运行的程序，首先使用 ps 命令找到进程 ID，命令如下：

```
# ps -aux|grep uvicorn
```

输出结果中的第二列是 uvicorn 的进程 ID，然后使用 kill 命令停止进程，命令如下：

```
# kill -9 进程 ID
```

进程停止以后，可以使用 nohup 命令再次启动程序。

2. 使用 gunicorn 工具运行程序

gunicorn 是一个 Python WSGI UNIX 的 HTTP 服务器，通过多个工作进程和一个管理进程的方式运行程序。其中的工作进程可以使用 uvicorn 的服务来接收请求，返回响应。管理进程用来监控工作进程的状态，保证程序平稳运行。实际接收和大多数的 Web 框架兼容。

下面为使用 gunicorn 的具体步骤。

第一步，使用 pip 命令在线安装 gunicorn，命令如下：

```
# pip install gunicorn
```

第二步，使用 pip 命令在线安装 FastAPI 的依赖包 uvloop 和 httptools，命令如下：

```
# pip install uvloop
# pip install httptools
```

第三步，使用 gunicorn 命令启动程序，命令如下：

```
# gunicorn main:app -w 2 -k uvicorn.workers.UvicornWorker -D -b 127.0.0.1:8000
```

以上命令中：

main:app 指定了应用的实例。

-w 2 指定了工作进程的数量。一般设置为 CPU 内核数量，每个工作进程会使用一个 CPU 内核。

-k 参数指定了工作进程的实现类使用 uvicorn.workers.UvicornWorker。

-D 参数指定程序以后台运行。

-b 127.0.0.1:8000 参数指定程序绑定的服务地址和端口。

程序启动后，可以使用 ps 命令查询程序状态，命令如下：

```
# ps -aux|grep gunicorn
```

结果如下：

```
root 5225  0.0  0.2  4270176  13588   ??  S    12:01下午  0:00.10 gunicorn main:app ...
root 5229  0.1  0.2  4274316  14828   ??  S    12:01下午  0:00.20 gunicorn main:app ...
root 5228  0.1  0.2  4274316  14912   ??  S    12:01下午  0:00.21 gunicorn main:app ...
root 5286   0.0  0.0  4278648   740 s001  S+   12:03下午  0:00.00 grep --color=auto ...
```

可以使用 kill 命令停止进程，命令如下：

```
# kill -9 进程 ID 进程 ID 进程 ID
```

进程停止以后，可以再次使用 gunicorn 命令启动程序。

gunicorn 除了可以使用命令行方式启动，还可以使用配置文件的方式启动，在配置文件中可以定义更复杂的配置。在 FastAPI 程序的目录下创建文件 gunicorn.py，典型的配置内容如下：

```
# gunicorn.py
import multiprocessing
bind = '127.0.0.1:8000'              # 绑定 ip 和端口号，同命令行中的-b 参数
backlog = 512                        # 监听队列
chdir = '.'                          # gunicorn 要切换到的目的工作目录，程序所在的目录
daemon = True                        # 设置为后台进程
timeout = 30                         # 超时，单位为秒，单个请求超过此设置值，则引发超时异常
worker_class = 'uvicorn.workers.UvicornWorker'  # 工作进程类，同命令行中的-k 参数
workers = multiprocessing.cpu_count()           # 进程数，同命令行中的-w 参数
threads = 2                                     # 指定每个进程开启的线程数
loglevel = 'info' # 错误日志级别，可选 debug/info/notice/warning/error/critical/
alert/emergency
```

```
    access_log_format = '%(t)s %(p)s %(h)s "%(r)s" %(s)s %(L)s %(b)s %(f)s"
"%(a)s"'  # 设置 gunicorn 访问日志格式，错误日志无法设置
    accesslog = "./access.log"                              # 访问日志文件
    errorlog = "./error.log"                                # 错误日志文件
```

写好配置文件后，使用以下命令启动程序：

```
# gunicorn -c gunicorn.py main.app
```

查询程序运行状态和停止程序的方式和不使用配置文件的示例相同。更多可用的配置项，可查询 gunicorn 官网文档[1]。

10.2.4 使用代理服务

FastAPI 程序可以使用 uvicorn、gunicorn 等工具运行，但在生产环境中，一台服务器可能会在同一个端口（比如 80 端口）上运行多套程序，使用不同的路径区分服务。比如，/static 指向静态资源，/web 指向前端页面服务，/api 指定后台接口服务。这种情况下，会使用代理服务器监听 80 端口，管理各个不同的服务。

最常用的代理服务器是 Nginx。Nginx 是一个高性能的 HTTP 和反向代理 web 服务器，同时也提供了 IMAP/POP3/SMTP 服务。Nginx 是由伊戈尔·赛索耶夫为俄罗斯访问量第二的 Rambler.ru 站点开发的，其特点是占有内存少，并发能力强，事实上 Nginx 的并发能力在同类型的网页服务器中表现较好，目前在全球的使用份额已经超过了 Apache，成为最受欢迎的 Web 服务器。

Nginx 有很多种安装方式，比如使用官网的二进制包安装，或者使用官网的源码自行编译安装，不同的安装方式会影响配置文件存放的位置。

在 CentOS 中，使用官网上二进制包的方式安装时，安装程序会自动将 Nginx 设置为系统服务，可以跟随服务器启动。主配置文件存放在/etc/nginx/nginx.conf 中，服务配置文件存放在/etc/nginx/conf.d/default.conf 中；使用官网的源码自行编译安装时，需要自己写脚本注册为系统服务。配置文件在自行指定的安装目录下，默认情况下不区分主配置文件和服务配置文件。

在使用 Nginx 作为代理服务器时，需要给 FastAPI 程序分配一个路径前缀。在使用 uvicorn 启动程序时，需要带上参数--root-path，指定一个路径前缀。比如：

```
# uvicorn main:app --host 0.0.0.0 --port 80 --root-path /api
```

在浏览器中访问本程序提供的 API 接口和 API 文档时，都要带上这个路径前缀。

设置好 FastAPI 程序的启动参数后，通过命令启动 FastAPI 程序。然后在 Nginx 中使用 location 关键字，将路径/api 绑定到 FastAPI 服务上，示例配置如下：

```
server {
listen 80;                                                  # Nginx 监听的端口
```

[1] gunicorn 官方文档：https://gunicorn.org/#docs

```
    hostname _;                                          # Nginx 监听的主机名
    location /api {                                      # 需要映射的路径
        proxy_pass http://localhost:8000/api;            # 该路径代理的服务
        proxy_set_header Host $host;                     # 转发请求头 Host
            proxy_set_header X-Real-IP $remote_addr; # 转发请求头 X-Real-IP
            proxy_set_header X-Forwarded-For $proxy_add_x_forwarded_for;
    }
    }
```

完成以上配置后，需要重新启动 Nginx 服务器才会生效。使用 Nginx 作为代理服务时，客户端请求 FastAPI 后端服务的完成路径，如图 10.11 所示。

图 10.11　使用代理服务

使用 uvicorn 或 gunicorn 运行的 FastAPI 程序，本身具有良好的性能和稳定性，一般不需要借助另外的代理服务。但是，需要在服务器上同时运行其他程序时，或者需要将程序安装到多台服务器上，并配置负载均衡策略时，就需要用到 Nginx。

10.3　案例：三酷猫海鲜项目测试

三酷猫在 9.4 节案例里实现了海鲜订单数据模型展现功能。该功能在正式部署前，需要通过测试工具进行自动化测试，以进一步验证该应用系统的使用质量，这里采用分离式测试项目代码。

在 FromDBShowGoods.py 文件的同路径下，创建测试文件 test_ShowGoods.py，其测试代码如下。

```
from fastapi.testclient import TestClient
import FromDBShowGoods
client = TestClient(FromDBShowGoods.app) # 创建 TestClient 实例

def test_index():                          # 定义测试方法
    response = client.get("/goods")        # 使用 TestClient 的实例发起请求，接收返回数据
    assert response.status_code == 200   # 断言：状态码
```

在目录提示符终端输入 pytest test_ShowGoods.py（注意：要在代码文件路径下测试），回车，执行测试结果如图 10.12 所示。

该界面没有显示跟 URL 访问相关的错误信息，意味着 URL 通过访问测试。（图中的警告信息是 pytest 测试工具不支持异步技术测试）

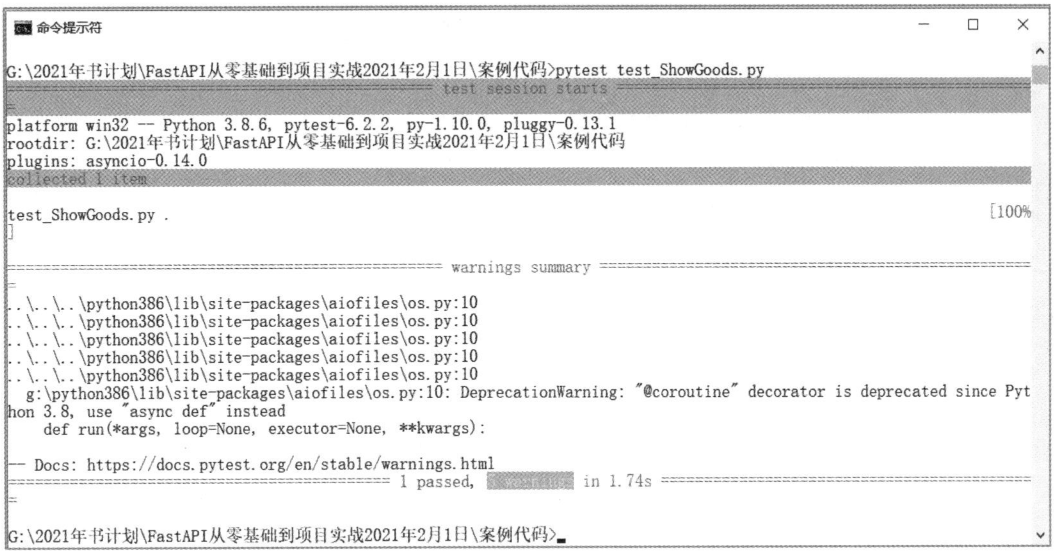

```
命令提示符

G:\2021年书计划\FastAPI从零基础到项目实战2021年2月1日\案例代码>pytest test_ShowGoods.py
============================================= test session starts =============================================
=
platform win32 -- Python 3.8.6, pytest-6.2.2, py-1.10.0, pluggy-0.13.1
rootdir: G:\2021年书计划\FastAPI从零基础到项目实战2021年2月1日\案例代码
plugins: asyncio-0.14.0
collected 1 item

test_ShowGoods.py .                                                                                      [100%
]

============================================= warnings summary =============================================
=
..\..\..\python386\lib\site-packages\aiofiles\os.py:10
..\..\..\python386\lib\site-packages\aiofiles\os.py:10
..\..\..\python386\lib\site-packages\aiofiles\os.py:10
..\..\..\python386\lib\site-packages\aiofiles\os.py:10
..\..\..\python386\lib\site-packages\aiofiles\os.py:10
  g:\python386\lib\site-packages\aiofiles\os.py:10: DeprecationWarning: "@coroutine" decorator is deprecated since Pyt
hon 3.8, use "async def" instead
    def run(*args, loop=None, executor=None, **kwargs):

-- Docs: https://docs.pytest.org/en/stable/warnings.html
======================================== 1 passed, 5 warnings in 1.74s ========================================
=

G:\2021年书计划\FastAPI从零基础到项目实战2021年2月1日\案例代码>
```

图 10.12　URL 通过访问测试

10.4　习题及实验

1. 填空题

（1）软件开发完成后，需要根据需求对软件中的功能逐项验证，这个过程称为(　　　)。

（2）软件测试是使用（　　）或（　　　　　　　　）的方法来运行或测定某个软件系统的过程。

（3）(　　　　　)是 FastAPI 中提供的一套测试工具，基于（　　　　）库进行网络通信，支持 Python 中标准的 pytest 测试框架。

（4）程序的运行环境分为三种：开发环境、测试环境、(　　　　　)。

（5）生产环境部署在专门的服务器上，是正式（　　）提供服务的环境。

2. 判断题

（1）软件测试的目的是为了给程序员制造麻烦，提高软件产品的质量。(　　)

（2）利用 TestClient 进行代码测试时可以使用混合代码测试，也可以使用代码分离测试。(　　)

（3）TestClient 可以用于异步技术测试。(　　)

（4）Virtualenv 是目前最流行的 Python 虚拟环境配置工具。(　　)

（5）在 Linux 环境下部署 FastAPI 项目，更能发挥其性能优势。(　　)

3. 实验

把 9.4 案例项目部署到 Linux 环境中，并运行。

（1）写出在 Linux 环境下部署的步骤；

（2）要求为可持续运行项目；

（3）截取 Linux 下运行成功的界面；

（4）形成实验报告。

第2部分

实 战 篇

学习 FastAPI 基础知识，就是为了项目开发实战。

本书采用了核酸采集系统项目，作为实战案例进行示范介绍。

该项目实现的主体思路为采用前后端分离方式开发系统。后端应用管理系统主要通过 FastAPI 框架技术实现；前端 App 采集功能通过 Vue.js 框架技术实现。

本书的主要内容是介绍 FastAPI 框架技术，对于想完整了解前后端分离式开发的读者，建议熟悉 Vue.js 框架技术。若没有接触过 Vue.js 框架技术，可以先通过附录 B 从零开始学习 Vue.js，然后再学习第 13 章内容。

第 11 章　核酸采集平台：功能分析与设计

一款商业软件的代码在正式开发前，必须先经历开发团队搭建、任务分工、需求调研、需求分析、需求确认、系统设计等环节，核酸采集平台的组织与实施也不例外。

本章的主要内容如下：

（1）需求分析；

（2）系统设计；

（3）任务分工。

11.1　需求分析

2020 年 1 月，某省各地开展了核酸检测排查，一位在县城医院工作的朋友喻医生参加了流动排查组的任务，每天到不同的村里对村民进行核酸检测采集。检测采集过程，靠手工登记人员检测的各种信息，效率非常低下，且不利于查找、统计；另外，由于正值冬季，气温低，手工登记速度慢，导致村民排长队，容易产生埋怨；同时，村民核酸检测采集不是很方便，部分村民在时间安排上有困难，希望能网上预约，加快采集进度。鉴于这些实际问题，喻医生咨询安义老师，并要求他牵头做一个基于手机端的核酸采集平台。

通过现场调研，该平台的主要需求如表 11.1 所示。

表 11.1　核酸采集平台需求

分类	功能点	需求说明
居民端	预约页面	录入用户的基本信息，包括姓名、性别、年龄、户籍地址、居住地址、所在单位、电话号码、身份证号
	预约页面二维码	将录入页面的地址生成二维码，用手机扫码后，展示预约页面
	身份证信息提取	居民可在页面上点击按钮调出摄像头，拍摄身份证后，可提取身份证上的信息，自动填入预约页面
	预约信息提交	用户提交信息前，对录入的身份证号和手机号的有效性做验证。验证成功后方可提交
	预约信息二维码	用户提交信息成功后，预约页面展示个人信息二维码，供采集端使用

续表

分类	功能点	需求说明
登记端	登记页面	设置采集地点、试剂盒标签号；可扫码获取预约信息，包括姓名、性别、年龄、户籍地址、居住地址、所在单位、电话号码、身份证号
	登记页面二维码	登记人员使用手机扫码打开登记页面
	试剂盒标签识别	试剂盒标签是一个预先打印好的二维码，在登记页面上点击试剂扫码按钮，打开摄像头，拍摄试剂盒的标签，获取试剂盒编号
	试剂标签分组功能	可设置每个试剂盒对应的限制人次，可设置为每标签 1 人或者每标签 5 人等
	提取预约信息	在登记页面上点击预约扫码按钮，打开摄像头，拍摄居民提供的预约信息二维码获取用户信息，也可以直接录入居民信息（比如婴儿、持护照者等非身份证人员）
	提交登记信息	规则一：预约人次等于试剂盒限制人次时，自动提交。并清空标签号字段。 规则二：点击按钮直接提交本组登记信息。 规则三：校验关键信息，身份证号、手机号、试剂盒标签号等
管理端	预约信息查询	可按时间段、姓名、证件号码、手机号查询预约人员信息
	登记信息查询	可按时间段、姓名、证件号码、手机号、标签号、采集地点查询核酸采集情况
	登记信息导出	按采集地点、采集日期，将登记信息导出为 Excel 文档，供打印
	采集设备管理	采集端仅供工作人员使用，为防止采集端二维码泄露带来不便，需控制设备使用权
	管理员登录	管理人员需凭账号密码才可登录管理端

11.2 系统设计

核算采集平台的需求分析完成并确认后，就可以进入软件系统的设计阶段。首先，需要提取整个需求中的关键环节，形成逻辑架构图；然后，在此基础上进行技术选型，形成技术架构图；最后，设计数据库结构，为开发阶段做准备。

11.2.1 逻辑架构

逻辑架构是整个系统设计过程中最重要的部分，逻辑架构设计的主要目的是模块的职责划分，也是为后面的技术架构，数据架构以及功能实现提供指导思想。核酸采集平台逻辑架构如图 11.1 所示。

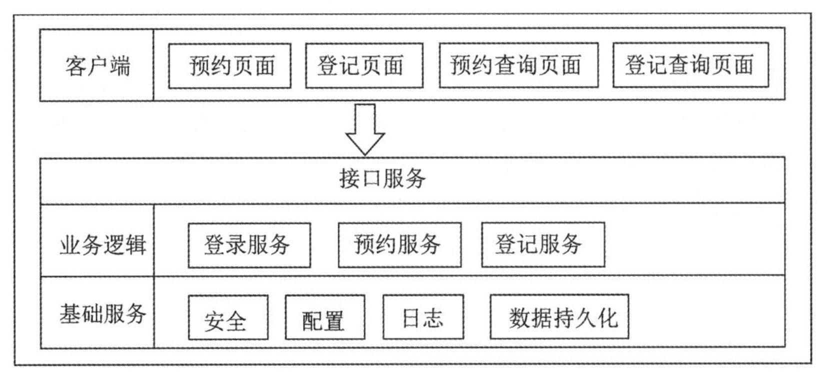

图 11.1　核酸采集平台逻辑架构

11.2.2　技术架构

根据需求内容及逻辑架构设计结果，可以将页面分为以下使用场景。

1. 预约页面

居民用手机扫描二维码进入页面，填写预约信息后提交，生成预约二维码。任何人扫码后，都可以打开预约页面，填写信息，提交预约，此模块不需要做登录认证。

2. 登记页面

工作人员用手机扫描二维码进入登录页面，登录成功后，设置采集地点和标签号码，扫描居民预约二维码后提交。为了防止二维码泄露，登记页面需要做登录认证。

3. 接口服务

后端提供预约页面、登记页面所需的数据接口，登录接口。

4. 后端管理页面

提供预约信息查询、登记信息查询，以及预约二维码、登记二维码。后端页面是为工作人员服务的，所以也需要登录认证。

所以，最理想的方式是采用前后端分离式的技术架构，如图 11.2 所示。

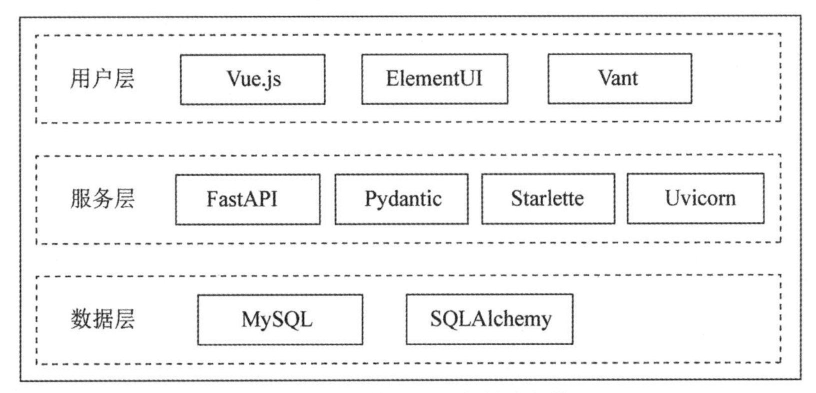

图 11.2　核酸采集平台技术架构

图 11.2 可以看出前端即用户层，主体采用了 Vue.js、ElementUI、Vant。Vue.js 框架为前端访问后端提供数据访问和通信接口，并为前端界面的展示提供技术框架集成功能。ElementUI 则为前端界面的美化提供强大的外观操作功能。Vant 是轻量级、可靠的移动端

Vue.js 组件库，支持移动手机端开发。

服务层和数据层构成了后端技术开发内容。

服务层，主要包括了 FastAPI 框架、Pydantic 库、Starlette 库、Uvicorn 库，为后端数据的统一接收、响应发送提供通信接口，并实现对数据库系统的数据操作。

数据层，MySQL 数据库系统实现对数据的统一存储和读写操作管理，SQLAlchemy 库则实现后端业务逻辑代码对数据库的连接及数据读写操作功能。

11.2.3　数据架构

在代码功能开发前，需要进一步对数据层实现多少数据库表，进行表结构定义，以满足业务数据存储和操作的需要。

在需求分析基础上，结合技术框架设计，进一步确定该项目的数据库表设计。

用户表设计如表 11.2 所示，实现对用户名、密码的存储，为用户登录提供身份验证信息。

表 11.2　用户表（auth_user）

字段名	字段类型	字段长度	说明
id	INT	11	主键
username	VARCHAR	50	用户名
hashed_password	VARCHAR	64	密码哈希值

预约信息表设计如表 11.3 所示，主要记录村民的个人基本信息和预约信息。

表 11.3　预约信息表（person）

字段名	字段类型	字段长度	说明
id	INT	11	主键
djrq	DATETIME		登记日期
xm	VARCHAR	50	姓名
xb	VARCHAR	10	性别，1 男、2 女、9 未知
nl	INT	11	年龄
nldw	VARCHAR	10	年龄单位，年、月
hjdz	VARCHAR	50	户籍地址
jzdz	VARCHAR	50	居住地址
csrq	DATETIME		出生日期
dw	VARCHAR	100	工作单位
lxdh	VARCHAR	20	联系电话，11 位手机号
zjlb	VARCHAR	20	证件类别，身份证、户口本
zjhm	VARCHAR	20	证件号码，18 位数字
tw	VARCHAR	10	体温
bz	VARCHAR	50	备注信息

登记信息表设计如表 11.4 所示，主要记录核酸检测采集信息。

表 11.4 登记信息表（checkin）

字段名	字段类型	字段长度	说明
id	INT	11	主键
bqbh	VARCHAR	50	标签编号
bqxh	INT	11	本组标签下的序号
cjdd	VARCHAR	50	采集地点
person_id	INT	11	外键，关联预约信息表 id
cjry	INT	11	采集人员 id

上述表设计内容满足了该项目的基本业务使用需要。

11.3　任务分工

确定好项目的需求范围和系统设计内容后，项目组就可以对任务进行分工和制定任务计划。因为在需求分析和设计阶段，已经将项目拆分成几个相对独立的模块，多个模块之间可以并行开发，所以，此项目的分工如表 11.5 所示。

表 11.5　项目任务分工表

任务	人数	技能要求	工时	备注
管理后台	1	FastAPI + MySQL	1 天	后端项目 Nucleic
管理端页面	1	Vue.js+ ElementUI	2 天	前端项目 Web
预约页面	1	Vue.js + Vant	1 天	前端项目 H5
登记页面	1	Vue.js + Vant	1 天	前端项目 H5
测试、部署	1	Linux+MySQL	1 天	阿里云 ECS、Centos7.9

根据前后端项目的任务分解，此项目可由多个人分工合作完成：

（1）一个前端开发人员，负责管理端页面；

（2）一个前端开发人员，负责两个 H5 页面；

（3）一个后端开发人员，负责后端程序和测试、部署任务。

最终此项目共花费了 2 天开发，1 天测试联调部署，共 3 天时间就成功上线了。

第12章　核酸采集平台：后端项目

核酸采集平台采用当下流行的前后端分离开发模式。前后端分离式开发有利于项目团队更高效的配合和实施，可以实现前后端真正的代码解耦。

本章后端项目的主要实施内容如下：

（1）后端项目环境的搭建；

（2）后端项目目录结构的安排；

（3）后端项目代码的实现；

（4）后端项目部署。

12.1　后端项目环境搭建

后端项目的环境要求如下：

（1）操作系统 Windows 10；

（2）后端项目开发工具 PyCharm、前端页面开发工具 Visutal Studio Code；

（3）前端页面的调试使用 Chrome 浏览器；

（4）Python 3.6+，本项目使用 Python 3.9.5；

（5）FastAPI 0.65.2，相关的第三方库在项目开发过程中安装；

（6）MySQL 5.6+，此为 Python 的 MySQL 驱动的最低支持版本，本项目使用 MySQL 8.0 的数据库系统；

（7）MySQL 驱动库，推荐使用 PyMySQL。

12.2　后端项目目录结构

后端项目采用按模块划分的组织方式，在每个模块中，使用路由类注册路由路径，所有的路由类都注册到主应用上。后端项目的目录结构如下：

```
├── nucleic                          # 核酸采集平台根目录
│   ├── app                          # 项目配置目录
```

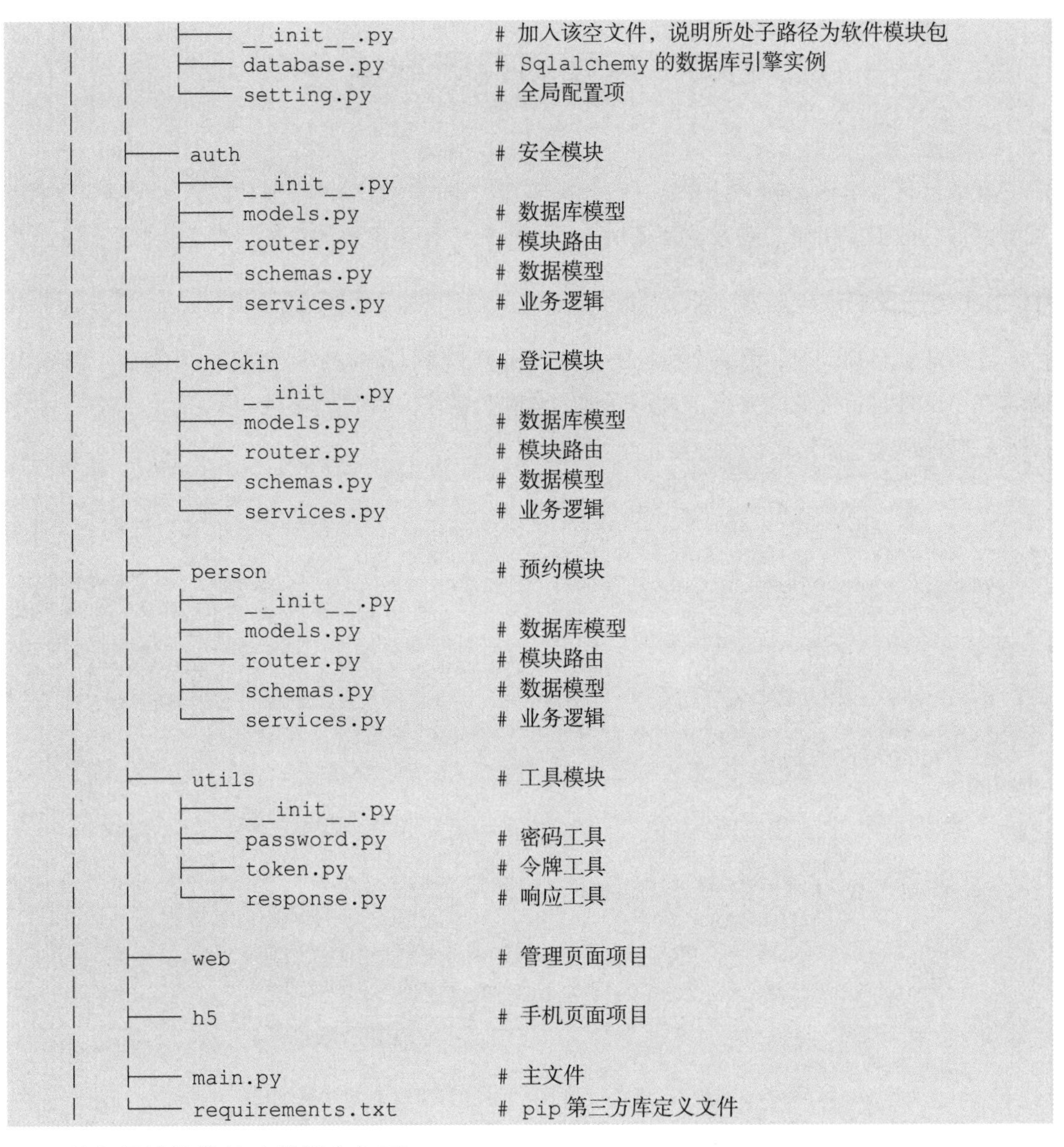

```
|   |   ├──── __init__.py           # 加入该空文件，说明所处子路径为软件模块包
|   |   ├──── database.py           # Sqlalchemy 的数据库引擎实例
|   |   └──── setting.py            # 全局配置项
|   |
|   ├──── auth                      # 安全模块
|   |   ├──── __init__.py
|   |   ├──── models.py             # 数据库模型
|   |   ├──── router.py             # 模块路由
|   |   ├──── schemas.py            # 数据模型
|   |   └──── services.py           # 业务逻辑
|   |
|   ├──── checkin                   # 登记模块
|   |   ├──── __init__.py
|   |   ├──── models.py             # 数据库模型
|   |   ├──── router.py             # 模块路由
|   |   ├──── schemas.py            # 数据模型
|   |   └──── services.py           # 业务逻辑
|   |
|   ├──── person                    # 预约模块
|   |   ├──── __init__.py
|   |   ├──── models.py             # 数据库模型
|   |   ├──── router.py             # 模块路由
|   |   ├──── schemas.py            # 数据模型
|   |   └──── services.py           # 业务逻辑
|   |
|   ├──── utils                     # 工具模块
|   |   ├──── __init__.py
|   |   ├──── password.py           # 密码工具
|   |   ├──── token.py              # 令牌工具
|   |   └──── response.py           # 响应工具
|   |
|   ├──── web                       # 管理页面项目
|   |
|   ├──── h5                        # 手机页面项目
|   |
|   ├──── main.py                   # 主文件
|   └──── requirements.txt          # pip 第三方库定义文件
```

以上目录结构的功能简介如下：

（1）main.py 是主文件，用于管理 FastAPI 应用实例，是整个项目的主文件；

（2）app 目录下的 database.py 负责数据库连接，settings.py 负责设置全局的配置项；

（3）auth 目录是登录认证模块；

（4）checkin 目录是登记模块；

（5）person 目录是预约模块；

（6）utils 目录可以放一些公用的函数或者类定义；

（7）requirements.txt 是第三方库定义文件，自动记录第三方库的版本号。

其中，auth、checkin、person 都是业务模块，用于存放业务功能相关的代码文件。这些文件都按照数据库模型、数据模型、业务逻辑和路由进行代码拆分，归类存放。

12.3 后端项目代码实现

在项目目录结构基础上，开始进行代码编写。本节项目中的主要代码内容包括主文件、配置文件、数据库引擎、登录认证模块、预约模块、登记模块的具体实现方式。

12.3.1 主文件

在后端项目启动时，第一个执行的文件就是主文件，所有的项目模块、中间件、静态资源都在主文件进行集成，并统一调用管理，本项目的主文件代码实现如下：

```
# 【核酸采集平台】 main.py
import uvicorn
from fastapi import FastAPI, Depends
from fastapi.middleware.cors import CORSMiddleware   # 导入跨域资源共享安全中间件
from fastapi.staticfiles import StaticFiles
from fastapi.responses import RedirectResponse      # 导入 URL 地址重定向响应类
from app.database import generate_tables     # 导入自定义 app 包里的数据库表生成函数
from app.settings import AUTH_SCHEMA         # 导入自定义 app 包里的身份认证设置
from auth.router import route as auth_router # 导入自定义 auth 包里的路由模块
from auth.services import init_admin_user    # 导入自定义 auth 包里创建新用户的
admin_user 函数
from checkin.router import route as checkin_router    # 导入自定义 checkin 包里
的路由模块
from person.router import route as person_router # 导入自定义 person 包里的路由模块

app = FastAPI()
##  中间件设置，用于配置跨域属性的中间件  ##
origins = [  # 定义可用域列表
    "http://localhost:8000",                    # 后端应用使用的端口
    "http://localhost:8080",                    # 前端应用使用的端口
]
app.add_middleware(                             # 在应用上添加中间件
    CORSMiddleware,                             # 内置中间件类
    allow_origins=origins,                      # 参数 1 可用域列表
    allow_credentials=True,                     # 参数 2 允许使用 cookie，设置值 True
    allow_methods=["*"],                        # 参数 3 允许的方法，全部
    allow_headers=["*"],                        # 参数 4 允许的 Header，全部
)

##  注册应用路由，每个路由对应一个模块  ##
app.include_router(checkin_router,              # 注册登记模块
prefix='/checkin',                              # 设置路由的前缀路径
dependencies=[Depends(AUTH_SCHEMA)])            # 使用应用依赖的方式增加身份认证
app.include_router(person_router, prefix='/person')         # 注册预约模块
app.include_router(auth_router, prefix='/auth')             # 注册安全模块
##  注册静态资源文件，将前端后端项目整合运行  ##
app.mount('/web', StaticFiles(directory='web/dist'), 'web')  # 管理端页面项目
app.mount('/h5', StaticFiles(directory='h5/dist'), 'h5')     # 移动端项目

## 定义根路由路径指向的页面  ##
@app.get('/')
```

```
def toweb():                                    # 将网站主页面重定向到后端页面
    return RedirectResponse('/web/index.html')

## 生成表结构，SQLAlchemy 的数据表同步工具 ##
generate_tables()
## 创建初始管理员账号 ##
init_admin_user()
## 项目入口文件 ##
if __name__ == '__main__':
    uvicorn.run(app=app)
```

主文件的主要功能如下：

（1）建立应用实例 app = FastAPI();

（2）在应用实例上添加中间件，本项目采用了前后端分离的架构，所以要在服务端上配置 CORS 策略，根据第 4 章的内容，FastAPI 中内置了中间件 CORSMiddleware，可以配置 CORS 安全策略；

（3）将登录认证、预约、登记三大模块中的路由类注册到主应用实例上；

（4）将根路由的路径“/”指向到管理页面“/web/index.html”上；

（5）调用 SQLAlchemy 提供的数据表同步工具，将项目中的数据库模型生成为数据库中的表；

（6）首次启动程序时，创建初始管理员账号。

12.3.2 配置文件

配置文件的作用是统一存放整个项目中的可配置内容。比如登录认证需要用密钥、算法、数据库连接的信息等。当这些内容发生变更时，在配置文件中修改内容，不会影响到业务功能代码的逻辑。配置内容保存在 app/settings.py 文件中，其代码如下：

```
# 【核酸采集平台】 app/settings.py
from fastapi.security import OAuth 2PasswordBearer
from urllib import parse
# 定义配置项
# JWT 密钥，使用命令# openssl rand -hex 32 生成
JWT_SECRET_KEY= '121a7ca2894627374a4a3326bc9f7f82a10d11e9742670840e9d13928d87'
JWT_ALGORITHM = 'HS256'                        # 加密算法
ACCESS_TOKEN_EXPIRE_MINUTES = 1440             # JWT 中 Token 有效期
AUTH_SCHEMA = OAuth 2PasswordBearer(tokenUrl="auth/login")      # 身份认证设置
AUTH_INIT_USER = 'admin'                       # 管理员初始用户名，在程序首次运行时创建
AUTH_INIT_PASSWORD = '111111'                  # 管理员初始密码
# 数据库配置
DB_HOST = 'localhost'                          # 数据库所在的服务器地址
DB_USERNAME = 'root'                           # 登录数据库的用户名
DB_PASSWORD = parse.quote('123456')            # 登录数据库的密码，转义密码中的特殊字符
DB_DATABASE = 'nucleic'                        # 数据库名
```

12.3.3 数据库引擎

管理系统中最重要的部分是对数据库的操作，首先要安装数据库软件，本项目中使用 MySQL 8.0.24 版本的数据库系统，MySQL 的安装过程请参考附录 A。然后安装连接数据库的驱动程序 PyMySQL 1.0.2 和 ORM 框架 SQLAlchemy 1.4.18。

本项目中创建数据库引擎实例的代码保存在 app/database.py 中，代码如下：

```
# 【核酸采集平台】 app/database.py
from sqlalchemy import create_engine
from sqlalchemy.orm import declarative_base, sessionmaker

from app.settings import *

                                        # 创建数据库引擎实例
engine = create_engine(
f"mysql://{DB_USERNAME}:{DB_PASSWORD}@{DB_HOST}/{DB_DATABASE}"
)
                                        # 定义数据库会话类
SessionLocal = sessionmaker(autocommit=False, autoflush=False, bind=engine)
                                        # 定义数据库模型基类
Base = declarative_base()

                                        # 定义数据库依赖函数
def get_db():
    db = SessionLocal()
    try:
        yield db
    finally:
        db.close()

        # 根据 Sqlalchemy 的数据库模型定义，将数据库模型生成数据库中的表结构
def generate_tables():
    Base.metadata.create_all(bind=engine)
```

以上代码中，首先通过连接字符串，创建了数据库引擎实例，本项目的连接字符串使用了字符格式化的语法，调用配置文件中定义的以下配置项：

```
# 数据库配置
DB_HOST = 'localhost'                     # 运行数据库服务的主机名或 IP 地址
DB_USERNAME = 'root'                      # 访问数据库的用户名
DB_PASSWORD = parse.quote('123456')       # 访问数据库的密码
DB_DATABASE = 'nucleic'                   # 访问的数据库名
```

其中，DB_PASSWORD 的值需要用 parse.quote 函数转义特殊字符，否则会导致连接失败。

在运行本项目之前，需要读者根据实际情况修改配置项的值。

另外，使用 PyMySQL 作为数据库引擎驱动时，需要先在代码中注册该驱动，具体的方式为，在 app 模块的__init__.py 中写入以下代码：

```
# 【核酸采集平台】app/__init__.py
import pymysql
pymysql.install_as_MySQLdb()
```

否则，在执行程序时会报错，如下：

```
Traceback (most recent call last):
...
...
    return __import__("MySQLdb")
ModuleNotFoundError: No module named 'MySQLdb'
```

12.3.4 登录认证模块

后端项目中使用的是基于 OAuth 2 的安全机制，其目的是为了保护 API 接口的安全，本项目中的登录认证功能是以本书第 7 章内容为基础实现的。登录认证模块由以下四个部分

构成：数据库模型、请求模型和响应模型、业务处理函数、应用路由。

1. 数据库模型

登录认证模块中的数据库模型保存在 auth/models.py 文件中，代码如下：

```
# 【核酸采集平台】 auth/models.py
from sqlalchemy import Column, String, Integer

from app.database import Base

class UserInDB(Base):                              # 定义数据库模型
    __tablename__ = 'auth_user'                    # 数据库中的表名
    id = Column('id', Integer, autoincrement=True, primary_key=True, doc='ID')
    username = Column('username', String(50))
    hashed_password = Column('hashed_password', String(64))
```

本项目中的用户账号表数据模型定义了最基本的字段：用于主键的字段 id；用于保存用户名称的 username；用于保存密码哈希值的 hashed_password。这也是实现 OAuth 2 登录认证所需的最基础的字段。

2. 请求模型和响应模型

登录认证模块主要包含两块功能：用户注册时，需要在请求数据中定义用户名、密码字段；用户登录时，请求数据中提供用户名、密码字段，服务端返回 Token 数据。获取用户信息时，只需要服务端返回用户 ID 和用户名字段。这些数据模型都定义在 auth/schemas.py 中，代码如下：

```
# 【核酸采集平台】 auth/schemas.py
from typing import Optional
from pydantic import BaseModel

class Token(BaseModel):                 # 定义 Token 的响应模型
    access_token: str
    token_type: str

class UserBase(BaseModel):              # 定义用户模型基类
    id: Optional[int]
    username: str

class UserCreate(UserBase):             # 定义创建用户的请求模型
    password: str

class User(UserBase):                   # 定义返回用户信息的响应模型
    class Config:
        orm_mode = True
```

以上代码与第 7 章中的内容基本一致，使用了模型类继承的方式，对用户数据模型的定义做了简化。

3. 业务处理函数

用户登录认证部分，需要一些基础的业务处理函数，用于支撑服务接口的功能，主要有：根据用户名信息创建用户，验证用户密码，获取当前登录用户信息，这些函数定义在 auth/services.py 中，代码如下：

```
# 【核酸采集平台】 auth/services.py
from fastapi import Depends, HTTPException, status
from jose import JWTError
from sqlalchemy.orm import Session
```

```
from app.database import get_db
from app.settings import AUTH_SCHEMA
from utils.password import get_password_hash, verify_password
from utils.token import extract_token
from .models import UserInDB
from .schemas import UserCreate

# 创建初始管理员账号
def init_admin_user():
    db = SessionLocal()          # 创建数据库会话
    cnt = db.query(func.count(UserInDB.username)).scalar()
                                 # 查询数据库中的账号数量
    if cnt == 0:                 # 当数据库中无账号时
        user = UserInDB(         # 创建初始账号
username=AUTH_INIT_USER,

hashed_password=get_password_hash(AUTH_INIT_PASSWORD)
)
        db.add(user)
        db.commit()              # 提交数据
    db.close()                   # 关闭会话

# 获取单个用户
def get_user(db: Session, username: str):
    return db.query(UserInDB).filter(UserInDB.username == username).first()


# 创建一个用户
def create_user(db: Session, user: UserCreate):
                                 # 第一步，计算密码的哈希值
    hashed_password = get_password_hash(user.password)
    db_user = UserInDB(username=user.username, hashed_password=hashed_password, )
                                 # 第二步，将实例添加到会话
    db.add(db_user)
                                 # 第三步，提交会话
    db.commit()
                                 # 第四步，刷新实例，用于获取数据或者生成数据库中的 ID
    db.refresh(db_user)
    return db_user

# 验证用户和密码
def authenticate_user(db: Session, username: str, password: str):
    user = get_user(db, username)
    if not user:
        return False
    if not verify_password(password, user.hashed_password):
        return False
    return user


# 获取当前用户信息的依赖函数
async def get_current_user(
token: str = Depends(AUTH_SCHEMA),                 # 依赖项，身份认证
db: Session = Depends(get_db)):                    # 依赖项，数据库连接
    invalid_exception = HTTPException(             # 自定义异常
        status_code=status.HTTP_401_UNAUTHORIZED,
        detail="无效的用户任据",
        headers={"WWW-Authenticate": "Bearer"},
    )
    try:                                           # 开始捕获错误
        username: str = extract_token(token)       # 从 token 中解析出账号
        if username is None:                       # 检测账号是否有效
```

```
            raise invalid_exception
    except JWTError:                                    # 出现解析异常时
        raise invalid_exception                         # 抛出自定义异常
    user = get_user(db, username=username)              # 根据账号从数据库中查找用户信息
    if user is None:                                    # 未找到用户信息时
        raise invalid_exception                         # 抛出自定义异常
    return user
```

4. 应用路由

应用路由的主要功能是将业务处理函数组装成路径操作函数，然后使用装饰器将路径操作函数注册在应用路由上。代码实现在 auth/router.py 文件中，代码如下：

```
# 【核酸采集平台】 auth/router.py
from fastapi import APIRouter, Depends, HTTPException, status
from fastapi.security import OAuth 2PasswordRequestForm
from sqlalchemy.orm import Session

from app.database import get_db
from app.settings import AUTH_SCHEMA
from utils.token import create_token
from .schemas import Token, User, UserCreate
from .services import authenticate_user, get_user, create_user, get_current_user

route = APIRouter(
    tags=['登录']                                    # 在 API 文档中定义当前应用路由的标签
)

@route.post("/login", response_model=Token)    # 注册路由路径，定义响应模型
async def login(                                # 定义路径操作函数
        form: OAuth 2PasswordRequestForm = Depends(),       # 依赖项，登录表单
        db: Session = Depends(get_db)                       # 依赖项，数据库会话
):
    user = authenticate_user(db, form.username, form.password) # 验证用户有效性
    if not user:
        raise HTTPException(
            status_code=status.HTTP_401_UNAUTHORIZED,
            detail="用户名或密码无效",
            headers={"WWW-Authenticate": "Bearer"},
        )
    access_token = create_token(data={"username": user.username})  # 发放令牌
    return {"access_token": access_token, "token_type": "bearer"}  # 返回令牌

@route.post("/createuser",                                 response_model=User,
dependencies=[Depends(AUTH_SCHEMA)])
async def createuser(user: UserCreate, db: Session = Depends(get_db)):
    dbuser = get_user(db, user.username)
    if dbuser:                                          # 判断用户名是否存在
        raise HTTPException(
            status_code=status.HTTP_500_INTERNAL_SERVER_ERROR,
            detail="用户名已存在",
        )
    return create_user(db, user)                        # 在数据库中创建用户


@route.get("/userinfo", response_model=User)          # 注册路由路径，定义响应模型
async def userinfo(user: User = Depends(get_current_user)):  # 定义路径操作函数
    return user
```

定义路径操作函数 login 时，没有使用安全依赖项，此路径操作函数需要对未登录用户开放。

定义路径操作函数 createuser 时，使用了依赖项 AUTH_SCHEMA，路径操作函数需要使用安全机制，只有登录后的用户才能访问此路径操作函数，依赖项 AUTH_SCHEMA 定义在 app/settings.py 中。

定义路径操作函数 userinfo 时，使用了另一个依赖项 get_current_user，该依赖项的子依赖中包含了 AUTH_SCHEMA，所以路径操作函数 userinfo 也应用了安全机制。

以上就是登录认证模块的全部代码，在 PyCharm 中执行 main.py，然后在浏览器地址栏中输入：http://127.0.0.1:8000/docs，回车，查看 API 接口文档，显示结果如图 12.1 所示。

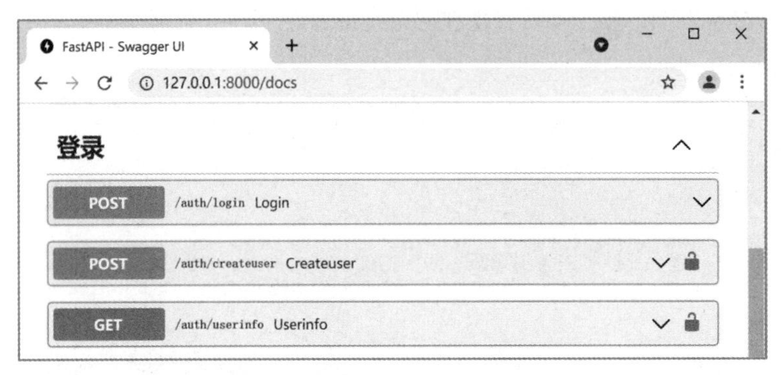

图 12.1　登录认证模块的 API 文档

12.3.5　预约模块

预约模块的主要功能是为前端提供预约信息提交接口、预约信息查询接口、预约列表查询接口。该模块代码实现由以下几部分构成：数据库模型、请求和响应数据模型、业务处理函数、应用路由。

1. 数据库模型

预约模块中的数据库模型，主要是 PersonInDB 类，用于实现数据库表 person 的生成，该数据库表用于记录核酸采集个人预约基本信息。预约模块定义在 person/models.py 中，代码实现如下：

```
# 【核酸采集平台】 person/models.py
from sqlalchemy import Column, String, Integer, DateTime
from sqlalchemy.orm import relationship

from app.database import Base

# 个人信息数据库模型
class PersonInDB(Base):
    __tablename__ = 'person'                        #数据库表名 person
    id = Column('id', Integer, primary_key=True, autoincrement=True)
    djrq = Column('djrq', DateTime, doc='登记日期')
    xm = Column('xm', String(50), doc='姓名')
    xb = Column('xb', String(10), doc='性别')
    nl = Column('nl', Integer, doc='年龄')
    nldw = Column('nldw', String(10), doc='年龄单位，年、月')
    hjdz = Column('hjdz', String(50), doc='户籍地址')
    jzdz = Column('jzdz', String(50), doc='居住地址')
    csrq = Column('csrq', DateTime, doc='出生日期')
```

```
    dw = Column('dw', String(100), doc='工作单位')
    lxdh = Column('lxdh', String(20), doc='联系电话')
    zjlb = Column('zjlb', String(20), doc='证件类型，身份证、户口本、护照')
    zjhm = Column('zjhm', String(20), doc='证件号码')
    tw = Column('tw', String(10), doc='体温')
    bz = Column('bz', String(50), doc='备注')
    checkins = relationship('CheckInDB', uselist=False,backref='person')
```

以上代码中定义的数据模型，最后一个字段通过 relationship 函数和 12.3.6 节的 CheckInDB 模型建立了一对一的数据关系，其业务含义是每条预约记录只对应一条登记记录。

2. 请求和响应数据模型

预约模块中的请求和响应模型主要通过 ORM 技术，实现对数据库表数据的读写操作。该数据模型定义在 person/schemas.py 中，代码实现如下：

```
# 【核酸采集平台】 person/schemas.py
from datetime import datetime
from typing import Optional

from pydantic import BaseModel

# 定义个人信息数据模型
class Person(BaseModel):
    id: Optional[int] = None
    djrq: datetime
    xm: str
    xb: str
    nl: Optional[int] = None
    nldw: Optional[str] = '年'
    hjdz: Optional[str] = None
    jzdz: Optional[str] = None
    csrq: Optional[datetime] = None
    dw: Optional[str]
    lxdh: str
    zjlb: Optional[str] = '身份证'
    zjhm: str
    tw: Optional[str]
    bz: Optional[str]

    class Config:
        orm_mode = True
```

3. 业务处理函数

预约模块中的业务处理函数定义在 person/services.py 中，实现预约信息的读写功能，为路由匹配提供路径操作函数，代码实现如下：

```
# 【核酸采集平台】 person/services.py
from typing import Optional

from sqlalchemy import func
from sqlalchemy.orm import Session

from .models import PersonInDB
from .schemas import Person

# 定义依赖函数，用于处理查询参数
async def get_params(xm: Optional[str] = None,
                     lxdh: Optional[str] = None,
                     jzdz: Optional[str] = None,
                     page: Optional[int] = 1,
                     size: Optional[int] = 10):
```

```
        return {'xm': xm, 'lxdh': lxdh, 'jzdz': jzdz, 'page': page, 'size': size}

    # 保存预约信息
    def save_person(db: Session, data: Person):
        dbdata = PersonInDB(**data.dict())
        db.add(dbdata)
        db.commit()
        db.refresh(dbdata)
        return dbdata

    def get_person(db: Session, zjhm):    # 查找预约信息
        data = db.query(PersonInDB).filter(PersonInDB.zjhm == zjhm).first()
        return data

    # 分页取出预约信息列表，默认第 1 页，10 条记录
    def list_person(db: Session, params):
        # 用于查询当前条件下的总数量
        qcnt = db.query(func.count(PersonInDB.id)) # 使用 func.count，创建数量统计对象
        q = db.query(PersonInDB)              # 创建查询对象
        if params['xm']:                      # 判断可选参数 xm 是否存在
            q = q.filter(PersonInDB.xm == params['xm']) # 参数 xm 存在时，在查询对象中增
加过滤条件
            qcnt = qcnt.filter(PersonInDB.xm == params['xm']) # 参数 xm 存在时，在统计
对象中增加过滤条件
        if params['lxdh']:
            q = q.filter(PersonInDB.lxdh == params['lxdh'])
            qcnt = qcnt.filter(PersonInDB.lxdh == params['lxdh'])
        if params['jzdz']:
            q = q.filter(PersonInDB.jzdz.like('%' + params['jzdz'] + '%'))
            qcnt = qcnt.filter(PersonInDB.jzdz.like('%' + params['jzdz'] + '%'))
        cnt = qcnt.scalar()         # 执行统计方法，获取符合过滤条件的记录数量
        data    =    q.limit(params['size']).offset((params['page']    -    1)    *
params['size'])  # 使用 limit 关键字和 offset 关键字，获取分页数据列表
        return {"count": cnt, "list": data.all()} # 返回数据列表和分页前的总数量
```

4. 应用路由

预约模块中的应用路由定义在 person/router.py 中，通过路由定义和路径操作函数的绑定，为前端提供 API 接口，其中路径操作函数里的业务功能通过调用业务处理函数实现。代码实现如下：

```
    # 【核酸采集平台】 person/router.py
    from fastapi import APIRouter, Depends
    from sqlalchemy.orm import Session

    from app.database import get_db
    from auth.services import AUTH_SCHEMA
    from utils.response import PageResponse
    from .schemas import Person
    from .services import save_person, list_person, get_person, get_params

    route = APIRouter(
        tags=['预约']
    )

    @route.post('/submit', response_model=Person)
    async def submit(data: Person, db: Session = Depends(get_db)): # 预约登记
        return save_person(db, data)     # 保存从前端传递过来的新的预约信息，并响应返回

    @route.get('/get', response_model=Person, dependencies=[Depends(AUTH_SCHEMA)])
    async def get(zjhm: str, db: Session = Depends(get_db)): # 查询指定条件的预约信息
        return get_person(db, zjhm)      # 响应返回查询的预约信息
```

```
    @route.get('/list', response_model=PageResponse, dependencies=[Depends(AUTH_SCHEMA)])
    async def list(params: dict = Depends(get_params), db: Session = 
Depends(get_db), ):                                            # 查询所有预约记录
        return list_person(db, params)             # 以分页格式要求返回所有预约查询结果
```

以上代码中，定义了三个路径操作函数。其中路径操作函数 submit 没有依赖 AUTH_SCHEMA，这是因为预约用户不需要登录。另外两个路径操作函数 get 和 list 是给登记页面和管理页面使用的，需要依赖 AUTH_SCHEMA。

在路径操作函数 list 中，定义了接收参数的依赖项 get_params，用于接收路径操作函数接收到的查询参数，将参数组装成字典对象。

在路径操作函数 list 中，定义响应模型为 PageResponse，该模型定义在 utils/response.py 中，其作用是约束分类数据的格式，代码如下：

```
    # 【核酸采集平台】 utils/response.py
    from typing import List
    from pydantic import BaseModel

    # 用于响应分页数据的数据模型
    class PageResponse(BaseModel):
        count: int        # 总记录数
        list: List        # 数据列表
```

以上就是预约模块的全部代码，在 PyCharm 中执行 main.py，然后在浏览器地址栏中输入：http://127.0.0.1:8000/docs，查看 API 接口文档，如图 12.2 所示。

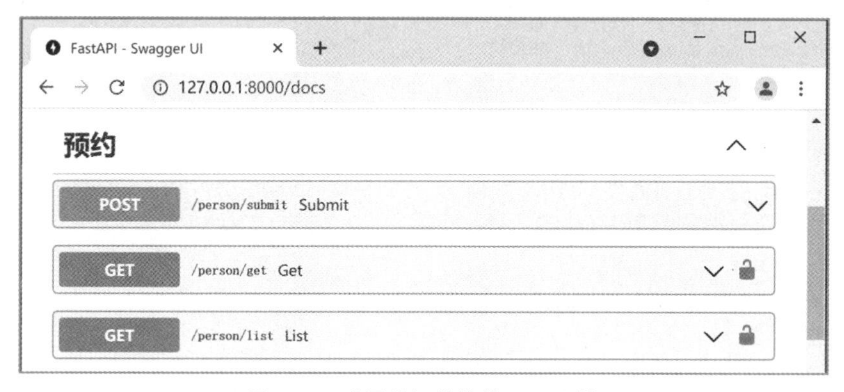

图 12.2　登录认证模块的 API 文档

12.3.6　登记模块

登记模块的主要功能是为前端提供登记信息提交接口、登记信息列表查询接口，该模块由以下几个部分构成：数据库模型、请求和响应数据模型、业务处理函数、应用路由。

1. 数据库模型

登记模块中的数据库模型主要是 CheckInDB 类，用于创建 checkin 数据库表，该表记录核酸检测数据。CheckInDB 类定义在 checkin/models.py 中，代码实现如下：

```
    # 【核酸采集平台】 checkin/models.py
    from sqlalchemy import Column, String, Integer
    from typing import Optional
```

```
from app.database import Base
from person.models import PersonInDB
from sqlalchemy import Column, String, Integer, DateTime, ForeignKey
from sqlalchemy.orm import relationship
from app.database import Base
# 登记数据库模型
class CheckInDB(Base):
    __tablename__ = 'checkin'
    id = Column('id', Integer, primary_key=True, autoincrement=True)
    bqbh = Column('bqbh', String(50), doc='标签编号')
    bqxh = Column('bqxh', Integer, doc='本组标签序号')
    cjdd = Column('cjdd', String(50), doc='采集地点')
    cjry = Column('cjry', Integer, doc='采集人员')
    person_id = Column('person_id', Integer, ForeignKey('person.id'), doc='外
键关联个人信息')
```

登记数据库模型中，只定义了与登记相关的字段，包括标签编号、本组标签序号、采集地点、采集人员。另外通过个人信息字段 person_id，用 ForeignKey 定义了外键关联到 person 表的 id 字段。预约数据库模型 Person 与登记数据库模型 CheckInDB 建立了一对多的关系。在数据库模型 PersonInDB 的定义中使用了 uselist 参数，将该关系设置为一对一关系。

2. 请求和响应数据模型

登记模块中的请求和响应数据模型，采用 ORM 技术为对应的数据库表提供数据读写功能。请求和响应数据模型定义在 checkin/schemas.py 中，代码实现如下：

```
# 【核酸采集平台】checkin/schemas.py
from pydantic import BaseModel
from typing import Optional, List
from datetime import datetime
from person.schemas import Person
# 登记数据模型
class CheckIn(BaseModel):
    id: Optional[int] = None
    bqbh: str
    bqxh: int
    cjdd: Optional[str]
    cjry: Optional[int] = None
    person_id: Optional[int]
    class Config:
        orm_mode = True

# 登记响应模型
class CheckInResponse(CheckIn, Person):
    pass
```

以上代码中，定义了两个数据模型，第一个数据模型 CheckIn 与数据库模型 CheckInDB 的字段完全对应，用于接收请求数据后，将数据传递给数据库模型 CheckInDB，然后保存到数据库中；第二个数据模型 CheckInResponse 继承了两个数据模型 CheckIn 和 Person，这表示该数据模型会包含 CheckIn 和 Person 的所有字段，用于管理页面中的登记数据展示。

3. 业务处理函数

登记模型中的业务处理函数定义在 checkin/services.py 中，代码如下：

```
# 【核酸采集平台】checkin/services.py
from typing import Optional

from sqlalchemy import func
from sqlalchemy.orm import Session
```

```
from person.models import PersonInDB      # 导入登记数据库模型
from .models import CheckInDB             # 导入登记数据库模型
from .schemas import CheckIn              # 导入登记数据模型

# 定义依赖类，用于解析参数
class QueryParams:
    def __init__(self,
                xm: Optional[str] = None,
                lxdh: Optional[str] = None,
                jzdz: Optional[str] = None,
                bqbh: Optional[str] = None,
                cjry: Optional[int] = None,
                zjhm: Optional[str] = None,
                page: Optional[int] = 1,
                size: Optional[int] = 10):
        self.xm = xm
        self.lxdh = lxdh
        self.jzdz = jzdz
        self.bqbh = bqbh
        self.cjry = cjry
        self.zjhm = zjhm
        self.page = page
        self.size = size

# 保存登记数据
def save_checkin(db: Session, data: CheckIn):
    dbdata = CheckInDB(person_id=data.person_id, bqbh=data.bqbh, bqxh=data.
bqxh, cjdd=data.cjdd, cjry=data.cjry)
    db.add(dbdata)
    db.commit()
    db.refresh(dbdata)
    return dbdata

# 返回登记数据列表
def list_checkin(db: Session, params: QueryParams):
    # 总条数，用于分页
    qcnt = db.query(func.count(CheckInDB.id))
    q = db.query(
        CheckInDB.id.label('id'),
        CheckInDB.bqbh.label('bqbh'),
        CheckInDB.bqxh.label('bqxh'),
        CheckInDB.cjdd.label('cjdd'),
        CheckInDB.cjry.label('cjry'),
        PersonInDB.djrq.label('djrq'),
        PersonInDB.id.label('person_id'),
        PersonInDB.xm.label('xm'),
        PersonInDB.xb.label('xb'),
        PersonInDB.nl.label('nl'),
        PersonInDB.nldw.label('nldw'),
        PersonInDB.hjdz.label('hjdz'),
        PersonInDB.jzdz.label('jzdz'),
        PersonInDB.csrq.label('csrq'),
        PersonInDB.dw.label('dw'),
        PersonInDB.lxdh.label('lxdh'),
        PersonInDB.zjlb.label('zjlb'),
        PersonInDB.zjhm.label('zjhm'),
        PersonInDB.tw.label('tw'),
        PersonInDB.bz.label('bz'),
    ).outerjoin(PersonInDB)
    conditions = []
    if params.xm:
        conditions.append(PersonInDB.xm == params.xm)
    if params.lxdh:
        conditions.append(PersonInDB.lxdh == params.lxdh)
    if params.jzdz:
        conditions.append(PersonInDB.jzdz == params.jzdz)
    if params.zjhm:
        conditions.append(PersonInDB.zjhm == params.zjhm)
```

```
        if params.bqbh:
            conditions.append(CheckInDB.bqbh == params.bqbh)
        if params.cjry:
            conditions.append(CheckInDB.cjry == params.cjry)
        cnt = qcnt.filter(*conditions).scalar()
        data = q.filter(*conditions).limit(params.size).offset((params.page - 1) *
params.size)
        return {'count': cnt, 'list': data.all()}
```

以上代码中使用依赖类的方式定义了依赖项，与预约模块中使用依赖函数的方式定义有所不同。使用依赖类的方式，增加了一些代码量，但是让参数的使用过程代码更加清晰。比使用字典方式管理参数数据可读性更强。

4. 应用路由

登记模型中的业务处理函数定义在 checkin/router.py 中，代码实现如下：

```
# 【核酸采集平台】checkin/router.py
from fastapi import APIRouter, Depends
from sqlalchemy.orm import Session

from app.database import get_db
from utils.response import PageResponse
from .schemas import CheckIn
from .services import QueryParams, save_checkin, list_checkin

route = APIRouter(
    tags=['登记']
)

@route.post('/submit', response_model=CheckIn)
async def submit(data: CheckIn, db: Session = Depends(get_db)):
    return save_checkin(db, data)

@route.get('/list', response_model=PageResponse, )
async def list(params: QueryParams = Depends(), db: Session = Depends(get_db), ):
    return list_checkin(db, params)
```

以上代码中，在路径操作函数 list 中定义的响应模型为 PageResponse，接收参数使用的依赖项是 QueryParams 依赖类。

以上就是登记模块的全部代码，在 PyCharm 中执行 main.py，然后在浏览器地址栏中输入：http://127.0.0.1:8000/docs，回车，查看 API 接口文档，如图 12.3 所示。

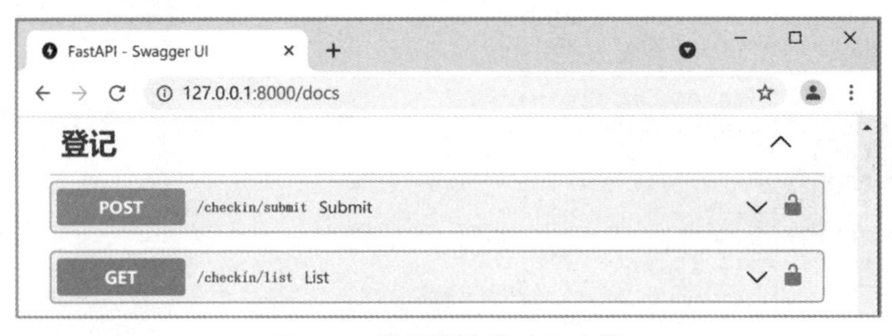

图 12.3　登记模块的 API 文档

12.3.7　运行后端项目

在运行后端项目之前，先要确定 MySQL 数据库系统为运行状态，然后确认在 MySQL 服务中创建了名称为 nucleic 的数据库。在 PyCharm 中打开项目，找到文件 app/settings.py，确认以下配置项是否和 MySQL 相关设置相符：

```
# app/settings.py
# 数据库配置
DB_HOST = 'localhost'
DB_USERNAME = 'root'
DB_PASSWORD = '123456'
DB_DATABASE = 'nucleic'
```

注意！

读者运行该项目之前，需要根据自己实际运行环境，对上述配置项的值进行合理调整，否则项目无法正常运行。

下一步，需要通过 pip3 命令安装第三方库，安装方式为：打开 PyCharm 工具里的命令行控制台，进入项目根目录，输入以下命令，回车，等待第三方库安装完成。

```
C:\nucleic\>pip3 install -r requirements.txt
```

最后，执行 main.py 文件，运行服务端项目，在浏览器地址栏中输入：http://127.0.0.1:8000/，回车，结果如图 12.4 所示。

图 12.4　核酸采集平台登录页面

该页面上显示了“用户名”、“密码”和“登录”按钮。将初始管理员账号“admin”填入用户名文本框，将初始密码“111111”填入密码文本框中，点击“登录”按钮，进入后端主界面，如图 12.5 所示。

图 12.5　核酸采集平台预约信息页面

图 12.5 页面顶端为平台名称“核酸采集平台”。页面左侧是四个功能菜单：预约二维码、预约信息查询、登记二维码和登记信息查询。页面主体部分用于显示选中功能菜单项对应的操作界面，如选择左边的“预约信息查询”项，右边显示对应查询操作界面，顶端显示标题“预约信息查询”，下方显示 3 个查询条件输入框和 1 个查询按钮，查询条件下方用于显示查询结果的数据记录表格。

该页面上，数据记录表格中的数据内容来源于移动端页面的提交。本项目中已经内置了移动端的功能页面（见第 13 章相关内容），使用移动端页面提交数据后，再查看管理端的数据，操作步骤如下：

（1）在浏览器地址栏中输入：http://127.0.0.1:8000/h5/index.html#/person，回车，打开的页面如图 12.6 所示。

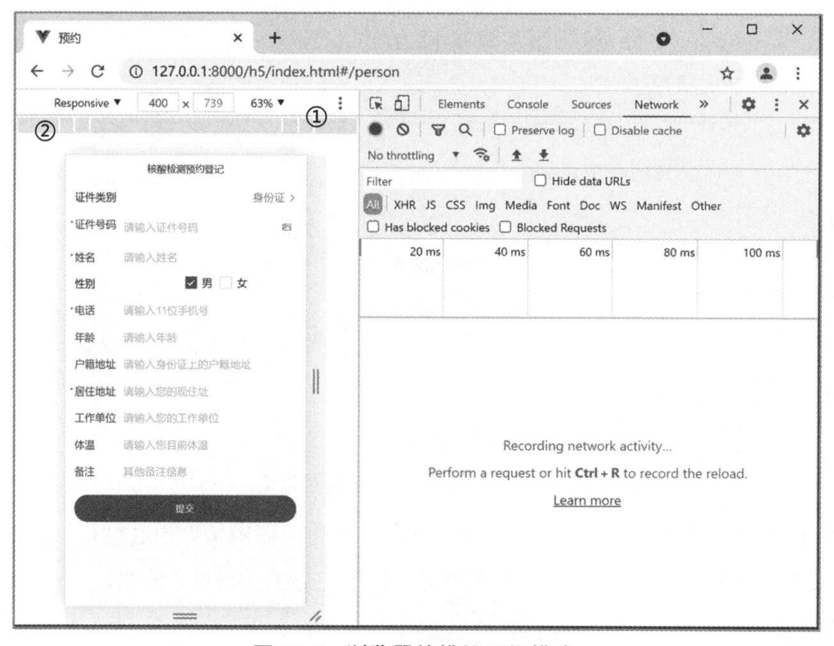

图 12.6　浏览器的模拟手机模式

按键盘上的 F12 键，打开浏览器的开发者工具栏，然后点击图 12.6 中位置①的按钮，切换到模拟手机模式，此时页面显示如图 12.6 左侧所示，如果浏览器左侧页面显示不全，可以点击图 12.6 中位置②的下拉按钮，切换不同的手机型号，模拟该型号手机下的页面展示效果，切换手机型号的界面如图 12.7 所示。

（2）在浏览器页面上根据每行提示，填写预约信息，如图 12.8 所示。

预约信息填写完成后，点击“提交”按钮，页面显示如图 12.9 所示。

该页面上显示了预约二维码，说明预约信息提交成功。

（3）在浏览器上重新打开一个页签，然后在地址栏中输入管理端的地址：http://127.0.0.1:8000，回车，打开页面如图 12.10 所示。

该页面上的表格中显示了一条姓名为三酷猫的预约记录。

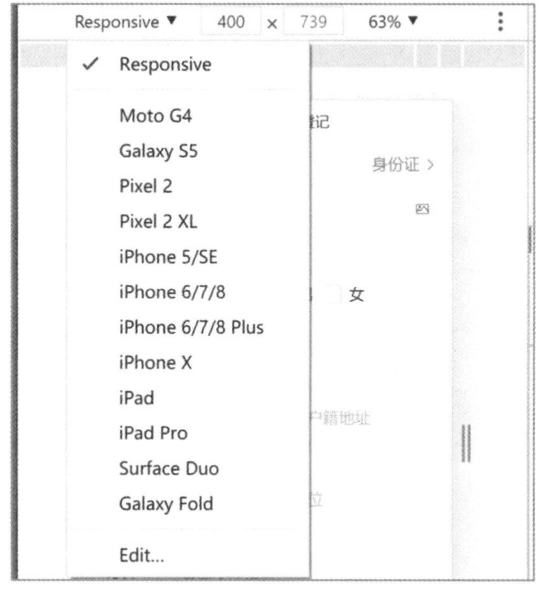

图 12.7 切换手机型号

图 12.8 填写预约信息

图 12.9 提交预约信息成功

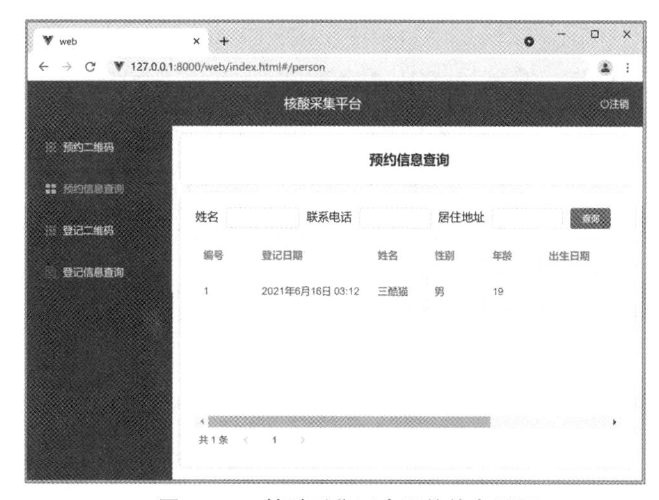

图 12.10 核酸采集平台预约信息页面

12.4 后端项目部署

后端项目部署的步骤为：准备服务器环境，安装数据库环境，安装 Python 环境，上传项目文件，安装第三方库，部署为后台进程，最后，对部署环境进行验证。

12.4.1　准备服务器环境

根据项目的需求，移动端的预约页面和登记页面需要在公网上访问，所以首选云服务器环境。FastAPI 程序需要在 Linux 系统上运行才能达到最佳的性能，所以服务器操作系统使用 Linux 系统（本项目选择 CentOS 7.9）。再根据对用户量的预测，选用了 2 核 CPU、4GB 内存的弹性计算服务器。

12.4.2　安装数据库环境

因为在 CentOS 7.9 中没有内置 MySQL 数据库系统，所以需要自行安装 MySQL 数据库。在 CentOS 7.9 下安装 MySQL 数据库的步骤如下：

第一步，使用 ssh 工具远程登录云服务器，并输入登录密码：

```
C:\>ssh root@云服务器的 IP 地址
```

第二步，下载 MySQL 的 yum repos 文件安装包，执行以下命令：

```
# wget https://dev.mysql.com/get/mysql80-community-release-el7-3.noarch.rpm
```

第三步，安装 yum repos 文件：

```
# rpm -ivh mysql80-community-release-el7-3.noarch.rpm
```

第四步，安装 MySQL 服务软件：

```
# yum install -y mysql-community-server
```

第五步，启动 MySQL 服务：

```
# systemctl start mysqld
```

MySQL 服务启动完成后，执行以下命令，显示 MySQL 的初始密码：

```
# cat /var/log/mysqld.log | grep password
```

终端上的显示结果如下：

```
# cat /var/log/mysqld.log|grep password
2021-06-14T03:12:46.134451Z 6 [Note] [MY-010454] [Server] A temporary password
is generated for root@localhost: >w/7mou&o;7P
```

其中 root@localhost: 后面的部分就是初始密码，接下来需要修改初始密码后，才能使用 MySQL 数据库系统，修改初始密码的方式为，使用初始密码登录 MySQL，命令如下：

```
# mysql -uroot -p
```

输入初始密码后，终端进入了 MySQL 的交互式命令提示符，然后输入以下命令修改 MySQL 初始密码：

```
mysql>ALTER USER 'root'@'localhost' IDENTIFIED BY '3@CoolCat';
```

MySQL 8.0 默认要求使用复杂密码，设置的新密码必须包含数字、大写字母、小写字母、符号中的至少 3 种。

设置完密码后，执行 exit 命令退出 MySQL 交互式命令提示符：

```
mysql> exit
```

然后，再次使用 root 用户名、新密码登录，进入 MySQL 交互式命令提示符：

```
# mysql -u root -p3@CoolCat
mysql>
```

在 MySQL 交互式命令提示符下，输入以下命令，创建数据库：

```
mysql>create database nucleic;
```

至此，MySQL 数据库安装完成。

12.4.3 安装 Python 环境

本项目使用 Python 3.9.5，在 CentOS 上安装 Python 需要采用源码编译的方式。

首先，需要安装依赖库，命令如下：

```
# yum install -y zlib-devel bzip2-devel openssl-devel ncurses-devel sqlite-devel readline-devel tk-devel libffi-devel gcc make
```

然后，下载 Python 3.9.5 的源码包，下载后解压源码包，命令如下：

```
# wget https://www.python.org/ftp/python/3.9.5/Python-3.9.5.tgz
# tar zvxf Python-3.9.5.tgz
```

解压完成后，进入 Python 源码目录，依次执行以下命令：

```
# cd Python-3.9.5
# ./configure
# make && make install
```

待安装完成后，输入以下命令查看 Python 版本：

```
# python3 -V
```

显示结果如下：

```
Python 3.9.5
```

至此，Python 3.9.5 安装完成。

12.4.4 上传项目文件

由于是通过 Windows 远程操作云端 CentOS 服务器的，所以需要在本地打开一个新的 Windows 命令行窗口。切换到项目所在的目录，使用 scp 工具，将项目目录上传到云服务器上，命令如下：

```
C:\>scp -r nucleic root@云服务器地址:/home
```

12.4.5 安装第三方库

在云服务器上，进入项目代码所在目录，然后执行以下命令安装第三方库：

```
# cd /home/nucleic
# pip3 install -r requirements
```

等待安装完成后，先检查项目配置文件 app/settings.py 中的数据库配置项是否正确，然后在项目目录下执行命令，启动项目：

```
# python3 main.py
```

项目启动后，先在云服务器控制台中打开云服务器的 8000 端口，然后在本地计算机浏览器地址栏中输入：http://云服务器地址:8000/，回车，检查服务器运行状态。如果页面上显示报错信息，则根据报错信息排查问题；如果页面正常显示，则切换到云服务器命令行终端，按键盘上的 Ctrl + C 键，停止服务。

12.4.6 部署为后台进程

在云服务器终端的命令行提示符下，进入项目代码目录，执行以下命令：

```
# cd /home/nucleic
# nohup uvicorn main:app --host 0.0.0.0 --port 8000 > main.log 2>&1 &
```

然后，使用 jobs 命令，查看服务运行状态：

```
# jobs
```

结果如下：

```
# jobs
[1]+  运行中  nohup uvicorn main:app --host 0.0.0.0 --port 8000 > main.log 2>&1 &
```

再次在电脑浏览器地址栏中输入：http://云服务器地址:8000/，回车。浏览器上显示了核酸采集平台的登录页面，如图 12.11 所示。

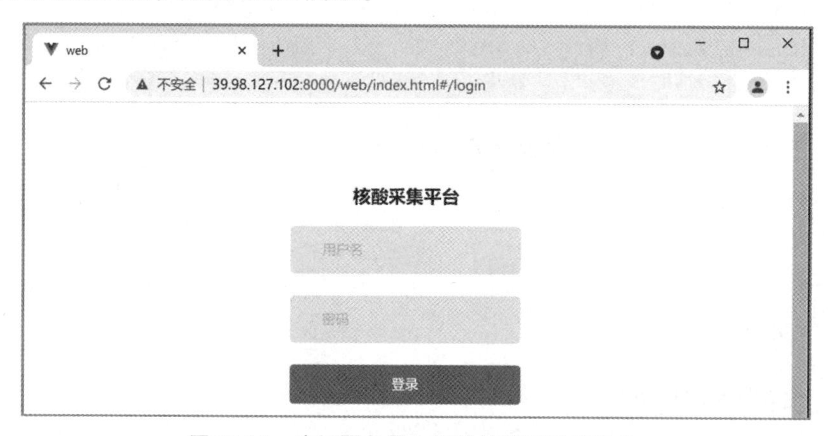

图 12.11 访问服务器上运行的核酸采集平台

12.4.7 验证部署环境

部署之前的核酸采集平台功能验证都是在本地计算机的开发环境中操作的，包括移动端页面，也是在浏览器中模拟展示的。接下来对部署好的平台进行功能验证，以进一步测试所开发功能是否符合实际商业运行环境的使用，步骤如下。

第一步，使用初始账号、密码登录核酸采集平台，打开平台首页，如图 12.10 所示。此时平台上没有预约和登记数据，所以列表中显示为空。

第二步，用鼠标点击图 12.10 左侧导航栏的菜单项“预约二维码”，页面显示如图 12.12 所示。

该图展示了一个二维码和一段文字描述，文字下方有个“打印”按钮。该页面的用途是将预约链接字符串生成二维码，工作人员可打印该二维码后，张贴到核酸采集地点，以供扫码使用。

图 12.12　预约二维码页面

第三步，在手机微信中，打开“扫一扫”功能，对准图 12.12 中的二维码，微信识别到该二维码包含的链接，并弹出链接信息，如图 12.13 所示。

图 12.13　预约页面

如果在微信开放平台上已经备案了服务器的 IP 地址，则扫码后只会显示图 12.13 右图的页面，不会出现该图中左图的信息提示。如果出现了该信息提示，请点击“继续访问”按钮，也可以打开图 12.13 中右图的预约页面。

第四步，在预约页面上填写预约信息，如图 12.13 右图所示，证件号码文本框的右侧有一个图标，点击该图标会弹出摄像头界面，拍摄身份证后调用“百度证件识别 API”，将识别后的信息填写到预约页面上。而本例中，使用了模拟数据演示该功能，点击证件号码右侧的身份证识别图标，弹出提示框，如图 12.14 左图所示，关闭该提示框后，页面显示如图 12.14 右图所示。

在图 12.14 的左图上，点击“确认”按钮关闭弹窗，在右图中提示了另外两个必填信息，电话和居住地址。手动填写这两项信息后，点击下方的“提交”按钮，页面显示如图 12.15 所示。

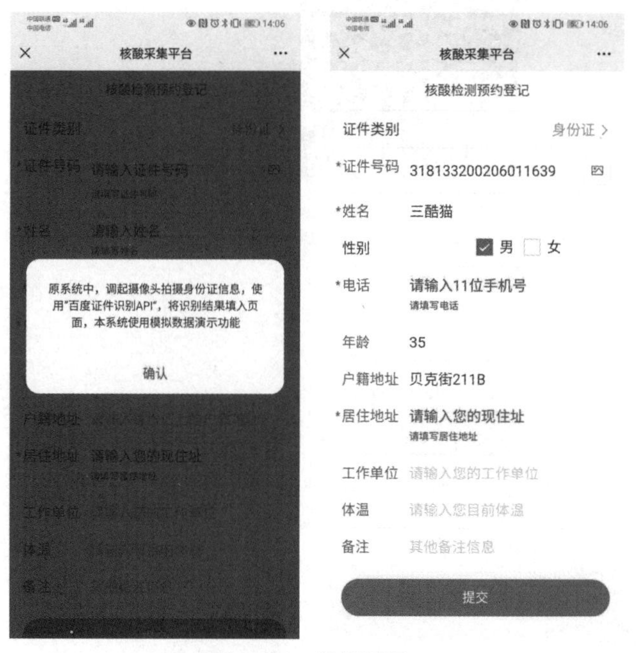

图 12.14　预约页面

图 12.15　我的预约二维码

图 12.15 手机页面上显示了预约日期和预约二维码，二维码下方是“重新填写”按钮。该预约二维码是在核酸采集登记处，供工作人员扫描使用的。如果信息填写不准确，可以点击“重新填写”按钮，回到预约信息页面，重新填写预约信息。

第五步，预约信息提交成功后，工作人员可以在管理端查询到该条预约记录，点击图 12.16 左侧导航栏的菜单项“预约信息查询”，页面如图 12.16 所示。

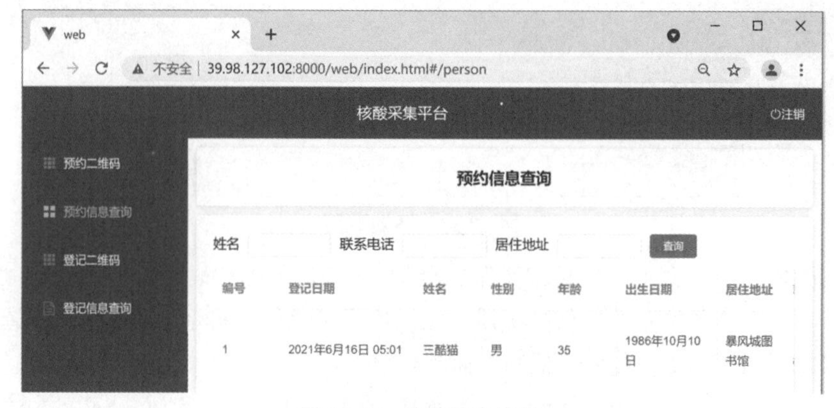

图 12.16　预约信息查询

第六步，点击图 12.16 左侧导航栏的菜单项“登记二维码”，结果如图 12.17 所示。

第七步，使用手机打开微信的“扫一扫”功能，扫描图 12.17 中的二维码，手机上显示界面如图 12.18 所示，如果手机上出现图 12.13 左图所示的链接信息提示页面，点击“继续访问”即可。

图 12.17　登记二维码

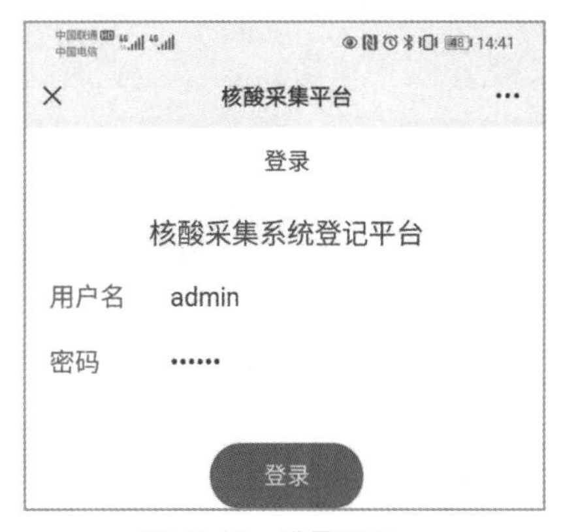

图 12.18　登录页面

在图 12.18 所示的登录页面上输入初始账号和密码，点击“登录”按钮，显示页面如图 12.19 左图所示。

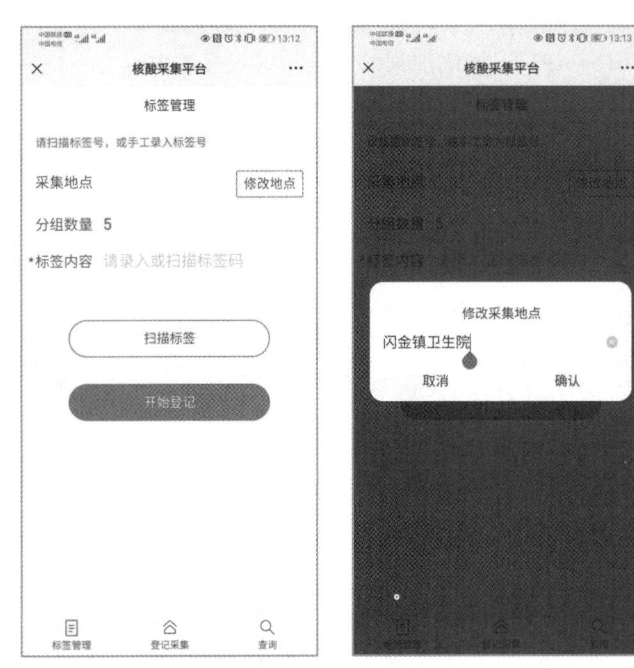

图 12.19　移动端登记页面

在图 12.19 左侧所示页面上，点击右上方的“修改地点”按钮，显示弹窗如图 12.19 右图所示。在弹窗的文本框中输入采集地点后，点击“确认”按钮，关闭弹窗。结果如图 12.20 左图所示。

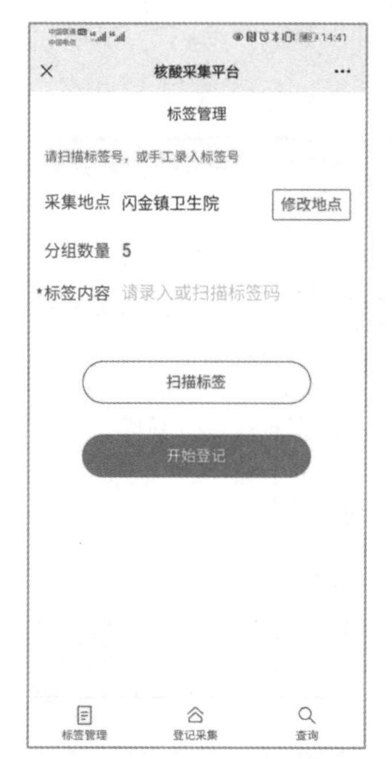

图 12.20　扫描标签

在图 12.20 上点击“扫描标签”按钮，真实系统会弹出摄像头页面拍摄试剂盒上的二维码，调用“百度条码识别 API”，将识别到的二维码填入标签内容文本框中。本项目使用模拟数据，随机生成了一串数字，如图 12.20 右图所示。

第八步，点击“开始登记”按钮，打开页面如图 12.21 左图所示。

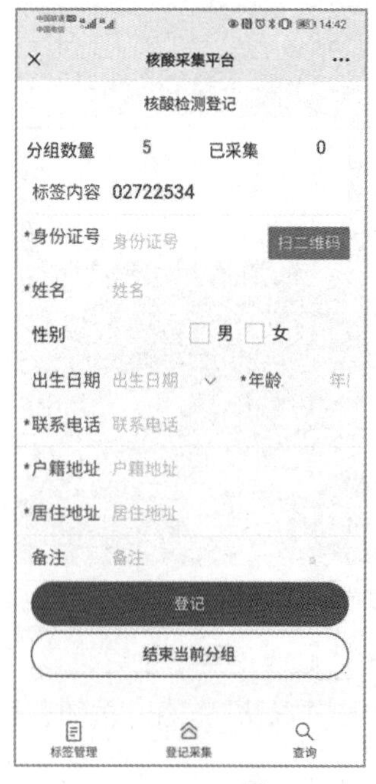

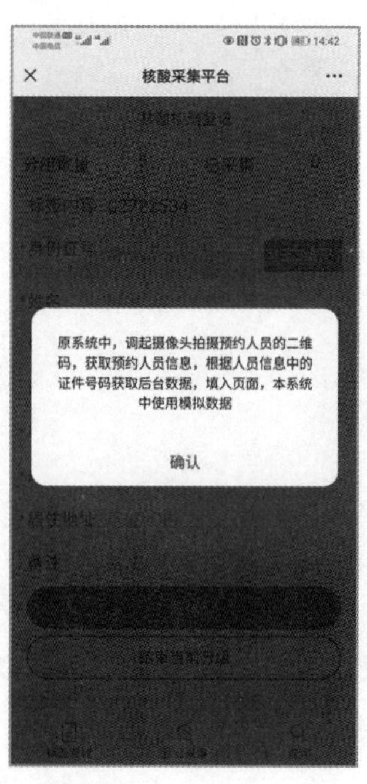

图 12.21　登记采集页面

如图 12.21 左图所示，在真实系统中，点击身份证号文本框右侧的“扫二维码”按钮，会弹出摄像头页面，对准预约二维码扫描即可得到预约信息。本例中使用模拟数据，如图 12.21 右图弹窗所示，点击“确认”按钮，关闭弹窗页面，系统会调取缓存中的身份证号并调用后端接口读取预约信息，结果如图 12.22 左图所示。

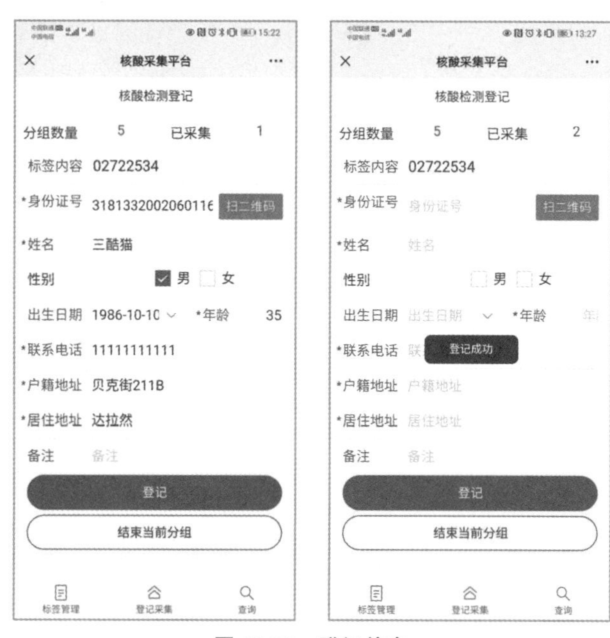

图 12.22　登记信息

如图 12.22 左图所示，页面上显示了预约人员的基本信息和试剂盒标签内容，点击 12.22 左图的“登记”按钮后，如图 12.22 右图所示，页面上弹出“登记成功”信息框。如果已采集数量等于分组数量时，系统自动完成该标签分组，也可以手动点击按钮“结束当前分组”，完成本组标签采集。

第九步，工作人员可以在管理端页面查询到全部登记信息，点击如图 12.23 左侧导航栏的“登记信息查询”菜单项，结果如图 12.23 所示。

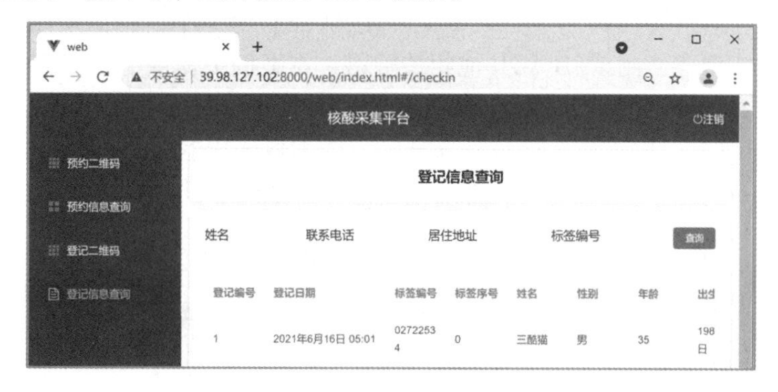

图 12.23　登记信息查询

核酸采集平台的功能验证完成后，在数据库管理工具中清除验证过程产生的数据，切换为生产环境，即可投入使用。

第 13 章　核酸采集平台：前端项目

核酸采集平台，在软件项目开发时采用了前后端分离式开发模式。第 12 章详细介绍了后端功能的实现，FastAPI 框架技术的应用。一个完整的项目，必须考虑前端功能的开发。本项目前端技术采用的是流行的 Vue.js 框架技术。

对于不熟悉 Vue.js 技术的读者，请先学习本书附录 B 的内容，然后再回头了解本章内容比较合适。核酸采集平台管理界面分 PC 端界面和手机端 APP 界面两部分。

本章主要内容如下：

（1）前端开发环境搭建；

（2）管理端项目目录结构；

（3）管理端项目代码实现；

（4）管理端项目运行与发布；

（5）移动端项目目录结构；

（6）移动端项目代码实现；

（7）移动端运行与发布。

13.1　前端开发环境搭建

核酸采集平台管理页面使用 Vue.js 框架开发，Vue.js 是一个流行的前端开发框架，关于 Vue.js 的使用方式请参考附录 B 和其他相关资料。本案例中提供了一套前端页面的实现代码，并将前端项目配置到后端项目中。前端项目的环境要求如下：

（1）Node.js 10+，用于搭建前端开发环境，本项目使用 Node.js 12；

（2）@vue/cli 3+，Vue.js 的脚手架，用于管理 Vue.js 项目。

13.2　管理端项目目录结构

PC 管理页面的项目建立在核酸采集平台服务端项目下的 web 目录中，可以使用 PyCharm 编辑工具打开和执行前端项目，但是在编辑前端项目代码时，会缺少语法提示功能，推荐使用 Visual Studio Code（以下简称 VSCode）代码编辑工具开发前端项目。VSCode 是由微软开发的一套代码编辑工具，为多种编程语言提供了语法加亮、语法提示等功能，是开发前端项目的主流工具。

在第 12.2 节中列出的核酸采集平台的目录结构中，其中列出的 web 目录就是管理页面的前端项目，其目录结构如下：

```
├── nucleic                         # 核酸采集平台根目录
│   ├── app                         # 项目配置目录
│   ├── ...                         # 其他后端目录
│   ├── web                         # 管理页面前端项目
│   │   ├── dist                    # 前端发布目录
│   │   ├── public                  # 静态资源目录
│   │   │   └── index.html          # 前端主页面模板
│   │   ├── src                     # 前端项目的代码目录
│   │   │   ├── api                 # HTTP 接口定义目录
│   │   │   ├── assets              # 前端静态资源目录
│   │   │   ├── components          # 页面组件目录
│   │   │   ├── views               # 页面视图目录
│   │   │   ├── App.vue             # 前端页面主应用
│   │   │   ├── main.js             # 前端项目入口文件
│   │   │   ├── request.js          # 网络库 Axios 的封装文件
│   │   │   └── router.js           # 前端页面路由类
│   │   ├── .env.development        # 开发环境配置文件
│   │   ├── .env.production         # 生产环境配置文件
│   │   ├── package.json            # 前端项目配置文件
│   │   └── vue.config.js           # Vue.js 项目的配置文件
```

该目录结构有以下几个主要部分：

（1）dist 目录，是由前端项目打包生成的目录，该目录挂载到 FastAPI 的静态资源上，用于页面功能展示；

（2）public/index.html 是前端项目的主文件模板，也就是前端所有的功能都运行在这个文件上，所以也可以称为单页面应用的容器；

（3）src 目录是保存前端项目的全部代码文件的目录；

（4）package.json 是前端包管理工具 npm 主要使用的配置文件，其中定义了前端项目的基本信息、运行设置、打包设置、第三方包依赖等内容。

13.3　管理端项目代码实现

管理端项目由 Vue.js 框架搭建，本节介绍前端项目中的关键代码，学习前端项目是如何调用 FastAPI 后端服务接口，并把数据展示到页面上的。主要内容包括：主文件、网络请求文件、前端项目路由表、前端视图组件文件。

1. 主文件

管理端项目的主文件存放在 web/src/main.js 中，也就是当管理端项目运行时执行的第一个文件，此文件的作用是初始化运行环境，统一管理端项目用到的模块，代码如下：

```
//【核酸采集平台】 web/src/main.js
// 导入第三方库
import Vue from 'vue'
import ElementUI from 'element-ui';
import 'element-ui/lib/theme-chalk/index.css';
import App from './App.vue'
import moment from 'moment'
import router from './router'

const whiteList = ['/login']
// 定义路由守卫，在未登录时，将页面跳转到登录页面
router.beforeEach(async(to, from, next) => {
    const hasToken = window.sessionStorage.getItem('Authorization')
    // console.log(hasToken)
    if (hasToken) {
        if (to.path === '/login') {
          next({ path: '/' })
        } else {
          next()
        }
    } else {
        if (whiteList.indexOf(to.path) !== -1) {
          next()
        } else {
          next('/login')
        }
    }
})
// 初始化 Vue 配置项
Vue.config.productionTip = false
Vue.prototype.$moment = moment
// 启用 ElemenuUI 框架
Vue.use(ElementUI);
// 创建 Vue 应用实例
new Vue({
    el: '#app',
    router: router,
    render: h => h(App),

})
```

以上代码中，主要的部分实现过程为：

（1）导入第三方库，比如 ElementUI、导入内部模块，如 App 模块、router 模块；

（2）定义路由守卫，在未登录时，跳转到登录页面；

（3）初始化 Vue 配置项，启用第三方库 ElementUI；

（4）创建 Vue 应用实例，将 router 模块和 App 模块配置到应用实例上。

2. 网络请求文件

网络请求文件分为两部分：第一部分是网络请求框架的设置；第二部分是网络请求函数的定义。

第一部分，网络请求框架使用 Axios 库，Axios 是基于 Promise 技术的广泛用于各大前端框架的 HTTP 库，其主要特点是简单易用，可以设置全局的请求拦截器和响应拦截器，可以统一管理前端的网络请求通信（与后端），Axios 封装存放在 src/reqeust.js 中，代码如下：

```
//【核酸采集平台】 web/src/request.js
import axios from 'axios'                                   // 导入 Axios 库
```

```
const service = axios.create({                       // 创建 Axios 实例
timeout: 5000,                                       // 单次请求的超时设置
    baseURL: process.env.VUE_APP_BASE_API,           // 设置服务器地址

})

// 请求拦截器
service.interceptors.request.use(
    config => {
   var token = window.sessionStorage.getItem('Authorization')  // 获取认证信息
      if (token) {
    config.headers['Authorization'] = 'Bearer ' + token  // 接入 OAuth 2 认证的请求头
   }
   return config
  },
  error => {
   // 报错时，在控制台打印错误信息
   console.log('req',error)
   return Promise.reject(error)
  }
)


service.interceptors.response.use(    // 响应拦截器
  response => {
   const res = response.data
   // 此处可以添加全局响应数据的处理代码，比如对自定义响应状态码的处理
   return res
  },
  error => {
    // 报错时，在控制台打印错误信息
   console.log('err', error)
   return Promise.reject(error)
  }
)

export default service                         //导出 Axios 实例
```

以上代码中，实现了以下几个主要的功能：

（1）创建 Axios 的实例 request，通过参数设置单次请求的超时时长为 5000 毫秒，并设置服务器地址 baseURL 为 process.env.VUE_APP_BASE_API,，前端项目中所有的网络请求都会发送到这个服务器地址，该服务器地址使用了 Vue 项目的环境变量 process.env.VUE_APP_BASE_ API，该变量定义在.env 开头的文件中，在开发阶段运行程序时，调用的是.env.development 文件中的设置。在打包后运行时，调用的是.env.production 文件中的设置。

（2）在请求拦截器中，设置请求头内容，将 Authorization 设置为登录获取的 token 值，这个是依据 OAuth 2 登录接口的规范设置的。前端每个发出的请求都会带上此请求头。

（3）设置完 Axios 实例的参数以后，将 Axios 实例导出，供网络在请求函数中使用。

第二部分是网络请求函数的定义，保存在 src/api/index.js 中，代码如下：

```
//【核酸采集平台】 web/src/api/index.js
import request from '@/request' // 从 request 包中导入 request 函数
import qs from 'qs'             // 从 qs 包中导入 qs 对象，用于封装表单数据
// 登录函数
export function login(data) {   // 定义登录函数
   return request({             // 调用 request 函数生成请求对象
```

```
        url: '/auth/login',             // url 参数，请求地址，对应 API 文档中的 API 地址
        method: 'post',                 // method 参数，请求方法，对应 API 文档中的请求方法
        headers: {'Content-Type': 'application/x-www-form-urlencoded'},  // 自定义请求头，此处是调用 OAuth 2 的登录方法，发送表单数据，需要修改请求头
        data: qs.stringify(data)                    // 用 qs 封装的请求数据
      })
    }
    // 获取预约信息列表函数
    export function getPersonList(params) {      // 定义预约列表查询函数，传入查询参数
      return request({                  // 调用 request 函数生成请求对象
        method: 'get',                  // method 参数，请求方法，对应 API 文档中的请求方法
        url: '/person/list',            // url 参数，请求地址，对应 API 文档中的 API 地址
        params                          // params 参数，传入查询参数
      })
    }
    // 获取登记信息列表函数
    export function getCheckInList(params) {
      return request({
        method: 'get',
        url: '/checkin/list',
        params
      })
    }
```

以上文件中，首先从 request.js 中导入了 request 函数，这个函数也就是上一步导出的 Axios 实例，用于定义请求函数。该处定义了三个请求函数：

（1）登录函数 login，该函数使用 POST 方式调用服务端的 API 接口/auth/login，并且设置了请求头为'Content-Type': 'application/x-www-form-urlencoded'，这和服务端定义的符合 OAuth 2 标准的 API 接口/auth/login 的定义保持一致。然后使用 qs 函数，将函数参数 data 的数据封装为表单格式的请求体。

（2）获取预约信息列表函数，该函数使用 GET 方式调用服务端的 API 接口/person/list，并且传递了查询参数 params。

（3）获取登记信息列表函数，该函数使用 GET 方式调用服务端的 API 接口/checkin/list，并且传递了查询参数 params。

3. 前端项目路由表

路由的作用是将访问地址与被访问页面进行关联，前端项目中所有的页面都需要在路由表中定义，前端项目的路由表存放在 src/router.js 中，代码如下：

```
//【核酸采集平台】 web/src/router.js
import Vue from 'vue'
import VueRouter from 'vue-router'

Vue.use(VueRouter)


import Layout from '@/views/layout'                    // 导入布局组件
// 定义路由表
export const constantRoutes = [
  {
  path: '/',                                           // 定义路由指向根路径
  component: Layout,                                   // 定义路由对应的视图组件
  redirect: '/person',                                 // 定义该路由的跳转路由
  children: [                                          // 定义子路由
```

```
        {
          path: 'yuyuecode',
          component: () => import('@/views/yuyuecode'),
          name: 'yuyuecode',
          meta: { title: '预约二维码', icon: 'el-icon-s-grid'}
        },
        {
          path: 'person',                              // 预约查询页面
          component: () => import('@/views/person'),
          name: 'person',
          meta: { title: '预约信息查询', icon: 'dashboard'}
        },
        {
          path: 'dengjicode',
          component: () => import('@/views/dengjicode'),
          name: 'dengjicode',
          meta: { title: '登记二维码', icon: 'dashboard'}
        },
        {
          path: 'checkin',                             // 登记查询页面
          component: () => import('@/views/checkin'),
          name: 'checkin',
          meta: { title: '登记信息查询', icon: 'dashboard'}
        },
        ]
      },
      {
        path: '/login',                                // 登录页面
        component: () => import('@/views/login')
      },
]

const createRouter = () => new VueRouter({             // 初始化路由参数
  scrollBehavior: () => ({ y: 0 }),
  routes: constantRoutes
})

// 创建路由实例
const router = createRouter()                          // 创建路由实例

export function resetRouter() {                        // 重置路径的方法
  const newRouter = createRouter()
  router.matcher = newRouter.matcher                   // reset router
}

export default router                                  // 导出路由实例
```

路由表中定义每个路由时，有两个关键属性如下：

（1）path：定义路由的访问地址，也就是浏览器地址栏中 URL 片断符号“#”后面的部分；

（2）component：是指访问地址对应的视图组件，当用户在浏览器地址中访问了 path 定义的地址时，前端服务器把视图组件渲染成 HTML，返回给浏览器显示。

本例中，定义了一个路径为“/”的根路由，对应到 layout 视图组件。其下级定义了预约查询路由“/person”，对应到“@/views/person”视图组件，这里出现的符号“@”是 src 目录的别名，也就表示了 person 组件所在的目录为“src/views/person”。使用同样的方式定义登记查询路由“/checkin”，对应到“@/views/checkin”视图组件。

还定义了与根路由同级的用于登录的路由，其路径为“/login”，对应到“@/views/login”视图组件。

使用根路由加下级路由的方式定义的路由，在显示页面的时候，会将下级路由对应的页面嵌入其上级路由对应的页面中。

4. 前端视图组件文件

本项目中使用 Vue.js 的语法定义视图组件，每个视图组件分为三个基本的部分：页面模板、页面脚本、页面样式。本节以预约视图组件为例，讲解预约查询模块的数据请求、页面显示过程。

预约查询模块的代码保存在 src/views/person/index.vue 中，由以下三部分组成。

（1）页面模板代码，如下：

```
<template>
<!--【核酸采集平台】 web/src/person template-->
  <div>
    <!--页面顶部-->
    <el-card :body-style="{padding: '2px'}">
        <h1>预约信息查询</h1>
    </el-card>
<!--页面主体-->
    <el-card class="box">
      <!--查询框部分-->
      <div style="display:flex;padding-bottom:12px">
            <div style="margin-right:10px">
                <span style="width:50px;margin-right:10px">姓名</span>
                <el-input size="mini"  v-model="search.xm" style="width:100px"/>
            </div>
            <div style="margin-right:10px">
                <span style="width:50px;margin-right:10px">联系电话</span>
                <el-input size="mini"  v-model="search.lxdh" style="width:100px"/>
            </div>
            <div style="margin-right:10px">
                <span style="width:50px;margin-right:10px">居住地址</span>
                <el-input size="mini"  v-model="search.jzdz" style="width:100px"/>
            </div>
            <div>
                <el-button type="primary" size="mini" @click="doLoad">查询</el-button>
            </div>
        </div>
        <!--数据列表部分-->
        <el-table :data="list" border>
            <!--数据列-->
            <el-table-column label="编号" prop="id" />
            <el-table-column label="登记日期" prop="djrq" width="160px">
                <!--自定义列显示内容，格式化登记日期-->
                <template slot-scope="scope">
                    {{ $moment(scope.row.djrq).format('YYYY年M月D日 HH:mm') }}
                </template>
            </el-table-column>
            <el-table-column label="姓名" prop="xm" />
            <el-table-column label="性别" prop="xb">
                <template slot-scope="scope">{{ getXb(scope.row.xb) }}</template>
            </el-table-column>
            <el-table-column label="年龄" prop="nl" />
            <el-table-column label="出生日期" prop="csrq" width="120px">
                    <!--自定义列显示内容，格式化出生日期-->
                <template slot-scope="scope">
                    <span v-if="scope.row.csrq">
{{ $moment(scope.row.csrq).format('YYYY年M月D日') }}
</span>
```

```
          </template>
        </el-table-column>
        <el-table-column label="居住地址" prop="jzdz" />
        <el-table-column label="联系电话" prop="lxdh" />
        <el-table-column label="身份证号" prop="sfzh" />
      </el-table>
      <!--分页组件-->
      <el-pagination
        @size-change="handleSizeChange"
        @current-change="handleCurrentChange"
        :current-page.sync="pager.page"
        :page-size="10"
        layout="total, prev, pager, next"
        :total="pager.count">
      </el-pagination>
    </el-card>
  </div>
</template>
```

以上代码，主要的部分是使用了 ElementUI 的表格组件 el-table，展示预约数据列表 list 的内容。在表格组件的上方是一组查询条件，表格组件的下方是分类组件。

（2）页面脚本代码，如下：

```
<script>
/*【核酸采集平台】 web/src/person script */
import { getPersonList } from '@/api'  // 从src/api模块中导入getPersonList函数
export default {
  name: 'Person',                       // 模块名
  data() {                              // 数据段
    return {
      list: [],                         // 预约数据列表，用于表格展示
      search: {                         // 查询条件
        xm: '',                         // 姓名
        lxdh: '',                       // 联系电话
        jzdz: '',                       // 居住地址
      },
      pager: {                          // 分页参数
        count:0,                        // 记录总数
        page:1,                         // 当前页面
        size:10,                        // 每页显示数据条数
      }
    }
  },
  mounted() {                           // 项目挂载方法，在进入页面后执行
    this.doLoad()                       // 进入页面后，调用doLoad()方法
  },
  methods: {                            // 模板内的方法列表
    doLoad() {                          // 加载数据
      getPersonList(Object.assign(this.search, this.pager))  // 发起数据请求
      .then(res=>{                      // 请求完成后的响应数据
        this.list = res.list            // 响应数据中的list赋值给list对象
        this.pager.count = res.count  // 响应数据中的总条件赋值给pager.count
      })
    },
    getXb(v) {                          // 根据性别编码获取性别名称的方法
      if (v == '1') {return '男'}
      else if (v == '2') {return '女'}
      else {return '未知'}
    },
```

```
        handleSizeChange(v) {                    // 改变分页数量时调用的方法
            this.pager.size = v;
            this.pager.page = 1;
            this.doLoad()
        },
        handleCurrentChange(v) {                 // 改变当前页面时调用的方法
            this.pager.page = v;
            this.doLoad()
        }
    }
}
</script>
```

以上代码定义了页面的执行过程，首先在页面加载完成后，会执行 mount()方法，mount()方法中调用了 this.doLoad()方法；在 this.doLoad()方法中，使用 getPersonList()函数发起数据请求，并请求成功后的响应数据，由 then()方法中的 res 对象接收；在 then()方法中，将 res.list 属性赋值给 this.list 属性，res.count 赋值给 this.count 属性，this.list 和 this.count 是在 data()方法中定义的，该方法中定义的属性，可以在页面模板中使用。

以上过程执行完成后，Vue 会将得到的数据传递给页面模板，并渲染成 HTML 代码，在浏览器上显示成页面。

本节主要内容是讲解数据请求和展示的过程，以上代码中的其他方法，都是与页面显示和页面行为相关的，不再展开讲解。

（3）页面样式代码，如下：

```
<style scoped>
/*【核酸采集平台】 web/src/person style */
.box {
    margin-top:10px;
}
</style>
```

本例中使用了一个基础样式.box {margin-top:10px}，其作用是将查询框的上间距设置为 10px。如果需要修改页面上的其他样式，可在此代码段中定义。

登记查询模块与登录页面的视图组件结构，与预约查询模块的工作流程是相似的，在视图文件的<template>标签中定义页面模板，在<script>中写业务逻辑，在<style>中写页面样式。

预约二维码视图组件和登记二维码视图组件的结构与上述视图组件的结构类似，也是在<template>标签中定义页面模板，在<script>中写业务逻辑，在<style>中写页面样式。但是，在代码实现过程中没有调用接口，只是将预约的移动端页面链接和登记的移动端页面链接生成二维码，并展示出来。

13.4　管理端项目运行与发布

管理端项目已默认打包到后端项目中，可以使用 FastAPI 运行，也可以单独运行。

第一种方式，使用 FastAPI 运行时，先运行核酸采集平台的 main.py，然后在浏览器地址栏中输入：http://127.0.0.1:8000/，回车，在浏览器中就会显示登录页面，如图 13.1 所示。

图 13.1　运行后端程序显示的页面

第二种方式，单独运行时，请先按照附录 B 的内容，安装运行环境，运行环境安装完成后，使用代码编辑工具 VSCode 或 PyCharm 打开前端项目的目录，在代码编辑工具的命令行终端下，执行以下命令安装第三方库：

```
C:\nucleic\web\>npm install
```

第三方库安装完成后，执行以下命令运行前端项目：

```
C:\nucleic\web\>npm run serve
```

在浏览器地址栏中输入：http://127.0.0.1:8080/，回车，在浏览器中会显示登录页面，如图 13.2 所示。

图 13.2　单独运行管理端项目

图 13.1 和图 13.2 中的页面内容是相同的，但地址栏中的地址不同，因为图 13.1 中显示的是由前端项目打包生成的页面，而图 13.2 中显示的是使用前端开发环境在本地运行的页面。

使用前端开发环境运行页面时，可以提供一些辅助开发的功能，比如日志输出、代码调试，但也会因此影响页面显示的性能。所以，在前端项目开发完成后，需要把前端项目打包发布，生成可用于生产环境的资源文件。

前端项目的打包命令为：

```
C:\nucleic\web\>npm run build
```

执行该命令会将前端项目打包生成资源文件，并存放在 C:\nucleic\web\dist\目录下。细心的读者已经发现，在第 12.3 节中，主文件的静态资源挂载部分，就是挂载的这个目录。所以，前端项目打包好以后，就自动部署到后端的 web 目录下了。

当前端项目的代码修改以后，需要再次执行打包命令，才能更新后端 web 目录下的资源文件。

13.5 移动端项目目录结构

移动端项目的开发环境和管理端项目的环境要求是一致的，所以移动端可以直接使用管理端搭建好的环境进行开发。

移动端项目建立在核酸采集平台服务端项目下的 h5 目录中，和管理端页面项目一样，也可以使用 VSCode 代码开发工具开发移动端项目。

移动端项目的目录结构和管理端的目录结构一致，其结构如下：

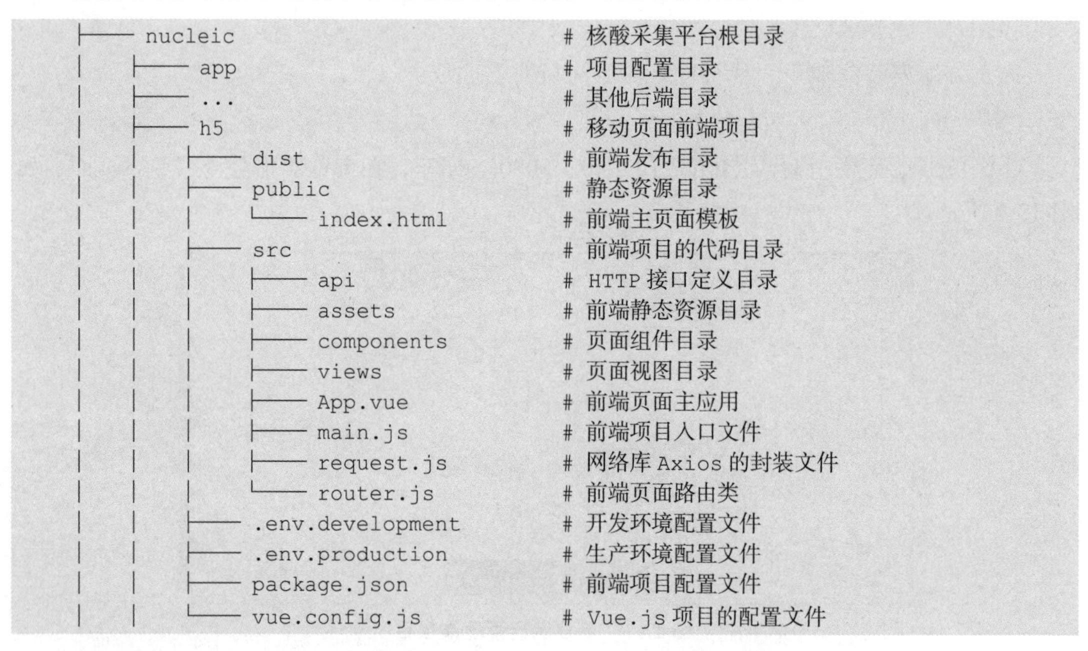

```
├── nucleic                              # 核酸采集平台根目录
│   ├── app                              # 项目配置目录
│   ├── ...                              # 其他后端目录
│   ├── h5                               # 移动页面前端项目
│   │   ├── dist                         # 前端发布目录
│   │   ├── public                       # 静态资源目录
│   │   │   └── index.html               # 前端主页面模板
│   │   ├── src                          # 前端项目的代码目录
│   │   │   ├── api                      # HTTP 接口定义目录
│   │   │   ├── assets                   # 前端静态资源目录
│   │   │   ├── components               # 页面组件目录
│   │   │   ├── views                    # 页面视图目录
│   │   │   ├── App.vue                  # 前端页面主应用
│   │   │   ├── main.js                  # 前端项目入口文件
│   │   │   ├── request.js               # 网络库 Axios 的封装文件
│   │   │   └── router.js                # 前端页面路由类
│   │   ├── .env.development             # 开发环境配置文件
│   │   ├── .env.production              # 生产环境配置文件
│   │   ├── package.json                 # 前端项目配置文件
│   │   └── vue.config.js                # Vue.js 项目的配置文件
```

该目录结构有以下几个主要部分：

（1）dist，是由前端项目打包生成的目录，该目录挂载到 FastAPI 的静态资源上，用于页面功能展示；

（2）public/index.html，是前端项目的主文件模板，也就是前端所有的功能都运行在这个文件上，所以也可以称为单页面应用的容器；

（3）src，是保存前端项目的全部代码文件的目录。

package.json 是前端包管理工具 npm 主要使用的配置文件，其中定义了前端项目的基本信息、运行设置、打包设置、第三方包依赖等内容。

13.6　移动端项目代码实现

移动端项目和管理端项目一样，都是以 Vue.js 框架为基础搭建的。不同的是，管理端项目的主架构使用了 Element-UI 组件库，该组件库用于搭建 Web 页面；而移动端页面是在手机上运行的，所以使用了著名的移动端组件库 Vant。

当使用不同的组件库时，在视图组件中定义组件的语法会有差别，但程序的整体实现步骤是相同的，主要内容包括：主文件、网络请求文件、移动端项目路由文件、移动端视图组件文件。

1. 主文件

移动端项目的主文件存放在 web/src/main.js 中，也就是当管理项目运行时执行的第一个文件，此文件的作用是初始化运行环境，统一管理端项目用到的模块，代码如下：

```
//【核酸采集平台】 h5/src/main.js
import Vue from 'vue'
import App from './App.vue'
import Vant from 'vant';
import 'vant/lib/index.css';
import axios from 'axios'
import './styles/theme.less';
import dayjs from 'dayjs'
Vue.prototype.$http = axios
Vue.prototype.$bus = new Vue()
Vue.prototype.$dayjs = dayjs
import {router} from './router'

Vue.config.productionTip = false
import store from './store'
Vue.use(Vant)

// 路由守卫
const whiteList = ['/login','/person', '/qrcode']
router.beforeEach(async(to, from, next) => {
    const hasToken = window.sessionStorage.getItem('Authorization')
    if (hasToken) {
        if (to.path === '/login') {
          next({ path: '/' })
        } else {
            next()
        }
    } else {
        if (whiteList.indexOf(to.path) !== -1) {
            next()
          } else {
            next('/login')
          }
    }
})
// 应用实例
new Vue({
  el: '#app',
  router,
  store,
  render: h => h(App),
})
```

移动端项目的 main.js 与管理端项目的 main.js 大体上类似，不同之处是引入了 vant 组件：

```
import Vant from 'vant';
import 'vant/lib/index.css';
Vue.use(Vant)
```

2. 网络请求文件

网络请求文件存放在 src/utils/request.js 中，其内容与管理端的 request.js 完全一样，都需要实现对接 OAuth 2 的 Token 传递。

3. 移动端项目路由文件

在移动端项目的路由文件中，定义了移动端各个页面的访问地址与视图组件的关系，其代码保存在 src/router.js 中，内容如下：

```
//【核酸采集平台】 h5/src/router.js
import Vue from 'vue';
import Router from 'vue-router';

Vue.use(Router);

const routes = [
  {
    path: '*',
    redirect: '/login'
  },
  {
    name: 'login',
    component: () => import('./views/login'),
    meta: { title: '登录'}
  },
  {
    name: 'person',
    component: () => import('./views/person'),
    meta: { title: '预约'}
  },
  {
    name: 'qrcode',
    component: () => import('./views/qrcode'),
    meta: { title: '预约信息'}
  },
  {
    name: 'checkin',
    component: () => import('./views/checkin'),
    meta: { title: '登记' }
  }
];

routes.forEach(route => {
  route.path = route.path || '/' + (route.name || '');
});

const router = new Router({ routes });

router.beforeEach((to, from, next) => {
  const title = to.meta && to.meta.title;
  if (title) {
    document.title = title;
  }
  next();
});

export {
  router
};
```

4. 移动端视图组件文件

移动端视图组件文件的结构与管理端视图组件的结构相同，关键点如下：

（1）在<template>标签中定义页面显示模型；

（2）在<script>标签中写业务逻辑代码；

（3）在<style>标签中写样式。

更具体的代码过程介绍，可参考第 13.3 节，管理端项目的代码过程介绍。移动端页面适配的方法已经配置到项目中。

13.7　移动端运行与发布

与管理端项目类似，移动端项目已经集成到后端项目中，移动端项目的运行方式也有两种，一种是在后端项目中访问，另一种是直接在开发环境中访问。

第一种，启动后端项目后，在浏览器地址栏中输入功能模型对应的路由地址，比如预约模块的页面地址：http://127.0.0.1:8000/h5/index.html#/person，回车。然后将浏览器切换到模拟手机的模式上，如图 13.3 所示。

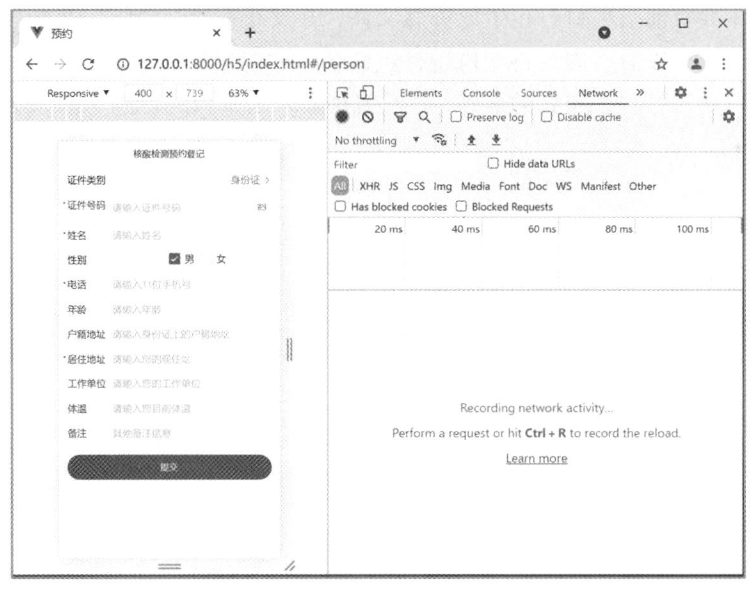

图 13.3　在后端项目中查看预约页面

第二种方式，单独运行时，在代码编辑工具的命令行终端下，执行以下命令安装第三方库：

```
C:\nucleic\h5\>npm install
```

第三方库安装完成后，执行以下命令运行前端项目：

```
C:\nucleic\h5\>npm run serve
```

在浏览器地址栏中输入：http://127.0.0.1:8080/，回车，在浏览器中会显示登录页面，如

图 13.4 所示。

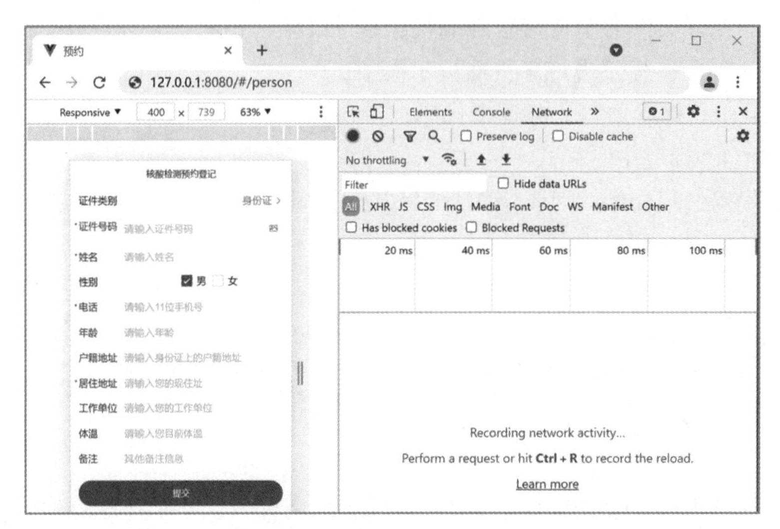

图 13.4　单独运行移动端项目

在移动端项目开发完成后，需要把前端项目打包发布，生成可用于生产环境的资源文件。移动端项目的打包命令为：

```
C:\nucleic\h5\>npm run build
```

执行该命令会将前端项目打包生成资源文件，并发布在 C:\nucleic\h5\dist\目录下。当移动端项目的代码修改以后，需要再次执行打包命令，才能更新后端 h5 目录下的资源文件。

管理端和移动端打包发布好的文件，会作为核酸采集平台的资源文件，和整个平台一起部署到服务器上运行。

附录A 在 Win 10 上安装 MySQL 数据库

MySQL 数据库系统社区版（Community）下载安装过程介绍如下。

MySQL 数据库系统社区版免费下载地址为：https://dev.mysql.com/downloads/mysql/。在浏览器地址栏中输入下载界面地址，回车，如图 A.1 所示。

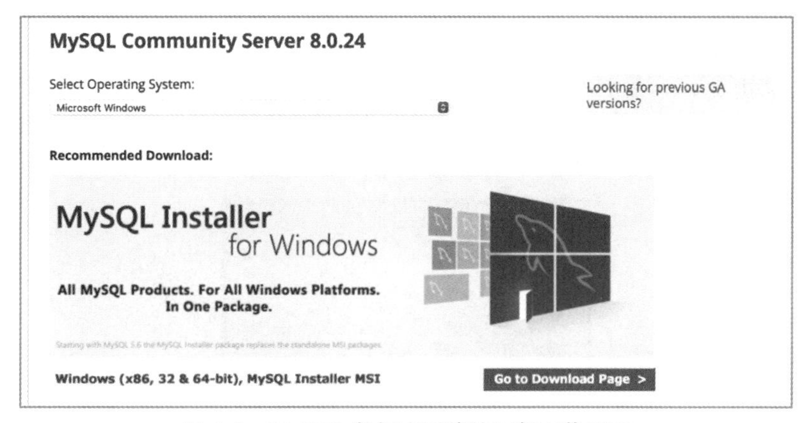

图 A.1　MySQL 数据库系统社区版下载界面

下载界面中可以选择操作系统（Select Operating System）类型，本书主要使用环境为 Microsoft Windows。在 Windows 10 上安装 MySQL 数据库系统。点击界面右下角的“Go to Download Page >”按钮，进入如图 A.2 所示安装包下载界面。

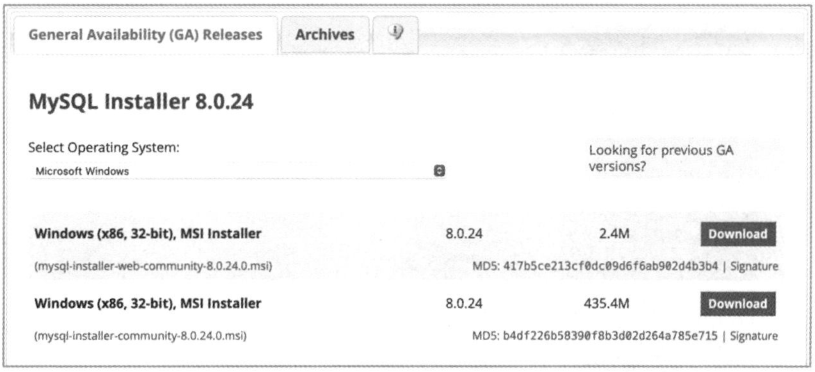

图 A.2　Windows 版的 MySQL 安装包下载界面

图 A.2 的列表中有两条记录，第一条是在线安装版本，第二条是离线安装版本。本节以在线版为例，点击第一条记录右侧的“Download”按钮，进入预下载界面，如图 A.3 所示。

图 A.3　预下载界面

在图 A.3 中，出现一大段英文注册账号的提示，界面左下角有一行小字“No thanks, just start my download.”。点击这行小字，便会开始下载安装包。下载完成后，在下载目录中找到下载完成的安装包，然后双击该安装包开始安装 MySQL。安装时 Windows 10 系统会弹出对话框，如图 A.4 所示。

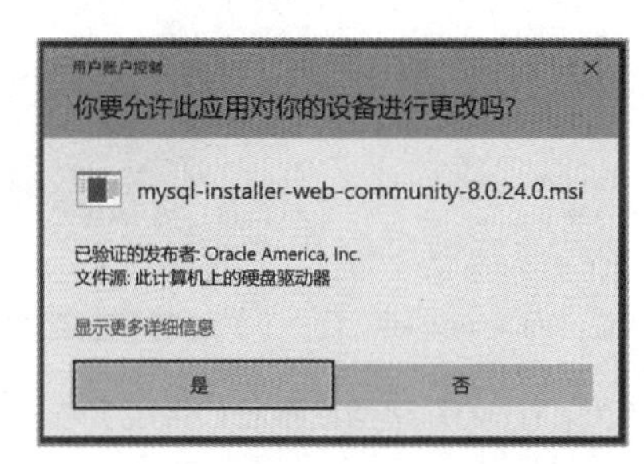

图 A.4　账户控制对话框

点击图中的“是”按钮，继续安装，安装过程中会多次弹出类似提示，都要选择“是”按钮。然后进入安装类型选择界面，如图 A.5 所示。

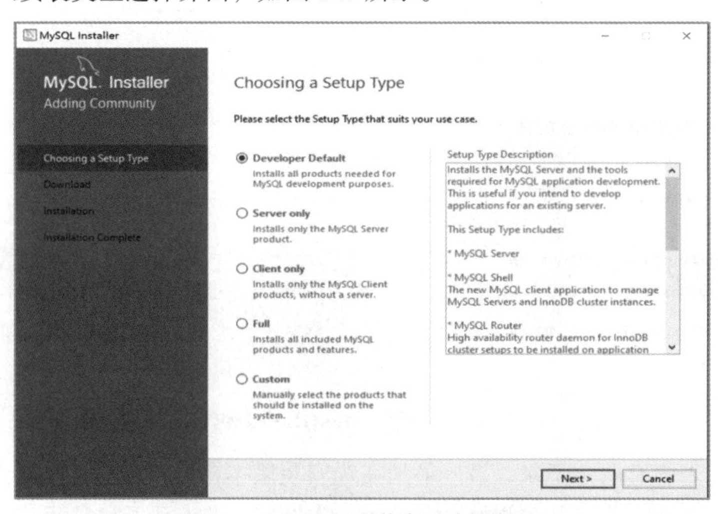

图 A.5　MySQL 安装类型选择界面

可选择的类型为开发者（Developer Default）、服务器端（Server only）、客户端（Client only）、全部（Full）、个性化（Custom），不同类型所安装的 MySQL 功能组件有所区别，这里基于开发环境，选择默认的开发者选项。点击界面下方的“Next”按钮，进入安装需求程序界面，如图 A.6 所示。

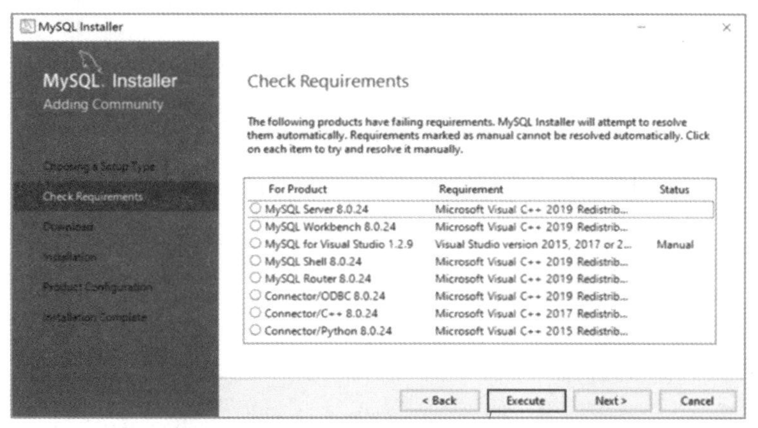

图 A.6　安装需求程序界面

点击界面下方的“Execute”按钮，根据弹出来的提示对话框安装对应的需求程序。

如果安装过程弹出图 A.7 左侧对话框，则需要勾选“我同意许可条款和条件”，再点击“安装”按钮，等待安装完成后，点击图 A.7 右侧所示对话框的“关闭”按钮即可。

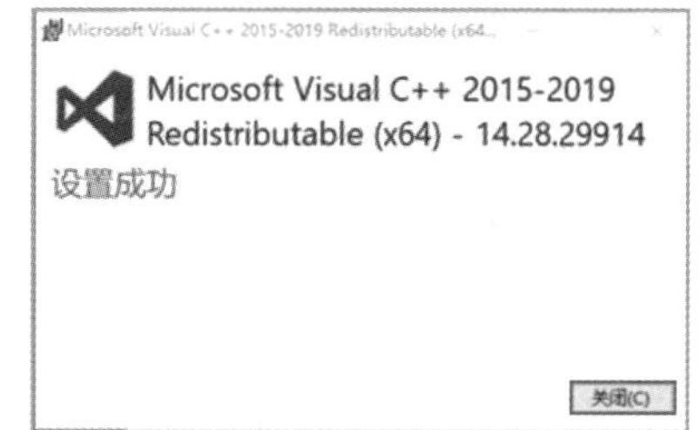

图 A.7　安装需求程序提示界面

需求程序满足条件后，界面中的需求项列表会显示成功状态，如图 A.8 所示。其中第三项未成功，但本例不需要 MySQL for Visual Studio，所以可以忽略。

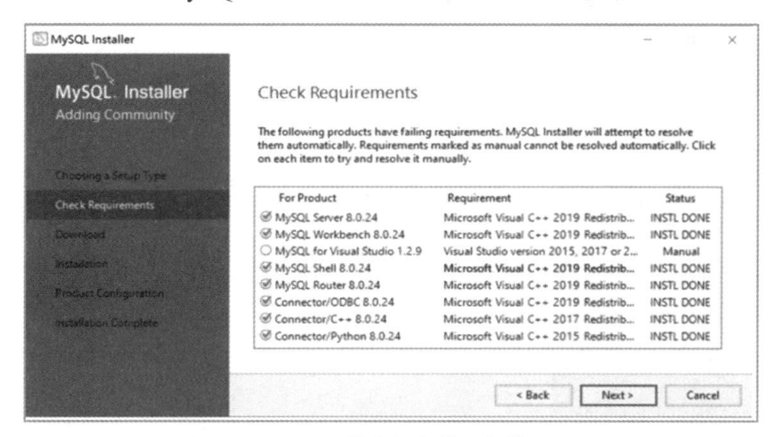

图 A.8　需求程序满足条件

点击安装窗口右下角的“Next”按钮，弹出需求确认对话框，如图 A.9 所示。

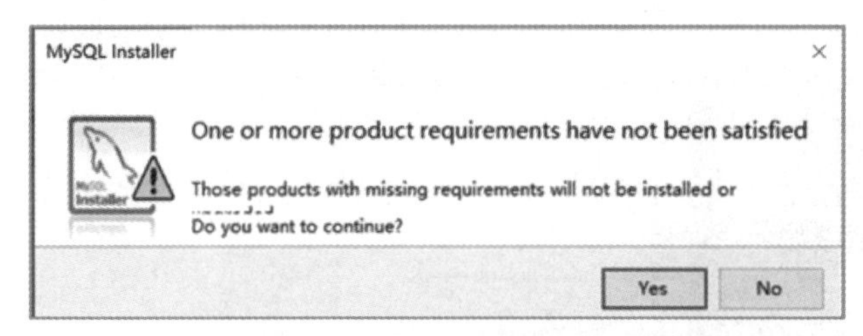

图 A.9　需求确认对话框

点击对话框上的“Yes”按钮，继续安装，打开如图 A.10 所示界面。

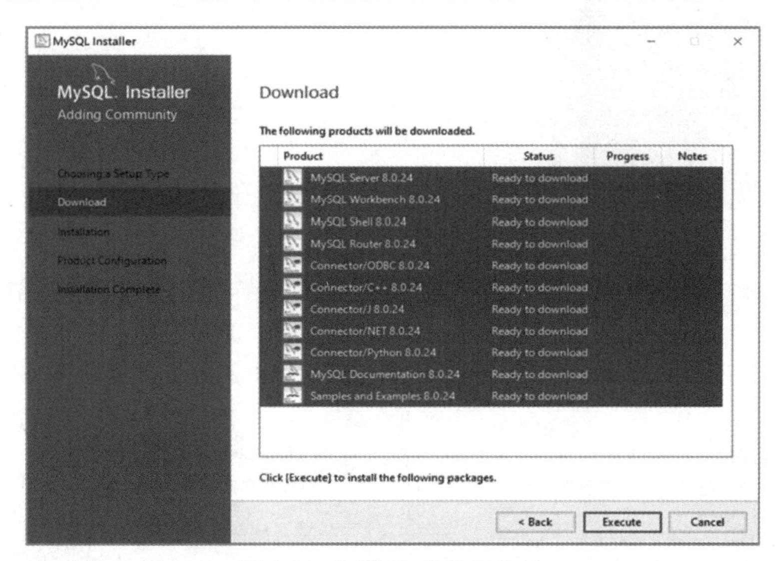

图 A.10　下载 MySQL 组件包

点击界面下方的“Execute”按钮，安装程序将开始下载所需的组件包。组件包下载完成后，图 A.10 中的“Execute”按钮会变成“Next”，点击“Next”按钮，打开如图 A.11 所示界面。

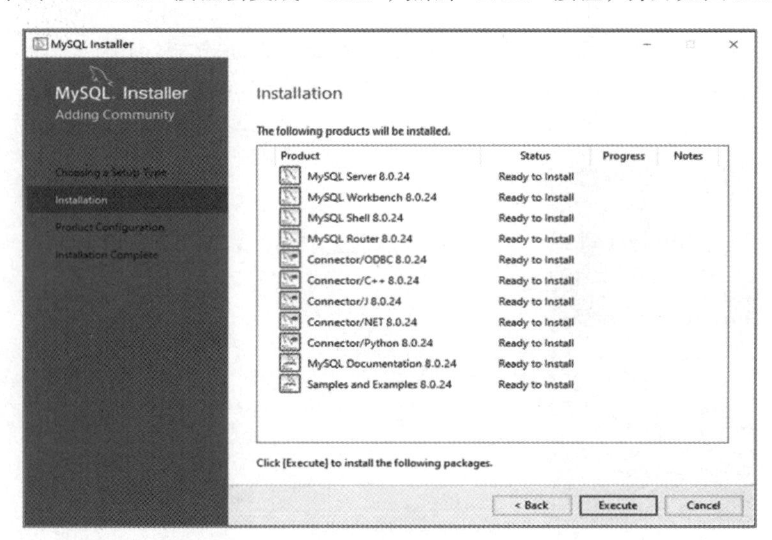

图 A.11　安装准备就绪

点击图 A.11 上的“Execute”按钮，开始正式安装 MySQL，安装完界面如图 A.12 所示。

MySQL Installer

MySQL. Installer
Adding Community

Choosing a Setup Type
Installation
Product Configuration
Installation Complete

Installation

The following products will be installed.

Product	Status	Progress	Notes
MySQL Server 8.0.24	Complete		
MySQL Workbench 8.0.24	Complete		
MySQL Shell 8.0.24	Complete		
MySQL Router 8.0.24	Complete		
Connector/ODBC 8.0.24	Complete		
Connector/C++ 8.0.24	Complete		
Connector/J 8.0.24	Complete		
Connector/NET 8.0.24	Complete		
Connector/Python 8.0.24	Complete		
MySQL Documentation 8.0.24	Complete		
Samples and Examples 8.0.24	Complete		

Show Details >

< Back　Next >　Cancel

图 A.12　安装完成界面

点击“Next”按钮，进入 MySQL 运行网络配置界面，如图 A.13 所示。

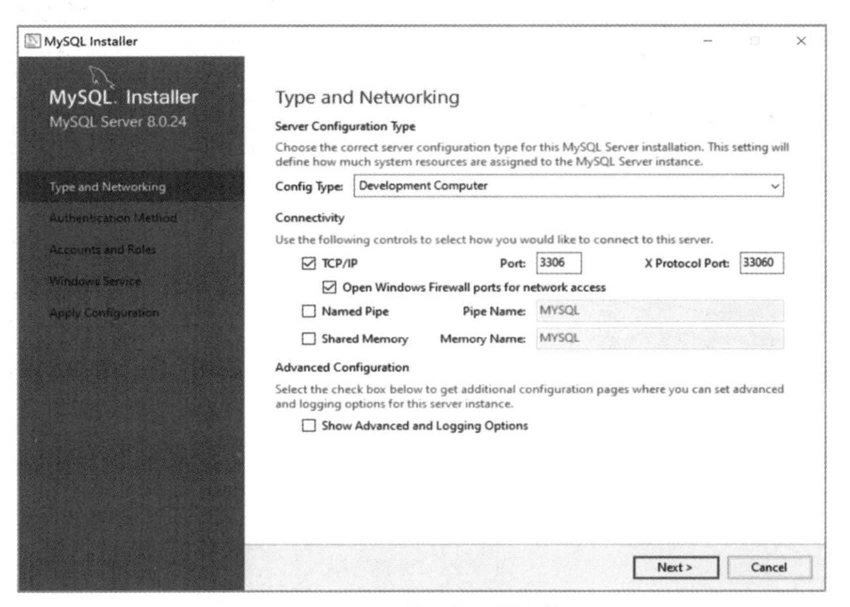

图 A.13　设置网络配置参数

本例中保持默认选项，直接点击“Next”按钮进入下一步，如图 A.14 所示。

本步骤需要选择第二种认证方式，以兼容 Python 的数据库驱动，然后点击“Next”按钮，打开界面如图 A.15 所示。

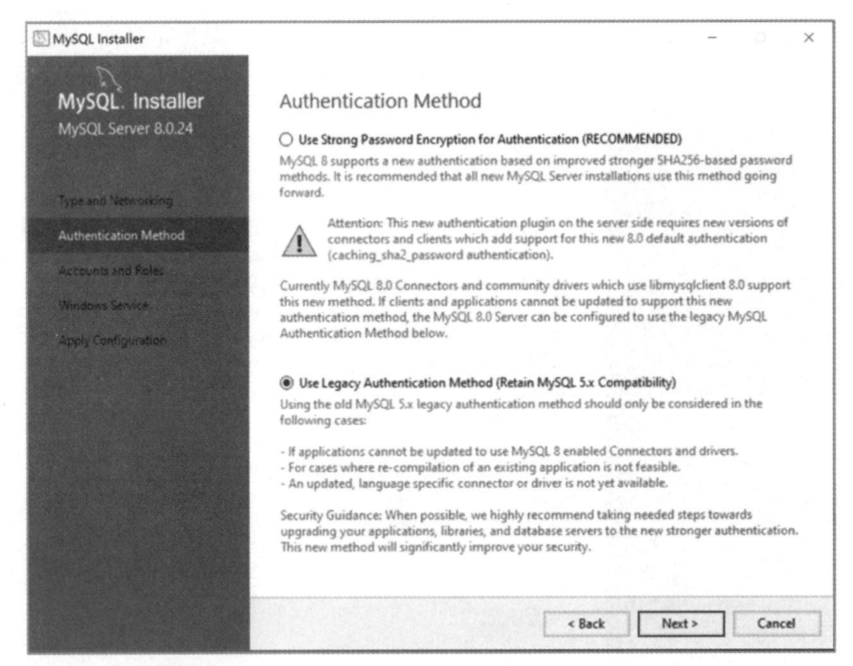

图 A.14　选择认证方式

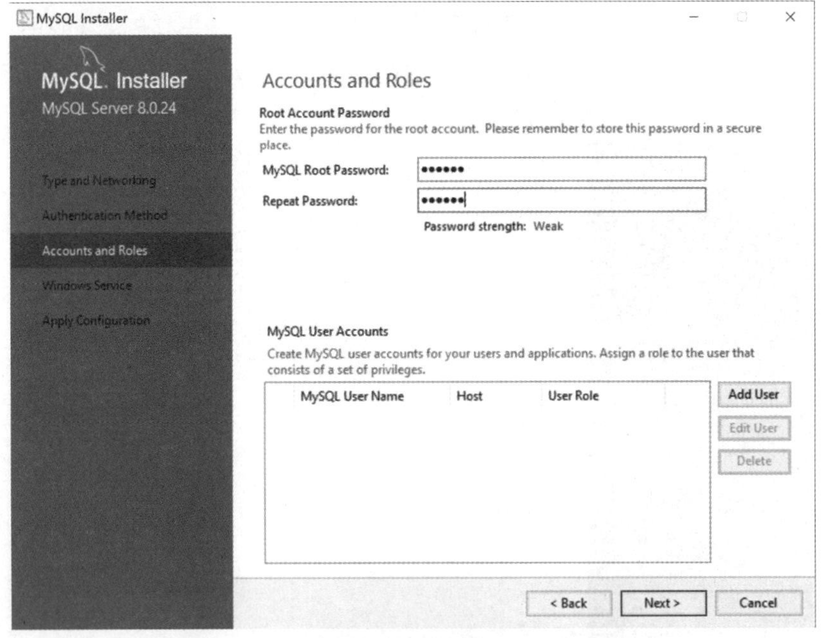

图 A.15　设置密码

界面中需要输入两次密码，而且两次密码必须完全相同，密码框下方也会提示当前密码的强度，在开发环境中可以设置简单的密码，但生产环境中必须要设置复杂的密码，以保证服务的安全性。设置好密码后点击“Next”按钮进入下一步，如图 A.16 所示。

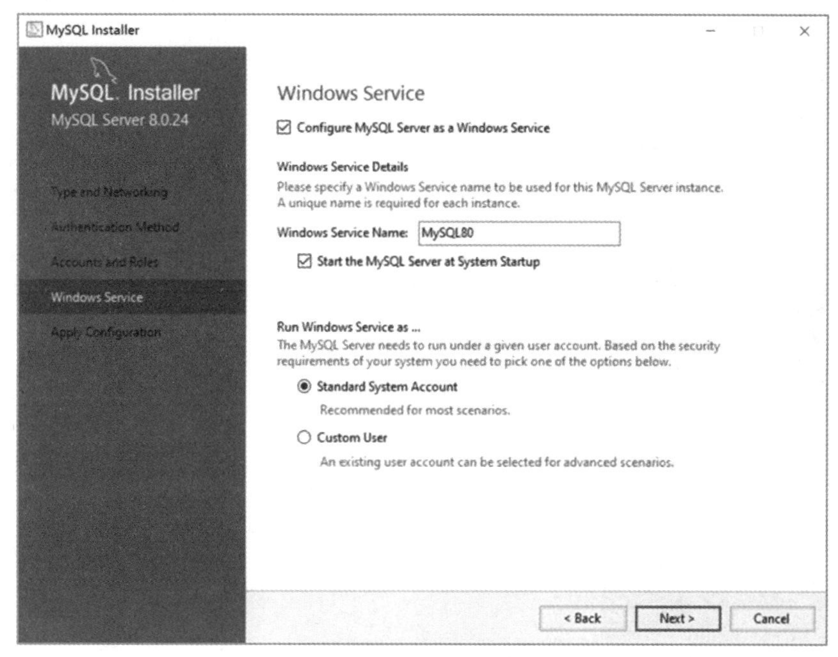

图 A.16　设置服务类型

本步骤可以将 MySQL 设置为 Windows 服务、开机自动启动等配置项，点击“Next”按钮，进入下一步，如图 A.17 所示。

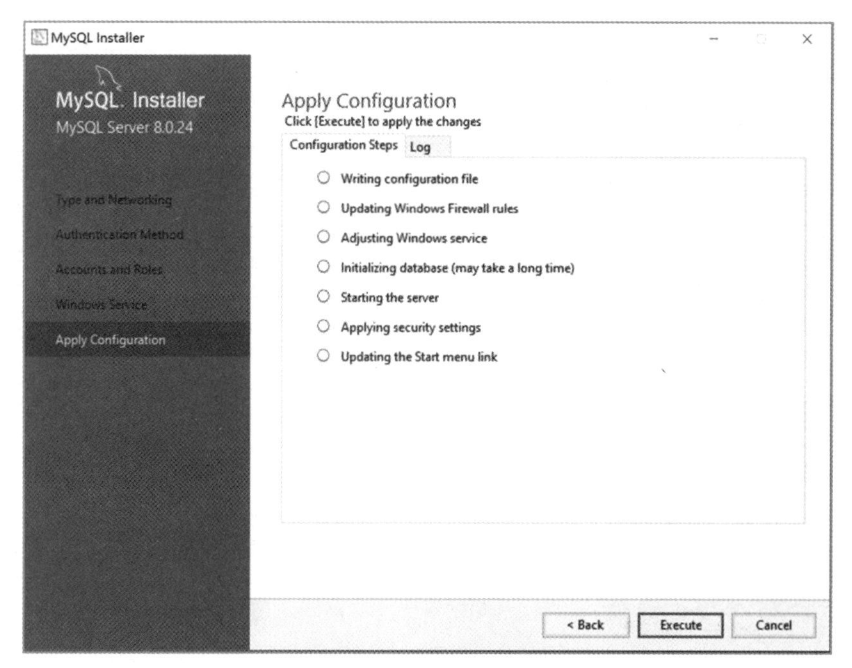

图 A.17　准备配置选项

本步骤会将前面几个步骤配置的选项应用到计算机上，点击“Execute”按钮开始配置，配置完成后，如图 A.18 所示。

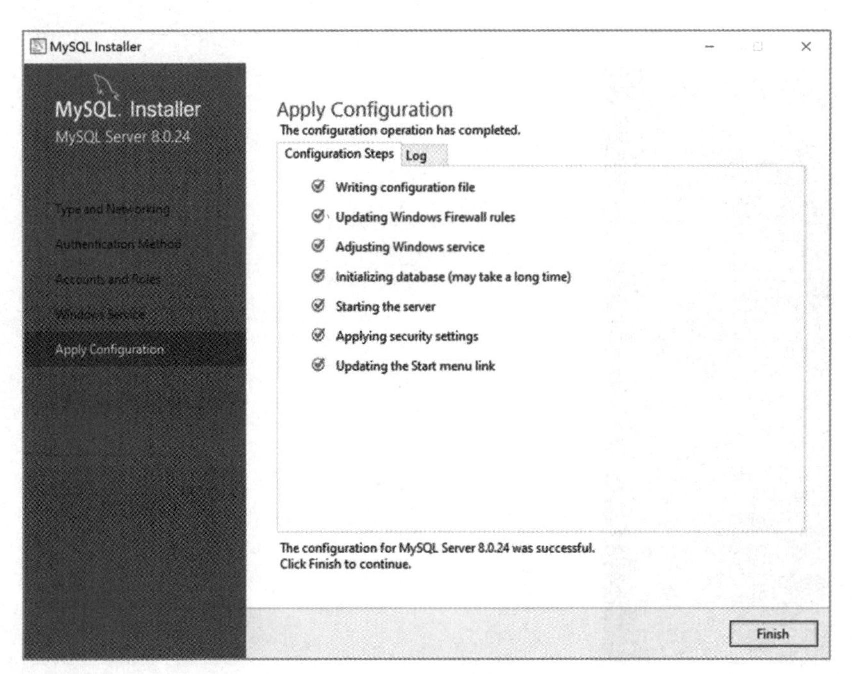

图 A.18 安装成功

等待配置应用完成后，MySQL 就安装成功了，点击“Finish”按钮关闭窗口。然后打开产品配置界面，如图 A.19 所示。

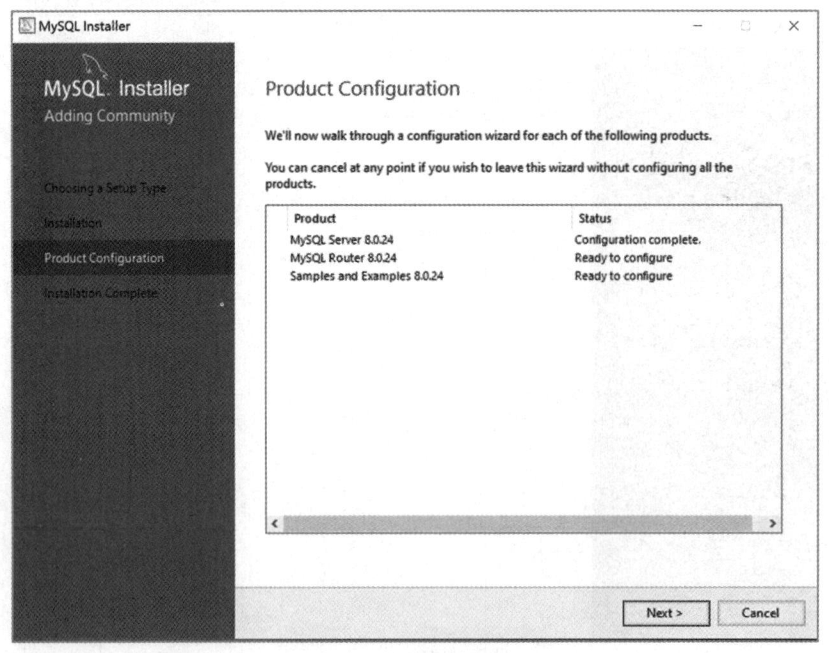

图 A.19 产品配置界面

点击“Next”按钮进入下一步，打开集群路由配置界面，如图 A.20 所示。

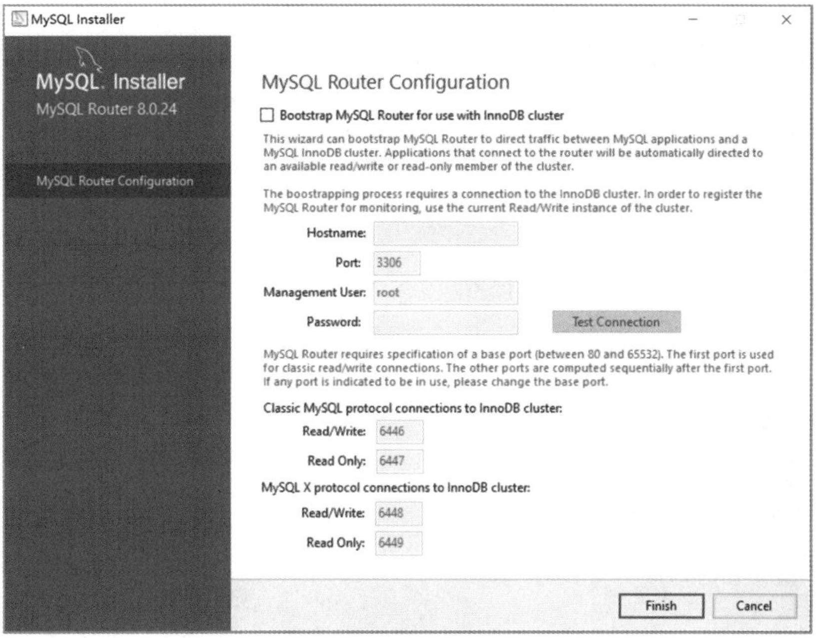

MySQL Installer

MySQL. Installer
MySQL Router 8.0.24

MySQL Router Configuration

MySQL Router Configuration

☐ Bootstrap MySQL Router for use with InnoDB cluster

This wizard can bootstrap MySQL Router to direct traffic between MySQL applications and a MySQL InnoDB cluster. Applications that connect to the router will be automatically directed to an available read/write or read-only member of the cluster.

The boostrapping process requires a connection to the InnoDB cluster. In order to register the MySQL Router for monitoring, use the current Read/Write instance of the cluster.

Hostname:
Port: 3306
Management User: root
Password: Test Connection

MySQL Router requires specification of a base port (between 80 and 65532). The first port is used for classic read/write connections. The other ports are computed sequentially after the first port. If any port is indicated to be in use, please change the base port.

Classic MySQL protocol connections to InnoDB cluster:
Read/Write: 6446
Read Only: 6447
MySQL X protocol connections to InnoDB cluster:
Read/Write: 6448
Read Only: 6449

Finish　Cancel

图 A.20　集群路由配置界面

本例安装的是开发环境，无需使用集群路由，直接点击“Finish”按钮，关闭界面。回到如图 A.19 的界面，再点击“Next”按钮，进入示例程序配置界面，如图 A.21 所示。

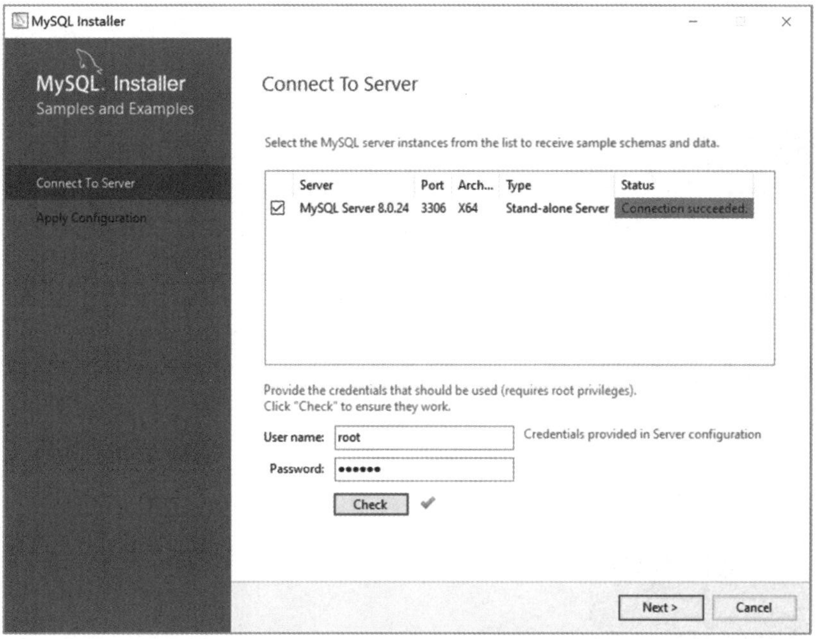

MySQL Installer

MySQL. Installer
Samples and Examples

Connect To Server
Apply Configuration

Connect To Server

Select the MySQL server instances from the list to receive sample schemas and data.

	Server	Port	Arch...	Type	Status
☑	MySQL Server 8.0.24	3306	X64	Stand-alone Server	Connection succeeded.

Provide the credentials that should be used (requires root privileges).
Click "Check" to ensure they work.

User name: root　Credentials provided in Server configuration
Password: ••••••
Check ✔

Next >　Cancel

图 A.21　示例程序配置界面

在界面下方 Password 右侧的文本框中输入前面设置的密码，再点击“Check”按钮，当前页面状态显示为成功时，点击“Next”按钮，打开示例程序安装界面，如图 A.22 所示。

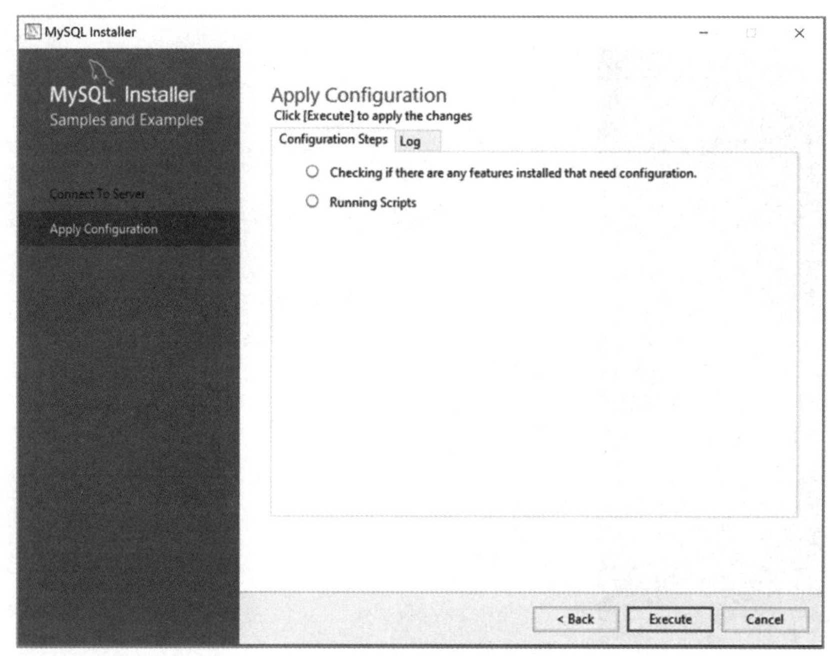

图 A.22　示例程序安装界面

点击“Execute”按钮，开始安装示例程序，等待安装完成后，点击“Finish”按钮，关闭示例程序安装界面。此时会自动打开图 A.19 所示的界面，再次点击“Next”按钮，打开安装结束界面，如图 A.23 所示。

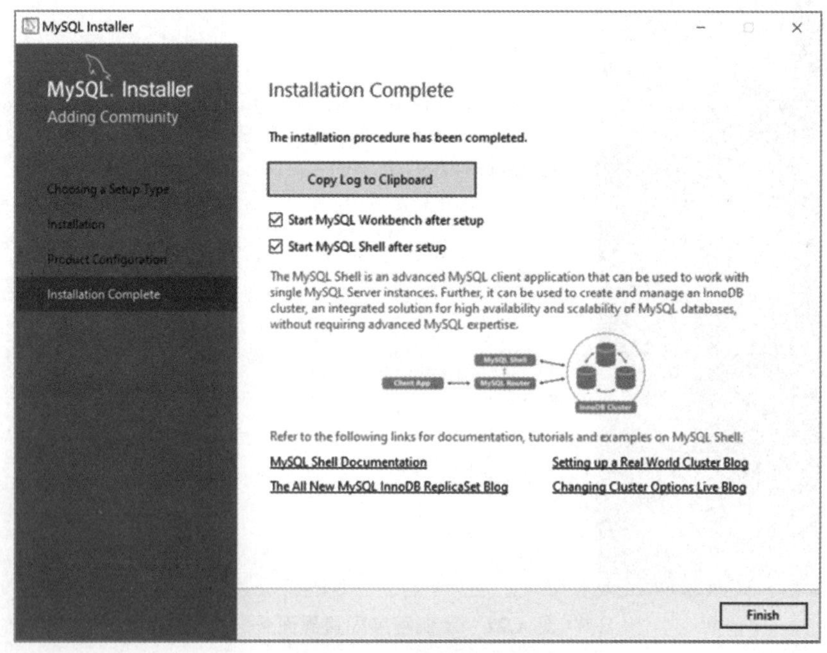

图 A.23　安装结束界面

点击“Finish”按钮，结束 MySQL 程序的安装。系统会自动弹出 MySQL 控制台和 MySQL Workbench 工具界面，如图 A.24 所示。

图 A.24　MySQL 控制台和 MySQL Workbench 工具界面

接下来，在 MySQL Workbench 工具界面中配置数据库连接，检查 MySQL 程序是否安装成功，在 MySQL Workbench 工具界面中找到如图 A.25 所示的位置。

这里是由安装程序自动配置的本地 MySQL 服务实例，点击图 A.25 中的实例名“MySQL80”，弹出密码提示框，如图 A.26 所示。

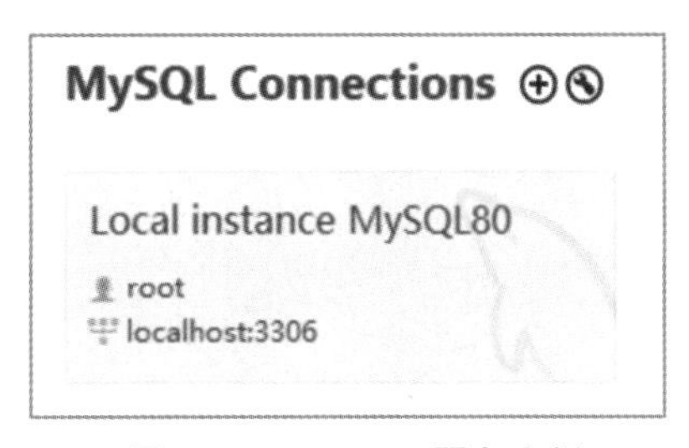

图 A.25　MySQL 服务实例

图 A.26　密码提示框

在图 A.26 中的文本框中输入事先设置好的 MySQL 密码，再点击“OK”按钮，打开 MySQL Workbench 工具编辑器界面，如图 A.27 所示。

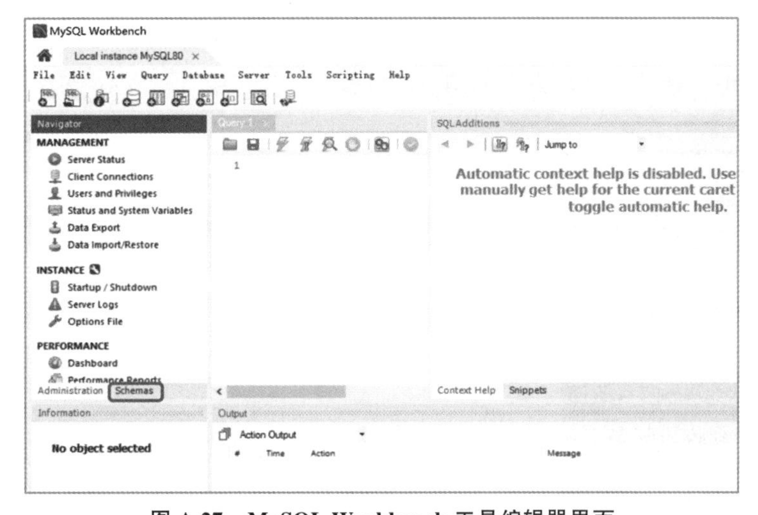

图 A.27　MySQL Workbench 工具编辑器界面

点击图 A.27 中方框位置的 Schemas 标签，进入数据库列表界面，如图 A.28 所示。

在图 A.28 中的顶部工具栏找到图中方框位置的按钮，点击该按钮，打开一个新的标签页，如图 A.29 所示。

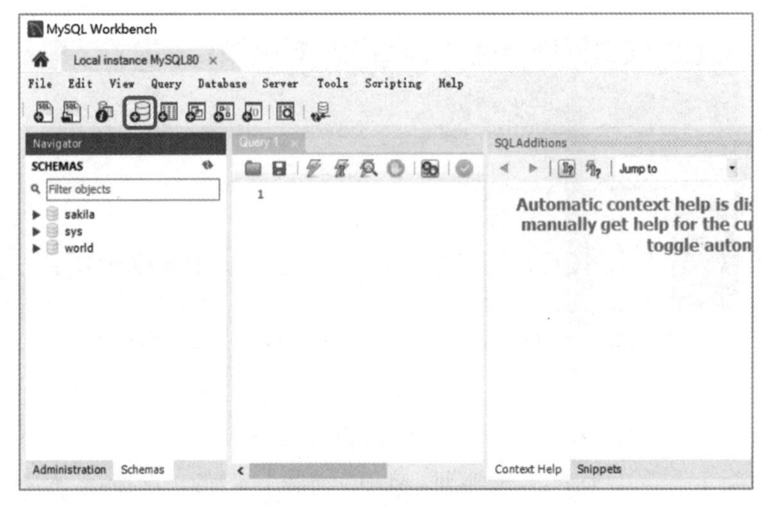

图 A.28　数据库列表界面

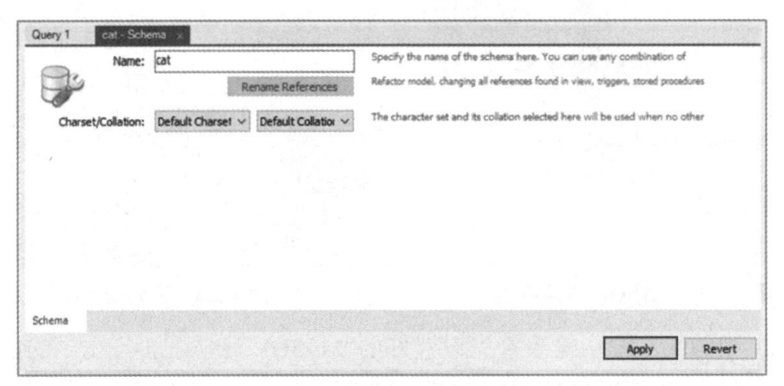

图 A.29　创建新的数据库

如图 A.29 所示，在 Name 右侧的文本框中输入文本“cat”，其他选项默认不动。再点击右下方的“Apply”按钮，弹出界面如图 A.30 所示。

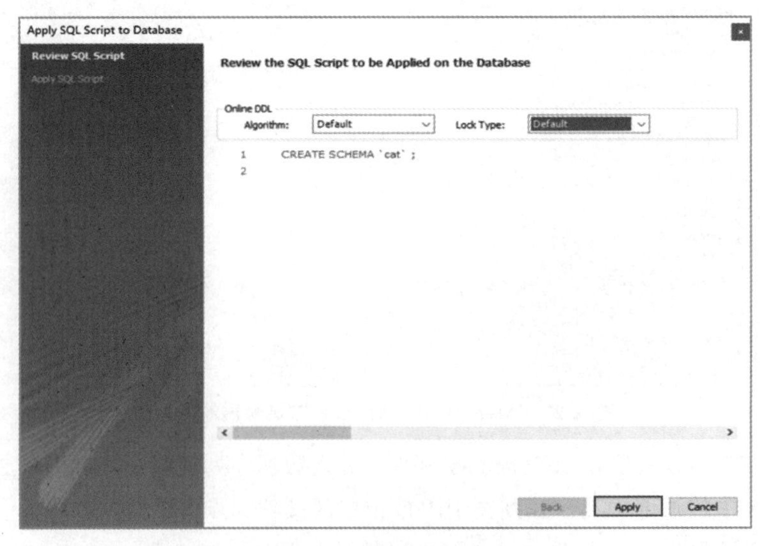

图 A.30　应用数据库脚本

点击界面右下角的“Apply”按钮，弹出新界面如图 A.31 所示。

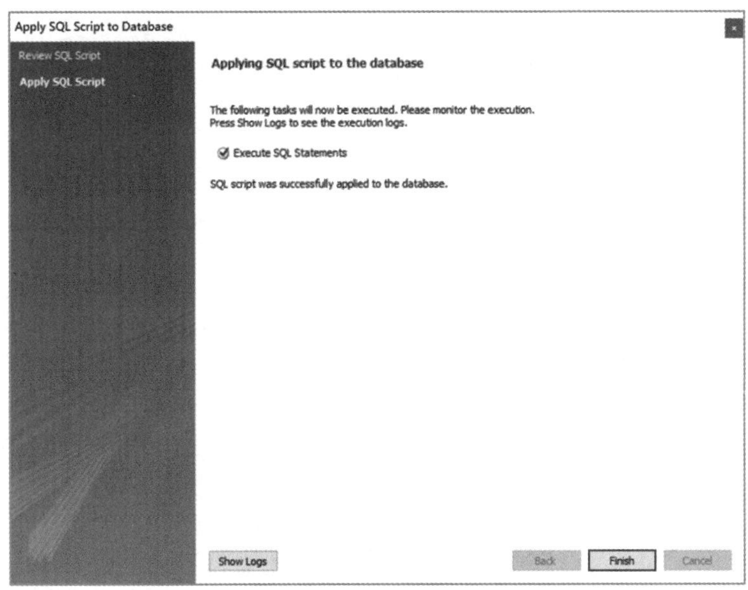

图 A.31　数据库创建成功

点击窗口右下角的“Finish”按钮。此时，MySQL Workbench 工具主界面中的数据库列表中多了一项刚创建的 cat，如图 A.32 所示。

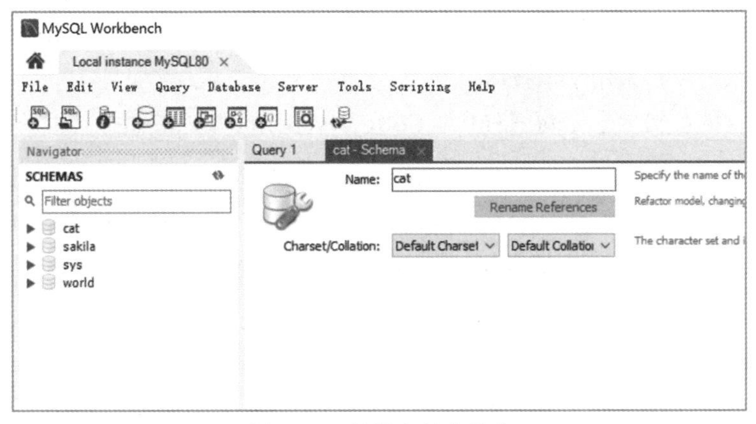

图 A.32　数据库创建成功

以上就是在 Windows 10 系统中安装 MySQL 的全部过程。

附录B　Vue.js 使用介绍

这里简单介绍 Vue.js 的使用，仅限于入门和为本书项目调试提供方便，不作全面介绍。

B.1　接触 Vue.js

Vue.js（Vue 英文发音[vju:]）又可以简称为 Vue，是一套用于构建用户界面的渐进式 JavaScript 框架。它只关注视图层，通过标准化 API 实现响应数据的前后端互动，并为界面提供了丰富的视图组件功能。

Vue.js 使用 JavaScript 语言开发完成，开创作者尤雨溪来自上海，目前已经推出 3.0 版本，它是一款开源项目，简单易学。Vue.js 是目前流行的商业级的前端应用框架，“三酷猫”网上教育服务系统项目采用了该技术。

学习 Vue.js 的前提要求是对 HTML、CSS、JavaScript 知识较熟悉。

注意！

Vue.js 不支持 IE8 及以下版本，但它支持所有兼容 ECMAScript5 的浏览器。（支持 ECMAScript5 的浏览器清单详见 https://caniuse.com/es5）

B.1.1　Vue.js 安装

Vue.js 安装使用分三种：下载安装、CDN[1]安装、NPM[2]安装，前两种适合初学者快速建立 Vue.js 运行环境，学习使用非常简单；NPM 适合搭建正式商业项目开发使用，本书“三酷猫”网上教育服务系统就是采用该方式建立的 Vue.js 开发环境。

1. 下载安装 Vue.js

第一步，在官网地址 https://cn.vuejs.org/js/vue.js 点击下载 vue.js 文件，存放到需要调用的 HTML 文件同路径下，然后在 HTML 文件里调用 vue.js 应用程序。

---

[1] CDN 全称为 Content Delivery Network（内容分发网络），它是依靠部署在各地的边缘服务器基础上构建的智能虚拟网络，通过智能调度使用户就近获取所需内容

[2] NPM（Node Package Manager）是 Node.js 的包管理工具，用来安装各种 Node.js 的扩展包

案例 1　在 HTML 文件直接调用 vue.js 文件（源代码文件：testVue1.html）

```
<!DOCTYPE html>
<html>
<head>
<meta charset="utf-8">
<title>Vue 测试实例 -下载安装使用</title>
<script src="./vue.js"></script>
</head>
<body>
<div id="app">                # 把 Vue 应用程序 app 挂到 HTML 文档元素的 id 属性上进行调用
  <p>{{ message }}</p>
</div>

<script>
new Vue({                     # Vue 应用程序被放在<script></script>内
  el: '#app',
  data: {
    message: 'Hello Vue.js!'
  }
})
</script>
</body>
</html>
```

上述代码分两部分，第一部分是 HTML 网页 DOM 对象内容，第二部分是 Vue 应用程序，后者被前者调用，实现动态交互功能，此后主要的 Vue.js 开发都遵循该设计思路。本案例要求读者在自己的计算机浏览器上能正确执行即可，体验 Vue.js 编程环境的简单，后续将介绍其功能实现相关知识。

2. CDN 方式使用 Vue.js

如果学习或者制作原型，可以在 HTML 文件里做如下引用：

```
<script src="https://cdn.jsdelivr.net/npm/vue/dist/vue.js"></script>
```

可以把案例 1 的 testVue1.html 文件的<script src="./vue.js"></script>，替换为上述 CDN 方式。

3. NPM 安装 Vue.js

在正式商业项目中，主推 NPM 方式安装 Vue.js。主要是前端 Web 程序需要适应不同种类不同版本的浏览器环境，为此 NPM 方式可以提供完整的开发运行包环境，并提供商业运行环境打包服务。

NPM 是随同 Node.js[3]一起安装的包管理工具，若计算机里已经安装了 Node.js，则可以直接使用该工具，否则需要先安装 Node.js。在 Windows 下安装 Node.js 的过程如下。

第一步，打开 https://nodejs.org/en/download/页面下载安装包。

如下载 Windows 10 下的 node-v12.18.3-x64.msi 安装包，双击该安装包，一般按默认方式逐步点击即可完成本地安装。然后，在命令提示符里输入 node –v 命令，若显示如图 B.1 所示的版本号，则意味着 Node.js 安装成功。

第二步，NPM 安装 Vue，在图 B.2 里执行 npm install vue，开始在线安装。

第三步，安装 vue-cli（Vue 项目搭建脚手架工具）。

[3] Node.js 为前端 Web 开发提供 JavaScript 运行环境

```
命令提示符
Microsoft Windows [版本 10.0.18363.900]
(c) 2019 Microsoft Corporation。保留所有权利。

C:\Users\111>node -v
v12.18.3
```

图 B.1 Node.js 安装成功，显示版本号

```
Node.js command prompt
Your environment has been set up for using Node.js 12.18.3 (x64) and npm.

C:\Users\111>npm -v
6.14.6

C:\Users\111>npm install vue
npm WARN          ENOENT: no such file or directory, open 'C:\Users\111\package.json'
npm        created a lockfile as package-lock.json. You should commit this file.
npm WARN        ENOENT: no such file or directory, open 'C:\Users\111\package.json'
npm WARN 111 No description
npm WARN 111 No repository field.
npm WARN 111 No README data
npm WARN 111 No license field.

+ vue@2.6.12
added 1 package from 1 contributor and audited 1 package in 4.331s
found 0 vulnerabilities
```

图 B.2 NPM 安装 Vue

对于商业级前端项目，可以通过 vue-cli[4]工具搭建项目框架，并且该工具为项目提供了运行测试环境，读者可以专注于业务代码的开发，开发完成后，可以利用该工具实现项目部署包的生成，为生产部署提供了方便。在命令提示符里执行如下命令，以全局方式安装 vue-cli。

```
npm install --global @vue/cli
```

B.1.2 用 vue-cli 构建项目

用 vue-cli 工具可以快速构建 Vue 项目框架，步骤如下。

第一步，建立存放项目的根目录，如在 G 盘根路径下建立 study_vuecli 目录。

第二步，在 study_vuecli 目录下建立前端项目框架。使用“vue create 项目名称”（项目名称不能使用大写字母），用于建立具体的 Vue 框架。

在命令提示符里输入如下命令，如图 B.3 所示。

```
G:\study_vuecli>vue create oneweb
```

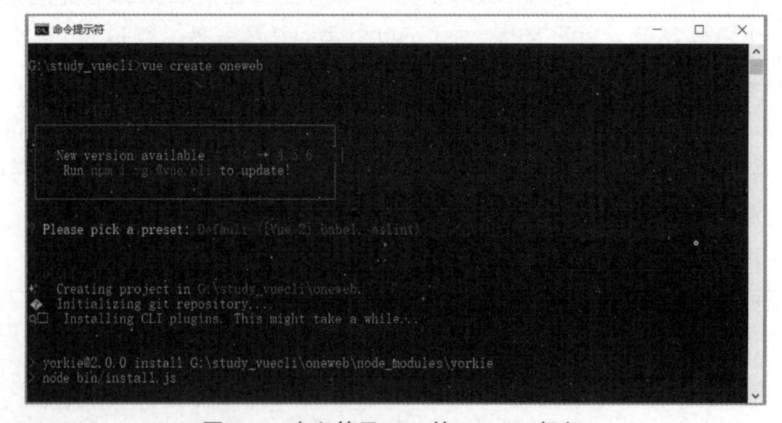

图 B.3 建立基于 Vue 的 oneweb 框架

4 vue-cli 官网使用说明地址：https://cli.vuejs.org/zh/guide/

开始执行时，需要回答 1 个问题，其意思及回答解释如图 B.4 所示。

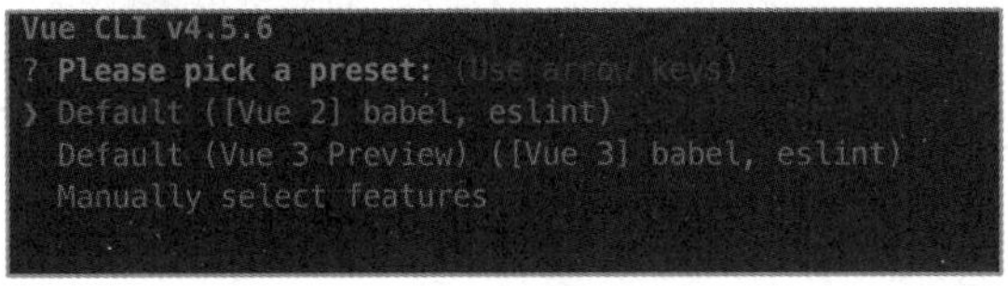

Vue CLI v4.5.6
? Please pick a preset: (Use arrow keys)
❯ Default ([Vue 2] babel, eslint)
Default (Vue 3 Preview) ([Vue 3] babel, eslint)
Manually select features

图 B.4　选择 Vue 版本

通过键盘的上、下箭头选择 vue 2 或者 vue 3，也可以手动选择特性，此处选择稳定版 Vue 2，直接回车开始安装，安装过程需要等待一些时间。

图 B.5 为前端项目 oneweb 创建成功提示界面，同时也给出了启动前端项目的命令，在 oneweb 目录下执行如下命令，即可启动前端项目。

```
G:\study_vuecli\oneweb\npm run serve
```

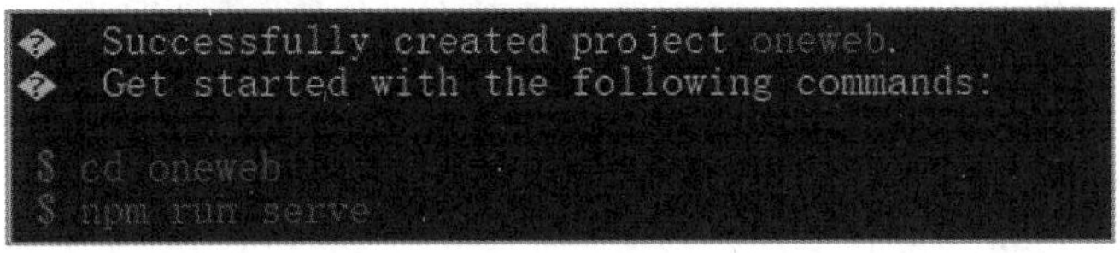

Successfully created project oneweb.
Get started with the following commands:
$ cd oneweb
$ npm run serve

图 B.5　oneweb 前端创建成功

第三步，用开发工具打开项目。

理论上只要能打开文本的编写工具，就可以打开 Vue 项目文件内容，如 VS.Code、PyCharm、Windows 的“笔记本”等，这里选择 PyCharm 中的“Open”工具打开 oneweb 项目，其显示内容如图 B.6 所示。

Project
study_vuecli G:\study_vuecli
oneweb
node_modules
public
src
assets
components
HelloWorld.vue
App.vue
main.js
.gitignore
babel.config.js
package.json
package-lock.json
README.md
External Libraries
Scratches and Consoles

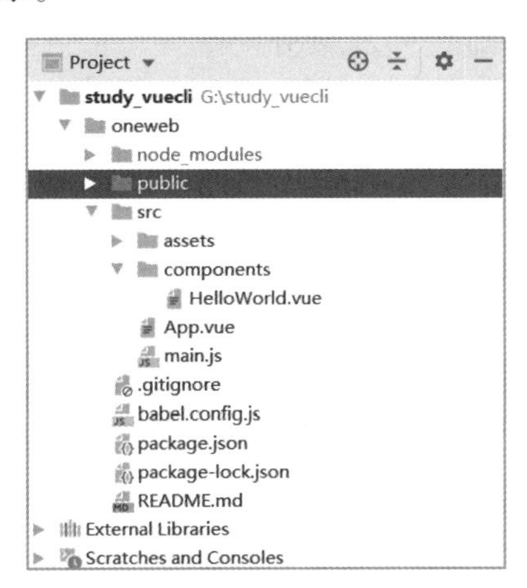

图 B.6　打开建立的 Vue 项目框架

图 B.6 项目框架内容说明如下。

1. src 目录

src 是前端开发者主要使用的目录，用于存放前端开发业务代码。src 目录包括 assets、components 子目录和 App.vue、main.js 文件，具体如下：

（1）assets，资源存放目录，存放共用的 CSS、图片、JS 等静态资源文件，这里的资源会被 Webpack 构建；

（2）components，组件目录，存放前端业务代码文件，一个页面由一个或多个组件组成，一个前端项目由不同的页面组成，项目创建时自动产生 HelloWorld.vue 组件；

（3）App.vue，前端根组件文件，是 Vue 文件入口界面，打开该文件，可以看到前端组件的设计标准为三段式：模板<template>、应用程序脚本<script>、样式<style>，这里导入了根应用 App；

（4）main.js，对应 App.vue 文件创建 Vue 实例 App，是入口 JS 文件。

2. node_modules 文件

node_modules 是 npm create 命令在创建项目时，在线加载的项目依赖包。其生成内容是根据 package.json 文件定义的依赖包信息来指定的，可以在此文件里增减信息，然后通过 npm install 命令重新下载需要的依赖包。初学者可以采用默认安装方式。

3. public 目录

public 目录用来存放 index.html 及项目中用到的一些静态资源文件，是 index.html 首页入口文件。

4. package.json 文件

package.json 是 npm 包配置文件，该文件定义了项目的 npm 脚本、依赖包等信息。

第四步，启动项目。

在 PyCharm 的“Terminal”里输入“npm run serve”，回车，执行过程如图 B.7 所示。

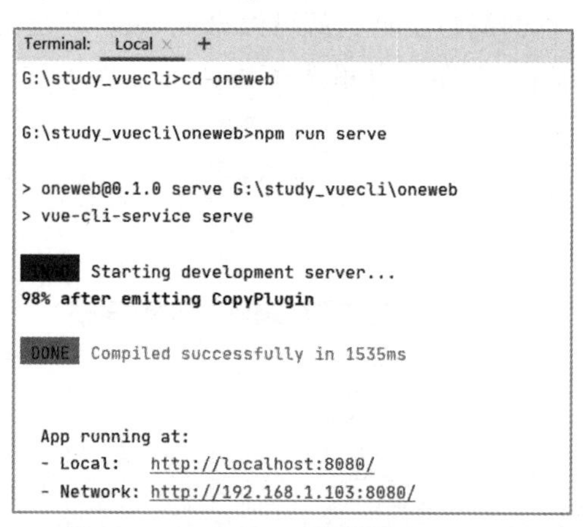

图 B.7 在 PyCharm 里启动 Vue 项目

执行成功，可以在图 B.7 界面点击 http://localhost:8080，通过浏览器查看启动界面。然后，在此框架基础上进行前端项目开发。

B.1.3 HelloWorld 实现原理

前端默认启动界面如图 B.8 所示。

作为初学者需要了解该界面实现原理。

1. HelloWorld.vue

该组件主体部分分为模板<template>、应用程序脚本<script>、样式<style>。

（1）模板<template>，提供了图 B.8 界面的{{ msg }}渲染后的欢迎词、链接内容；

图 B.8 前端默认启动界面

（2）应用程序脚本<script>，提供了导出的组件名称、msg 属性（通过 App.vue 获取数据）；

（3）样式<style>，为界面提供颜色、间隔等外观设置。

2. App.vue

```
<template>
  <div id="app">                                    ①
    <img alt="Vue logo" src="./assets/logo.png">          ②
    <HelloWorld msg="Welcome to Your Vue.js App"/>     ③
  </div>
</template>
```

①为<div>元素 id 提供应用程序 app 挂载，建立与应用程序之间的关联；

②为启动界面提供了绿色下箭头的图标，该图片存放于./assets 子目录下；

③应用程序 App 为 HelloWorld 组件提供 msg 属性值“Welcome to Your Vue.js App”。

```
<script>
import HelloWorld from './components/HelloWorld.vue'  // 导入 HelloWorld 组件

export default {                    // 默认导出内容
  name: 'App',                      // 为 main.js 提供组件名称
  components: {
    HelloWorld                      // 调用 HelloWorld 组件，显示链接等内容
  }
}
</script>
```

这里看到了 import、export 关键字，其中，import 关键字非常类似于 Python 的模块导入关键字，因 Vue 里的 import、export 关键字是 JavaScript 语言在 ECMAScript 6[5]标准上定义的模块导入、导出关键字。

注意！

若看不懂组件等内容，请先阅读模板语法、组件等基础知识，再回过头来阅读此部分内容。

[5]ECMAScript 6 — New Feature：http://es6-features.org/#ValueExportImport

3. main.js

```
import Vue from 'vue'                 // 导入 Vue 库
import App from './App.vue'           // 导入 App 组件
Vue.config.productionTip = fals       // 在商业生产模式运行下，禁止生产消息的提示
new Vue({                             // 建立 Vue 应用程序实例
  render: h => h(App),                // 渲染 App 组件，是 ES6(ECMAScript 6.0)的写法
}).$mount('#app')                     // 在没有 el 属性时，手动延迟挂载 app
```

显然，main.js 集成了 App.vue，App.vue 集成了 HelloWorld.vue，最后展现为图 B.8 所示的界面。

B.2 页面模板语法

通过 Vue 前端框架实现 Web 页面内容的交互操作，需要了解插值、指令、缩写相关的语法。

B.2.1 插值

插值为界面交互式的数据展现、按钮等事件的触发响应提供了支持。插值分文本插值、原始 HTML 插值、属性（Attribute）插值、使用 JavaScript 表达式插值。

1. 文本插值

要让变化的文本数据展现在 Web 界面上，最常用的方法是使用双大括号（Mustache）。如 HelloWorld.vue 组件里的{{ msg }}，就是为界面提供欢迎词，该欢迎词内容可以随着应用程序的提供而动态变化（所谓的交互式响应）。

2. 原始 HTML 插值

文本数据输入什么则显示什么，但是想输入 HTML 代码和数据，并在网页界面上体现效果，则需要 v-html 指令（指令的详细内容可以参考附录 B.2.2 节）。

案例 2 原始 HTML 插值输出（完整代码，请参考本书附赠代码文件：EnterValue.html）

```
<div id="app">
    <p>{{ msg }}</p>                    ①
    <p v-html="msg_html"></p>           ②
</div>

<script>
new Vue({
  el: '#app',
  data: {
    msg: '<h3>文本插值方式</h3>',                    // msg 属性
    msg_html:'<h3>html 插值方式</h3>'                // msg_html 属性
  }
})
</script>
```

使用文本插值和 HTML 插值的主要区别在①、②处，①处采用双大括号绑定变量，输入

什么则输出什么，原样输出；②处采用 v-html 指令绑定 msg_html 变量，该变量存在 HTML 格式元素时，按照 HTML 方式输出结果。案例 2 用<h3>标签方式输出黑色标题风格的内容，如图 B.9 所示。

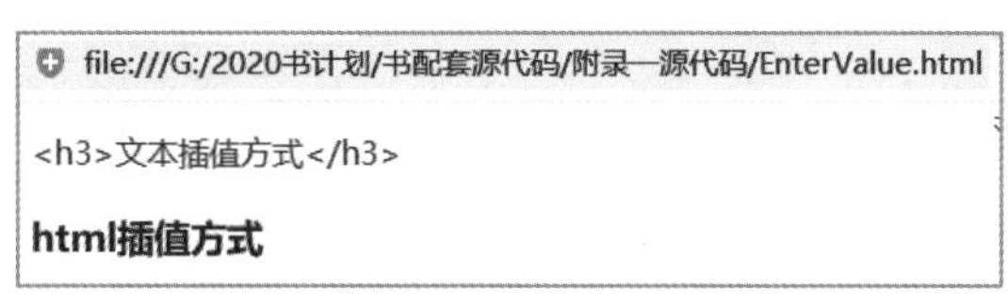

图 B.9　原始 HTML 插值输出结果

3. 属性（Attribute）插值

对 HTML 的元素属性进行插值，不能使用双大括号语法，需要通过 v-bind 指令进行绑定。如想控制按钮在界面上可用，可以用 v-bind 指令绑定<button>的 disabled 属性值来实现。

案例 3　控制按钮的显示（完整代码，请参考本书附赠代码文件：ShowButton.html）

```
<div id="app">
    <button v-bind:disabled="isShow">不能用（点击不会动）</button>
    <button v-bind:disabled="noShow">能用（点击会动）</button>
</div>

<script>
new Vue({
  el: '#app',
  data: {
      isShow: true,
      noShow:false
  }
})
```

上述代码执行结果如图 B.10 所示，用鼠标点击左边按钮不会响应，点击右边按钮可以正常响应。

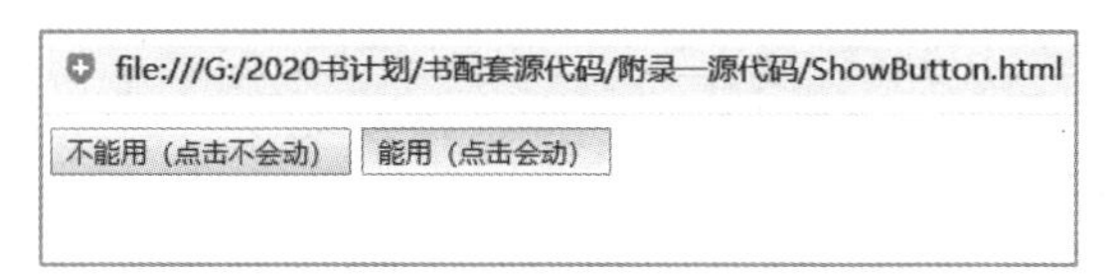

图 B.10　控制按钮显示结果

说明！

v-bind:disabled 为 v-bind 指令带参数方式，允许指定一个参数（中间用冒号间隔），这个参数是元素的属性，这里指向 disabled 属性。

4. 使用 JavaScript 表达式插值

Vue 在提供插值绑定的同时，也提供了对绑定变量的完整的 JavaScript 表达式的支持。

案例 4　使用 JavaScript 表达式插值（完整代码，请参考本书附赠代码文件：Expression.html）

```
<div id="app">
最简单的加法：{{count+9}}<br>
逻辑判断：{{ flag ? '真的' : '假的' }}<br>
</div>
```

```
<script>
new Vue({
  el: '#app',
  data: {
    flag: true,
count :1
  }
})
</script>
```

上述代码，在文本插入双大括号内提供了加法、逻辑判断表达式的使用方法。其代码执行结果如图 B.11 所示。

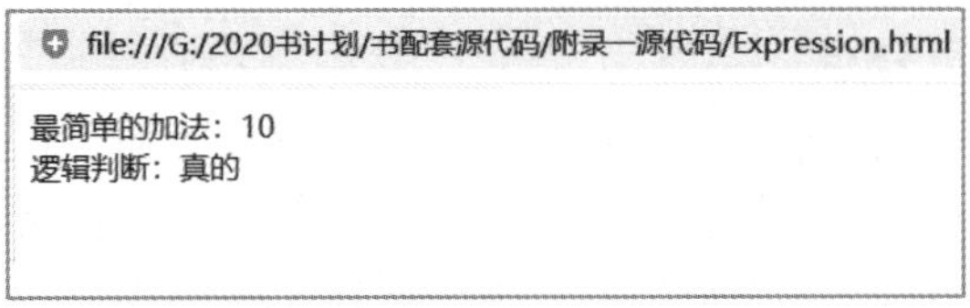

file:///G:/2020书计划/书配套源代码/附录一源代码/Expression.html

最简单的加法：10
逻辑判断：真的

图 B.11 使用 JavaScript 表达式执行结果

B.2.2 指令

Vue 的指令在 HTML 的 DOM 元素里以特殊属性形式绑定 Vue 应用程序提供的属性、方法。当绑定的表达式值发生改变时（无论是界面输入，还是 Vue 应用程序提供），其结果会响应式地作用在 DOM 上。

Vue 的指令格式为：前缀 v-加指令名称。

1. Vue 指令清单

完整的 Vue 指令清单如表 B.1 所示。

表 B.1 Vue 指令清单

编号	指令	作用
1	v-text	更新 HTML 元素的文本内容，等价于双大括号带文本变量的用法
2	v-html	对输入的 HTML 脚本数据，输出 HTML 结果
3	v-show	根据表达式值为 true 或 false，切换元素 CSS 的 display 属性
4	v-if	根据表达式值决定元素是否在 DOM 上渲染，并决定元素是否可用
5	v-else	v-else 是搭配 v-if 使用的，它必须紧跟在 v-if 或者 v-else-if 所处元素后面的元素标签内，否则不起作用。用于条件判断确定当前元素是否被渲染
6	v-else-if	前一元素必须有 v-if 或 v-else-if，用于分支条件判断，决定当前元素是否被渲染
7	v-for	根据遍历数组进行渲染
8	v-on	绑定事件监听器（如鼠标、键盘事件），事件类型由参数指定
9	v-bind	用来动态绑定一个或者多个特性。没有参数时，可以绑定到一个包含键值对的对象。常用于动态绑定 class、style 或 href 等
10	v-model	用于在表单上创建双向数据绑定，多指输入内容组件数据绑定
11	v-slot	提供具名插槽或需要接收 prop 的插槽
12	v-pre	跳过指定元素和它内含的子元素编译过程（忽略该元素的执行）
13	v-cloak	用来保持在元素上直到关联实例结束时进行编译

续表

编号	指令	作用
14	v-once	只渲染一次元素和组件，之后的元素和组件需重新渲染，元素、组件及其所有的子节点将被视为静态内容跳过，可以用于优化更新性能

附录 B.2.1 节已经介绍了 v-bind、v-html 指令的使用方法，这里继续介绍了其他部分指令的使用。

2. 条件判断语句

案例 5　使用条件判断语句确定显示内容（完整代码，请参考本书附赠代码文件：if.html）

```
<div id="app">
    <div v-if="flag===1">
                 <h1>大号三酷猫!!! </h1>
</div>
<div v-else-if="flag===2">
 <h2>二号三酷猫!!! </h2>
</div>
<div v-else-if="flag===3">
 <h3>三号三酷猫!!! </h3>
</div>
<div v-else>
  <h4>小号三酷猫!!! </h4>
</div>
</div>

<script>
new Vue({
  el: '#app',
  data: {
       flag: 4                            // flag 属性控制 if 条件逻辑判断语句的走向
  }
})
</script>
```

元素<div>之间不能有其他元素，必须紧跟

if 类指令条件表达式为 true 的元素被 DOM 渲染，并展现在界面上，其他元素不做任何处理。这个案例即 v-else 指令满足 flag=4 的条件，由此，该<div>标签在前端启动时被编译，并在界面上展现元素数据，其他<div>标签不被编译，也不生成网页代码。

3. 循环语句

具有 Python 语言基础者从刚才的条件判断语句自然会想到循环语句。确实，Vue 在前端 Web 界面处理时，也提供了循环处理渲染指令 v-for，可以把多记录数据，循环展现在界面上。

案例 6　循环语句显示列表内容（完整代码，请参考本书附赠代码文件：for.html）

```
<div id="app">
   作者：{{ author }}
  <ol>
    <li v-for="book in books">
      {{ book.name }}
    </li>
  </ol>
</div>
<script>
new Vue({
  el: '#app',
  data: {
    author:'刘瑜',
    books: [
      { name: '《Python 编程从零基础到项目实战》' },
```

```
        { name: '《Python 编程从数据分析到机器学习实践》' },
        { name: '《算法之美——Python 语言实现》' },
        { name: '《NoSQL 数据库入门与实践》' },
        { name: '《战神——软件项目管理深度实战》' },
      ]
    }
})
```

完整代码执行结果如图 B.12 所示。

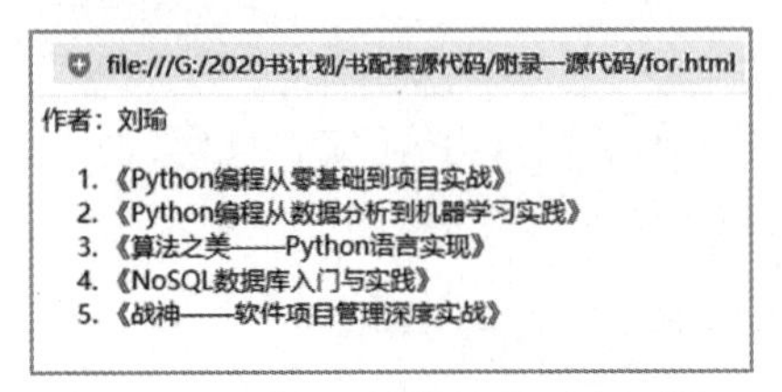

图 B.12　v–for 循环显示列表记录

4. 表单双向数据绑定语句

案例 7　表单输入数据并展现（完整代码，请参考本书附赠代码文件：forminput.html）

```
<div id="app">
  请输入内容
  <input v-model="showtext" value="ThreeCoolCats">
  <p>输入内容到我这里：{{ showtext }}</p>
</div>
<script>
new Vue({
  el: '#app',
  data: {
        showtext: '三酷猫',
    }
})
```

执行完整代码，结果如图 B.13 所示，通过应用程序把“三酷猫”值绑定到<input>后，直接在其上继续输入“Cool!”，下面同步响应，显示“三酷猫 Cool!”。体现了 v-model 指令数据双向绑定的效果。

file:///G:/2020书计划/书配套源代码/附录一源代码/forminput.html
请输入内容 三酷猫Cool!
输入内容到我这里: 三酷猫Cool!

图 B.13　表单输入数据界面

5. 监听 DOM 事件语句

鼠标、键盘等对 Web 界面指定元素的操作需要提供触发事件，如鼠标的点击按钮事件，键盘的输入事件等。Vue 为此提供了 v-on 指令，通过对元素属性的绑定，调用应用程序里的属性或方法，以响应事件处理。

案例 8 监听按钮的鼠标点击事件（完整代码，请参考本书附赠代码文件：event.html）

```
<div id="app">
  <button v-on:click="Add">累加器</button>
  <p>当前点击次数：{{ counter }} </p>
</div>
```

通过 v–on 指令监听 click 属性事件，当鼠标产生点击事件时，调用 Add 方法，使 counter 属性+1，counter 属性值的变化，引起双大括号内的变量的重新渲染

```
<script>
new Vue({
  el: '#app',
  data: {
    counter: 0
  },
  methods:{                    // methods 键代表定义方法部分开始
      Add: function(event){ // Add 方法名称，中间间隔冒号，后跟 function，为固定定义格式
       return this.counter+=1}   // return 为方法返回值关键字，其后返回对属性 counter
的累加结果
  }
})
</script>
```

执行代码，显示如图 B.14 所示的结果。点击“累加器”按钮，点一次，下面的次数增加 1。

file:///G:/2020书计划/书配套源代码/附录一源代码/event.html

累加器

当前点击次数：29

图 B.14　监听按钮点击事件

B.2.3　指令缩写

Vue 为最常用的 v-bind、v-on 指令提供了缩写方式，以方便代码的编写。

1. v-bind 指令缩写

绑定元素的属性值 v-bind 指令，缩写为一空格。

如完整的绑定指令如下：

```
<a v-bind:href="url">...</a>
```

缩写后的绑定方式如下：

```
<a :href="url">...</a>
```

注意，缩写时，a 和:之间必须空一格。

2. v-on 指令缩写

监听事件指令 v-on 的缩写为@。

如完整的监听事件指令绑定方式如下：

```
<button v-on:click="counter += 1">加 1</button>
```

缩写后的监听事件指令绑定方式如下：

```
<button @click="counter += 1">加 1</button>
```

注意，在缩写时，@与 click 之间没有冒号。

上述两个指令的使用案例代码见本书附赠代码文件：oder_alias.html。

B.3　组件

现代编程语言为了提高代码的复用度，减少重复劳动，提出了面向对象编程的技术，组件（Component）就是其中之一。通过组件对代码的封装，可以供其他程序共享调用。Vue 技术中，组件就是可以复用的 Vue 对象实例，且带有一个组件名字。组件是 Vue 最强大的功能之一。

B.3.1　全局组件

Vue 定义的应用程序都能使用的组件叫全局组件。注册一个全局组件，如下：

```
Vue.component(Name, content)          // Name 为组件名称，content 为组件功能代码
```

案例 9　自定义第一个 Vue 组件（完整代码，请参考本书附赠代码文件：ShowComponent.html）

```
<div id="app">
      <mytitle></mytitle>
</div>
<script>
  Vue.component('mytitle', {   // 注册全局组件，mytitle 为组件名，组件名称的字母必须为
小写字母
     data: function () {       // 与 Vue 里的 data 不同，这里的 data 必须加: function
()，代表函数
        return {
        count: 0                                          // 属性必须通过 return 返回
    }},
   template: '<h3>自定义组件，显示内容!{{ count }}</h3>' // 组件自带模板
})

new Vue({                                                 // 创建 Vue 根实例
  el: '#app'
})
</script>
```

案例 9 在应用程序 app 里自定义了名为 mytitle 的全局组件，然后通过 app 挂载到元素<div>的 id 属性上，以类似自定义元素方式<mytitle></mytitle>使用组件。

执行该案例代码，显示结果如图 B.15 所示。

file:///G:/2020书计划/书配套源代码/附录一源代码/ShowComponent.html

自定义组件，显示内容!0

图 B.15　自定义组件调用及显示

自定义组件内部属性对象具有独立性，而且自定义组件可以被重复调用，在案例 9 代码里做如下改进：

```
<div id="app">
      <mytitle></mytitle>
     </br>
      <mytitle></mytitle>
</div>
```

重新执行代码，如图 B.16 所示，显示两个组件内容，而且组件之间的属性等对象互不干扰（即调用时组件 1 的 count 值变化了，不会影响到调用的组件 2）。

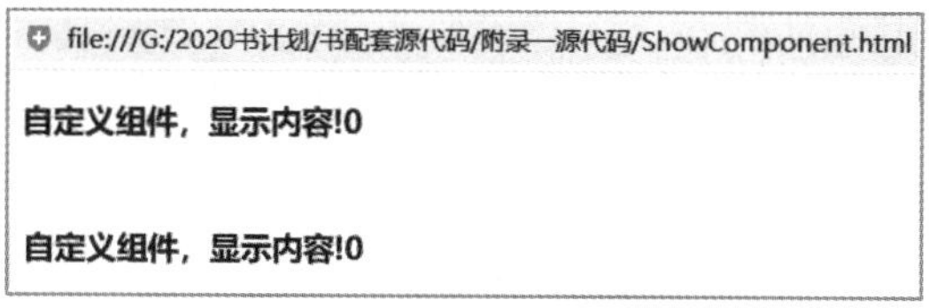

file:///G:/2020书计划/书配套源代码/附录一源代码/ShowComponent.html

自定义组件，显示内容!0

自定义组件，显示内容!0

图 B.16　复用自定义组件

B.3.2　局部组件

当自定义组件在 Vue 实例里注册时，仅能被该实例使用，该组件叫局部组件。（完整代码，请参考本书附赠代码文件：localcomponent.html）

```
<div id="app">
<local></local>
</div>

<script>
new Vue({
  el: '#app',
  components: {
    'local': {
        template:'<h3>局部使用</h3>'
}}
})
</script>
```

B.3.3　props 属性

以案例 9 为例，虽然定义了一个全局自定义组件，但是这里希望往组件里传递一些数据，Vue 为此提供了 props 属性。

案例 10　为自定义组件传递数据（完整代码，见本书附赠代码文件：ShowComponentProp.html）

```
<div id="app">
        <mytitle title=' 第一个调用内容：'></mytitle>
       </br>
        <mytitle title=' 第二个调用内容：'></mytitle>
</div>

<script>
  Vue.component('mytitle', {                    // 注册全局组件，mytitle 为组件名
    props: ['title'],                           // 增加可调用的自定义属性
    data: function () {
        return {
        count: 0
    }},
   template: '<h3>{{ title }}自定义组件，显示内容!{{ count }} </h3>'
})

new Vue({                                       // 创建 Vue 根实例
  el: '#app'
})
</script>
```

案例 10 与案例 9 相比增加了 props 属性，其列表内可以增加需要的自定义属性，以传递数据给组件。在组件内置模板里使用自定义属性，如{{ title }}，在调用的元素里给自定义属性赋值，如<mytitle title=' 第一个调用内容：'>。

B.4　路由

Vue 路由可以实现多视图的单页面 Web 应用（Single Page Web Application，SPA），允许通过不同的 URL 访问不同的内容，而无需跳转到其他页面。其路由功能实现需要借助官网推荐的 vue-router 库[6]。

B.4.1　简单的路由案例

利用 vue-route 库实现首页面切换 URL 显示不同内容，可以通过 CDN 或 NPM 的方式安装实现路由运行环境。

这里先利用 CDN 方式直接做如下引用，实现路由功能的使用。

```
<script src="https://unpkg.com/vue-router/dist/vue-router.js"></script>
```

案例 11　简单的路由功能实现（参考本书附赠代码文件：singlerouter.html）

```
<!doctype html>
<html lang="en">
  <head>
    <meta charset="utf-8">
    <title>Routing Example App</title>
    <script src="https://unpkg.com/vue/dist/vue.js"></script>
    <script src="https://unpkg.com/vue-router/dist/vue-router.js"></script>
  </head>
  <body>
      <div id="app">
      <ul>
       <li>
          <v-link href="/">Home</v-link>
          <v-link href="/about">About</v-link>
        </li>
      </ul>
  </div>
    <script>
        const NotFound = { template: '<p>Page not found</p>' }
        const Home = { template: '<p>home page</p>' }
        const About = { template: '<p>about page</p>' }
       const routes = {
               '/': Home,                          // '/' 路由，指向 Home 模板
               '/about': About                     // '/about' 路由，指向 About 模板
       }

  new Vue({
    el: '#app',
    data: {
      currentRoute:'/'                  // window.location.pathname，提供当前路由地址
    },
    computed: {      // 计算属性，当依赖属性 currentRoute 值变化时，才重新渲染调用下面函数
      ViewComponent () {
        return routes[this.currentRoute] || NotFound// 有当前路由值则返回当前路由，
否则返回 NotFound
      }
    },
    render (h) { return h(this.ViewComponent) }      // 渲染并返回路由
```

路由链接绑定，提供路由切换功能

路由设置

[6]vue-router 官网文档地址：https://router.vuejs.org/zh/

```
    })
    </script>
  </body>
</html>
```

案例 11 把路由设置、应用程序调用、界面展现都混杂在一个代码页面上了，不符合代码轻耦合的设计原则。

B.4.2　模块化的路由使用

显然案例 11 仅供简单学习和理解使用，在实际工作中多采用 NPM 方式安装使用，并进行模块化路由处理。

1. NPM 安装

在附录 B.1.2 节生成的 oneweb 项目基础上，执行如下路由库安装命令。

```
npm i vue-router -S                                  // 在 oneweb 下安装路由库
```

要确保该命令安装路径与 package.json 文件同路径，否则会提示出错信息。安装成功后，在“node_modules”目录下可以看到“vue-router”。

2. 模块化路由实现案例

所谓模块化路由，是把路由的实现过程，按视图组件、路由注册、路由启动分文件实现，类似分块搭积木似的，体现了“低耦合”的设计思路，避免上一节存在的问题。

下面利用 oneweb 项目继续演示路由的使用。

（1）设计两个路由切换视图组件。

为主界面切换 home、hello 两个链接显示对应视图内容，提供 home.vue、hello.vue 组件。

在 src 的 components 下先分别建立 hello、home 子目录，然后再分别建立 hello.vue、home.vue 组件，其在项目中的结构如图 B.17 所示。

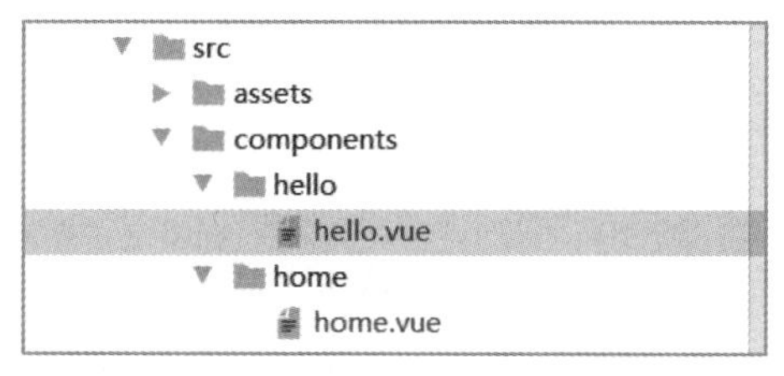

图 B.17　建立路由切换组件

在 home.vue 组件里实现如下视图功能。

```
<template>
    <div>
        <h3>展现 home 组件数据：</h3>
        <p>{{msg}}</p>
    </div>
</template>
<script>
    export default {
        data () {
            return {
                msg: "供切换的 home 组件"
            }
        }
    }
</script>
```

组件在主界面上显示的模板

组件的应用程序

这里的export default除了继续说明是脚本应用程序外，还为路由文件导入该组件(import)提供导出对象。

说明!

export 用来导出 Vue 组件对象，这个对象是 Vue 实例的选项对象，以便于在其他地方可使用 import 导入。而 new Vue()相当于一个构造函数，在入口文件 main.js 构造根组件时，如果根组件还包含其他子组件，则 Vue 会通过导入的选项对象构造其对应的 Vue 实例，最终形成一棵组件树。

在 hello.vue 组件里实现如下视图功能。

```
<template>
    <div>
        <h3>hello 组件展现的内容：</h3>
        <p>{{msg}}</p>
        <p>{{name}}</p>
    </div>
</template>
<script>
    export default {
        data () {
            return {
                msg: 'Hello!',
                name:'三酷猫'
            }
        }
    }
</script>
```

（2）定义主组件 HelloWorld.vue。

在 src 的 component 子目录下，把默认生成的单页面主组件 HelloWorld.vue 内容改成如下：

```
<template>
  <div id="app">
<header>
    <h1>单页面组件展示子组件过程</h1>
    <!-- router-link 定义鼠标点击后跳转到对应路径下 -->
      <router-link to="/home">Home 视图数据链接</router-link>
      <router-link to="/hello">Hello 视图数据链接</router-link>
    </header>
    <!-- Vue 路由把对应的组件内容渲染到 router-view 中 -->
    <router-view></router-view>
  </div>
</template>

<script>
export default {

}
</script>
```

Vue-router 库定义了两个标签<router-link> 、<router-view>，分别用来实现点击链接和组件的渲染显示功能。

上述代码中的<router-link to="/home">标签，用 to 指向/home 路由跳转地址，该地址由下面的路由文件提供。

上述代码中的<router-view>标签，通过路由文件渲染显示 home.vue 或 hello.vue 组件内容。

HelloWorld.vue 组件在 App.vue 里被导入使用。

（3）路由文件。

在 src 的 components 子目录下建立 router 子目录，在其内建立 index.js 路由文件。

```
import Vue from "vue";
import VueRouter from "vue-router";
import home from "../home/home.vue";        // 导入 home 组件
import hello  from "../hello/hello.vue";   // 导入 hello 组件

Vue.use(VueRouter);                         // 启动路由

const routes = [
    {
        path:"/home",           // 为 HelloWorld.vue 单页面组件提供 home 组件跳转链接路径
        component: home         // 把 home 组件对象赋给 component 对象，以映射到
                                // <router-view>标签
    },
    {
        path: "/hello",
        component: hello
},
{                               // 为了显示首页面（至少需要渲染一个带数据的组件），
                                // 把默认的/路径重定向到/home，否则显示空白
        path: '/',              // 默认首页面启动路径
        redirect: '/home'       // 重定向到 home 组件子路径
    }
]

var router = new VueRouter({ // 创建 router，对路由进行管理，接收 routes 参数
    routes
})
export default router;
```

（4）把路由注入 Vue 根实例中。

在 main.js 文件里导入 index.js 文件的路由对象 router。

```
import Vue from 'vue'
import App from './App.vue'

Vue.config.productionTip = false
import router from "./components/router/index.js"    // 导入路由文件

new Vue({
  router,                                              // 在 Vue 根实例中注册路由
  render: h => h(App),
}).$mount('#app')
```

（5）App.vue 文件。

在 App.vue 中导入 HelloWorld.vue 组件，实现单页面组件中所有组件的集成。

```
<template>
  <div id="app">
    <img alt="Vue logo" src="./assets/logo.png">
    <HelloWorld msg="Welcome to Your Vue.js App"/>
  </div>
</template>

<script>
import HelloWorld from './components/HelloWorld.vue'  //导入组件
export default {
  name: 'App',
```

```
  components: {
    HelloWorld
  }
}
</script>
```

（6）启动带路由项目

在 oneweb 项目的命令终端执行如下命令。

```
G:\study_vuecli\oneweb>npm run serve
```

执行结果如图 B.18 所示，在界面上点击“Home 视图数据链接”或“Hello 视图数据链接”就会交互式地在下面显示组件对应的数据内容。

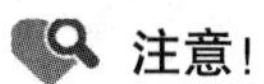

注意！

这种单页面内的视图切换，不能通过 HTML 超链接等方式替代，否则跳转调用组件功能不会被执行。

图 B.18　模块式路由实现单页面组件切换

附录C 附赠代码清单

1. 示例代码

序号	章节	示例	代码文件
1	第 1 章	示例 1.1 Hello 三酷猫	main.py
		示例 1.2 未定义类型的参数	code1_2.py
		示例 1.3 使用类型提示定义参数	code1_3.py
		示例 1.4 使用泛型定义参数	code1_4.py
		示例 1.5 使用集合与元组定义参数	code1_5.py
		示例 1.6 使用字典定义参数	code1_6.py
		示例 1.7 定义可选参数	code1_7.py
		示例 1.8 使用自定义类定义参数	code1_8.py
		示例 1.9 使用 Pydantic 定义数据模型	code1_9.py
		示例 1.10 定义嵌套模型	code1_10.py
		示例 1.11 Starletter 框架基础用法	code1_11.py
2	第 2 章	示例 2.1 简单路径参数	code2_1.py
		示例 2.2 有类型的路径参数	code2_2.py
		示例 2.3 路由访问顺序	code2_3.py
		示例 2.4 使用枚举类型参数	code2_4.py
		示例 2.5 标准查询参数	code2_5.py
		示例 2.6 可选查询参数	code2_6.py
		示例 2.7 必选查询参数	code2_7.py
		示例 2.8 参数类型转换	code2_8.py
		示例 2.9 同时使用路径参数和查询参数	code2_9.py
		示例 2.10 定义请求体的数据模型	code2_10.py
		示例 2.11 路径参数、查询参数、请求体	code2_11.py
		示例 2.12 可选的请求体参数	code2_12.py
		示例 2.13 同时使用多个请求体	code2_13.py
		示例 2.14 常规数据类型作为请求体使用	code2_14.py
		示例 2.15 表单数据	code2_15.py
		示例 2.16 文件上传	code2_16.py
		示例 2.17 表单和多文件上传	code2_17.py

续表

序号	章节	示例	代码文件
3	第 3 章	示例 3.1 定义响应模型	code3_1.py
		示例 3.2 在路径操作函数中添加响应模型	code3_2.py
		示例 3.3 使用属性忽略默认值	code3_3.py
		示例 3.4 业务数据模型	code3_4.py
		示例 3.5 简化数据模型	code3_5.py
		示例 3.6 使用 Union 返回多个数据模型	code3_6.py
		示例 3.7 纯文本响应	code3_7.py
		示例 3.8 HTML 响应	code3_8.py
		示例 3.9 重定向响应	code3_9.py
		示例 3.10 响应模型原理	code3_10.py
		示例 3.11 通用响应类 Response	code3_11.py
		示例 3.12 流响应	code3_12.py
		示例 3.13 文件响应	code3_13.py
4	第 4 章	示例 4.1 Query 类中定义字符串规则	code4_1.py
		示例 4.2 Query 类中定义数值规则	code4_2.py
		示例 4.3 Query 类中的正则表达式规则	code4_3.py
		示例 4.4 查询参数中使用 List 接收数据	code4_4.py
		示例 4.5 Query 类中定义可选查询参数	code4_5.py
		示例 4.6 标记为弃用参数	code4_6.py
		示例 4.7 Path 类定义路径参数	code4_7.py
		示例 4.8 Path 类中定义校验规则	code4_8.py
		示例 4.9 Cookie 类	code4_9.py
		示例 4.10 Header 类	code4_10.py
		示例 4.11 Body 类	code4_11.py
		示例 4.12 修改数据模型元数据	code4_12.py
		示例 4.13 接收复杂的请求数据	code4_13.py
		示例 4.14 接收列表类型数据	code4_14.py
		示例 4.15 接收字典类型数据	code4_15.py
		示例 4.16 直接使用 Request	code4_16.py
		示例 4.17 在响应中设置 Cookie	code4_17.py
		示例 4.18 在响应中设置 Header	code4_18.py
		示例 4.19 响应状态码	code4_19.py
		示例 4.20 自定义响应状态码	code4_20.py
		示例 4.21 响应异常	code4_21.py
		示例 4.22 全局异常处理器	code4_22.py

续表

序号	章节	示例	代码文件
4	第 4 章	示例 4.23　覆盖系统异常处理器	code4_23.py
		示例 4.24　中间件原理	code4_24.py
		示例 4.25 CORS 中间件	code4_25.py
		示例 4.26 Redirect 中间件	code4_26.py
		示例 4.27 TrustedHost 中间件	code4_27.py
		示例 4.28 GZip 中间件	code4_28.py
5	第 5 章	示例 5.1　依赖函数	code5_1.py
		示例 5.2　依赖类	code5_2.py
		示例 5.3　子依赖	code5_3.py
		示例 5.4　在装饰器中设置依赖	code5_4.py
		示例 5.5　在应用中设置全局依赖	code5_5.py
		示例 5.6　参数化依赖	code5_6.py
6	第 6 章	示例 6.1　使用 SQLAlchemy 连接数据库	code6_1.py
		示例 6.2　定义数据库模型	code6_2.py
		示例 6.3　建立一对多关系	code6_3.py
		示例 6.4　建立多对多关系	code6_4.py
		示例 6.5　数据库 CRUD 操作	code6_5.py
		示例 6.6　使用 SQLAlchemy 连接 MySQL 的完整实例	project 目录
		示例 6.7　使用 Mongodb	mongo.py
		示例 6.8　使用 Redis	myredis.py
7	第 7 章	示例 7.1　引入安全认证	code7_1.py
		示例 7.2　基于 OAuth 2 的安全认证完整实例	authproject 目录
8	第 8 章	示例 8.1　异步等待	code8_1.py
		示例 8.2　使用协程	code8_2.py
		示例 8.3　使用事件循环	code8_3.py
9	第 9 章	示例 9.1　环境变量	code9_1.py
		示例 9.2　应用启停事件	code9_2.py
		示例 9.3　子应用	code9_3.py
		示例 9.4　挂载外部应用	code9_4.py
		示例 9.5　应用路由类	code9_5.py
		示例 9.6 Jinja 模板	code9_6.py
		示例 9.7　模板和静态资源	code9_7.py templates/index.html static/style.css

续表

序号	章节	示例	代码文件
10	第 10 章	示例 10.1 引入测试功能	main.py
		示例 10.2 分离测试代码	main.py main_test.py
		示例 10.3 在测试中使用应用启停事件	main1.py main1_test.py
		示例 10.4 在测试中覆盖依赖项	main2.py main2_test.py
		示例 10.5 测试数据库应用	project 目录
		示例 10.6 使用异步测试工具	main.py async_test.py

2. 案例代码

序号	章节	案例	代码文件
1	第 2 章	三酷猫卖海鲜（一）	FindSeaGoods.py
		三酷猫卖海鲜（二）	FindSeaGoods2.py
2	第 3 章	三酷猫卖海鲜（三）	ShowAllSeaGoods.py
3	第 4 章	三酷猫卖海鲜（四）	FindSeaGoods_Ext.py
4	第 5 章	三酷猫卖海鲜（五）	FindSeaGoods_Stat.py
5	第 6 章	三酷猫卖海鲜（六）	SeaGoodsIntoDB.py
6	第 8 章	三酷猫卖海鲜（七）	SeaGoods_asyncio.py
7	第 9 章	三酷猫卖海鲜（八）	FromDBShowGoods.py templates/index.html
8	第 10 章	三酷猫海鲜项目测试	FromDBShowGoods.py test_ShowGoods.py

3. 核酸采集平台代码

序号	章节	项目	代码文件
1	第 12 章	核酸采集平台后端系统（FastAPI）	nucleic 目录
2	第 13 章	核酸采集平台管理端代码（Vue+ElementUI）	nucleic/web 目录
		核酸采集平台移动端代码（Vue+Vant）	nucleic/h5 目录

4. 实验代码

序号	章节	内容	代码文件
1	第 1 章	实验	exam01.py
2	第 2 章	实验	exam02.py
3	第 3 章	实验	exam03.py
4	第 4 章	实验	exam04.py
5	第 5 章	实验	exam05.py
6	第 6 章	实验	exam06.py
7	第 7 章	实验	参考本章 authproject 目录
8	第 8 章	实验	exam07.py
9	第 9 章	实验	project 目录

5. 附录 B 代码

序号	案例	代码文件
1	案例 1 在 HTML 文件直接调用 vue.js 文件	testVue1.html
2	案例 2 原始 HTML 插值输出	EnterValue.html
3	案例 3 控制按钮的显示	ShowButton.html
4	案例 4 使用 JavaScript 表达式插值	Expression.html
5	案例 5 使用条件判断语句确定显示内容	if.html
6	案例 6 循环语句显示列表内容	for.html
7	案例 7 表单输入数据并展现	forminput.html
8	案例 8 监听按钮的鼠标点击事件	event.html
9	案例 9 自定义第一个 Vue 组件	ShowComponent.html
10	案例 10 为自定组件传递数据	ShowComponentProp.html
11	案例 11 简单的路由功能实现	singlerouter.html

后　记

FastAPI 框架是最近几年红火起来的基于 Python 语言的框架，其最大的特点是采用了异步技术，它是目前性能最好的轻量级 Web 开发框架之一，为基于网络的快速访问提供了高并发性能。针对高并发的应用，比如物联网或爬虫类应用，FastAPI 框架有天生的优势；而 Django 框架更擅长后台数据的统一管理和相关功能的快速开发。把 FastAPI 框架用于读写访问的快速处理，把 Django 框架用于后端数据的统一管理，是一种经典的混合搭配开发模式。对于 Django 框架，感兴趣的读者可以参考《Python Django Web 从入门到项目实战》一书。

另外，FastAPI 框架采用了目前主流的前后端分离技术，体现了低耦合的设计思路。

本书最后 3 章，通过安义老师开发的一款商业软件，详细地介绍了以 FastAPI 框架为后端，Vue.js 框架为前端的经典开发案例，这也是目前主流商业开发模式，值得读者仔细体会，深入研究。读者掌握该开发模式，就可以直接面对商业级别的开发要求，满足实际软件公司应聘等的需要。

FastAPI 毕竟是最近几年的新成熟的轻量级技术框架，刘瑜、安义、陈逸怀、喻小菲四位老师在写作和实践过程中也发现 FastAPI 部分技术的不成熟，尤其是几乎没有后台管理功能，与 Django 框架相比差距很大。

建议：在具体的商业项目实践中，需要项目经理审慎评估，准确使用 Fast API 框架的优点，避开其缺点。

作者 2022 年春，于天津